高等院校通信与信息专业系列教材
"十二五"江苏省高等学校重点教材

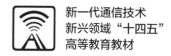

新一代通信技术
新兴领域"十四五"
高等教育教材

语音信号处理

（第4版）

魏昕 赵力 编著

Speech
Signal
rocessing

U0240531

机械工业出版社
CHINA MACHINE PRESS

本书介绍了语音信号处理的基础、原理、方法和应用，以及该学科领域近年来取得的一些新的研究成果和技术。全书共分13章，内容包括：绪论、语音信号处理的基础知识、语音信号处理的常用算法、语音信号分析、语音信号特征提取技术、语音增强、语音识别、说话人识别、语音编码、语音合成与转换、语音信号情感处理、声源定位、多模态语音信号处理。

本书可作为高等院校的教材或教学参考书，同时也可供语音信号处理等领域的工程技术人员参考。

本书是新形态教材，配有微课视频，扫描正文中二维码即可观看。本书还配有授课电子课件，需要的教师可登录 www.cmpedu.com 免费注册，审核通过后下载，或联系编辑索取（微信：18515977506，电话：010-88379753）

图书在版编目（CIP）数据

语音信号处理 / 魏昕，赵力编著 . --4 版 .

北京：机械工业出版社，2024.7. --（新一代通信技术新兴领域"十四五"高等教育教材）. --ISBN 978-7
-111-76052-8

Ⅰ. TN912. 3

中国国家版本馆 CIP 数据核字第 2024FZ4295 号

机械工业出版社（北京市百万庄大街 22 号　邮政编码 100037）
策划编辑：李馨馨　　　　　　　　　责任编辑：李馨馨　秦　菲
责任校对：甘慧彤　马荣华　景　飞　责任印制：张　博
北京建宏印刷有限公司印刷
2024 年 8 月第 4 版第 1 次印刷
185mm×260mm · 18. 25 印张 · 452 千字
标准书号：ISBN 978-7-111-76052-8
定价：69. 80 元

电话服务　　　　　　　　　　网络服务
客服电话：010-88361066　　机 工 官 网：www. cmpbook. com
　　　　　010-88379833　　机 工 官 博：weibo. com/cmp1952
　　　　　010-68326294　　金 书 网：www. golden-book. com
封底无防伪标均为盗版　机工教育服务网：www. cmpedu. com

前　　言

　　《语音信号处理》是根据机械工业出版社高等院校通信与信息专业系列教材出版规划，由通信与信息专业系列教材编审委员会编审、推荐出版的。自从 2016 年 5 月第 3 版出版以来，本学科领域的理论与实践研究迅速发展，分析方法不断更新，技术应用范围日益扩展，对本教材内容的更新和结构体系的进一步完善提出了更高的要求。面对这一情况，我们结合教学实践，逐步明确了编写本书第 4 版追求的目标，这就是在相对稳定中力求变革，处理好经典理论的论述与最新技术的相互融合。正是在这样的指导思想下，编者对第 3 版教材进行了修订、补充和更新。

　　新版教材力求系统地反映语音信号处理的基本原理与方法，以及近年来该领域的新进展和新技术；突出基本概念、原理、方法、应用、研究现状及学科发展趋势。在结构上，按照基础-分析-处理-应用的顺序组织材料，从最经典的技术与应用逐步过渡到最新最热门的技术与应用，使之既能满足教学需要，又可以反映出本学科领域近年来发展的新成果。

　　第 4 版教材与第 3 版相比，除了增减了部分章节以外，基本保持了原作风貌，认真修订了第 3 版中的错误和疏漏。根据作者多年来给本科生和研究生讲授"语音信号处理"课程的体会，做了两个主要的改变。首先，考虑到深度学习技术在语音信号处理领域已经得到了广泛应用，我们在第 3 章中系统介绍了深度学习技术的基本原理以及典型方法，并且在语音增强、说话人识别、语音编码、语音合成与转换、语音信号情感处理各章增加了深度学习技术在上述方向上的应用。其次，考虑到以图像、视频、文本、脑电波等为代表的其他模态信号在引入语音信号处理领域后，可望进一步提升传统语音信号处理系统性能，完成单一语音模态难以完成的任务，本版教材还增加了有关多模态语音信号处理的内容，在第 13 章中介绍了这个全新方向上的最新理论与应用成果。

　　本教材主要面向信息与通信工程、电子科学与技术、模式识别与人工智能、计算机科学与技术等学科有关专业的高年级本科生和研究生，也可以作为语音信号处理领域科研技术人员的参考书。本书的参考学时为本科生 32 学时、研究生 40 学时，可以根据不同的教学要求对其内容进行适当取舍，灵活安排讲课学时数。

　　本教材由南京邮电大学魏昕教授、东南大学赵力教授编著，南京邮电大学周亮教授提了很多有益的意见和建议，南京工程学院梁瑞宇教授对本书第 3 版的编写做了很大的贡献，在此一并表示感谢。本教材入选战略性新兴领域"十四五"高等教育教材体系建设团队——新一代信息技术（新一代通信技术）。本教材的出版得到了国家自然科学基金面上项目（62277032、62071254）、江苏省高等教育教学改革重中之重研究课题（2023JSJG021）、江苏省教育科学"十四五"规划重点课题（B/2022/01/150）资助。作者参考和引用了一些学者的研究成果、著作和论文，具体出处见参考文献。在此，向这些文献的著作者表示敬意和感谢。

　　语音信号处理是一门理论性强、实用面广、内容新、难度大的交叉学科，同时这门学科又处于快速发展之中，尽管作者在编写过程中始终注重理论紧密联系实际，力求以尽可能简明、通俗的语言，深入浅出、通俗易懂地将这门学科介绍给读者，但因编者水平有限，书中缺点和错误在所难免，敬请广大读者批评指正。

2024 年 6 月

编　者

目　　录

第 1 章 绪 论

通过语音传递信息是人类最重要、最有效、最常用和最方便的交换信息的形式。语言是人类特有的功能，声音是人类常用的工具，是相互传递信息的最主要的手段。因此，语音信号是人们构成思想疏通和情感交流的最主要的途径。并且，由于语言和语音与人的智力活动密切相关，与社会文化和进步紧密相连，所以它具有最大的信息容量和最高的智能水平。现在，人类已开始进入了信息化时代，用现代手段研究语音处理技术，能更加有效地产生、传输、存储、获取和应用语音信息，这对于促进社会的发展具有十分重要的意义。

党的二十大报告指出，推动战略性新兴产业融合集群发展，构建新一代信息技术、人工智能、生物技术、新能源、新材料、高端设备、绿色环保等一批新的增长引擎。2024 年两会期间，习近平总书记指出，"要牢牢把握高质量发展这个首要任务，因地制宜发展新质生产力。"作为新一代信息处理领域的研究热点，语音信号处理技术从理论研究到产品开发已经走过了几十个春秋并且取得了长足的进步。它已经与办公、交通、金融、公安、商业、旅游等行业的语音咨询与管理，工业生产部门的语声控制，电话·电信系统的自动拨号、辅助控制与查询，以及医疗卫生和福利事业的生活支援系统等各种实际应用领域相接轨，并且已成为当前主流操作系统和应用程序的用户界面。

语音信号处理这门学科之所以能够长期地、深深地吸引广大科学工作者不断地对其进行研究和探讨，除了它的实用性之外，另一个重要原因是，它始终与当时信息科学中最活跃的前沿学科保持密切的联系，并且一起发展。语音信号处理是以语音语言学和数字信号处理为基础而形成的一门涉及面很广的综合性的学科，与心理·生理学、计算机科学、通信与信息科学以及人工智能等学科都有着非常密切的关系。对语音信号处理的研究也一直是数字信号处理技术发展的重要推动力量。许多新的数字信号处理方法的提出，都是先在语音处理领域中获得成功，然后推广到其他领域的。例如，高速信号处理器的诞生和发展是与语音信号处理的研究发展分不开的，上述产品问世之后，首先在语音信号处理应用中得到最有效的推广应用。

语音信号处理作为一个重要的研究领域，有着很长的研究历史，但是其快速发展可以追溯到从 1940 年前后 Dudley 的声码器（Vocoder）和 Potter 等人的可见语音（Visible Speech）。1952 年，贝尔（Bell）实验室的 Davis 等人首次研制成功能识别 10 个英语数字的实验装置；1956 年，Olson 和 Belar 等人采用 8 个带通滤波器组提取频谱参数作为语音的特征，研制成功一台简单的语音打字机。20 世纪 60 年代中期形成的一系列数字信号处理方法和技术，如数字滤波器、快速傅里叶变换（FFT）等成为语音信号数字处理的理论和技术基础。另一方面，随着电子计算机的发展，以往的以硬件为中心的研究逐渐转化为以软件为主的处理研究。

1971 年，美国 ARPA（American Research Projects Agency）主导的"语音理解系统"的研究计划开始起步。这个研究计划不仅在美国国内，而且对世界各国都产生了很大的影响。它促进了连续语音识别研究的兴起。此外，20 世纪 70 年代的几项研究成果对语音信号处理技术的进步和发展产生了重大的影响。具体而言，70 年代初板仓（Itakura）等提出了动态时间规整（DTW）技术，使语音识别研究在匹配算法方面开辟了新思路；70 年代中期线性预测技术（LPC）被用于语音信号处理，此后隐马尔可夫模型法（HMM）也获得初步成功；70 年代末，Linda、Buzo、Gray 和 Markel 等人首次解决了矢量量化（VQ）码书生成的方法，并首先将矢量量化技术用于语音编码，后又在语音识别、说话人识别等方面发挥了重要作用。

20 世纪 80 年代期间，由于矢量量化、隐马尔可夫模型和人工神经网络（ANN）等相继被应用于语音信号处理，并经过不断改进与完善，使得语音信号处理技术产生了突破性的进展。其中，隐马尔可夫模型作为语音信号的一种统计模型，在语音信号处理的各个领域中获得了广泛的应用。其理论基础是 1970 年前后，由 Baum 等人建立起来的，随后，由美国卡内基·梅隆大学（CMU）的 Baker 和美国 IBM 公司的 Jelinek 等人将其应用到语音识别中。由于美国贝尔实验室的 Rabiner 等人在 80 年代中期，对隐马尔可夫模型进行了深入浅出的介绍，才使世界各国从事语音信号处理的研究人员对此有所了解和熟悉，进而成为一个公认的研究热点。

20 世纪 90 年代期间，语音信号处理在实用化方面取得了许多实质性的研究进展。其中，语音识别逐渐由实验室走向实用化。一方面，对声学语音学统计模型的研究逐渐深入，鲁棒的语音识别、基于语音段的建模方法及隐马尔可夫模型与人工神经网络的结合成为研究的热点。另一方面，为了语音识别实用化的需要，讲者自适应、听觉模型、快速搜索识别算法以及进一步的语言模型的研究等课题倍受关注。

在语音合成方面，有限词汇的语音合成已在自动报时、报警、报站、电话查询服务、发音玩具等方面得到了广泛的应用。关于文本—语音自动转换系统（TTS）的研究，许多国家、多个语种都已在 20 世纪 90 年代初达到了商品化程度，其语音质量能为广大公众接受。从研究技术上可分为发音器官参数合成、声道模型参数合成和波形编辑合成；从合成策略上讲，可分为频谱逼近合成和波形逼近合成。其中，采用波形拼接来合成语音的方法得到了广泛地应用。最具代表性的是基音同步叠加法（PSOLA），该方法既能保持所发语音的主要音段特征，又能在拼接时灵活调整其基频、时长和强度等超音段特征，在语音合成中影响较大。

在语音编码方面，20 世纪 90 年代中期出现速率为 4~8 kbit/s 的波形与参数混合编码器，已达到实用化水平。因此，相关研究主要集中在 4 kbit/s 码率以下的高音质、低延迟声码器的设计，以提高在噪声信道中低码率编码性能。为此在寻找更为有效的参数量化技术、非线性预测技术（Non-Linear Prediction）、多分辨率时频分析技术（如 Wavelets）和高阶统计量的使用、对人耳感知特性的进一步研究和探索等方面有较多的研究工作。

说话人识别和语音识别一样，都是通过提取语音信号的特征和建立相应的模型进行分类判断的。说话人识别力求找出包含在语音信号中的说话人的个性因素，强调不同说话人之间的特征差异。其研究重点是对各种声学参数的线性或非线性处理以及新的模式匹配方法，如 DTW、主成分分析（PCA）、隐马尔可夫模型与人工神经网络组合等技术。

包含在语音信号中的情感信息是一种很重要的信息资源，它是人们感知事物的必不可少的部分信息。例如，同样的一句话，由于说话人表现的情感不同，在给听者的感知上就可能会有较大的差别。所谓"听话听音"就是这个道理。所以包含在语音信号中的情感信息的计算机处理研究，分析和处理语音信号中的情感特征、判断和模拟说话人的喜怒哀乐等是一个意义重大的研究课题，也是 20 世纪 90 年代以来兴起的一个新的语音信号处理研究领域。

有关抗噪声技术的研究以及实际环境下的语音信号处理系统的开发，国内外学者已经做了大量的研究工作，取得了丰富的研究成果。大体分为三类解决方法：第一类是采用语音增强算法等；第二类方法是寻找稳健的语音特征；第三类方法是基于模型参数适应化的噪声补偿算法。然而，解决噪声问题的根本方法是实现噪声和语音的自动分离，尽管人们很早就有这种愿望，但由于技术的难度，这方面的研究进展很小。近年来，随着声场景分析技术和盲分离技术的研究发展，利用在这些领域的研究成果进行语音和噪声分离的研究取得了一些进展。

综上所述，传统语音信号处理的理论与技术研究包括紧密结合的两个方面：一方面是从语音的产生和感知来对其进行研究，这一研究与语音·语言学、认知科学、心理·生理学等学科密不可分。另一方面是将语音作为一种信号来进行处理，包括传统的数字信号处理技术以及一些新的应用于语音信号的处理方法和技术。

进入 21 世纪后，随着人机语音交互技术的发展和智能硬件计算能力的提高，越来越多的智能语音产品进入了人们的生活，人工智能驱动的语音信号处理方法正取代数字信号处理驱动的传统语音信号处理方法成为主流。作为近二十年人工智能领域最热门、最核心的技术，深度学习源于人工神经网络，由 Hinton 等人于 2006 年提出。深度学习技术通过对低层特征的学习，自动得到更加抽象的高层特征，发现信号中潜在的特征或表示。与传统手工提取得到的特征相比，深度学习技术所得到的特征在下游任务上性能更为出色。基于深度学习的语音信号处理近年来取得了显著的发展，其最早可以追溯到 2010 年，研究者们探索将深度神经网络应用于语音识别任务，改善了传统方法的识别准确度，带来了一定的成功。随着卷积神经网络、循环神经网络、注意力模型、生成对抗网络、Transformer、大语言模型等深度学习技术的发展，基于深度学习的语音信号处理经历了从初期尝试到多个任务上的广泛应用。其在语音识别、语音合成、语音编码、语音情感识别等任务性能上均带来了显著改善，极大推动了智能语音信号处理理论及实践应用的发展与进步。

此外，在 2020 年以前，无论是传统语音信号处理还是人工智能驱动的语音信号处理，其主要关注语音特征本身。而随着文本、图像、视频、触觉、运动、生理等数据采集手段的丰富以及信号处理、人工智能技术的进一步发展，研究者们开始将多模态数据融合到语音处理任务之中，即通过将文本、图像、视频、触觉、运动、生理等其他模态信号与语音信号联合处理，使得模型能够更全面地理解语境，提高语音相关任务的准确性。例如，2020 年南京邮电大学周亮教授、魏昕教授等充分利用不同模态信号在时间、空间、语义等方面的内在相关性，建立了跨模态通信与信息恢复框架，极大提升了多模态信息的传输与处理效率。因此，文本、图像、视频等辅助下的多模态语音信号处理已成为近年来本领域的重要研究方向。一方面，其为语音识别、情感分析、语音合成等任务带来了新的思路和突破；随着模型和算法的进步，未来可望实现更准确、自然的语音识别和合成结果，以及更全面的情感分析。另一方面，其也将促进语音处理与计算机视觉、自然语言处理等领域的更深层次的交叉融合，为语音信号处理领域带来更广阔的发展空间和创新方向。

　　本书将系统介绍语音信号处理的基础、原理、方法和应用。全书共分 13 章，其中第 1 章为绪论；第 2 章介绍了语音信号处理的基础知识，如发音与听觉器官、语音信号的数学模型、语音信号的预处理等；第 3 章介绍了当前语音信号处理应用的三个主流技术，即矢量量化技术、隐马尔可夫模型技术和深度学习技术；第 4 章介绍了语音信号的分析方法，包括时域分析、频域分析、同态分析、线性预测分析等；第 5 章介绍了语音信号的特征提取技术，包括端点检测、基音检测和共振峰检测等；第 6～12 章介绍了语音信号处理的各种典型应用，包括语音增强、语音识别、说话人识别、语音编码、语音合成与转换、语音信号情感信息处理以及声源定位等；第 13 章介绍了多模态语音信号处理技术。

　　语音信号处理是目前发展最为迅速的信息科学技术之一，其研究涉及一系列前沿课题，且处于迅速发展之中。因此本书的宗旨是在系统地介绍语音信号处理的基础、原理、方法和应用的同时，向读者介绍该学科领域近年来取得的一些新成果、新方法及新技术。语音信号处理属于应用科学，要学好这门课程，关键在于理论必须联系实际应用，才能很好地掌握数字语音处理的理论和技术方法。本书在除第 1 章外，每一章后面都附有思考与复习题，建议学习者仔细选做书中的习题，帮助自己尽快掌握所学的知识。

第 2 章　语音信号处理的基础知识

语音信号处理是研究用数字信号处理技术对人类语音信号进行处理的一门学科。它的研究目的有两个：一个是要通过处理得到一些反映语音信号重要特征的语音参数，以便高效地传输或存储语音信号信息；另一个是要通过某种处理算法以达到某种用途的需求，例如人工合成出语音、辨识出讲话者、识别出讲话的内容等。因此，在研究各种语音信号数字处理技术应用之前，首先需要了解语音信号的一些重要特性，在此基础上才可以建立既实用又便于分析的语音信号产生模型和语音信号感知模型等，它们是贯穿整个语音信号处理的基础。

2.1　语音发音及感知系统

2.1.1　语音发音系统

人的发音器官包括：肺、气管、喉（包括声带）、咽、鼻和口。这些器官共同形成一条形状复杂的管道。喉的部分称为声门。从声门到嘴唇的呼气通道叫作声道（Vocal Tract）。声道的形状主要由嘴唇、颚和舌头的位置来决定。由声道形状的不断改变，而发出不同的语音。

语音是从肺部呼出的气流通过在喉头至嘴唇的器官的各种作用而发出的。作用的方式有三种：第一是把从肺部呼出的直气流变为音源，即变为交流的断续流或者乱流；第二是对音源起共振和反共振的作用，使它带有音色；第三是从嘴唇或鼻孔向空间辐射的作用。因此，与发出语言声音有关的各器官叫作发音器官。图 2-1 示出了发音器官的部位和名称。

产生语音的能量来源于正常呼吸时肺部呼出的稳定气流。气管壁是由一些环状软骨组成的，讲话时它将来自肺部的空气送到喉部。"喉"是由许多软骨组成的，对发音影响最大的是从喉结至杓状的软骨之间的韧带褶，称为声带。呼吸时左右两声带打开，讲话时则合拢起来。而声带之间的部位称为声

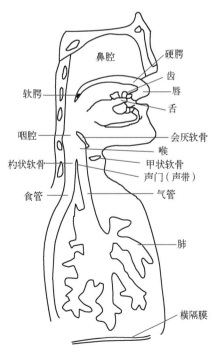

图 2-1　发音器官的部位和名称

门。声门的开启和关闭是由两个杓状软骨控制的，它使声门呈 Λ 形状开启或关闭。讲话时声带合拢因而受声门下气流的冲击而张开；但由声带韧性迅速地闭合，随后又张开与闭合，这样不断重复。不断地张开与闭合的结果，使声门向上送出一连串喷流而形成一系列脉冲。声带每开启和闭合一次的时间，即声带的振动周期就是音调周期或基音周期，它的倒数称为基音频率。基音频率范围随发音人的性别、年龄而定。老年男性偏低，小孩和青年女性偏高。基音频率决定了声音频率的高低，频率快则音调高，频率慢则音调低。

从声门到嘴唇的呼气通道叫作声道。在说话的时候，声门处气流冲击声带产生振动，然后通过声道响应变成语音。由于发不同音时，声道的形状不同，所以能够听到不同的语音。声道的形状主要由嘴唇、腭和舌头的位置来决定。另外软腭的下降使鼻腔和声道耦合。声道中各器官对语音的作用称为调音。口腔是声道最重要的部分，它的大小和形状可以通过调整舌、唇、齿和腭来改变。舌最活跃，它的尖部、边缘部、中央部都能分别自由活动，整个舌体也能上下前后活动。双唇位于口腔的末端，它也可活动成展开的（扁平的）或圆形的形状。齿的作用是发齿化音的关键。腭中的软腭如前所述，是发鼻音与否的阀门。至于硬腭及齿龈则是声道管壁的构成部分，也参与了发音的过程。由上所述可见，声道是自声门、声带之后最重要的、对发音起决定性作用的器官。

2.1.2 语音听觉系统

人的听觉系统是一个十分巧妙的音频信号处理器。听觉系统对声音信号的处理能力来自于它巧妙的生理结构。从听觉生理学角度来说，人耳的听觉系统可认为是从低到高的一个序列表示，一般分为听觉外周和听觉中枢两个部分，如图 2-2 所示。听觉外周包括位于脑及脑干以外的结构，即外耳、中耳、内耳和蜗神经，主要完成声音采集、频率分解以及声能转换等功能；听觉中枢包含位于听神经以上的所有听觉结构，对声音有加工和分析的作用，主要包括感觉声音的音色、音调、音强、判断方位等功能。此外，听觉中枢还承担与语言中枢联系和实现听觉反射的功能。

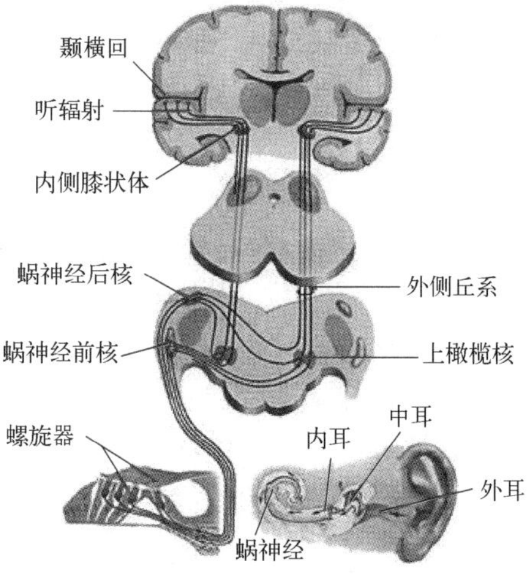

人耳由内耳、中耳和外耳三部分组成。外耳由耳翼、外耳道和鼓膜构成。外耳道长约 2.7 cm，直径约 0.7 cm（均指成年人）。外耳道封闭时最低共振频率约为 3060 Hz，处于语音的频率范围

图 2-2　人耳听觉神经系统

内。由于外耳道的共振效应，会使声音得到 10 dB 左右的放大。鼓膜在声压的作用下会产生位移，日常谈话中，鼓膜位移约为 10^{-8} cm。一般认为，外耳在对声音的感知中起着声源定位和声音放大的作用。

中耳包括由锤骨、砧骨和镫骨这三块听小骨构成的听骨链以及咽鼓管等。其中锤骨与鼓膜相接触，镫骨则与内耳的前庭窗相接触。中耳的作用是进行声阻抗的变换，即将中耳两端的声阻抗匹配起来。同时，在一定声强范围内，听小骨对声音进行线性传递，而在特强声时，听小骨进行非线性传递，这样对内耳起着保护的作用。

内耳的主要构成器官是耳蜗（Cochlea）。它是听觉的受纳器，把声音通过机械变换产生神经发放信号。耳蜗长约 3.5 cm，呈螺旋状盘旋 2.5~2.75 圈。它是一根密闭的管子，内部充满淋巴液。耳蜗由三个分隔的部分组成：鼓阶、中阶和前庭阶。其中，中阶的底膜称为基底膜（Basilar Membrane），基底膜之上是柯蒂氏器官（Organ of Corti），它由耳蜗覆膜、外毛细胞（Outer Hair Cells，共三列，约 2 万个）以及内毛细胞（Inner Hair Cells，共一列，约3500 个）构成。毛细胞上部的微绒毛受到耳蜗内流体速度变化的影响，从而引起毛细胞膜两边电位的变化，在一定条件下造成听觉神经的发放（Firing）或抑制。因此，柯蒂氏器官是一个传感装置。毛细胞通过听觉神经与神经系统耦合，其中传入听觉神经由耳蜗中的螺旋神经节（Spiral Ganglion）发出，如图 2-3 所示。

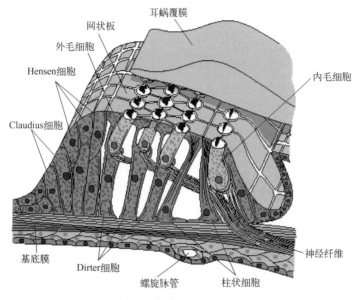

图 2-3　柯蒂氏器官示意图

2.1.3 人耳听觉特性

1. 听觉选择性

并非所有的声音都能被人耳听到，这取决于声音的强度和其频率范围。一般人可以感觉到频率为 20~20000 Hz、强度为−5~130 dB 的声音信号。因此在这个范围以外的音频分量就是听不到的音频分量，在语音信号处理中就可以忽略掉，以节省处理成本。此外，听觉还受到年龄影响，一般听觉好的成年人能听到的声音频率常在 30~16000 Hz 之间，老年人则常在50~10000 Hz 之间。

人的听觉选择性一部分由耳蜗的时频分析特性决定。当声音经外耳传入中耳时，镫骨的运动引起耳蜗内流体压强的变化，从而引起行波（Traveling Wave）沿基底膜的传播。不同频率的声音产生不同的行波，其峰值出现在基底膜的不同位置上。频率较低时，基底膜振动的幅度峰值出现在基底膜的顶部附近；相反，频率较高时，基底膜振动的幅度峰值出现在基底膜的基部附近（靠近镫骨），如图 2-4 所示。如果信号是一个多频率信号，则产生的行波将沿着基底膜在不同的位置产生最大幅度。从这个意义上讲，耳蜗就像一个频谱分析仪，将复杂的信号分解成各种频率分量。

基底膜的振动引起毛细胞的运动，使得毛细胞上的绒毛发生弯曲。绒毛的弯曲使毛细胞产生去极化（Depolarization）或超极化（Hyperpolarization），从而引起神经的发放或抑制。在基底膜不同部位的毛细胞具有不同的电学与力学特征。在耳蜗的基部，基底膜窄而劲度强，外毛细胞及其绒毛短而有劲度；在耳蜗的顶部，基底膜宽而柔和，毛细胞及其绒毛也较长而柔和。正是由于这种结构上的差异，因此它们具有不同的机械谐振特性和电谐振特性。有学者认为这种差异可能是确定频率选择性的最重要因素。

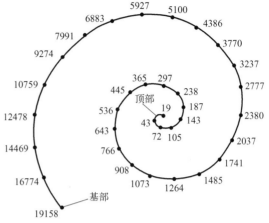

图 2-4　基底膜的频率响应分布

这种频率选择性通常由一组基于等效矩形带宽（Equivalent Rectangular Band，ERB）刻度的伽马通滤波器实现，每个滤波器模拟基底膜不同部位最大位移处的响应。n 阶伽马通滤波器的时域表示为 $g(t) = t^{n-1}\mathrm{e}^{-2\pi bt}\cos(2\pi ft + \varphi), t \geqslant 0$。这里 φ 代表相位，b 代表带宽，n 是滤波器阶数，f 为中心频率。仿真实验中，n 取值为 4，因为此时伽马通滤波器的幅度特征与人耳听觉滤波器形状更匹配。根据 Moore 的论述，人耳听觉滤波器的中心频率只覆盖 $50 \sim 15000\,\mathrm{Hz}$（对应 ERB 尺度范围为 $1.8 \sim 38.8$）的频率范围。因此，理论上我们需要设计这一范围内每一个频率处的听觉滤波器形状，但实际上是没有必要的，只需以 ERB 为间隔确定每一 ERB 带内中心频率处的滤波器即可。同时，受信号采样频率限制，本研究所需的中心频率在 $50 \sim 8000\,\mathrm{Hz}$ 之间（采样频率 $16\,\mathrm{kHz}$）。图 2-5 为按 ERB 刻度划分的 16 通道和 24 通道的滤波器响应图，其中 24 通道的频带划分如表 2-1 所示。

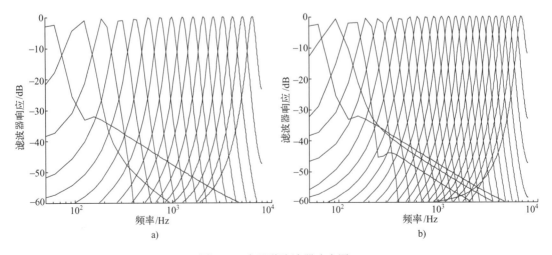

图 2-5　多通道滤波器响应图

a）16 通道　b）24 通道

表 2-1　基于 ERB 刻度的 24 通道频带划分表

频　　带	中心频率/Hz	下界/Hz	上界/Hz	带宽/Hz
1	6918	6533	7304	771
2	5978	5643	6313	670
3	5161	4870	5452	582
4	4452	4200	4705	505
5	3836	3617	4056	439
6	3302	3112	3493	381
7	2837	2672	3003	331
8	2434	2291	2578	287
9	2084	1959	2209	250
10	1780	1672	1889	217
11	1515	1421	1609	188
12	1286	1204	1368	164
13	1087	1016	1158	142
14	914	853	976	123
15	763	710	817	107
16	633	587	680	93
17	519	479	560	81
18	421	386	456	70
19	336	306	367	61
20	261	235	288	53
21	197	174	220	46
22	141	121	161	40
23	92	75	110	35
24	50	35	65	30

2. 人耳听觉掩蔽效应

心理声学中的听觉掩蔽效应是指，在一个强信号附近，弱信号将变得不可闻，被掩蔽掉了。例如，工厂机器噪声会淹没人的谈话声音。此时，被掩蔽掉的不可闻信号的最大声压级称为掩蔽门限或掩蔽阈值（Masking Threshold），在这个掩蔽阈值以下的声音将被掩蔽掉。图 2-6 给出了一个具体的掩蔽曲线。图中最底端的曲线表示最小可听阈曲线，即在安静环境下，人耳对各种频率声音可以听到的最低声压，可见人耳对低频率和高频率是不敏感的，而在 1 kHz 附近最敏感。上面的曲线表示由于在 1 kHz 频率的掩蔽声的存在，使得听阈曲线发生了变化。本来可以听到的 3 个被掩蔽声，变得听不到了。即由于掩蔽声（Masker）的存在，在其附近产生了掩蔽效应，低于掩蔽曲线的声音即使阈值高于安静听阈也将变得不可闻。

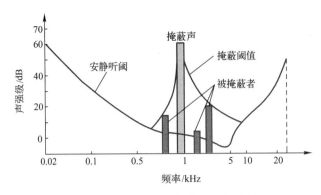

图 2-6　一个 1 kHz 的掩蔽声的掩蔽曲线

　　掩蔽效应分为同时掩蔽和短时掩蔽。同时掩蔽是指同时存在的一个弱信号和一个强信号频率接近时，强信号会提高弱信号的听阈，当弱信号的听阈被升高到一定程度时就会导致这个弱信号变得不可闻。例如，同时出现的 A 声和 B 声，若 A 声原来的阈值为 50 dB，由于另一个频率不同的 B 声的存在使 A 声的阈值提高到 68 dB，我们将 B 声称为掩蔽声，A 声称为被掩蔽声。68 dB-50 dB=18 dB 为掩蔽量。掩蔽作用说明：当只有 A 声时，必须把声压级在 50 dB 以上的声音信号传送出去，50 dB 以下的声音是听不到的。但当同时出现了 B 声时，由于 B 声的掩蔽作用，使 A 声中的声压级在 68 dB 以下部分已听不到了，可以不予传送，而只传送 68 dB 以上的部分即可。一般来说，对于同时掩蔽，掩蔽声愈强，掩蔽作用愈大；掩蔽声与被掩蔽声的频率靠得愈近，掩蔽效果愈显著。两者频率相同时掩蔽效果最大。

　　当 A 声和 B 声不同时出现时也存在掩蔽作用，称为短时掩蔽。短时掩蔽又分为后向掩蔽和前向掩蔽。掩蔽声 B 即使消失后，其掩蔽作用仍将持续一段时间，约 0.5~2 s，这是由于人耳的存储效应所致，这种效应称为后向掩蔽。若被掩蔽声 A 出现后，相隔 0.05~0.2 s 之内出现了掩蔽声 B，它也会对 A 起掩蔽作用，这是由于 A 声尚未被人所反应接受而强大的 B 声已来临所致，这种掩蔽称为前向掩蔽。

　　纯音对窄带噪声的掩蔽量当加宽噪声声宽时最初是掩蔽量增大，但超过某一宽带后就不再增大，这一带宽称为临界带宽。当 A 声被 B 声掩蔽时，若 A 声的频率处在以 B 声为中心的临界带的频率范围内时，掩蔽效应最为明显，当 A 声处在 B 声的临界带以外时，仍然会产生掩蔽效应，这种掩蔽效应取决于 A 声和 B 声的频率间隔相当于几个临界带，这一间隔越宽，掩蔽效应越弱。

　　另外，实验表明人的听觉系统对声音的感知是一个极为复杂的过程，它包含自下而上（数据驱动）和自上而下（知识驱动）两方面的处理。前者显然是基于语音信号所含有的信息，但光靠这些信息还不足以进行声音的理解。听者还需要利用一些先验知识来加以指导。从另外一个角度看，人对声音的理解不仅和听觉系统的生理结构密切相关，而且与人的听觉心理特性密切相关。

2.2　语音信号生成的数学模型

　　基于人的发音器官的特点和语音产生的机理，本节将讨论语音信号生成的数学模型。从人的发音器官的机理来看，发不同性质的声音时，声道的情况是不同的。另外，声门和声道的相互耦合，形成语音信号的非线性特性。因此，语音信号是非平稳随机过程，其特性是随着时间变化的，所以模型中的参数应该是随时间而变化的。但语音信号特性随着时间变化是很缓慢的，所以可以做出一些合理的假设，将语音信号分为一些相继的短段进行处理，在这些短段中可以认为语音信号特性是不随着时间变化的平稳随机过程。这样在这些短段时间内表示语音信号时，可以采用线性时不变模型。

通过上面对发音器官和语音产生机理的分析，可以将语音生成系统分成三个部分，在声门（声带）以下，称为"声门子系统"，它负责产生激励振动，是"激励系统"；从声门到嘴唇的呼气通道是声道，是"声道系统"；语音从嘴唇辐射出去，所以嘴唇以外是"辐射系统"。

2.2.1　激励模型

激励模型一般分成浊音激励和清音激励。发浊音时，由于声带不断张开和关闭，将产生间歇的脉冲波。这个脉冲波的波形类似于斜三角形的脉冲，如图 2-7 所示。它的数学表达式如下：

$$g(n)=\begin{cases}(1/2)\left[1-\cos(\pi n/N_1)\right], & 0\leqslant n<N_1 \\ \cos\left[\pi(n-N_1)/2N_2\right], & N_1\leqslant n\leqslant N_1+N_2 \\ 0, & 其他\end{cases} \tag{2-1}$$

式中，N_1 为斜三角波上升部分的时间，N_2 为其下降部分的时间。

单个斜三角波波形的频谱 $G(\mathrm{e}^{\mathrm{j}w})$ 的图形如图 2-8 所示。由图可见，它是一个低通滤波器。它的 z 变换的全极模型的形式是

$$G(z)=\frac{1}{(1-\mathrm{e}^{-cT}z^{-1})^2} \tag{2-2}$$

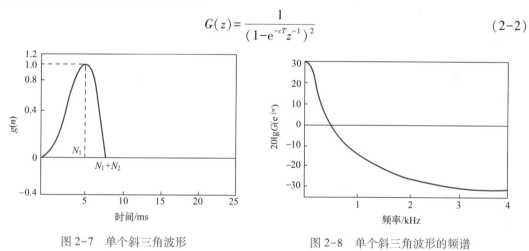

图 2-7　单个斜三角波形　　　　　　　　图 2-8　单个斜三角波形的频谱

式中，c 是一个常数。

显然，式（2-2）表示的斜三角波形可描述为一个二极点的模型。因此，斜三角波形串可视为加权的单位脉冲串激励上述单个斜三角波模型的结果。而该单位脉冲串及幅值因子则可表示成下面的 z 变换形式：

$$E(z)=\frac{A_v}{1-z^{-1}} \tag{2-3}$$

所以，整个浊音激励模型可表示为

$$U(z) = G(z)E(z) = \frac{A_v}{1-z^{-1}} \frac{1}{(1-e^{-cT}z^{-1})^2} \tag{2-4}$$

即浊音激励波是一个以基音周期为周期的斜三角脉冲串。

发清音时，无论是发阻塞音还是摩擦音，声道都被阻碍形成湍流因而可以把清音激励模拟成随机白噪声。实际情况一般使用均值为0、方差为1，并在时间或/和幅值上为白色分布的序列。

应该指出，简单地把激励分为浊音和清音两种情况是不全面的。实际上对于浊辅音，尤其是其中的浊擦音，即使把两种激励简单地叠加起来也是不行的。但是，若这两种激励源经过适当的网络，是可以得到良好的激励信号的。为了更好地模拟激励信号，还有人提出在一个音调周期时间内用多个斜三角波（例如三个）脉冲串的方法；此外，还有用多脉冲序列和随机噪声序列的自适应激励的方法等。

2.2.2 声道模型

关于声道部分的数学模型，有多种观点，目前最常用的有两种建模方法：一是把声道视为由多个等长的不同截面积的管子串联而成的系统。按此观点推导出的叫"声管模型"；另一个是把声道视为一个谐振腔，按此推导出的叫"共振峰模型"。由于"声管模型"理论建立得比较早，作为经典的声道模型理论在许多语音信号处理的文献中都有较详细的介绍。所以这里我们只介绍"共振峰模型"。

共振峰模型把声道视为一个谐振腔，共振峰就是这个腔体的谐振频率。由于人耳听觉的柯蒂氏器官的纤毛细胞就是按频率感受而排列其位置的，所以这种共振峰的声道模型方法是非常有效的。一般来说，一个元音用前3个共振峰来表示就足够了；而对于较复杂的辅音或鼻音，大概要用到前5个以上的共振峰才行。

从物理声学观点，可以很容易推导出均匀断面的声管的共振频率。一般成人的声道约为17 cm长，因此算出其开口时的共振频率为

$$F_i = \frac{(2i-1)c}{4L} \tag{2-5}$$

式中，$i=1,2,\cdots$ 为正整数，表示共振峰的序号；c 为声速；L 为声管长度。

按式（2-5）可算出：$F_1 = 500\,\text{Hz}$、$F_2 = 1500\,\text{Hz}$、$F_3 = 2500\,\text{Hz}$ 等。发元音 e[ə] 时声道的开头最接近于均匀断面，所以它的共振峰也就是最接近上述数值。但是发其他音时，声道的形状很少是均匀断面的，所以还必须研究如何从语音信号求出共振峰的方法。另外，除了共振峰频率之外，这套参数还应包括共振峰带宽和幅度等参数，也必须求出来。

基于物理声学的共振峰理论，可以建立起3种实用的共振峰模型：级联型、并联型和混合型。

1. 级联型

声道可由一组串联的二阶谐振器来建模。从共振峰理论来看，整个声道具有多个谐振频率和多个反谐振频率，所以它可被模拟为一个零极点的数学模型；但对于一般元音，则用全极点模型就可以了。它的传递函数可表示为

$$V(z) = \frac{G}{1 - \sum_{k=1}^{N} a_k z^{-k}} \tag{2-6}$$

式中，N 是极点个数；G 是幅值因子；a_k 是常系数。

此时可将它分解为多个二阶极点的网络的串联，即

$$V(z) = \prod_{k=1}^{M} \frac{1 - 2e^{-B_k T}\cos(2\pi F_k T) + e^{-2B_k T}}{1 - 2e^{-B_k T}\cos(2\pi F_k T)z^{-1} + e^{-2B_k T}z^{-2}} \tag{2-7}$$

或写成

$$V(z) = \prod_{i=1}^{M} \frac{a_i}{1 - b_i z^{-1} - c_i z^{-2}} \tag{2-8}$$

式中，

$$c_i = -\exp(-2\pi B_i T)$$
$$b_i = 2\exp(-\pi B_i T)\cos(2\pi F_i T) \tag{2-9}$$
$$a_i = 1 - b_i - c_i , \quad G = a_1 a_2 a_3 \cdots a_M$$

并且 M 是小于 $(N+1)/2$ 的整数。

若 z_k 是第 k 个极点，则有 $z_k = e^{-B_k T}e^{-2\pi F_k T}$，其中 T 是取样周期。

取式（2-7）中的某一级，设为

$$V_i(z) = \frac{a_i}{1 - b_i z^{-1} - c_i z^{-2}} \tag{2-10}$$

则可画出其幅频特性及其流图，如图 2-9 所示。

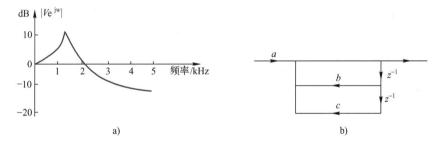

图 2-9　二阶谐振器

a）二阶谐振器的幅频特性　b）二阶谐振器的流图

若 $N=10$，则 $M=5$。此时整个声道可模拟成如图 2-10 所示的模型。图中的激励模型和辐射模型，可以参照激励模型和辐射模型的介绍结果；G 是幅值因子。

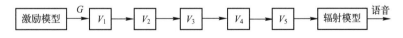

图 2-10　级联型共振峰模型

2. 并联型

对于非一般元音以及大部分辅音，必须考虑采用零极点模型。此时，模型的传递函数如下：

$$V(z) = \frac{\displaystyle\sum_{r=0}^{R} b_r z^{-r}}{1 - \displaystyle\sum_{k=1}^{N} a_k z^{-k}} \tag{2-11}$$

通常，$N>R$，且设分子与分母无公因子及分母无重根，则上式可分解为如下部分分式之和的形式

$$V(z) = \sum_{i=1}^{M} \frac{A_i}{1 - B_i z^{-1} - C_i z^{-2}} \tag{2-12}$$

$M=5$ 时的并联型共振峰模型如图 2-11 所示。

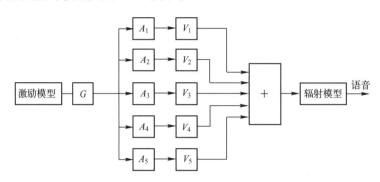

图 2-11　并联型共振峰模型

3. 混合型

上述两种模型中，级联型比较简单，可以用于描述一般元音。级联的级数取决于声道的长度。一般成人的声道长度约 17 cm，取 3~5 级即可，对于女子或儿童，则可取 4 级。对于声道特别长的男子，需要用到 6 级。当鼻化元音或鼻腔参与共振，以及阻塞音或摩擦音等情况时，级联模型就不能胜任了。这时腔体具有反谐振特性，必须考虑加入零点，使之成为零极点模型。采用并联结构的目的就在于此，它比级联型复杂些，每个谐振器的幅度都要独立地给以控制。但对于鼻音、塞音、擦音以及塞擦音等都可以适用。

正因为如此，将级联模型和并联模型结合起来的混合模型是更为完备的一种共振峰模型，如图 2-12 所示。图中的并联部分，从第 1 到第 5 共振峰的幅度都可以独立地进行控制

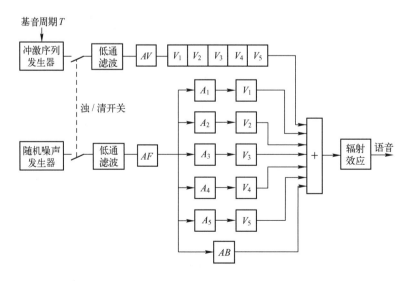

图 2-12　混合型共振峰模型

和调节，用来模拟辅音频谱特性中的能量集中区。此外，并联部分还有一条直通路径，其幅度控制因子为 AB，这是专为一些频谱特性比较平坦的音素（如 $[f]$、$[p]$、$[b]$ 等）而考虑的。

2.2.3　辐射模型

从声道模型输出的是速度波 $u_L(n)$，而语音信号是声压波 $p_L(n)$，二者之倒比称为辐射阻抗 Z_L。它表征口唇的辐射效应，也包括圆形的头部的绕射效应等。虽然从理论上推导这个阻抗是有困难的，但是在口唇张开的面积远小于头部的表面积这一假设下，则可近似地看成平板开槽辐射的情况。此时，可推导出辐射阻抗的公式如下：

$$Z_L(\Omega) = \frac{j\Omega L_r R_r}{R_r + j\Omega L_r} \tag{2-13}$$

式中，$R_r = \dfrac{128}{9\pi^2}$；$L_r = \dfrac{8a}{3\pi c}$，其中，$a$ 是口唇张开时的开口半径，c 是声波传播速度。

由辐射引起的能量损耗正比于辐射阻抗的实部，所以辐射模型是一阶类高通滤波器。由于除了冲激脉冲串模型 $E(z)$ 之外，斜三角波模型是二阶低通，而辐射模型是一阶高通，所以，在实际信号分析时，常用所谓"预加重技术"。即在取样之后，插入一个一阶的高通滤波器。这样，只剩下声道部分，就便于声道参数的分析了。在语音合成时再进行"去加重"处理，就可以恢复原来的语音。常用的预加重因子为 $[1-R(1)z^{-1}/R(0)]$，其中，$R(n)$ 是信号 $s(n)$ 的自相关函数。通常对于浊音，$R(1)/R(0) \approx 1$；而对于清音，则该值可取得很小。

2.2.4　语音信号的数字模型

综上所述，完整的语音信号的数字模型可以用激励模型、声道模型和辐射模型这 3 个子模型串联来表示，如图 2-13 所示。它的传递函数 $H(z)$ 可表示为

$$H(z) = AU(z)V(z)R(z) \tag{2-14}$$

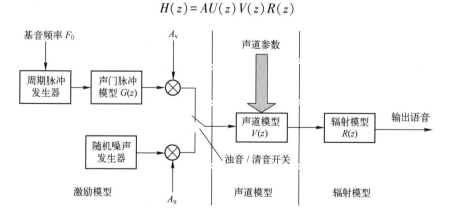

图 2-13　语音信号产生的离散时域模型

式中，$U(z)$ 是激励信号，浊音时 $U(z)$ 是声门脉冲即斜三角形脉冲序列的 z 变换；在清音的情况下，$U(z)$ 是一个随机噪声的 z 变换。$V(z)$ 是声道传递函数，既可用声管模型，也可用共振峰模型等来描述。实际上就是全极点模型

$$V(z) = \frac{1}{1 - \sum_{k=1}^{N} a_k z^{-k}} \tag{2-15}$$

而 $R(z)$ 则可由式（2-13）按如下方法来得到。先将该式改写为拉普拉斯变换形式

$$z_L(s) = \frac{sR_r L_y}{R_r + sL_r} \tag{2-16}$$

然后使用数字滤波器设计的双线性变换方法将上式转换成 z 变换的形式

$$R(z) = R_0 \frac{1 - z^{-1}}{1 - R_1 z^{-1}} \tag{2-17}$$

若略去上式的极点（R_1 值很小），即得一阶高通的形式

$$R(z) = R_0(1 - z^{-1}) \tag{2-18}$$

应该指出，式（2-14）所示模型的内部结构并不和语音产生的物理过程相一致，但这种模型和真实模型在输出处是等效的。另外，这种模型是"短时"的模型，因为一些语音信号的变化是缓慢的，例如元音在 $10 \sim 20\,\text{ms}$ 内其参数可假定不变。这里声道转移函数 $V(z)$ 是一个参数随时间缓慢变化的模型。另外，这一模型认为语音是声门激励源激励线性系统——声道所产生的（实际上，声带与声道相互作用的非线性特征还有待研究）。而且模型中用浊音和清音这种简单的划分方法是有缺陷的，对于某些音是不适用的，如浊音当中的摩擦音，这种音要有发浊音和发清音的两种激励，而且两者不是简单的叠加关系。对于这些音可用一些修正模型或更精确的模型来模拟。

2.3　语音基本概念与参数

2.3.1　声压与声强

（1）声压

声压是定量描述声波的最基本的物理量，它是由声扰动产生的逾量压强，是空间位置和时间的函数。由于声压的测量比较易于实现，而且通过声压的测量也可以间接求得质点振速等其他声学参量，因此，声压已成为人们最为普遍采用的定量描述声波性质的物理量。

（2）有效声压

通常讲的声压指的是有效声压，即在一定时间间隔内将瞬时声压对时间求方均根值所得。设语音长度为 T，离散点数为 N，则有效声压的计算公式为

$$p_e = \sqrt{\frac{1}{T}\sum_{n=1}^{N} x^2 \Delta t} = \sqrt{\frac{1}{N\Delta t}\sum_{n=1}^{N} x^2 \Delta t} = \sqrt{\frac{1}{N}\sum_{n=1}^{N} x^2} \tag{2-19}$$

式中，x 表示语音信号的采样点。只要保证所取的点数 N 足够大，即可保证计算准确性。

（3）声压级（Sound Pressure Level，SPL）

声音的有效声压与基准声压之比，取以 10 为底的对数，再乘以 20，即为声压级，通常以符号 L_p 表示，单位为 dB。

$$L_p = 20\lg \frac{p_e}{p_{ref}} \tag{2-20}$$

式中，p_e 为待测声压的有效值；p_{ref} 为参考声压，在空气中参考声压一般取 $2 \times 10^{-5} \mathrm{Pa}$。

（4）声强

在物理学中，声波在单位时间内作用在与其传递方向垂直的单位面积上的能量称为声强。日常生活中能听到的声音强度范围很大，最大和最小之间可差 10^{12} 倍。

（5）声强级（Intensity Level，IL）

用声强的物理学单位表示声音强弱很不方便。当人耳听到两个强度不同的声音时，感觉的大小大致上与两个声强比值的对数成比例。因此，用对数尺度来表示声音强度的等级，其单位为分贝（dB）。

$$L_1 = 10\lg(I/I_0) \tag{2-21}$$

在声学中用 $1 \times 10^{-12} \mathrm{W/m^2}$ 作为参考声强（I_0）。

（6）声压与声强的关系

对于球面波和平面波，声压与声强的关系是

$$I = P^2/(\rho c)$$

式中，ρ 为空气密度；c 为声速。在标准大气压和 20℃ 的环境下，$\rho c = 408$。该数值为国际单位值，也叫瑞利，称为空气对声波的特性阻抗。

2.3.2　响度

响度描述的是声音的响亮程度，表示人耳对声音的主观感受，其计量单位是宋。定义为声压级为 40 dB 的 1 kHz 纯音的响度为 1 宋。人耳对声音的感觉，不仅和声压有关，还和频率有关。声压级相同，频率不同的声音，听起来响亮程度也不同。如空压机与电锯，同是 100 dB 声压级的噪声，听起来电锯声要响得多。按人耳对声音的感觉特性，依据声压和频率定出人对声音的主观音响感觉量，称为响度级，单位为方，符号为 phon。根据国际协议规定，0 dB 声压级的 1000 Hz 纯音的响度级定义为 0 phon。其他频率声音的声级与响度级的对应关系，要从等响度曲线才能查出。

2.3.3　频率与音高

以 Hz 为单位所测得的物理量——频率，在听者来说感知为心理量——音高，即用人的主观感觉来评价所听到的声音是高调还是低调。音高随频率的增加而提高。

美（Mel）：美是心理声学测量音高的单位。1000 美是 1000 Hz 纯音 40 dB SL 时的音高。音调高的声波具有高美值，音调低的声波美值就低。例如，将 1000 Hz 纯音频率翻番至 2000 Hz，其 40 dB 声音的音高从 1000 mel 变成 1500 mel，而不是 2000 mel。如果要达到 2000 mel，频率需达到 3000 Hz。

2.4　语音信号的数字化和预处理

如图 2-14 所示，语音信号的数字化一般包括放大及增益控制、反混叠滤波、采样、A/D 转换及编码（一般就是 PCM 码）；预处理一般包括预加

重、加窗和分帧等。

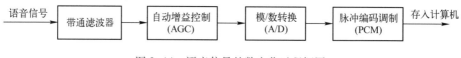

图 2-14 语音信号的数字化过程框图

2.4.1 预滤波、采样、A/D 转换

预滤波的目的有两个：一是抑制输入信号各频域分量中频率超出 $f_S/2$ 的所有分量（f_S 为采样频率），以防止混叠干扰；二是抑制 50 Hz 的电源工频干扰。这样，预滤波器必须是一个带通滤波器，设其上、下截止频率分别是 f_H 和 f_L，则对于绝大多数语音编译码器，f_H = 3400 Hz、f_L = 60~100 Hz、采样率为 f_S = 8 kHz；而对于语音识别而言，当用于电话用户时，指标与语音编译码器相同。当使用要求较高或很高的场合时，f_H = 4500 Hz 或 8000 Hz、f_L = 60 Hz、f_S = 10 kHz 或 20 kHz。语音信号经过预滤波和采样后，由 A/D 转换器转换为二进制数字码。

A/D 转换中要对信号进行量化，量化不可避免地会产生误差。量化后的信号值与原信号值之间的差值称为量化误差，又称为量化噪声。若信号波形的变化足够大或量化间隔 Δ 足够小时，可以证明量化噪声符合具有下列特征的统计模型：①它是平稳的白噪声过程。②量化噪声与输入信号不相关。③量化噪声在量化间隔内均匀分布，即具有等概率密度分布。

若用 σ_x^2 表示输入语音信号序列的方差，$2X_{max}$ 表示信号的峰值，B 表示量化字长，σ_e^2 表示噪声序列的方差，则可证明量化信噪比 SNR（信号与量化噪声的功率比）为

$$\mathrm{SNR(dB)} = 10\lg\left(\frac{\sigma_x^2}{\sigma_e^2}\right) = 6.02B + 4.77 - 20\lg\left(\frac{X_{max}}{\sigma_x}\right) \tag{2-22}$$

假设语音信号的幅度服从拉普拉斯分布，此时信号幅度超过 $4\sigma_x$ 的概率很小，只有 0.35%，因而可取 $X_{max} = 4\sigma_x$，则使式（2-22）变为

$$\mathrm{SNR(dB)} = 6.02B - 7.2 \tag{2-23}$$

上式表明量化器中每 1 bit 字长对 SNR 的贡献约为 6 dB。当 B = 7 bit 时，SNR = 35 dB。此时量化后的语音质量能满足一般通信系统的要求。然而，研究表明，语音波形的动态范围达 55 dB，故 B 应取 10 bit 以上。为了在语音信号变化的范围内保持 35 dB 的信噪比，常用 12 bit 来量化，其中附加的 5 bit 用于补偿 30 dB 左右的输入动态范围的变化。

A/D 转换器分为线性和非线性两类。目前采用的线性 A/D 转换器绝大部分是 12 位的（即每一个采样脉冲转换为 12 位二进制数字）。非线性 A/D 转换器则是 8 位的，它与 12 位线性转换器等效。有时为了后续处理，要将非线性的 8 位码转换为线性的 12 位码。

数字化的反过程就是从数字化语音中重构语音波形。由于进行了以上处理，所以在接收语音信号之前，必须在 D/A 后加一个平滑滤波器，对重构的语音波形的高次谐波起平滑作用，以去除高次谐波失真。事实上，预滤波、采样、A/D 和 D/A 转换、平滑滤波等许多功能可以用一块芯片来完成，在市场上能购到各种这样的实用芯片。

2.4.2 预加重与去加重

语音信号低频段能量大，高频段信号能量小；而鉴频器输出噪声的功率谱密度随频率的

平方而增加（低频噪声小，高频噪声大），造成信号的低频信噪比很大，而高频信噪比明显不足，使高频传输困难。调频收发技术中，通常采用预加重（发送端对输入信号高频分量的提升）和去加重（解调后对高频分量的压低）技术来解决这一问题。

具体地，对于语言信号而言，其功率谱随频率的增加而减小，其大部分能量集中在低频范围内，这就造成消息信号高频段的信噪比可能降到不能容许的程度。由于消息信号中较高频率分量的能量小，很少有足以产生最大频偏的幅度，因此产生最大频偏的信号幅度多数是由信号的低频分量引起的，而幅度较小的高频分量产生的频偏小得多。因为调频系统的传输带宽是由需要传送的消息信号（调制信号）的最高有效频率和最大频偏决定的，所以调频信号并没有充分占用给予它的带宽。然而，接收端输入的噪声频谱却占据了整个调频带宽，也就是说，鉴频器输出端的噪声功率谱在较高频率上已被加重了。

为了解决上述问题，在调频系统中普遍采用一种叫作预加重和去加重的措施，其中心思想是利用信号特性和噪声特性的差别来有效地对信号进行处理。在噪声引入之前采用适当的网络（预加重网络），人为地加重（提升）发射机输入调制信号的高频分量。然后在接收机鉴频器的输出端，再进行相反的处理，即采用去加重网络把高频分量去加重，恢复原来的信号功率分布。在去加重过程中，同时也减小了噪声的高频分量，但是预加重对噪声并没有影响，因此有效地提高了输出信噪比。很多信号处理都使用这个方法，对高频分量电平提升（预加重）然后记录（调制、传输），播放（解调）时对高频分量衰减（去加重）。录音带系统中的杜比系统是个典型的例子。假设信号高频分量为 10，经记录后，再播放时，引入的磁带本底噪声为 1，那么还原出来信号高频段信噪比为 10:1；如果在记录前对信号的高频分量提升，假设提升为 20，经记录后再播放时，引入的磁带本底噪声为 1，此时依然是 10:1 的信噪比，但是此时的高频分量是被提升了的，在对高频分量进行衰减的同时，磁带本底噪声也被衰减，如果将信号高频分量衰减还原到原来的 10，则本底噪声就会被降低到 0.5。

常用所谓的"预加重技术"是指在取样之后，插入一个一阶的高通滤波器。常用的预加重因子为 $[1 - R(1)z^{-1}/R(0)]$。这里，$R(n)$ 是信号 $s(n)$ 的自相关函数。通常对于浊音，$R(1)/R(0) \approx 1$；而对于清音，则该值可取得很小。在语音播放时再进行"去加重"处理，即预加重的反处理。

2.5　语音信号处理的应用

（1）语音增强

语音增强是指当语音信号被各种各样的噪声干扰、甚至淹没后，从噪声背景中提取有用的语音信号，抑制、降低噪声干扰的技术。然而，由于干扰通常都是随机的，从带噪语音中提取完全纯净的语音几乎不可能。在这种情况下，语音增强的目的主要有两个：一是改进语音质量，消除背景噪声，使听者乐于接受，不感觉疲劳，这是一种主观度量；二是一种客观度量。这两个目的往往不能兼得，比如一些语音增强的方法可以显著地降低背景噪声，改进语音质量，但并不能提高语音的可懂度，甚至略有下降。

语音增强不但与语音信号数字处理理论有关，而且涉及人的听觉感知和语音学范畴。再者，噪声的来源众多，因应用场合而异，它们的特性也各不相同。所以必须针对不同噪声，采用不同的语音增强对策。某些语音增强算法在实际应用中已经证明是有效的，它们大体上可分为四类：噪声对消法、谐波增强法、基于参数估计的语音再合成法和基于语音短时谱估计的增强算法。

（2）语音编码

编码、传输、存储和译码是语音数字传输和数字存储的必要过程。随着语音通信技术的发展，压缩语音信号的传输带宽，增加信道的传输速率，一直是人们追求的目标。语音编码在实现这一目标的过程中担当重要的角色。语音编码就是使表达语音信号的比特数目最小。

语音编码就是对模拟的语音信号进行编码，将模拟信号转换成数字信号，从而降低传输码率并进行数字传输，语音编码的基本方法可分为波形编码、参量编码（音源编码）和混合编码。波形编码是将时域的模拟语音的波形信号经过取样、量化、编码而形成的数字语音信号；参量编码是基于人类语言的发音机理，找出表征语音的特征参量，对特征参量进行编码；混合编译码是结合波形编译码和参量编译码之间的优点。

（3）语音合成与转换

语音合成，又称文语转换（Text to Speech）技术，能将任意文字信息实时转化为标准流畅的语音朗读出来。它涉及声学、语言学、数字信号处理、计算机科学等多个学科技术，是中文信息处理领域的一项前沿技术。文语转换过程是先将文字序列转换成音韵序列，再由系统根据音韵序列生成语音波形。其中，第一步涉及语言学处理，例如分词、字音转换等，以及一整套有效的韵律控制规则；第二步需要先进的语音合成技术，能按要求实时合成出高质量的语音流。因此，文语转换系统都需要一套复杂的文字序列到音素序列的转换程序，即文语转换系统不仅要应用数字信号处理技术，而且必须有大量的语言学知识的支持。

语音合成技术经历了一个逐步发展的过程，从参数合成到拼接合成，再到两者的逐步结合，其不断发展的动力是人们认知水平和需求的提高。它们各有优缺点，人们在应用过程中往往将多种技术有机地结合在一起，或将一种技术的优点运用到另一种技术上，以克服另一种技术的不足。

（4）语音识别

语音识别是一门交叉学科。近 20 年来，语音识别技术取得显著进步，开始从实验室走向市场。人们预计，未来 10 年内，语音识别技术将进入工业、家电、通信、汽车电子、医疗、家庭服务、消费电子产品等各个领域。语音识别听写机在一些领域的应用被美国新闻界评为 1997 年计算机发展十件大事之一。很多专家都认为语音识别技术是 2000 年至 2010 年间信息技术领域十大重要的科技发展技术之一。语音识别技术所涉及的领域包括：信号处理、模式识别、概率论和信息论、发声机理和听觉机理、人工智能等。

语音识别方法主要是模式匹配法。在训练阶段，用户将词汇表中的每一词依次说一遍，并且将其特征矢量作为模板存入模板库。在识别阶段，将输入语音的特征矢量依次与模板库中的每个模板进行相似度比较，将相似度最高者作为识别结果输出。

（5）说话人识别

说话人识别通过对说话人语音信号的分析处理，自动确认识别人是否在所记录的话者集合中，以及进一步确认说话人是谁。和语音识别技术很相似，都是在提取原始语音信号中某些特征参数的基础上，建立相应的参考模板或模型，然后按照一定的判决规则进行识别。语音识别中，尽可能将不同人说话的差异归一化；说话人识别中，力求通过将语音信号中的语义信息平均化，挖掘出包含在语音信号中的说话人的个性因素，强调不同人之间的特征差异。

说话人识别是交叉运用心理学、生理学、数字信号处理、模式识别、人工智能等知识的一门综合性研究课题。根据识别对象的不同，还可将说话人识别分为 3 类：文本有关、文本无关和文本提示型。目前实现方法可分为 3 类：模板匹配法、概率模型法和人工神经网络方法。

（6）声源定位

声源定位技术的研究目标主要是系统接收到的语音信号相对于接收传感器是来自什么方向和什么距离的，即方向估计和距离估计。声源定位是一个有广泛应用背景的研究课题，其在军用、民用、工业上都有广泛应用。声源定位技术的内容涉及了信号处理、语言科学、模式识别、计算机视觉技术、生理学、心理学、神经网络以及人工智能技术等多种学科。一个完整的声源定位系统包括声源数目估计、声源定位和声源增强（波束形成）。为了达到更好的估计效果，前端可能会加入信号分类或信号分段的功能模块，以确保只把包含感兴趣的声音片段送入后面的处理环节。而声音增强的研究衍生了不同形状的传声器阵列。

传统的声源定位技术分为基于最大输出功率的可控波束形成法、高分辨率谱估计法和到达时间差的声源定位法。基于最大可控响应功率的波束形成方法是早期的一种定位方法，但是其理论和实际的性能差异很大，而且依赖于声源信号的频谱特性。基于子空间技术的声源定位算法来源于现代高分辨谱估计技术，具有较高的空间分辨率，但是在噪声和混响严重的情况下，定位效果不佳。基于时延估计的方法运算量相对较小，实时性较好，但用于多声源定位时，性能严重下降。

（7）情感识别

计算机对从传感器采集来的信号进行分析和处理，从而得出对方（人）正处在的情感状态，这种行为叫作情感识别。从生理·心理学的观点来看，情绪是有机体的一种复合状态，既涉及体验又涉及生理反应，还包含行为，其组成至少包括情绪体验、情绪表现和情绪生理三种因素。目前对于情感识别有两种方式，一种是检测生理信号如呼吸、心率和体温等，另一种是检测情感行为如面部特征表情识别、语音情感识别和姿态识别。

当人通过听觉器官把他人的语言声调信号接收并传递到人的大脑之中，大脑就会对其时间构造、振幅构造、基频构造和共振峰构造等方面的特点和分布规律进行检测、预处理和特征提取，而后把以前存储在大脑中的若干基本表情的语言声调信号的时间构造、振幅构造、基频构造和共振峰构造等特征方面的构造特点和分布规律提取出来，进行对比分析和模糊判断，找出两者的声音特征最接近的某种基本表情。

2.6 思考与复习题

1. 人的发音器官有哪些？人耳听觉外周和听觉中枢的功能是什么？
2. 人耳听觉的掩蔽效应分为哪几种？掩蔽效应的存在对我们研究语音信号处理系统有什么启示？
3. 根据发音器官和语音产生机理，语音生成系统可分成哪几个部分？各有什么特点？

4. 语音信号的数学模型包括哪些子模型？激励模型是怎样推导出来的？辐射模型又是怎样推导出来的？它们各属于什么性质的滤波器？

5. 什么是声强和声压？它们之间有什么关系？

6. 什么是响度？是如何定义的？

7. 什么是音高？与频率的关系如何？

8. 在语音信号参数分析前为什么要进行预处理？有哪些预处理过程？

9. 对语音信号进行处理时为什么要进行分帧？分帧的常用方法是什么？

第 3 章　语音信号处理的常用算法

3.1　矢量量化

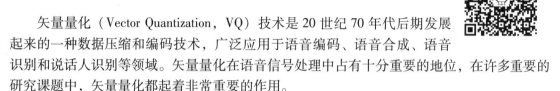

矢量量化（Vector Quantization，VQ）技术是 20 世纪 70 年代后期发展起来的一种数据压缩和编码技术，广泛应用于语音编码、语音合成、语音识别和说话人识别等领域。矢量量化在语音信号处理中占有十分重要的地位，在许多重要的研究课题中，矢量量化都起着非常重要的作用。

我们对标量量化的概念都非常熟悉。在标量量化中整个动态范围被分成若干个小区间，每个小区间有一个代表值，对于一个输入标量信号，量化时落入小区间的值就用这个代表值代替，或者叫作被量化为这个代表值。因为这时的信号量是一维的标量，所以叫标量量化。如果用线性空间的观点来看这个问题，把标量量化看成是一维矢量的量化，那么我们对矢量量化的概念就不难理解了。矢量量化是对矢量进行量化，和标量量化一样它把矢量空间分成若干个小区域，每个小区域寻找一个代表矢量，量化时落入小区域的矢量就用这个代表矢量代替，或者叫作被量化为这个代表矢量。矢量量化是标量量化的发展，可以说，凡是要有量化的地方都可以应用矢量量化。同时，矢量量化总是优于标量量化，且一般来说矢量维数越大量化性能越优越，这是因为矢量量化能有效地应用矢量中各分量间的各种相互关联的性质。

20 世纪 70 年代末，Linda、Buzo、Gray 和 Markel 等人首次解决了矢量量化码书生成的方法，并首先将矢量量化技术用于语音编码获得成功。从此矢量量化技术不仅在语音识别、语音编码和说话人识别等方面发挥了重要作用，而且很快推广到其他许多领域。目前，矢量量化不仅在理论研究上，而且在系统结构、计算机模拟及硬件实现等方面也取得了不少成果。如在语音通信方面，在原来编码速率为 2.4 kbit/s 的线性预测声码器基础上，将每帧的 10 个反射系数加以 10 维的矢量量化，就可使编码速率降低到 800 bit/s，而语音质量基本未下降；又如分段声码器，由于采用了矢量量化，可以使编码速率降低到 150 bit/s；在语音识别、说话人识别等方面，矢量量化研究也得到很快的发展，特别是通过矢量量化技术和隐马尔可夫模型、人工神经网络方法等的结合，提出了各种各样的有效的识别系统。另外，用硬件实现矢量量化系统的方法也日益增多，为矢量量化技术的应用发展提供了有力地保证。

3.1.1　矢量量化的基本原理

矢量量化的基本原理是：将若干个标量数据组成一个矢量（或者是从一帧语音数据中提取的特征矢量）在多维空间给予整体量化，从而可以在信息量损失较小的情况下压缩数据量，这是香农信息论中"率—失真理论"在信源编码中的重要运用。矢量量化有效地应用了矢量中各元素之间的相关性，因此可以比标量量化有更好的压缩效果。

设有 N 个 K 维特征矢量 $\boldsymbol{X} = \{X_1, X_2, \cdots, X_N\}$（$\boldsymbol{X}$ 在 K 维欧几里得空间 $\boldsymbol{R}^K$ 中），其中第 i 个矢量可记为

$$\boldsymbol{X}_i = \{x_1, x_2, \cdots, x_K\}, \ i = 1, 2, \cdots, N \tag{3-1}$$

它可以被看作是语音信号中某帧参数组成的矢量。把 K 维欧几里得空间 $\boldsymbol{R}^K$ 无遗漏地划分成 J 个互不相交的子空间 $\boldsymbol{R}_1, \boldsymbol{R}_2, \cdots, \boldsymbol{R}_J$，即满足

$$\bigcup_{j=1}^{J} \boldsymbol{R}_j = \boldsymbol{R}^K \tag{3-2}$$
$$\boldsymbol{R}_i \cap \boldsymbol{R}_j = \varnothing, \quad i \neq j$$

这些子空间 $\boldsymbol{R}_j$ 称为 Voronoi 胞腔（Cell），简称为胞腔。在每一个子空间 $\boldsymbol{R}_j$ 找一个代表矢量 $\boldsymbol{Y}_j$，则 J 个代表矢量可以组成矢量集为

$$\boldsymbol{Y} = \{\boldsymbol{Y}_1, \boldsymbol{Y}_2, \cdots, \boldsymbol{Y}_J\} \tag{3-3}$$

这样就组成了一个矢量量化器，在矢量量化里 $\boldsymbol{Y}$ 叫作码书或码本（CodeBook）；$\boldsymbol{Y}_j$ 称为码矢（CodeVector）或码字（CodeWord）；$\boldsymbol{Y}$ 内矢量的个数 J，则叫作码本长度或码本尺寸（CodeBookSize）。不同的划分或不同的代表矢量选取方法就可以构成不同的矢量量化器。

当给矢量量化器输入一个任意矢量 $\boldsymbol{X}_i \in \boldsymbol{R}^K$ 进行矢量量化时，矢量量化器首先判断它属于哪个子空间 $\boldsymbol{R}_j$，然后输出该子空间 $\boldsymbol{R}_j$ 的代表矢量 $\boldsymbol{Y}_j$。也就是说，矢量量化过程就是用 $\boldsymbol{Y}_j$ 代表 $\boldsymbol{X}_i$ 的过程，或者说把 $\boldsymbol{X}_i$ 量化成 $\boldsymbol{Y}_j$，即

$$\boldsymbol{Y}_j = Q(\boldsymbol{X}_i), \quad 1 \leqslant j \leqslant J, 1 \leqslant i \leqslant N \tag{3-4}$$

式中，$Q(\boldsymbol{X}_i)$ 为量化器函数。从而矢量量化的全过程就是完成一个从 K 维欧几里得空间 $\boldsymbol{R}^K$ 中的矢量 $\boldsymbol{X}_i$ 到 K 维空间 $\boldsymbol{R}^K$ 有限子集 Y 的映射

$$Q: \boldsymbol{R}^K \supset \boldsymbol{X} \rightarrow \boldsymbol{Y} = \{\boldsymbol{Y}_1, \boldsymbol{Y}_2, \cdots, \boldsymbol{Y}_J\} \tag{3-5}$$

下面以 $K = 2$ 为例来说明矢量量化过程。当 $K = 2$ 时，所得到的是二维矢量。所有可能的二维矢量就形成了一个平面。如果记第 i 个二维矢量为 $\boldsymbol{X}_i = \{x_{i1}, x_{i2}\}$，则所有可能的 $\boldsymbol{X}_i = \{x_{i1}, x_{i2}\}$ 就是一个二维空间。矢量量化就是先把这个平面划分成 J 块互不相交的子区域 $\boldsymbol{R}_1, \boldsymbol{R}_2, \cdots, \boldsymbol{R}_J$，然后从每一块中找出一个代表矢量 $\boldsymbol{Y}_j(j = 1, 2, \cdots, J)$，这就构成了一个有 J 块区域的二维矢量量化器。图 3-1 是一个码本尺寸为 $J = 7$ 的二维矢量量化器，共有 7 块区域和 7 个码字表示代表值，码本是 $\boldsymbol{Y} = \{\boldsymbol{Y}_1, \boldsymbol{Y}_2, \cdots, \boldsymbol{Y}_7\}$。

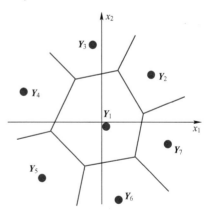

图 3-1 二维矢量量化概念示意图

这时若要利用这个量化器对一个矢量 $\boldsymbol{X}_i = \{x_{i1}, x_{i2}\}$ 进行量化，首先要选择一个合适的失真测度，而后根据最小失真原理，分别计算用各码矢 $\boldsymbol{Y}_j$ 代替 $\boldsymbol{X}_i$ 所带来的失真。其中产生最小失真值时所对应的那个码矢，就是矢量 $\boldsymbol{X}_i$ 的重构矢量（或称恢复矢量），或者称为矢量 $\boldsymbol{X}_i$ 被量化成了那个码矢。

如上所述，码本中的每个元素码字是一个矢量。根据香农信息论，矢量维数越长优度越

好。显然，矢量量化的过程与标量量化相似。在标量量化时，在一维的零至无穷大值之间设置若干个量化阶梯，当某输入信号的幅度值落在某相邻的两个量化阶梯之间时，就被量化为两阶梯的中心值。与此相对应在矢量量化时，则将 K 维无限空间划分为 J 块区域边界，然后将输入矢量与这些边界进行比较，并被量化为“距离”最小的区域边界的中心矢量值。当然，矢量量化与标量量化一样，是会产生量化误差的（即量化噪声），但只要码本尺寸足够大，量化误差就会足够小。另外，合理选择码本的码字也可以降低误差，这就是码本优化的问题。

矢量量化在语音通信中的应用如图 3-2 所示。其中特征矢量形成部分的作用是每输入一帧语音采样信号（若帧长为 N，则可表示为 $s_1, s_2, \cdots, s_N$），则输出一个与之相对应的特征矢量 $\boldsymbol{X}_i$，并且设其维数为 K。

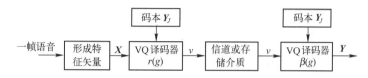

图 3-2　矢量量化在语音通信中的应用

通信系统中有两个完全相同的码本，一个在编码器（发送端），另一个在解码器（接收端）。每个码本包含 J 个码字 $Y_j(j=1,2,\cdots,J)$，每一个码字是一个 K 维矢量（维数与 $\boldsymbol{X}_i$ 相同）。VQ 编码器的运行原理是根据输入矢量 $\boldsymbol{X}_i$ 从编码器码本中选择一个与之失真误差最小的码矢 $\boldsymbol{Y}_j$，其输出的 v 即为该码矢量的下标，一般称为标号。这一过程可以形式化地用下式表示：

$$v = r(\boldsymbol{X}) \tag{3-6}$$

式中，v 是一个数字，因而可以通过任何数字信道传输或任何数字存储介质来存储。如果此过程不引入误差，那么从信道收端或从存储介质中取出的信号仍是 v。VQ 译码器的运行原理是按照 v 从译码器码本（与编码器的码本相同）中选出一个具有相应下标的码字作为输出 $\boldsymbol{Y}_j$，这个 $\boldsymbol{Y}_j$ 即为 $\boldsymbol{X}_i$ 的重构矢量或称恢复矢量，这可表示为

$$\boldsymbol{Y} = \beta(v) \tag{3-7}$$

如果编码器和译码器在同一处（数字存取），那么只需用一个码本就足够了。

矢量量化技术在语音识别中应用时，一般是先用矢量量化的码本作为语音识别的参考模板，即系统词库中的每一个字（词），做一个码本作为该字（词）的参考模板。识别时对于任意输入的语音特征矢量序列 $\boldsymbol{X}_1, \boldsymbol{X}_2, \cdots, \boldsymbol{X}_N$，计算该序列对每一个码本的总平均的失真量化误差，即语音每一帧特征矢量与码本的失真之和除以该语音的长度（帧数）。总平均失真误差最小的码本所对应的字（词）即为识别结果，这一过程如图 3-3 所示。

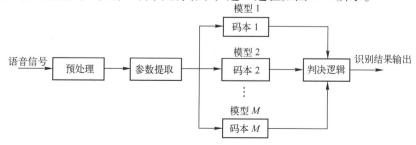

图 3-3　矢量量化在语音识别中的应用

由上面的讨论可知，不论是语音通信还是语音识别，利用矢量量化技术时，主要有两个问题要解决：

（1）设计一个好的码本

关键是如何划分 J 个区域边界。这需要用大量的输入信号矢量，经过统计实验才能确定。这个过程称为"训练"或"学习"，它的任务是建立码本。它应用聚类算法，按照一定的失真度准则，对训练数据进行分类，从而把训练数据在多维空间中划分成一个个以形心（码字）为中心的胞腔，常用 LBG 算法来实现。为了建立一个好的码本，首先需要搜集海量且具有代表性的训练数据；其次，要选择一个好的失真度准则以及码本优化方法。

（2）未知矢量的量化

对未知模式矢量，按照选定的失真测度准则，把未知矢量量化为失真测度最小的区域边界的中心矢量值（码字矢量），并获得该码字的序列号（码字在码本中的地址或标号）。同样存在两矢量在进行比较时的测度问题。这个测度就是两矢量之间的距离，或以其中某一矢量为基准时的失真度。它描述了当输入矢量用码本中对应的码矢来表征时所应付出的代价。其次是未知矢量量化时的搜索策略，好的搜索策略可以减少量化时间。

3.1.2 矢量量化的失真测度

失真测度（距离测度）是将输入矢量 X_i 用码本重构矢量 Y_j 来表征时所产生的误差或失真的度量方法，它可以描述两个或多个模型矢量间的相似程度。失真测度的选择的好坏将直接影响到聚类效果和量化精度，进而影响到语音信号矢量量化处理系统的性能。

设对两个 k 维语音特征矢量 X 和 Y 进行比较，要使其距离测度 $d(X,Y)$ 在语音信号处理中有效，必须具备下列条件：

（1）对称性 $d(X,Y)=d(Y,X)$。

（2）正值性 $d(X,Y)>0$ $(X \neq Y)$；$d(X,X)=0$。

（3）$d(X,Y)$ 在频域有物理意义。

（4）对 $d(X,Y)$ 有高效率的计算方法。

另外，$d(X,Y)$ 在数学意义上是"距离"，应该满足三角不等式。但该条件和实际情况可能是不相符合的。

在语音信号处理采用的矢量量化中，最常用的失真测度是欧氏距离测度、加权欧氏距离测度、Itakura-Saito 距离、似然比失真测度和识别失真测度等。设未知模式的 K 维特征矢量为 X，与码本中某个 K 维码矢 Y 进行比较，x_i, y_i 分别表示 X 和 Y 的同一维分量（$0 \leq i \leq K-1$），则几种常用的欧氏距离测度如下。

（1）均方误差欧氏距离

其定义为

$$d_2(X,Y) = \frac{1}{K} \sum_{i=1}^{K} (x_i - y_i)^2 = \frac{(X-Y)^{\mathrm{T}}(X-Y)}{K} \tag{3-8}$$

这里，$d_2(X,Y)$ 的下标 2 表示平方误差。

（2）r 方平均误差

其定义为

$$d_r(\boldsymbol{X}, \boldsymbol{Y}) = \frac{1}{K} \sum_{i=1}^{K} (x_i - y_i)^r \tag{3-9}$$

（3）r 平均误差

其定义为

$$d_r'(\boldsymbol{X}, \boldsymbol{Y}) = \left[\frac{1}{K} \sum_{i=1}^{K} \mid x_i - y_i \mid^r \right]^{\frac{1}{r}} \tag{3-10}$$

（4）绝对值平均误差

这相当于 $r=1$ 时的平均误差，其定义式为

$$d_1(\boldsymbol{X}, \boldsymbol{Y}) = \frac{1}{K} \sum_{i=1}^{K} \mid x_i - y_i \mid \tag{3-11}$$

绝对值平均误差失真测度的主要优点是计算简单、硬件容易实现。

（5）最大平均误差

这相当于是 $r \to \infty$ 时的平均误差，其定义式为

$$d_M(\boldsymbol{X}, \boldsymbol{Y}) = \lim_{r \to \infty} \left[d_r(\boldsymbol{X}, \boldsymbol{Y}) \right]^{\frac{1}{r}} = \max_{1 \leqslant i \leqslant K} \left[x_i - y_i \right] \tag{3-12}$$

（6）加权欧氏距离测度

如下定义加权欧氏距离测度：

$$d(\boldsymbol{X}, \boldsymbol{Y}) = \frac{1}{K} \sum_{i=1}^{K} w(i)(x_i - y_i)^2 \tag{3-13}$$

其中，$w(i)$ 称为加权系数。将式（3-13）用于码本训练及识别，这个过程实质上等效于在训练及识别时采用不加权的欧氏距离而对特征矢量的各个分量进行预加重。常用的加权函数有

$$\begin{cases} w(i) = i \\ w(i) = i^{2s}, & 0 \leqslant s \leqslant 1 \\ w(i) = 1 + (1+k)\sin\left[\pi i(k+4) \right] / 2 \end{cases} \tag{3-14}$$

3.1.3　线性预测失真测度

当语音信号特征矢量是用线性预测方法求出的 LPC 系数时，为了比较用这种参数表征的矢量，不宜直接使用欧氏距离。因为，仅由预测器系数的差值不能完全表征这两个语音信息的差别。此时应该直接用由这些系数所描述的信号模型的功率谱来进行比较，为此，1975年，日本人板仓等提出了一种距离测度，称为 Itakura-Saito（板仓-斋藤）距离，简称 I-S 距离。它适用于 LPC 参数描述语音信号的情况。

当预测器的阶数 $p \to \infty$，信号与模型完全匹配时，信号功率谱为

$$f(w) = \mid \boldsymbol{X}(\mathrm{e}^{\mathrm{j}w}) \mid^2 = \frac{\sigma_p^2}{\mid \boldsymbol{A}(\mathrm{e}^{\mathrm{j}w}) \mid^2} \tag{3-15}$$

式中，$\mid \boldsymbol{X}(\mathrm{e}^{\mathrm{j}w}) \mid^2$ 表示信号的功率谱；σ_p^2 为预测误差能量；$A(\mathrm{e}^{\mathrm{j}w})$ 为预测逆滤波器的频率响应。相应地，如设码本中某重构矢量的功率谱为

$$f'(w) = \mid \boldsymbol{X}'(\mathrm{e}^{\mathrm{j}w}) \mid^2 = \frac{\sigma_p'^2}{\mid \boldsymbol{A}'(\mathrm{e}^{\mathrm{j}w}) \mid^2} \tag{3-16}$$

则可定义 $I\text{-}S$ 距离如下：

$$d_{I\text{-}S}(f,f') = \frac{\boldsymbol{a}'^{\mathrm{T}}\boldsymbol{R}\boldsymbol{a}'}{\alpha} - \ln\frac{\sigma^2}{\alpha} - 1 \qquad (3\text{-}17)$$

式中，$\boldsymbol{a}'^{\mathrm{T}} = (1, a_1, a_2, \cdots, a_p)$；$\boldsymbol{R}$ 是 $(p+1)\times(p+1)$ 阶的自相关矩阵，而

$$\boldsymbol{a}'^{\mathrm{T}}\boldsymbol{R}\boldsymbol{a} = r(0)r_a(0) + 2\sum_{i=1}^{P} r(i)r_a(i) \qquad (3\text{-}18)$$

这里

$$r(i) = \sum_{k=0}^{N-1-|i|} x(k)x(k+|i|)$$

$$r_a(i) = \sum_{k=0}^{p-i} a_k a_{k+i} \quad (i = 0, \cdots, p)$$

式中，N 为信号 $x(n)$ 的长度；$r(i)$ 为信号的自相关函数；$r_a(i)$ 为预测系数的自相关函数

$$\alpha = \sigma_p'^2 = \frac{1}{2\pi}\int_{-\pi}^{\pi} |\boldsymbol{A}'(\mathrm{e}^{\mathrm{j}w})|^2 f'(w)\mathrm{d}w \qquad (3\text{-}19)$$

是码书重构矢量的预测误差功率。

$$\boldsymbol{a}'^{\mathrm{T}}\boldsymbol{R}\boldsymbol{a}' = r(0)r_a(0) + 2\sum_{i=1}^{P} r(i)r_a'(i) \qquad (3\text{-}20)$$

这种失真测度由于是针对线性预测模型的，并且是用最大似然准则推导出来的，所以特别适用于 LPC 参数描述语音信号的情况，常用于 LPC 编码和利用 LPC 的语音识别中。后来，又推导出两种线性预测的失真测度，它们比上述 $d_{I\text{-}S}$ 具有更好的性能，即

1）对数似然比失真测度：

$$d_{\mathrm{LLR}}(f,f') = \ln\left(\frac{\sigma_p'^2}{\sigma^2}\right) = \ln\left(\frac{\boldsymbol{a}'^{\mathrm{T}}\boldsymbol{R}\boldsymbol{a}'}{\boldsymbol{a}^{\mathrm{T}}\boldsymbol{R}\boldsymbol{a}}\right) \qquad (3\text{-}21)$$

2）模型失真测度：

$$d_{\mathrm{m}}(f,f') = \frac{\sigma_p'^2}{\sigma^2} - 1 = \frac{\boldsymbol{a}'^{\mathrm{T}}\boldsymbol{R}\boldsymbol{a}'}{\boldsymbol{a}^{\mathrm{T}}\boldsymbol{R}\boldsymbol{a}} - 1 \qquad (3\text{-}22)$$

但是，这两种失真测度也有其局限性，它们都仅仅比较了两矢量的功率谱，而没有考虑其能量信息。

3.1.4　识别失真测度

将矢量量化技术用于语音识别时，对失真测度还应该有其他一些考虑。例如，对两矢量的功率谱的比较在使用 LPC 参数的似然比失真测度 d_{LLR} 时，还应该考虑到能量。因为研究表明，频谱与能量都携带有语音信号的信息，如果仅仅靠功率谱作为失真比较的参数，则识别的性能将不够理想。为此，可以采用如下定义的失真测度：

$$d(f,E) = d(f,f') + \alpha g(|\boldsymbol{E}-\boldsymbol{E}'|) \qquad (3\text{-}23)$$

式中，$\boldsymbol{E}$ 及 $\boldsymbol{E}'$ 分别为输入信号矢量和码书重构矢量的归一化能量，$g(x)$ 可取为

$$g(x) = \begin{cases} 0 & (x \leqslant x_d) \\ x & (x_F \geqslant x > x_d) \\ x_F & (x > x_F) \end{cases} \qquad (3\text{-}24)$$

$g(x)$的作用是：当两矢量的能量接近时，忽略能量差异引起的影响；当两矢量的能量相差较大时，即进行线性加权；而当能量差超过门限 x_F 时，则为某固定值。式（3-24）中，α 为加权因子。这里 x_F、x_d 和 α 要经过实验来进行确定。

3.1.5　矢量量化器的最佳码本设计

选择了合适的失真测度后，就可进行矢量量化器的最佳设计。所谓最佳设计，就是从大量信号样本中训练出好的码本；从实际效果出发寻找到好的失真测度定义公式；用最少的搜索和计算失真的运算量，来实现最大可能的平均信噪比。如果用 $d(\boldsymbol{X},\boldsymbol{Y})$ 表示训练用特征矢量 $\boldsymbol{X}$ 与训练出的码本的码字 $\boldsymbol{Y}$ 之间的畸变，那么最佳码本设计的任务就是在一定的条件下，使得此畸变的统计平均值 $D=E\big[d(\boldsymbol{X},\boldsymbol{Y})\big]$ 达到最小。这里 $E[\ ]$ 表示对 $\boldsymbol{X}$ 的全体所构成的集合以及码本的所有码字 $\boldsymbol{Y}$ 进行统计平均。为了实现这一目的，应该遵循以下两条原则：

1）根据 X 选择相应的码字 Y_l 时应遵从最近邻准则（Nearest Neighbor Rule，NNR），这可表示为

$$d(\boldsymbol{X},\boldsymbol{Y}_l)=\min_j d(\boldsymbol{X},\boldsymbol{Y}_j) \tag{3-25}$$

2）设所有选择码字 Y_l（即归属于 Y_l 所表示的区域）的输入矢量 X 的集合为 S_l，那么 Y_l 应使此集合中的所有矢量与 Y_l 之间的畸变值最小。如果 X 与 Y 之间的畸变值等于它们的欧氏距离，那么容易证明 Y_l 应等于 S_l 中所有矢量的质心，即 Y_l 应由下式表示：

$$\boldsymbol{Y}_l=\frac{1}{N}\sum_{\boldsymbol{X}\in S_l}\boldsymbol{X},\ \forall l \tag{3-26}$$

式中，N 是 S_l 中所包含的矢量的个数。

根据这两条原则，可以设计出一种码本设计的递推算法。这个算法就是 LBG 算法。整个算法实际上就是上述两个条件的反复迭代过程，即从初始码本寻找最佳码本的迭代过程。它由对初始码本进行迭代优化开始，一直到系统性能满足要求或不再有明显的改进为止。下面给出以欧氏距离计算两个矢量畸变时的 LBG 算法的具体实现步骤。

1）设定码本和迭代训练参数：设全部输入训练矢量 $\boldsymbol{X}$ 的集合为 $\boldsymbol{S}$；设置码本的尺寸为 J；设置迭代算法的最大迭代次数为 L；设置畸变改进阈值为 δ。

2）设定初始化值：设置 J 个码字的初值 $\boldsymbol{Y}_1^{(0)},\boldsymbol{Y}_2^{(0)},\cdots,\boldsymbol{Y}_J^{(0)}$；设置畸变初值 $D^{(0)}=\infty$；设置迭代次数初值 $m=1$。

3）假定根据最近邻准则，将 $\boldsymbol{S}$ 分成了 J 个子集 $\boldsymbol{S}_1^{(m)},\boldsymbol{S}_2^{(m)},\cdots,\boldsymbol{S}_J^{(m)}$，即当 $\boldsymbol{X}\in S_l^{(m)}$ 时，下式应成立：

$$d(\boldsymbol{X},\boldsymbol{Y}_l^{(m-1)})\leqslant d(\boldsymbol{X},\boldsymbol{Y}_i^{(m-1)}) \qquad \forall i,i\neq l$$

4）计算总畸变 $D^{(m)}$ 　　$\displaystyle D^{(m)}=\sum_{l=1}^{J}\sum_{x\in S_l^{(m)}}d(\boldsymbol{X},\boldsymbol{Y}_l^{(m-1)})$

5）计算畸变改进量 $\Delta D^{(m)}$ 的相对值 $\delta^{(m)}$ 　　$\displaystyle \delta^{(m)}=\frac{\Delta D^{(m)}}{D^{(m)}}=\frac{\mid D^{(m-1)}-D^{(m)}\mid}{D^{(m)}}$

6）计算新码本的码字 $Y_1^{(m)},Y_2^{(m)},\cdots,Y_J^{(m)}$ 　　$\displaystyle \boldsymbol{Y}_l^{(m)}=\frac{1}{N_l}\sum_{X\in S_l^{(m)}}\boldsymbol{X}$

7）判断 $\delta^{(m)}<\delta$？若是，转入 9）执行；否则，转入 8）执行。

8）判断 $m<L$？若否，转入 9）执行；否则，令 $m=m+1$，转入 3）执行。

9）迭代终止；输出 $Y_1^{(m)}, Y_2^{(m)}, \cdots, Y_J^{(m)}$ 作为训练成的码本的码字，并且输出总畸变 $D^{(m)}$。

3.2　隐马尔可夫模型

3.2.1　隐马尔可夫模型概述

隐马尔可夫模型（Hidden Markov Models，HMM）作为语音信号的一种统计模型，在语音处理各个领域中获得广泛的应用。100 多年前，数学家和工程师们就已经知道马尔可夫链了。但是，只是在近三十几年里，它才被用到语音信号处理中来，其主要原因在于当时缺乏一种能使该模型参数与语音信号达到最佳匹配的有效方法。直到 20 世纪 60 年代后期，才有人提出了这种匹配方法，而有关它的理论基础，是在 1970 年前后由 Baum 等人建立起来的，随后由 CMU 的 Baker 和 IBM 的 Jelinek 等人将其应用到语音识别之中。由于 Bell 实验室 Rabiner 等人在 20 世纪 80 年代中期对 HMM 深入浅出的介绍，才逐渐使 HMM 为世界各国从事语音信号处理的研究人员所了解和熟悉，进而成为公认的一个研究热点。近几十年来，隐马尔可夫模型技术无论在理论上还是在实践上都有了许多进展。其基本理论和各种实用算法是现代语音识别等的重要基础之一。

HMM 是一个输出符号序列的统计模型，具有 N 个状态 $S_1, S_2, \cdots, S_N$，它按一定的周期从一个状态转移到另一个状态，每次转移时，输出一个符号。转移到哪一个状态，转移时输出什么符号，分别由状态转移概率和转移时的输出概率来决定。因为只能观测到输出符号序列，而不能观测到状态转移序列（即模型输出符号序列时，是通过了哪些状态路径，不能知道），所以称为隐马尔可夫模型。

图 3-4 是一个简单的 HMM 的例子，它具有三个状态，其中 S_1 是起始状态，S_3 是终了状态。该 HMM 只能输出两种符号，即 a 和 b。每一条弧上有一个状态转移概率以及该弧发生转移时输出符号 a 和 b 的概率。从一个状态转移出去的概率之和为 1；每次转移时输出符号 a 和 b 的概率之和也为 1。图中 a_{ij} 是从 S_i 状态转移到 S_j 状态的概率，每个转移弧上输出概率矩阵中 a 和 b 两个符号对应的数字，分别表示在该弧发生转移时该符号的输出概率值。

设在如图 3-4 所示的 HMM 中，从 S_1 出发到 S_3 截止，输出的符号序列是 aab，则 aab 输出概率的计算步骤如下。

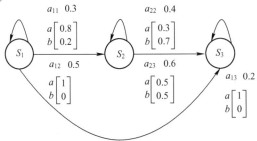

图 3-4　一个简单的三状态 HMM 的例子

因为从 S_1 到 S_3，并且输出 aab 时，从图中可以看出可能的路径只有 $S_1 \to S_1 \to S_2 \to S_3$；$S_1 \to S_2 \to S_2 \to S_3$；$S_1 \to S_1 \to S_1 \to S_3$ 三种。每一种路径输出 aab 的概率分别是：

$$S_1 \to S_1 \to S_2 \to S_3: \quad 0.3 \times 0.8 \times 0.5 \times 1.0 \times 0.6 \times 0.5 = 0.036$$
$$S_1 \to S_2 \to S_2 \to S_3: \quad 0.5 \times 1.0 \times 0.4 \times 0.3 \times 0.6 \times 0.5 = 0.018 \tag{3-27}$$
$$S_1 \to S_1 \to S_1 \to S_3: \quad 0.3 \times 0.8 \times 0.3 \times 0.8 \times 0.2 \times 1.0 = 0.01152$$

由于是隐马尔可夫模型，所以状态序列不可知，即不知道 HMM 输出 aab 时，到底是经过了哪一条不同状态组成的路径。如果知道了该 HMM 输出 aab 时通过的路径，就可以把该路径的输出概率，作为该 HMM 输出 aab 的概率。因为不知道该 HMM 输出 aab 时是通过了哪一条路径，所以，作为计算输出概率的一种方法，是把每一种可能路径的概率相加得到的总的概率值作为 aab 的输出概率值。所以该 HMM 输出的 aab 的总概率是 $0.036 + 0.018 + 0.01152 = 0.06552$。通过这个例子，可以对 HMM 有一个初步的认识。

从整体来讲，语音信号是时变的，所以用模型表示时，其参数也是时变的。但是语音信号是慢时变信号，所以，简单的考虑方法是：在较短的时间内用线性模型参数来表示，然后，再将许多线性模型在时间上串接起来，这就是马尔可夫链（Markov 链）。但是，除非已经知道信号的时变规律，否则，就存在一个问题：如何确定多长的时间，模型就必须变化？显然，不可能期望准确地确定这些时长，或者不可能做到模型的变化与信号的变化同步，而只能凭经验来选取这些时长。所以 Markov 链虽然可以描述时变信号，但不是最佳的和最有效的。

而 HMM 的出现，既解决了用短时模型描述平稳段的信号，又解决了每个短时平稳段是如何转变到下一个短时平稳段的。HMM 是建立在一阶 Markov 链的基础之上的，它们的概率特性基本相同。不同点是 HMM 是一个双内嵌式随机过程，即 HMM 是由两个随机过程组成的，一个随机过程描述状态和观察值之间的统计对应关系，它解决了用短时模型描述平稳段的信号的问题；由于实际问题比 Markov 链模型所描述的更为复杂，观察到的事件并不是如 Markov 链模型中与状态一一对应，所以 HMM 通过另一组概率分布相联系的状态的转移统计对应关系来描述每个短时平稳段是如何转变到下一个短时平稳段的。

HMM 通过一个双内嵌式随机过程：一个随机过程描述状态的转移；另一个随机过程描述状态和观察值之间的统计对应关系。这样，站在观察者的角度，只能看到观察值，不像 Markov 链模型中的观察值和状态一一对应，因此，不能直接看到状态，而只能是通过一个随机过程去感知状态的存在以及其特性。因而称之为"隐" Markov 链模型，即 HMM。

为了更好地理解"隐"的含义，下面举一个说明 HMM 概念的著名例子——球和缸的实验。设有 N 个缸，每个缸中装有很多彩色的球，在同一个缸中不同颜色球的多少由一组概率分布来描述。实验是这样进行的，根据某个初始概率分布，随机地选择 N 个缸中的一个缸，例如第 i 个缸。再根据这个缸中彩色球颜色的概率分布，随机地选择一个球，记下球的颜色，记为 o_1，再把球放回缸中。又根据描述缸的转移的概率分布，选择下一个缸，例如，第 j 个缸，再从缸中随机选一个球，记下球的颜色，记为 o_2。一直进行下去，可以得到一个描述球的颜色的序列 $o_1, o_2, \cdots$，由于这是观察到的事件，因而称之为观察值序列。如果每个缸中只装有一种彩色的球，则根据球的颜色的序列 $o_1, o_2, \cdots$，就可以知道缸的排列。但球的颜色和缸之间不是一一对应的，所以缸之间的转移以及每次选取的缸被隐藏起来了，并不能直接观察到。而且，从每个缸中选择什么颜色的球是由彩球颜色概率分布随机决定的。此外，每次选取哪个缸则由一组转移概率所决定。

通过以上的分析可以知道，HMM 用于语音信号建模时，是对语音信号的时间序列结构建立统计模型，它是数学上的双重随机过程：一个是具有有限状态数的 Markov 链来模拟语音信号统计特性变化的隐含的随机过程，另一个是与 Markov 链的每一状态相关联的观测序列的随机过程。前者通过后者表现出来，但前者的具体参数（如状态序列）是不可观测的。人的言语过程实际上就是一个双重随机过程，语音信号本身是一个可观测的时变序列，是由大脑根据语法知识和言语需要（不可观测的状态）发出的音素的参数流。可见，HMM 合理地模仿了这一过程，很好地描述了语音信号的整体非平稳性和局部平稳性，是一种较为理想的语音信号模型。

3.2.2　隐马尔可夫模型的定义

1. 离散 Markov 过程

Markov 链是 Markov 随机过程的特殊情况，即 Markov 链是状态和时间参数都离散的 Markov 过程。

设在时刻 t 的随机变量 S_t 的观察值为 s_t，则在 $S_1 = s_1, S_2 = s_2, \cdots, S_t = s_t$ 的前提下，$S_{t+1} = s_{t+1}$ 的概率如式（3-28）所示，称其为 n 阶 Markov 过程：

$$P(S_{t+1} = s_{t+1} \mid S_1^t = s_1^t) = P(S_{t+1} = s_{t+1} \mid S_{t-n+1}^t = s_{t-n+1}^t) \tag{3-28}$$

式中，S_1^t 表示 $S_1, S_2, \cdots, S_t$；s_1^t 表示 $s_1, s_2, \cdots, s_t$；$S_1^t = s_1^t$ 表示 $S_1 = s_1, S_2 = s_2, \cdots, S_t = s_t$。特别地，当式（3-29）成立时，则称其为 1 阶 Markov 过程，又叫单纯 Markov 过程。

$$P(S_{t+1} = s_{t+1} \mid S_1^t = s_1^t) = P(S_{t+1} = s_{t+1} \mid S_t = s_t) \tag{3-29}$$

即系统在任一时刻所处的状态只与此时刻的前一时刻所处的状态有关。而且，为了处理问题方便，我们只考虑式（3-29）右边的概率与时间无关的情况，即

$$P_{ij}(t, t+1) = P(S_{t+1} = s_j \mid S_t = s_i) \tag{3-30}$$

同时满足

$$P(t, t+1)_{ij} \geqslant 0, \quad \sum_{j=1}^{N} P(t, t+1)_{ij} = 1 \tag{3-31}$$

这里，$P(t, t+1)_{ij}$ 是当时刻 t 从状态 i 在时刻 $t+1$ 到状态 j 的转移概率，当这个转移概率是与时间无关的常数时，又叫 $S_1, S_2, \cdots$ 是具有常数转移概率的 Markov 过程。另外，$P(t)_{ij} \geqslant 0$ 表示 t 存在时，从状态 i 到状态 j 的转移是可能的。对于任意的 i, j 都有 $P(t)_{ij} \geqslant 0$，则这个 Markov 过程是正则 Markov 过程。

假设有 N 个不同的状态 $(S_1, S_2, \ldots, S_N)$，系统在经历了一段时间后，按照式（3-28）所定义的概率关系经历了一系列状态的变化，此时输出的是状态序列，这种随机过程称为可观察 Markov 模型，在这种模型中，每一个状态对应一个物理事件。

2. 隐 Markov 模型

HMM 类似于一阶 Markov 过程。不同点是 HMM 是一个双内嵌式随机过程。正如前面所介绍的一样，HMM 是由两个随机过程组成的：一个是状态转移序列，它对应着一个单纯 Markov 过程；另一个是每次转移时输出的符号组成的符号序列。在语音识别用 HMM 中，相邻符号之间是不相关的（这当然不符合语音信号的实际情况，这也是 HMM 的一个缺点，对

此，已经有许多改进的 HMM 被提出）。这两个随机过程，其中一个随机过程是不可观测的，只能通过另一个随机过程的输出观察序列观测。设状态转移序列为 $S = s_1 s_2 \cdots s_T$，输出的符号序列为 $O = o_1 o_2 \cdots o_T$，则在单纯 Markov 过程和相邻符号之间是不相关的假设下（即 s_{i-1} 和 s_i 之间转移时的输出观察值 o_i 和其他转移之间无关），有下式成立：

$$P(S) = \prod_i P(s_i \mid s_1^{i-1}) = \prod_i P(s_i \mid s_{i-1}) \tag{3-32}$$

$$P(O \mid S) = \prod_i P(o_i \mid s_1^i) = \prod_i P(o_i \mid s_{i-1}, s_i) \tag{3-33}$$

对于隐 Markov 模型，把所有可能的状态转移序列都考虑进去，则有

$$P(O) = \sum_S P(O \mid S) P(S) = \sum_S \prod_i P(s_i \mid s_{i-1}) P(o_i \mid s_{i-1}, s_i) \tag{3-34}$$

由此可知，上式就是计算输出符号序列 aab 的输出概率所用的方法。

3. HMM 的基本元素

通过前面讨论的 Markov 链以及球与缸实验的例子，可以给出 HMM 的定义，或者考虑一个 HMM 可以由哪些元素描述。根据以上的分析，对于语音识别用 HMM 可以用下面 6 个模型参数来定义，即

$$M = \{S, O, A, B, \pi, F\}$$

式中，S——模型中状态的有限集合，即模型由几个状态组成。设有 N 个状态，$S = \{S_i \mid i = 1, 2, \cdots, N\}$。记 t 时刻模型所处状态为 s_t，显然 $s_t \in (S_1, S_2, \cdots, S_N)$。在球与缸的实验中的缸就相当于状态。

O——输出的观测值符号的集合，即每个状态对应的可能的观察值数目。记 M 个观察值为 $O_1, \cdots, O_M$，记 t 时刻观察到的观察值为 o_t，其中 $o_t \in (O_1, O_2, \cdots, O_M)$。在球与缸实验中所选彩球的颜色就是观察值。

A——状态转移概率的集合。所有转移概率可以构成一个转移概率矩阵，即

$$A = \begin{bmatrix} a_{11} & \cdots & a_{1N} \\ \vdots & & \vdots \\ a_{N1} & \cdots & a_{NN} \end{bmatrix} \tag{3-35}$$

式中，a_{ij} 是从状态 S_i 到状态 S_j 转移时的转移概率，$1 \leq i, j \leq N$ 且有 $0 \leq a_{ij} \leq 1$，$\sum_{j=1}^{N} a_{ij} = 1$。在球与缸实验中，它指每次在当前选取的缸的条件下选取下一个缸的概率。

B——输出观测值概率的集合。$B = \{b_{ij}(k)\}$，其中 $b_{ij}(k)$ 是从状态 S_i 到状态 S_j 转移时观测值符号 k 的输出概率，即缸中球的颜色 k 出现的概率。根据 B 可将 HMM 分为连续型和离散型 HMM 等，即

$$\sum_k b_{ij}(k) = 1 \qquad （离散型 HMM） \tag{3-36}$$

$$\int_{-\infty}^{+\infty} b_{ij}(k) \mathrm{d}k = 1 \qquad （连续型 HMM） \tag{3-37}$$

π——系统初始状态概率的集合，$\pi = \{\pi_i\}$：π_i 表示初始状态是 s_i 的概率，即

$$\pi_i = P[S_1 = s_i], \quad (1 \leq i \leq N) \qquad \sum \pi_j = 1 \tag{3-38}$$

在球与缸实验中，它指开始时选取某个缸的概率。

F——系统终了状态的集合

这里需要说明的是，严格地说 Markov 模型是没有终了状态的概念的，只是在语音识别里用的 Markov 模型要设定终了状态。综上所述，可以记一个 HMM 为 $M=\{S,O,A,B,\pi,F\}$，为了便于表示，常用下面的形式表示一个 HMM，即简写为 $M=\{A,B,\pi\}$。所以形象地说，HMM 可分为两部分，一个是 Markov 链，由 π、A 描述，产生的输出为状态序列。另一个是一个随机过程，由 B 描述，产生的输出为观察值序列，T 为观察值时间长度。

为了加深理解，这里简单说明一下 HMM 是怎样用于语音识别的，识别过程如图 3-5 所示。假设利用 HMM 进行孤立字（词）语音识别，则每一个孤立字（词）必须准备一个 HMM，即每一个孤立字（词）有一个 HMM 加以描述。这可以通过模型学习或训练来完成。现对于任一要识别的未知孤立字（词）语音，首先通过分帧、参数分析和特征参数提取，可以得到一组随机向量序列 $X_1,X_2,\cdots,X_T$（T 为观察值时间长度，即帧数）；再通过矢量量化等就可以把 $X_1,X_2,\cdots,$ X_T 转化成一组符号序列 $O=o_1o_2\cdots o_T$（这个符号序列是由码本的码字组成的，而这个码本是一个对于所有类别的模型的一个共同的码本，它由所有类别的数据，通过 LBG 方法聚类得到）。然后计算这组符号序列在每个 HMM 上的输出概率，输出概率最大的 HMM 对应的孤立字（词），就是识别结果。

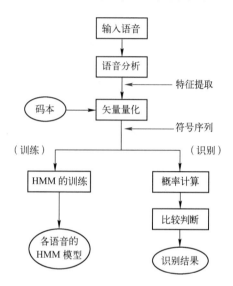

图 3-5　基于 HMM 的孤立字（词）识别

3.2.3　隐马尔可夫模型的基本算法

从图 3-5 所示的 HMM 用于孤立字（词）识别过程可知，欲使所建立的 HMM 对于实际应用有效，必须解决三个问题：

（1）识别问题

给定观察符号序列 $O=o_1o_2\cdots o_T$ 和模型 $M=\{A,B,\pi\}$，如何快速有效地计算观察符号序列的输出概率 $P(O|M)$？

（2）寻找与给定观察字符序列对应的最佳的状态序列

给定观察字符号序列和输出该符号序列的模型 $M=\{A,B,\pi\}$，如何有效地确定与之对应的最佳的状态序列，即估计出模型产生观察字符号序列时最有可能经过的路径。它可以被认为是所有可能的路径中，概率最大的路径。尽管在上面的介绍中，一直讲状态序列不能够知道，但实际上，存在一种有效算法可以计算最佳的状态序列。这种算法的指导思想就是概率最大的路径是最有可能经过的路径，即最佳的状态序列路径。

（3）模型训练问题

实际上是一个模型参数估计问题，即对于初始模型和给定用于训练的观察符号序列 $O = o_1 o_2 \cdots o_T$，如何调整模型 $M = \{A, B, \pi\}$ 的参数，使得输出概率 $P(O \mid M)$ 最大？

其中，第一个和第三个问题，在语音识别中必须解决；第二个问题在有些应用中需要解决。下面结合讨论这三个问题的解法，介绍 HMM 的基本算法。

1. 前向-后向算法

前向-后向算法（Forward-Backward，F-B 算法）是用来计算给定一个观察值序列 $O = o_1 o_2 \cdots o_T$ 以及一个模型 $M = \{A, B, \pi\}$ 时，由模型 M 产生出 O 的概率 $P(O \mid M)$ 的。在上面的介绍中我们曾经就已知观察值序列 aab 和模型 $M = \{A, B, \pi\}$ 时，aab 的输出概率的计算方法和步骤做过介绍。但是上面的情况是为了说明问题时用的一个简单的例子，实际情况我们不可能知道每一种可能的路径，而且这种计算的计算量也是十分惊人的，大约为 $2TN^T$ 数量级，当 HMM 的状态数 $N = 5$，观察值序列长度 $T = 100$ 时，计算量达 10^{72}，是完全不能接受的。在此情况下，要求出 $P(O/M)$ 还必须寻求更有效的算法，这就是 Baum 等人提出的前向-后向算法。设 S_1 是初始状态，S_N 是终了状态，则前向-后向算法可以介绍如下。

2. 前向算法

前向算法即按输出观察值序列的时间，从前向后递推计算输出概率。首先说明下列符号的定义：

$O = o_1, o_2, \cdots, o_T$　　输出的观察符号序列

$P(O/M)$　　　　　给定模型 M 时，输出符号序列 O 的概率

a_{ij}　　　　　　从状态 S_i 到状态 S_j 的转移概率

$b_{ij}(o_t)$　　　　从状态 S_i 到状态 S_j 发生转移时输出 o_t 的概率

$\alpha_t(j)$　　　　输出部分符号序列 $o_1, o_2, \cdots, o_t$ 并且到达状态 S_j 的概率，即前向概率

由上面符号的定义，则 $\alpha_t(j)$ 可由下面的递推公式计算得到：

（1）初始化　　　$\alpha_0(1) = 1$，$\alpha_0(j) = 0$　　　$(j \neq 1)$

（2）递推公式　　$\alpha_t(j) = \sum_i \alpha_{t-1}(i) a_{ij} b_{ij}(o_t)$　　$(t = 1, 2, \cdots, T; \ i, j = 1, 2, \cdots, N)$

（3）最后结果　　$P(O/M) = \alpha_T(N)$

图 3-6 说明了在递推过程中 $\alpha_{t-1}(i)$ 与 $\alpha_t(j)$ 的关系，t 时刻的 $\alpha_t(j)$ 等于 $t-1$ 时刻的所有状态的 $\alpha_{t-1}(i) a_{ij} b_{ij}(o_t)$ 之和，当然如果状态 S_i 到状态 S_j 没有转移时 $a_{ij} = 0$。这样在 t 时刻对所有状态 $S_j(j = 1, 2, \cdots, N)$ 的 $\alpha_t(j)$ 都计算一次，则每个状态的前向概率都更新了一次，然后进入 $t+1$ 时刻的递推过程。图 3-7 以上面计算 aab 的输出概率为例子，说明了利用前向递推算法计算输出概率的全过程，图中虚线表示没有转移。从图 3-6 和图 3-7 可以理解利用前向递推算法计算模型 $M = \{A, B, \pi\}$ 对于输出观察符号序列 $O = o_1, o_2, \cdots, o_T$ 的输出概率 $P(O/M)$ 的步骤如下：

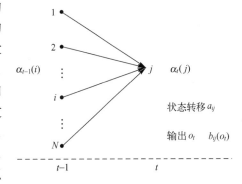

图 3-6　$\alpha_{t-1}(i)$ 与 $\alpha_t(j)$ 的关系

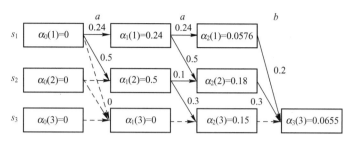

图 3-7　$\alpha_t(j)$ 的计算过程

1）给每个状态准备一个数组变量 $\alpha_t(j)$，初始化时令初始状态 S_1 的数组变量 $\alpha_0(1)$ 为 1，其他状态数组变量 $\alpha_0(j)$ 为 0。

2）根据 t 时刻输出的观察符号 o_t 计算 $\alpha_t(j)$

$$\alpha_t(j) = \sum_i \alpha_{t-1}(i) a_{ij} b_{ij}(o_t) = \alpha_{t-1}(1) a_{1j} b_{1j}(o_t) + \alpha_{t-1}(2) a_{2j} b_{2j}(o_t) + \cdots +$$
$$\alpha_{t-1}(N) a_{Nj} b_{Nj}(o_t) \quad (j = 1, 2, \cdots, N)$$

当状态 S_i 到状态 S_j 没有转移时 $a_{ij} = 0$。

3）当 $t \neq T$ 时转移到 2），否则执行 4）。

4）将这时的终了状态的数组变量 $\alpha_T(N)$ 内的值取出，则

$$P(O/M) = \alpha_T(N)$$

这种前向递推计算算法的计算量大为减少，变为 $N(N+1)(T-1) + N$ 次乘法和 $N(N-1)$ $(T-1)$ 次加法。同样，$N = 5$，$T = 100$ 时，只需大约 3000 次计算（乘法）。另外，这种算法也是一种典型的格型结构，和动态规划（DP）递推方法类似。

3. 后向算法

与前向算法类似，后向算法即按输出观察值序列的时间，从后向前递推计算输出概率的方法。首先说明下列符号的定义：

$O = o_1, o_2, \cdots, o_T$　　　　输出的观察符号序列

$P(O/M)$　　　　给定模型 M 时，输出符号序列 O 的概率

a_{ij}　　　　从状态 S_i 到状态 S_j 的转移概率

$b_{ij}(o_t)$　　　　从状态 S_i 到状态 S_j 发生转移时输出 o_t 的概率

$\beta_t(i)$　　　　从状态 S_i 开始到状态 S_N 结束输出部分符号序列 $o_{t+1}, o_{t+2}, \cdots,$
　　　　o_T 的概率，即后向概率

$\beta_t(i)$ 可由下面的递推公式计算得到：

（1）初始化　　　　$\beta_T(N) = 1$，$\beta_T(j) = 0$　　　$(j \neq N)$

（2）递推公式　　　　$\beta_t(i) = \sum_j \beta_{t+1}(j) a_{ij} b_{ij}(o_{t+1})$　　　$(t = T, T+1, \cdots, 1; \ i, j = 1, 2, \cdots, N)$

（3）最后结果　　　　$P(O/M) = \sum_{i=1}^{N} \beta_1(i) \pi_i = \beta_0(1)$

后向算法的计算量大约在 $N^2 T$ 数量级，也是一种格型结构。显然，根据定义的前向和后向概率，有如下关系成立：

$$P(O/M) = \sum_{i=1}^{N} \sum_{j=1}^{N} \alpha_t(i) a_{ij} b_{ij}(o_{t+1}) \beta_{t+1}(j), \ 1 \leqslant t \leqslant T - 1 \qquad (3-39)$$

4. 维特比（Viterbi）算法

第二个要解决的问题是给定观察字符号序列和模型 $M=\{A,B,\pi\}$，如何有效地确定与之对应的最佳的状态序列。这可以由另一个 HMM 的基本算法——维特比（Viterbi）算法来解决。Viterbi 算法解决了给定一个观察值序列 $O=o_1,o_2,\cdots,o_T$ 和一个模型 $M=\{A,B,\pi\}$ 时，在最佳的意义上确定一个状态序列 $S=s_1s_2\cdots s_T$ 的问题。"最佳"的意义有很多种，由不同的定义可得到不同的结论。这里讨论的最佳意义上的状态序列，是指使 $P(S,O/M)$ 最大时确定的状态序列，即 HMM 输出一个观察值序列 $O=o_1,o_2,\cdots,o_T$ 时，可能通过的状态序列路径有多种，这里面使输出概率最大的状态序列 $S=s_1s_2\cdots s_T$ 就是"最佳"。Viterbi 算法描述如下：

（1）初始化　　　　$\alpha'_0(1)=1$，$\alpha'_0(j)=0$　　　　$(j\neq 1)$

（2）递推公式　　　$\alpha'_t(j)=\max_i \alpha'_{t-1}(j)a_{ij}b_{ij}(o_t)$　　　$(t=1,2,\cdots,T;\ i,j=1,2,\cdots,N)$

（3）最后结果　　　$P_{\max}(S,O/M)=\alpha'_T(N)$

在这个递推公式中，每一次使 $\alpha'_t(j)$ 最大的状态 i 组成的状态序列就是所求的最佳状态序列。所以利用 Viterbi 算法求取最佳状态序列的步骤如下：

1）给每个状态准备一个数组变量 $\alpha'_t(j)$，初始化时令初始状态 S_1 的数组变量 $\alpha'_0(1)$ 为 1，其他状态的数组变量 $\alpha'_0(j)$ 为 0。

2）根据 t 时刻输出的观察符号 o_t 计算 $\alpha'_t(j)$

$\alpha_t(j)=\max_i \alpha'_{t-1}a_{ij}b_{ij}(o_t)$

　　　$=\max_i\{\alpha'_{t-1}(1)a_{1j}b_{1j}(o_t),\ \ \alpha'_{t-1}(2)a_{2j}b_{2j}(o_t),\cdots,\alpha'_{t-1}(N)a_{Nj}b_{Nj}(o_t)\}$　　　$(j=1,2,\cdots,N)$

当状态 S_i 到状态 S_j 没有转移时，$a_{ij}=0$。

设计一个符号数组变量，称为最佳状态序列寄存器，利用这个最佳状态序列寄存器把每一次使 $\alpha'_t(j)$ 最大的状态 i 保存下来。

3）当 $t\neq T$ 时转移到 2），否则执行 4）。

4）把这时的终了状态寄存器 $\alpha'_T(N)$ 内的值取出，则 $P_{\max}(S,O/M)=\alpha'_T(N)$ 为输出最佳状态序列寄存器的值，即为所求的最佳状态序列。

5. Baum-Welch 算法

Baum-Welch 算法实际上是解决 HMM 训练，即 HMM 参数估计问题的。或者说，给定一个观察值序列 $O=o_1,o_2,\cdots,o_T$，该算法能确定一个 $M=\{A,B,\pi\}$，使 $P(O/M)$ 最大。这里，求取 M，使 $P(O/M)$ 最大，是一个泛函极值问题。但是，由于给定的训练序列有限，因而不存在一个最佳的方法来估计 M。在这种情况下，Baum-Welch 算法利用递归的思想，使 $P(O/M)$ 局部放大，最后得到优化的模型参数 $M=\{A,B,\pi\}$。可以证明，利用 Baum-Welch 算法的重估公式得到的重估模型参数构成的新模型 $\hat{M}$，一定有 $P(O/\hat{M})>P(O/M)$ 成立，即由重估公式得到的 $\hat{M}$ 比 M 在表示观察值序列 $O=o_1,o_2,\cdots,o_T$ 方面要好。那么，重复这个过程，逐步改进模型参数，直到 $P(O/\hat{M})$ 收敛，即不再明显增大，此时的 $\hat{M}$ 即为所求之模型。此外，用梯度方法也可达到类似目的。下面具体介绍 Baum-Welch 算法。

给定一个（训练）观察值符号序列 $O=o_1,o_2,\cdots,o_T$，以及一个需要通过训练进行重估参数的 HMM 模型 $M=\{A,B,\pi\}$。按前向—后向算法，设对于符号序列 $O=o_1,o_2,\cdots,o_T$，在时刻 t 从状态 S_i 转移到状态 S_j 的转移概率为 $\gamma_t(i,j)$，则 $\gamma_t(i,j)$ 可表示如下：

$$\gamma_t(i,j) = \frac{\alpha_{t-1}(i)\,a_{ij}b_{ij}(o_t)\beta_t(j)}{\alpha_T(N)} = \frac{\alpha_{t-1}(i)\,a_{ij}b_{ij}(o_t)\beta_t(j)}{\sum_i \alpha_t(i)\beta_t(i)} \qquad (3\text{-}40)$$

同时，对于符号序列 $O=o_1,o_2,\cdots,o_T$，在时刻 t 时 Markov 链处于状态 S_i 的概率为

$$\sum_{j=1}^{N} \gamma_t(i,j) = \frac{\alpha_t(i)\beta_t(i)}{\sum_i \alpha_t(i)\beta_t(i)} \qquad (3\text{-}41)$$

这样，对于符号序列 $O=o_1,o_2,\cdots,o_T$，从状态 S_i 转移到状态 S_j 的转移次数的期望值为 $\sum_t \gamma_t(i,j)$；而从状态 S_i 转移出去的次数的期望值为 $\sum_j \sum_t \gamma_t(i,j)$。由此，可以导出 Baum-Welch 算法中著名的重估公式：

$$\hat{a}_{ij} = \frac{\sum_t \gamma_t(i,j)}{\sum_j \sum_t \gamma_t(i,j)} = \frac{\sum_t \alpha_{t-1}(i)\,a_{ij}b_{ij}(o_t)\beta_t(j)}{\sum_t \alpha_t(i)\beta_t(j)} \qquad (3\text{-}42)$$

$$\hat{b}_{ij}(k) = \frac{\sum_{t:o_t=k} \gamma_t(i,j)}{\sum_t \gamma_t(i,j)} = \frac{\sum_{t:o_t=k} \alpha_{t-1}(i)\,a_{ij}b_{ij}(o_t)\beta_t(j)}{\sum_t \alpha_{t-1}(i)\,a_{ij}b_{ij}(o_t)\beta_t(j)} \qquad (3\text{-}43)$$

所以根据观察值序列 $O=o_1,o_2,\cdots,o_T$ 和选取的初始模型 $M=\{A,B,\pi\}$，由重估公式（3-42）和式（3-43），求得一组新参数 $\hat{a}_{ij}$ 和 $\hat{b}_{ij}(k)$，亦即得到了一个新的模型 $\hat{M}=\{\hat{A},\hat{B},\hat{\pi}\}$。

下面给出利用 Baum-Welch 算法进行 HMM 训练的具体步骤：

1）适当地选择 a_{ij} 和 $b_{ij}(k)$ 的初始值。一般情况下可以按如下方式设定：

首先，给予从状态 i 转移出去的每条弧相等的转移概率

$$a_{ij} = \frac{1}{\text{从状态 } i \text{ 转移出去的弧的条数}} \qquad (3\text{-}44)$$

然后，给予每一个输出观察符号相等的输出概率初始值

$$b_{ij}(k) = \frac{1}{\text{码本中码字的个数}} \qquad (3\text{-}45)$$

并且每条弧上给予相同的输出概率矩阵。

2）给定一个（训练）观察值符号序列 $O=o_1,o_2,\cdots,o_T$，由初始模型计算 $\gamma_t(i,j)$ 等，并且由上述重估公式，计算 $\hat{a}_{ij}$ 和 $\hat{b}_{ij}(k)$。

3）再给定一个（训练）观察值符号序列 $O=o_1,o_2,\cdots,o_T$，把前一次的 $\hat{a}_{ij}$ 和 $\hat{b}_{ij}(k)$ 作为初始模型计算 $\gamma_t(i,j)$ 等，由上述重估公式，重新计算 $\hat{a}_{ij}$ 和 $\hat{b}_{ij}(k)$。

4）如此反复，直到 $\hat{a}_{ij}$ 和 $\hat{b}_{ij}(k)$ 收敛为止。

需要说明的是：语音识别一般采用从左到右型 HMM，所以初始状态概率 π_i 不需要估计，一般设定为

$$\pi_1 = 1; \quad \pi_i = 0 \quad (i=2,\cdots,N) \qquad (3\text{-}46)$$

此外，模型收敛，即停止训练的判定方法也很重要。因为并不是训练越多越好，训练过头反而会使模型参数精度变差。判定方法一种是前后两次的输出概率的差值小于一定阈值或模型参数

几乎不变为止；另一种是采用固定训练次数的办法，如对于一定数量的训练数据，利用这些数据反复训练 10 次（或若干次）即可。最后，训练数据的数量也很重要，要想训练一个好的 HMM，至少需要同类别数据几十个左右。

应当指出，HMM 训练，或称参数估计问题，是 HMM 在语音信号处理应用中的关键问题，与前面讨论的两个问题相比，这也是最困难的一个问题，Baum-Welch 算法只是得到广泛应用的解决这一问题的经典方法，但并不是唯一的，也远不是最完善的方法。

3.3　深度学习

3.3.1　深度学习概述

深度学习（Deep Learning，DL）一词最初在 1986 年被引入机器学习（Machine Learning，ML），后来在 2000 年时被用于人工神经网络（Artificial Neural Network，ANN）。它的基本思想是通过组合多个隐藏层来实现非线性信息处理和特征提取的目的，代表性结构是多层感知器（Multilayer Perceptron，MLP）。2006 年，Geoffrey Hinton 等学者提出深度信念网络以及相应的半监督算法，开启了深度学习的研究热潮。其基本思想是采用逐层初始化和整体反馈的方法，以受限玻尔兹曼机为基本单元来搭建神经网络，利用无监督预训练初始化权值和有监督参数微调，来训练该神经网络的参数。该方法成功克服了深度信念网络在训练过程中容易产生的梯度问题。

深度学习技术在语音信号处理领域有着十分广泛的应用。在传统语音信号处理方法中，语音信号的分析与特征提取、目标任务的完成通常被看作两个相互分离的问题分别进行处理。采用这种做法时，所提取的特征对于目标任务而言常常不是最优的。而深度学习技术具有自动提取特征的能力，因此可以将上述两个问题进行联合考虑和处理。例如，Mel 频率倒谱系数（MFCC）是一种典型的语音信号特征，然而，由于运用离散余弦变换（DCT）计算 MFCC 时容易损失语音的结构信息，从而导致 MFCC 在一些语音信号处理任务中并不是最优特征。由于对语音进行特征提取的实质就是对其进行相应的权重加成，这些权重完全可以通过神经网络学习得到。因此，利用深度学习可以直接让相应的神经网络完成针对原始语音信号的特征学习。

从目前已有的深度学习模型来看，其能够将较低层的输出作为更高一层的输入，通过这种方式自动地从大量训练数据中学习抽象的特征表示，以发现数据的分布式特征。深度学习模型的主要优点表现在以下几方面。

1）学习能力强，在很多任务中性能优于传统机器学习模型。

2）适应性好：深度学习模型的网络层数多，理论上可以映射到任意函数。

3）数据驱动、上限高：深度学习高度依赖数据，数据量越大，它的表现就越好。

深度学习也存在如下的缺点。

1）计算量大：深度学习需要大量的数据与算力支持。

2）硬件需求高：普通的 CPU 无法满足深度学习模型和算法的运算需求。

3）模型设计复杂：需要投入大量的人力物力与时间来开发新的模型。

3.3.2　深度神经网络

深度神经网络（Deep Neural Networks，DNN）是最基本的深度学习模型之一。本节主要介绍 DNN 结构及其训练算法。

1. DNN 基本结构

DNN 是深度学习最基本的模型之一，它针对单层感知机难以应对复杂非线性函数的困难，将其在深度上做了有效拓展。因此，DNN 是具有多个隐藏层和多个输出的网络，可以拟合复杂的非线性函数，模型的灵活性也大幅增强。在 DNN 中，各神经元分别属于不同的层，每一层的神经元可以接收前一层神经元的信号，并产生信号输出到下一层。其中，第 0 层称为输入层，其只作为数据的入口，没有计算单元；最后一层称为输出层，输出最终结果；其余中间各层都称为隐藏层，隐藏层越多，模型特征提取能力也越强，但模型的复杂度也越高。通常根据实际问题以及需求，设计相应数量的隐藏层。DNN 具有结构复杂、层次分明等特征，能够更好地拟合输入和输出之间复杂的关系，挖掘出隐藏在数据中的深层次信息。

图 3-8 给出了一个具有 4 个隐藏层的 DNN。当数据通过输入层进入 DNN 时，首先在第一个隐藏层中进行权重计算，然后经过激活计算后进入下一隐藏层，以此类推层层计算，直到到达输出层得到输出结果。以 L+1 层 DNN 为例，输入层为第 0 层，输出层为第 L 层。假设输入数据 $\boldsymbol{x} = \boldsymbol{a}^{(0)}$，通过不断迭代计算以下公式进行信息传播。

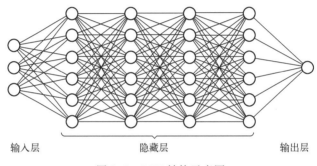

输入层　　　　　　隐藏层　　　　　　输出层

图 3-8　DNN 结构示意图

$$z^{(l)} = \boldsymbol{W}^{(l)} \boldsymbol{a}^{(l-1)} + \boldsymbol{b}^{(l)} \tag{3-47}$$

$$\boldsymbol{a}^{(l)} = f_l(\boldsymbol{z}^{(l)}) \tag{3-48}$$

具体而言，根据第 l-1 层神经元的输出 $\boldsymbol{a}^{(l-1)}$ 计算出第 l 层神经元的净输入 $\boldsymbol{z}^{(l)}$，再经过第 l 层的激活函数 $f_l(\cdot)$ 得到第 l 层神经元的输出。其中，$\boldsymbol{W}^{(l)}$ 为第 l-1 层到第 l 层的权重矩阵，$\boldsymbol{b}^{(l)}$ 为第 l-1 层到第 l 层的偏置。每经过一层，都要进行一次权重运算和激活运算，因而可以认为每一层执行一次仿射变换和一次非线性变换。用上述方式通过层层变换，得到最终输出。整个模型可以用一个复合函数 $\phi(\boldsymbol{x}; \boldsymbol{W}, \boldsymbol{b})$ 表示：

$$\boldsymbol{x} = \boldsymbol{a}^{(0)} \rightarrow z^{(1)} \rightarrow \boldsymbol{a}^{(1)} \rightarrow z^{(2)} \rightarrow \cdots \rightarrow \boldsymbol{a}^{(L-1)} \rightarrow z^{(L)} \rightarrow \boldsymbol{a}^{(L)} = \phi(\boldsymbol{x}; \boldsymbol{W}, \boldsymbol{b}) \tag{3-49}$$

其中，$\boldsymbol{W}$ 和 $\boldsymbol{b}$ 为网络中所有层组成的权重矩阵和偏置矩阵；激活函数 $f_l(\cdot)$ 是一非线性函数。需要说明的是，选择激活函数的原则一是要使它具有非线性，以便可以描述复杂的映射关系；二是应尽量使其具有可微性，以便使运算简化。常用的激活函数有以下几种。

Sigmoid 函数（或 σ 函数）：

$$\text{sigmoid}(u) = \frac{1}{1 + e^{-\beta u}} \tag{3-50}$$

其中，β 是一个常数，它控制 S 形曲线扭曲部分的斜率。

Tanh 函数：

$$\tanh(u) = \frac{e^{2u}-1}{e^{2u}+1} \tag{3-51}$$

Relu 函数：

$$\mathrm{relu}(u) = \max(0, u) \tag{3-52}$$

图 3-9 为上述三种神经元激活函数的曲线图形。

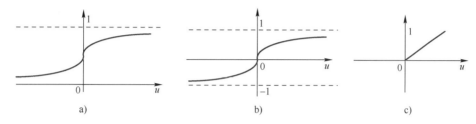

图 3-9　常用的激活函数
a）Sigmoid 函数　b）Tanh 函数　c）Relu 函数

2. 训练算法

在数据输入 DNN 经过前向传播得到输出后，由预先定义的目标函数可以计算损失，根据损失从后往前依次调整各层的权重和偏置，实现 DNN 参数的反向更新。具体地，给定训练集为 $D = \{(\boldsymbol{x}^{(n)}, \boldsymbol{y}^{(n)})\}_{n=1}^{N}$，将每个样本 $\boldsymbol{x}^{(n)}$ 输入给 DNN，得到网络输出为 $\boldsymbol{y}^{(n)}$，其在数据集 D 上的损失函数定义为

$$R(\boldsymbol{W}, \boldsymbol{b}) = \frac{1}{N} \sum_{n=1}^{N} L(\boldsymbol{y}^{(n)}, \hat{\boldsymbol{y}}^{(n)}) \tag{3-53}$$

在一些语音信号处理任务中，常使用交叉熵作为损失函数，即

$$L(\boldsymbol{y}, \hat{\boldsymbol{y}}) = -\boldsymbol{y}^{\mathrm{T}} \log \hat{\boldsymbol{y}} \tag{3-54}$$

有了损失函数和训练样本，在模型训练过程中，从输入到输出对每层神经元进行迭代计算，同时计算权重目标函数的梯度，用来更新网络参数以最小化目标函数。在每次迭代中，第 l 层的参数 $\boldsymbol{W}^{(l)}$ 和 $\boldsymbol{b}^{(l)}$ 参数更新如下：

$$\boldsymbol{W}^{(l)} \leftarrow \boldsymbol{W}^{(l)} - \alpha \frac{\partial R(\boldsymbol{W}, \boldsymbol{b})}{\partial \boldsymbol{W}^{(l)}} = \boldsymbol{W}^{(l)} - \alpha \left(\frac{1}{N} \sum_{n=1}^{N} \frac{\partial L(\boldsymbol{y}^{(n)}, \hat{\boldsymbol{y}}^{(n)})}{\partial \boldsymbol{W}^{(l)}} \right) \tag{3-55}$$

$$\boldsymbol{b}^{(l)} \leftarrow \boldsymbol{b}^{(l)} - \alpha \frac{\partial R(\boldsymbol{W}, \boldsymbol{b})}{\partial \boldsymbol{b}^{(l)}} = \boldsymbol{b}^{(l)} - \alpha \left(\frac{1}{N} \sum_{n=1}^{N} \frac{\partial L(\boldsymbol{y}^{(n)}, \hat{\boldsymbol{y}}^{(n)})}{\partial \boldsymbol{b}^{(l)}} \right) \tag{3-56}$$

在具体计算过程中，通常选用梯度下降法，计算损失函数对参数的偏导数。由于逐层地对每个参数求偏导将会带来很大的计算开销，因而在 DNN 的训练过程中，通常通过反向传播算法提升计算效率，从而更快地进行反向参数更新。仍以第 l 层为例，对第 l 层中的参数 $\boldsymbol{W}^{(l)}$ 和 $\boldsymbol{b}^{(l)}$ 计算偏导数。考虑到上述梯度下降过程中涉及对矩阵的微分，可以先计算损失函数对于参数矩阵中每个元素的偏微分：

$$\frac{\partial L(\boldsymbol{y}, \hat{\boldsymbol{y}})}{\partial w_{ij}^{(l)}} = \frac{\partial \boldsymbol{z}^{(l)}}{\partial w_{ij}^{(l)}} \frac{\partial L(\boldsymbol{y}, \hat{\boldsymbol{y}})}{\partial \boldsymbol{z}^{(l)}} \tag{3-57}$$

$$\frac{\partial L(\boldsymbol{y}, \hat{\boldsymbol{y}})}{\partial b^{(l)}} = \frac{\partial \boldsymbol{z}^{(l)}}{\partial b^{(l)}} \frac{\partial L(\boldsymbol{y}, \hat{\boldsymbol{y}})}{\partial \boldsymbol{z}^{(l)}} \tag{3-58}$$

由于公式中第二项都为损失函数对第 l 层神经元的偏微分，因此这里只需计算三个偏微分 $\dfrac{\partial z^{(l)}}{\partial w_{ij}^{(l)}}$，$\dfrac{\partial z^{(l)}}{\partial b^{(l)}}$，$\dfrac{\partial L(\boldsymbol{y},\hat{\boldsymbol{y}})}{\partial z^{(l)}}$。

根据式（3-47），得偏导数为

$$\frac{\partial z^{(l)}}{\partial w_{ij}^{(l)}}=\left[\frac{\partial z_1^{(l)}}{\partial w_{ij}^{(l)}},\cdots,\frac{\partial z_i^{(l)}}{\partial w_{ij}^{(l)}},\cdots,\frac{\partial z_{M_l}^{(l)}}{\partial w_{ij}^{(l)}}\right]$$

$$=\left[0,\cdots,\frac{\partial w_i^{(l)}a_i^{(l-1)}+b_i^{(l)}}{\partial w_{ij}^{(l)}},\cdots,0\right] \tag{3-59}$$

$$=\left[0,\cdots,a_j^{(l-1)},\cdots,0\right]$$

$$\frac{\partial z^{(l)}}{\partial b^{(l)}}=\boldsymbol{I}_{M_l} \tag{3-60}$$

此外，偏导数 $\dfrac{\partial L(\boldsymbol{y},\hat{\boldsymbol{y}})}{\partial z^{(l)}}$ 表示第 l 层神经元对损失函数的影响，也反映了第 l 层对网络的影响程度。令 $\boldsymbol{\delta}^{(l)}=\dfrac{\partial L(\boldsymbol{y},\hat{\boldsymbol{y}})}{\partial z^{(l)}}$，根据链式法则，有

$$\boldsymbol{\delta}^{(l)}=\frac{\partial L(\boldsymbol{y},\hat{\boldsymbol{y}})}{\partial z^{(l)}}$$

$$=\frac{\partial \boldsymbol{a}^{(l)}}{\partial z^{(l)}}\cdot\frac{\partial z^{(l+1)}}{\partial \boldsymbol{a}^{(l)}}\cdot\frac{\partial L(\boldsymbol{y},\hat{\boldsymbol{y}})}{\partial z^{(l+1)}} \tag{3-61}$$

$$=\mathrm{diag}(f_l'(z^{(l)}))(\boldsymbol{W}^{(l+1)})^{\mathrm{T}}\boldsymbol{\delta}^{(l+1)}$$

$$=f_l'(z^{(l)})\odot(\boldsymbol{W}^{(l+1)})^{\mathrm{T}}\boldsymbol{\delta}^{(l+1)}$$

式中，$\odot$ 是向量的 Hadamard 积运算符，表示每个元素相乘。

在计算出上述三个偏微分之后，式（3-57）可以表示为

$$\frac{\partial L(\boldsymbol{y},\hat{\boldsymbol{y}})}{\partial w_{ij}^{(l)}}=\left[0,\cdots,a_j^{(l-1)},\cdots,0\right]\left[\delta_1^{(l)},\cdots,\delta_i^{(l)},\cdots,\delta_{M_l}^{(l)}\right]^{\mathrm{T}}=\delta_i^{(l)}a_j^{(l-1)} \tag{3-62}$$

上式右边为向量 $\boldsymbol{\delta}^{(l)}$ 和向量 $\boldsymbol{a}^{(l-1)}$ 的外积的第 i,j 个元素。上式可以进一步写为

$$\left[\frac{\partial L(\boldsymbol{y},\hat{\boldsymbol{y}})}{\partial \boldsymbol{W}^{(l)}}\right]_{ij}=\left[\boldsymbol{\delta}^{(l)}(\boldsymbol{a}^{(l-1)})^{\mathrm{T}}\right]_{ij} \tag{3-63}$$

同理，可以得到损失函数关于第 l 层偏置的梯度：

$$\frac{\partial L(\boldsymbol{y},\hat{\boldsymbol{y}})}{\partial \boldsymbol{b}^{(l)}}=\boldsymbol{\delta}^{(l)} \tag{3-64}$$

在计算出每一层的误差 $\boldsymbol{\delta}^{(l)}$ 后，就可以根据式（3-62）和式（3-63）得到每一层参数的梯度。因此，DNN 训练算法包括以下三个步骤：

1）前向传播计算出每一层的输入 $z^{(l)}$ 和输出 $\boldsymbol{a}^{(l)}$，直到最后的输出层。

2）反向传播计算出每一层的误差 $\boldsymbol{\delta}^{(l)}$。

3）根据误差 $\boldsymbol{\delta}^{(l)}$ 计算出每一层的参数偏导数，进行参数更新。

3.3.3　循环神经网络

在 DNN 中，信息是从输入层单向传播到输出层的，这种结构使得模型参数更容易学习，

但另一方面也削弱了网络的能力。在上一节，我们将 DNN 看作一个复杂的复合函数，它每次输入都是独立进行的，模型的输出只取决于当前的输入。但是实际场景中很多任务并不是单向的，事件的结果并不只与当前输入有关，也可能与过去结果相关。此外，在实际场景中，时序数据通常是前后关联的，并且序列长度各不相等，而 DNN 要求输入和输出数据的维数都是固定的，并不能任意改变。因此，需要一种能够更好地处理时序数据的模型。

循环神经网络（Recurrent Neural Network，RNN）在 DNN 上扩展，通过加入循环连接使模型具有记忆能力。RNN 由具有环路的神经网络结构组成，其神经元不仅可以接收其他神经元的信息，也可以接收自身的信息。与 DNN 相比，RNN 更符合生物神经网络的结构，能够更好地处理时序数据之间的内在关联，在语音识别、自然语言处理等任务上得到了广泛的应用。在训练算法上，RNN 是通过时间反向传播算法进行参数更新。时间反向传播算法按照时间顺序一步步地将误差信息反向传递。需要注意的是，与 DNN 类似，RNN 也存在着梯度消失的问题。因此，国内外研究者们针对 RNN 做了很多改进，其中最具代表性的方法是通过引入门控机制来消除 RNN 的长程依赖。

1. RNN

图 3-10 给出了一个简单的 RNN 的示例，它是只有一个隐藏层的神经网络，隐藏层的输入由两部分构成，一是来自输入层的输入，二是来自上一时刻隐藏层的输出。需要注意的是，在 DNN 中，连接只存在于层与层之间，隐藏层的节点之间并没有连接。而在 RNN 中，存在隐藏层的循环连接。

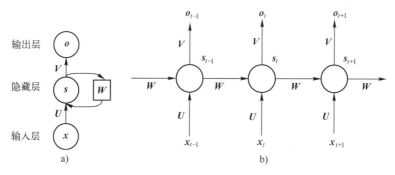

图 3-10　RNN 结构示意图

a）基础结构图　b）按时间展开后的结构图

图中 x_t 表示在时刻 t 输入的向量，s_t 表示输入向量经过权重计算得到的隐藏层状态，U 表示输入到隐藏的权重矩阵，V 表示隐藏到输出的权重矩阵，W 表示上一时刻隐藏状态到当前隐藏状态的权重矩阵。信息在 RNN 中的传播方式为

$$s_t = f(Ws_{t-1} + Ux_t + b) \tag{3-65}$$

$$o_t = g(Vs_t) \tag{3-66}$$

式中，$g(\cdot)$ 为输入层激活函数；$f(\cdot)$ 为隐含层激活函数。由式（3-65）可知，隐藏层当前状态取决于当前输入 x_t 和上一时刻隐藏层状态 s_{t-1}。通过迭代不难发现，时刻 t 的隐藏层状态 s_t 可以表征之前所有时刻的输入信息 $\{x_1, x_2, \cdots, x_T\}$。模型的输出 o_t 包含当前时刻输入以及以往所有时刻的输入信息。通过该方式，时序数据的相关性得到了有效表征。

RNN 的训练过程如下：给定一个训练样本 (x, o)，其中，x 是长度为 T 的输入序列，o

为长度为 T 的标签序列，L 为可微分的损失函数，例如交叉熵。此时定义整个序列的损失函数 R 为

$$R = \sum_{t=1}^{T} L(\boldsymbol{o}_t, g(\boldsymbol{s}_t)) \tag{3-67}$$

整个序列的损失函数 R 关于参数 $\boldsymbol{W}$ 的梯度为

$$\frac{\partial R}{\partial \boldsymbol{W}} = \sum_{t=1}^{T} \frac{\partial L}{\partial \boldsymbol{W}} \tag{3-68}$$

即，每个时刻损失函数 L 对参数 $\boldsymbol{W}$ 的偏导数之和。利用 3.3.2 节介绍的反向传播算法，更新参数 $\boldsymbol{U}$、$\boldsymbol{V}$、$\boldsymbol{W}$、$\boldsymbol{b}$。

虽然理论上简单 RNN 可以通过参数更新，自循环地学习长时序数据间的关联性，但仍存在由序列长度增大所带来的梯度消失或爆炸问题。本质上 RNN 只能学到短期的"记忆"，即，时刻 t 的输出 $\boldsymbol{y}_t$ 只与一定时间间隔 k 内的输入有关，当时间间隔过长时，RNN 就难以准确描述关联性，这也称为 RNN 的长程依赖问题。

2. LSTM

长短期记忆网络（Long Short-Term Memory Network，LSTM）是 RNN 的一个变体。为了缓解 RNN 的长程依赖问题，LSTM 中引入了门控单元，通过选择性地遗忘过去时刻的累积信息来更新网络参数。

LSTM 主要由记忆单元 $\boldsymbol{c}_t$、输入门 $\boldsymbol{i}_t$、输出门 $\boldsymbol{o}_t$ 和遗忘门 $\boldsymbol{f}_t$ 组成，LSTM 在 RNN 上进行改进，使模型能够让模型学习长期依赖信息。其中，c_t 的计算公式如下：

$$\boldsymbol{c}_t = \boldsymbol{f}_t \odot \boldsymbol{c}_{t-1} + \boldsymbol{i}_t \odot \hat{\boldsymbol{c}}_t \tag{3-69}$$

$$\boldsymbol{h}_t = \boldsymbol{o}_t \odot \tanh(\boldsymbol{c}_t) \tag{3-70}$$

式中，$\odot$ 为向量元素乘积；$\boldsymbol{c}_{t-1}$ 为上一时刻的记忆单元；$\hat{\boldsymbol{c}}_t$ 是通过非线性函数得到的候选状态：

$$\hat{\boldsymbol{c}}_t = \tanh(\boldsymbol{W}_c \boldsymbol{x}_t + \boldsymbol{U}_c \boldsymbol{h}_{t-1} + \boldsymbol{b}_c) \tag{3-71}$$

LSTM 网络中的"门"是一种"软"门，取值在 $(0,1)$ 之间，表示以一定的比例允许信息通过。其中，遗忘门 $\boldsymbol{f}_t$ 控制上一个时刻的内部状态 $\boldsymbol{c}_{t-1}$ 需要遗忘多少信息；输入门 $\boldsymbol{i}_t$ 控制当前时刻的候选状态 $\hat{\boldsymbol{c}}_t$ 有多少信息需要保存，输入门和遗忘门是 LSTM 能够记忆长期依赖信息的关键；输出门 $\boldsymbol{o}_t$ 控制当前时刻的内部状态 $\boldsymbol{c}_t$ 有多少信息需要输出给外部状态 $\boldsymbol{h}_t$。三个门的计算公式分别为

$$\boldsymbol{i}_t = \sigma(\boldsymbol{W}_i \boldsymbol{x}_t + \boldsymbol{U}_i \boldsymbol{h}_{t-1} + \boldsymbol{b}_i) \tag{3-72}$$

$$\boldsymbol{f}_t = \sigma(\boldsymbol{W}_f \boldsymbol{x}_t + \boldsymbol{U}_f \boldsymbol{h}_{t-1} + \boldsymbol{b}_f) \tag{3-73}$$

$$\boldsymbol{o}_t = \sigma(\boldsymbol{W}_o \boldsymbol{x}_t + \boldsymbol{U}_o \boldsymbol{h}_{t-1} + \boldsymbol{b}_o) \tag{3-74}$$

其中，$\sigma(\cdot)$ 为 Logistic 函数，其输出区间为 $(0,1)$；$\boldsymbol{x}_t$ 为当前时刻的输入；$\boldsymbol{h}_{t-1}$ 为上一时刻的外部状态。

图 3-11 给出了 LSTM 中的循环单元结构，其计算过程如下：

1）利用 $\boldsymbol{h}_{t-1}$ 和 $\boldsymbol{x}_t$ 计算出三个门以及候选状态 $\hat{\boldsymbol{c}}_t$。

2）结合遗忘门 $\boldsymbol{f}_t$ 和输入门 $\boldsymbol{i}_t$ 来更新记忆单元 $\boldsymbol{c}_t$。

3）结合输出门 $\boldsymbol{o}_t$，将内部状态的信息传递给外部状态 $\boldsymbol{h}_t$。

值得注意的是，RNN 中的隐状态 $\boldsymbol{h}$ 存储了历史信息，可以看作一种记忆。在 RNN 中，隐状态每个时刻都会被重写，因此可以看作一种短期记忆。而长期记忆可以看作网络参数，

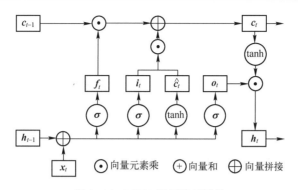

图 3-11　LSTM 循环单元结构

表征了从训练数据中学到的经验，其更新周期要远远慢于短期记忆。而在 LSTM 中，记忆单元 c 可以在某个时刻捕捉到某个关键信息，并有能力将此关键信息保存一定的时间间隔。记忆单元 c 中保存信息的生命周期要长于短期记忆 h，但又远远短于长期记忆，因此被称为长短期记忆。

3.3.4　卷积神经网络

在 DNN 中，如果第 l 层有 M_l 个神经元，第 $l-1$ 层有 M_{l-1} 个神经元，连接边有 $M_l \times M_{l-1}$ 个，也就是权重矩阵有 $M_l \times M_{l-1}$ 个参数。当 M_l 和 M_{l-1} 都很大时，权重矩阵的参数急剧增大，导致模型的训练效率大幅降低。为了解决该问题，卷积神经网络（Convolutional Neural Networks，CNN）应运而生。CNN 与 DNN 的区别在于，CNN 中的神经元之间并非全连接，而是局部连接，即 CNN 中卷积层的某个神经元的输出并不取决于输入特征图中的所有神经元的输入，而是仅由卷积核对应位置的神经元的输入决定。正是由于这种局部连接的特点，使得 CNN 能够很好地捕捉输入特征图中的局部特征；同时，在进行卷积计算时，卷积核在输入特征图的不同位置其权值参数是不变的，并且通常将卷积层和池化层结合使用，这样使得 CNN 的计算复杂度显著降低，大大拓展了其应用领域。

CNN 在训练集上经过不断训练，可以通过卷积层学习到更加适合分类任务的通用的特征，并且经过多个卷积层的逐层学习即可实现对输入的分类。通常，CNN 结构中最为重要也是其独有的组成部分是卷积层，但为了进一步降低计算的复杂度，一般会将池化层和卷积层搭配使用，最终将输出通过全连接层。在实际应用中，针对不同的应用场景，还可以使用不同的卷积层组合方式以实现更加复杂的网络结构，目前研究者已经提出了大量的更加复杂而且性能更加强大的网络结构，比较著名的有 AlexNet、VGGNet、NiN、Google Inception Net、ResNet、DenseNet 等网络结构，这些网络的性能逐步提升。

1. CNN 基本结构

对于 DNN 来说，层与层之间的神经元是全连接的；然而 CNN 结构中隐藏层之间使用的却是部分连接，即所谓的卷积层，而且为了进一步降低模型的计算复杂度，一般需要使用池化层结构对卷积层的输出进行处理。如图 3-12 所示，在 CNN 计算过程中，首先通过输入层向模型中输入数据，然后经过卷积层对数据做进一步处理，逐层提取更抽象的特征，紧接着对输出特征图使用池化层达到特征降维的作用，按照该方式对卷积层和池化层进行多次堆叠，最后经过全连接的输出层完成回归、分类等任务；此外，每层网络的输出还需要经过激活函数的映射，从而使模型具有更强的表达能力，各层的具体描述如下。

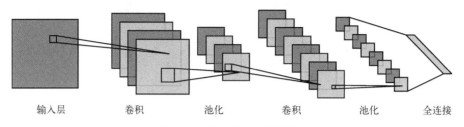

图 3-12 卷积神经网络结构图

（1）输入层

CNN 的输入层可以处理多维数据，这里的"数据"可以是对原始数据经过预处理所得到的初步特征，也可以是只经过标准化处理后的原始数据。在 CNN 训练时，其参数的更新机制与 DNN 类似，常采用的也是梯度下降算法，以保证模型的收敛性。

（2）卷积层

在卷积层中，最为关键的机制为局部感受野和权重共享。深度学习模型面临着一大挑战就是参数量比较大，造成这一结果的根本原因在于网络层之间的全连接方式，而实际上这种全连接的方式并不是必要的。因此，根据上一层中的节点对下一层中节点的重要性分布，将下一层节点只和与其关联性比较大的上一层节点相连接。基于该思路，在 CNN 中，只将当前卷积层中相邻的神经元与下一层神经元相连接，其中相邻神经元所在区域代表着一个感受野，这种连接方式称为局部连接。图 3-13 是局部连接的网络结构示意图，假设全连接层总共有 $I×J$ 个权值，其中 I 和 J 分别表示第 I 层和第 J 层的神经节点数量，那么使用局部连接可以将参数量减少到 $k×k×J$ 个。k 表示重要性高的节点数量，即感受野的大小，也代表卷积核的大小。此外，另一个减少参数量的手段是权重共享，即使用单个参数来控制 CNN 中的多个局部连接。

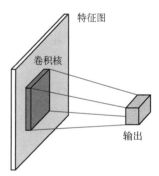

图 3-13 局部连接示意图

根据上文所述，卷积层的计算公式为

$$x_j^l = f\left(\sum_{i \in M_j} x_i^{l-1} \otimes k_{ij}^l + b_j^l \right) \tag{3-75}$$

式中，$\otimes$ 代表卷积运算；M_j 表示第 j 个卷积核的高度（即通道数）。首先，将第 $l-1$ 层的输入特征图 x^{l-1} 与第 l 层的卷积核 k^l 在对应通道的对应位置上相乘再相加，然后再将计算结果同当前层的偏置参数 b^l 进行加法运算，把所得到的结果进一步经由非线性激活函数 f，最后得到 x^l，其中激活函数 f 是对矩阵的每个元素进行计算。j 的改变表示使用不同的卷积核对输入特征图 x^{l-1} 进行卷积操作。

（3）池化层

卷积层虽然可以显著减少 CNN 中连接的数量，但特征映射组中的神经元个数并没有显著减少。如果在卷积层后直接连接分类器，那么分类器的输入维数依然很高，很容易出现过拟合。为了解决这个问题，通过在卷积层之后添加池化层，从而降低特征维数，避免出现过拟合。池化层计算公式为：

$$\boldsymbol{x}_j^l = f(\beta_j^l D(\boldsymbol{x}_j^{l-1}) + \boldsymbol{b}_j^l) \tag{3-76}$$

式中，首先对第 $l-1$ 层的第 j 个输出特征图 $\boldsymbol{x}_j^{l-1}$ 进行下采样操作 D，然后与第 l 层的第 j 个参数 β_j^l 相乘之后，再将结果矩阵中的所有元素与偏移量 $\boldsymbol{b}_j^l$ 相加，把最终的求和结果进一步由非线性激活函数 f 进行映射，最后即可得到第 l 层的第 j 个输出特征图 $\boldsymbol{x}_j^l$。常见的下采样操作包括平均池化和最大池化。平均池化如图 3-14a 所示，输出滑动窗口的均值；最大池化如图 3-14b 所示，输出滑动窗口的最大值。

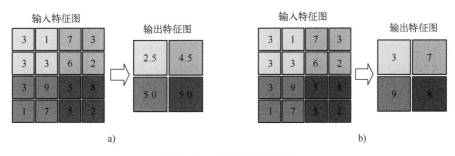

图 3-14　池化操作示意图

a）平均池化　b）最大池化

（4）全连接层

全连接层位于 CNN 的最后。特征图在全连接层中会失去空间拓扑结构，被展开为向量输入全连接层，然后通过激励函数后输出。可以认为 CNN 中的卷积层和池化层能够对输入数据进行特征提取，全连接层的作用则是对提取的特征进行非线性组合以得到输出，即全连接层试图利用卷积和池化提取的高阶抽象特征完成任务目标。在一些卷积神经网络中，全连接层的功能可由全局均值池化（Global Average Pooling）取代，这里全局均值池化是将特征图每个通道的所有值取平均。

2. 其他卷积运算

（1）转置卷积

卷积操作用于实现高维特征到低维特征的转换。例如，在一维卷积中，一个五维的输入特征，经过一个大小为 3 的卷积核，其输出为三维特征。如果设置步长大于 1，可以进一步降低输出特征的维数。但在一些任务中，则需要将低维特征映射到高维特征，此时则需要转置卷积。具体地，假设有一个转换矩阵 $\boldsymbol{W}$，将一个高维向量映射为一个低维向量，那么可以很容易地通过对 $\boldsymbol{W}$ 进行转置来实现从低维到高维的反向映射。也可以将卷积操作写成矩阵变换的形式，通过转置卷积操作对应的矩阵，就能实现将低维特征到高维特征的卷积操作，因而称为转置卷积，也称为反卷积。

（2）微步卷积

可以通过增加卷积操作的步长 $S>1$ 来实现对输入特征的下采样操作，从而大幅降低特征维数。同样，也可以通过减少转置卷积的步长 $S<1$ 来实现上采样操作，从而大幅提高特征维数。步长 $S<1$ 的转置卷积也称为微步卷积（Fractionally-Strided Convolution）。为了实现微步卷积，我们可以在输入特征之间插入 0 来间接地使步长变小。

（3）空洞卷积

对于一个卷积层，如果希望增加输出单元的感受野，一般可以通过三种方式实现：

1）增加卷积核的大小；2）增加层数，例如，两层 3×3 的卷积可以近似为一层 5×5 卷积的效果；3）在卷积之前进行汇聚操作。前两种方式会增加参数数量，而第三种方式会丢失一些信息。空洞卷积（Atrous Convolution）就是一种不增加参数数量，同时增加输出单元感受野的方法。空洞卷积通过给卷积核插入"空洞"来变相地增加其大小。如果在卷积核的每两个元素之间插入 $D-1$ 个空洞，则卷积核的有效大小为 $K'=K+(K-1)\times(D-1)$，其中 D 称为膨胀率（Dilation Rate）。当 $D=1$ 时空洞卷积核退化为普通的卷积核。

3.4　思考与复习题

1. 什么叫矢量量化，它在语音信号处理中有什么用途？什么叫码本、码本尺寸和码矢（或码字）？如何分配矢量量化的各项技术指标？

2. 什么叫失真测度，理想的失真测度应具有什么特性？常用的有哪几种失真测度，它们都是如何定义的？各有什么用途？

3. 如何设计最佳矢量量化器？什么叫 LBG 算法？如何用程序加以实现？怎样设计初始码本，并用来训练码本？

4. 矢量量化存在量化误差，通常减小量化误差的思路有哪些？对应于这些思路，有哪些具体的实现方法？

5. 什么叫马尔可夫链？什么叫隐过程？什么叫隐马尔可夫过程？为什么说语音信号可以看成隐马尔可夫过程？隐马尔可夫模型有哪些模型参数？请叙述这些参数的含义。

6. 给定一个输出符号序列，怎样计算 HMM 对于该符号序列的输出似然概率？

7. 为了应用 HMM，有哪些基本算法？什么是前向-后向算法？它是怎样解决似然概率的计算问题的？叙述前向-后向算法的工作原理及其节约运算量的原因。

8. 什么是 Viterbi 算法？Viterbi 算法是为了解决什么问题的？

9. 按照 HMM 的状态转移概率矩阵（A 参数）分类，可以把 HMM 分成哪些结构类型？按照 HMM 的输出概率分布（B 参数）分类，可以把 HMM 分成哪些结构类型？

10. 为了保证 HMM 计算的有效性和训练的可实现性，基本 HMM 本身隐含了哪三个基本假设？它怎样影响 HMM 描述语音信号时间上帧间相关动态特性的能力？怎样弥补基本 HMM 的这一缺陷？

11. 深度学习的优缺点各是什么？

12. DNN、RNN 和 CNN 各自有哪些特点？

13. 在深度学习中，长程依赖问题指的是什么？有哪些方法可以解决这个问题，是如何解决的？

14. 推导 LSTM 网络中参数的梯度，并分析其避免梯度消失的效果。

15. CNN 是如何简化参数，提高训练效率的？

16. 设计转置卷积、微步卷积及空洞卷积的目的是什么？

第4章 语音信号分析

4.1 概　述

语音信号分析是语音信号处理的前提和基础，只有分析出可表示语音信号本质特征的参数，才有可能利用这些参数进行高效的语音通信、语音合成和语音识别等处理。而且，语音合成的音质好坏，语音识别率的高低，也都取决于对语音信号分析的准确性和精确性。因此语音信号分析在语音信号处理应用中具有举足轻重的地位。

贯穿于语音分析全过程的是"短时分析技术"。因为，语音信号从整体来看其特性及表征其本质特征的参数均是随时间而变化的，所以它是一个非平稳态过程，不能用处理平稳信号的数字信号处理技术对其进行分析处理。但是，由于不同的语音是由人的口腔肌肉运动构成声道某种形状而产生的响应，而这种口腔肌肉运动相对于语音频率来说是非常缓慢的，所以从另一方面看，虽然语音信号具有时变特性，但是在一个短时间范围内（一般认为在 10~30ms 的短时间内），其特性基本保持不变即相对稳定，因而可以将其看作是一个准稳态过程，即语音信号具有短时平稳性。所以任何语音信号的分析和处理必须建立在"短时"的基础上，即进行"短时分析"，将语音信号分为一段一段来分析其特征参数。其中每一段称为一帧，帧长一般取 10~30ms。这样，对于整体的语音信号来讲，分析出的是由每一帧特征参数组成的特征参数时间序列。

根据所分析出的参数的性质的不同，可将语音信号分析分为时域分析、频域分析、倒谱域分析和线性预测分析等；根据分析方法的不同又可将语音信号分析分为模型分析方法和非模型分析方法两种。

模型分析法是指依据语音信号产生的数学模型，来分析和提取表征这些模型的特征参数，如共振峰分析及声管分析（即线性预测模型）法；而不进行模型化分析的其他方法都属于非模型分析法，包括上面提到的时域分析法、频域分析法及倒谱分析法等。

4.2　语音分帧

对于语音信号处理来说，一般每秒约取 33~100 帧，视实际情况而定。分帧虽然可以采用连续分段的方法，但一般要采用如图4-1所示的交叠分段的方法，这是为了使帧与帧之间平滑过渡，保持其连续性。前一帧和后一帧的交叠部分称为帧移。帧移与帧长的比值一般取为 0~1/2。分帧是用可移动的有限长度窗口进行加权的方法来实现的，即用一定的窗函数 $w(n)$ 来乘 $s(n)$，从而形成加窗语音信号 $s_w(n)=s(n)*w(n)$。

在语音信号数字处理中常用的窗函数是矩形窗和汉明窗等，它们的表达式如下（其中 N 为帧长）。

矩形窗：

$$w(n) = \begin{cases} 1, & 0 \leqslant n \leqslant (N-1) \\ 0, & n = 其他 \end{cases} \tag{4-1}$$

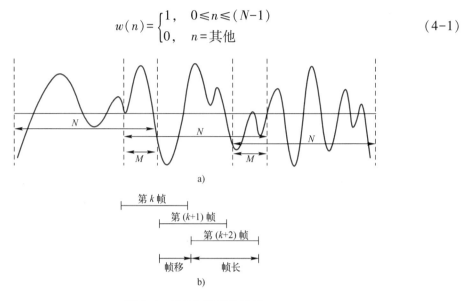

a)

第 k 帧

第 $(k+1)$ 帧

第 $(k+2)$ 帧

帧移   帧长

b)

图 4-1 帧长与帧移的示例

a）N 为帧长 M 为帧间重叠长度 b）帧长和帧移的示例

汉明窗：

$$w(n) = \begin{cases} 0.54 - 0.46\cos\left[2\pi n/(N-1)\right], & 0 \leqslant n \leqslant N-1 \\ 0, & n = 其他 \end{cases} \tag{4-2}$$

窗函数 $w(n)$ 的选择（形状和长度），对于短时分析参数的特性影响很大。选择合适的窗口可使短时参数更好地反映语音信号的特性变化。窗函数的指标主要包含窗口形状和窗口长度两个指标。

1. 窗口的形状

虽然，不同的短时分析方法以及求取不同的语音特征参数可能对窗函数的要求不尽一样，但一般来讲，一个好的窗函数的标准是：在时域因为是语音波形乘以窗函数，所以要减小时间窗两端的坡度，使窗口边缘两端不引起急剧变化而平滑过渡到零，这样可以使截取出的语音波形缓慢降为零，减小语音帧的截断效应；在频域要有较宽的 3 dB 带宽以及较小的边带最大值。此处，只以典型的矩形窗和汉明窗为例进行比较，其他窗口可参阅有关书籍。

（1）矩形窗

$$h(n) = \begin{cases} 1, & 0 \leqslant n \leqslant (N-1) \\ 0, & n = 其他 \end{cases} \tag{4-3}$$

对应的数字滤波器的频率响应为

$$H(e^{jwT}) = \sum_{n=0}^{N-1} e^{-jwnT} = \frac{\sin(NwT/2)}{\sin(wT/2)} e^{-jwT(N-1)/2} \tag{4-4}$$

它具有线性的相位—频率特性，其频率响应的第一个零值所对应的频率为

$$f_{01} = f_s / N = 1/NT_s \tag{4-5}$$

式中，f_s 为采样频率；$T_s = 1/f_s$ 为采样周期。

（2）汉明窗

$$h(n) = \begin{cases} 0.54 - 0.46\cos\left[2\pi n / (N-1)\right], & 0 \leq n \leq N-1 \\ 0, & n = 其他 \end{cases} \tag{4-6}$$

对应的频率响应 $H(e^{jwT})$ 的第一个零值频率（即带宽）以及通带外的衰减都比矩形窗要大许多。矩形窗与汉明窗的一些数据对比见表 4-1。

表 4-1　矩形窗与汉明窗的比较

窗类型	旁瓣峰值	主瓣宽度	最小阻带衰减
矩形窗	−13	$4\pi/N$	−21
汉明窗	−41	$8\pi/N$	−53

从表 4-1 中可以看出，汉明窗的主瓣宽度比矩形窗大一倍，即带宽约增加一倍，同时其带外衰减也比矩形窗大一倍多。矩形窗的谱平滑性能较好，但损失了高频成分，使波形细节丢失；而汉明窗则相反。从此点来看，汉明窗比矩形窗更为合适。因此，对语音信号的短时分析来说，窗口的形状是至关重要的。选用不同的窗口，将使时域分析参数的短时平均能量的平均结果不同。

2. 窗口的长度

采样周期 $T_s = 1/f_s$、窗口长度 N 和频率分辨率 Δf 之间存在下列关系：

$$\Delta f = \frac{1}{NT_s} \tag{4-7}$$

可见，采样周期一定时，Δf 随窗口宽度 N 的增加而减小，即频率分辨率相应得到提高，但同时时间分辨率降低；如果窗口取短，频率分辨率下降，而时间分辨率提高。因而，频率分辨率和时间分辨率是矛盾的，应该根据不同的需要选择合适的窗口长度。对于时域分析来讲，如果 N 很大，则它等效于很窄的低通滤波器，语音信号通过时，反映波形细节的高频部分被阻碍，短时能量随时间变化很小，不能真实地反映语音信号的幅度变化；反之，N 太小时，滤波器的通带变宽，短时能量随时间有急剧的变化，不能得到平滑的能量函数。

此外，窗口长度的选择更重要的是要考虑语音信号的基音周期。通常认为在一个语音帧内应包含 1~7 个基音周期。然而，不同人的基音周期变化很大，从女性和儿童的 2 ms 到老年男子的 14 ms（即基音频率的变化范围为 500~70 Hz），所以 N 的选择比较困难。通常在 8 kHz 取样频率下，N 折中选择为 80~160 点为宜（即 10~20 ms 持续时间）。

经过分帧处理后，语音信号就被分割成一帧一帧的加过窗函数的短时信号，然后再把每一个短时语音帧看成平稳的随机信号，利用数字信号处理技术来提取语音特征参数。在进行处理时，按帧从数据区中取出数据，处理完成后再取下一帧，最后得到由每一帧参数组成的语音特征参数的时间序列。

语音信号的数字化和预处理是一个很重要的环节，在对一个语音信号处理系统进行性能评价时，作为语音参数分析条件，采样频率和精度、采用了什么预加重、窗函数、帧长和帧移各是多少等都必须交代清楚以供参考。

4.3　语音信号的时域分析

语音信号的时域分析就是分析和提取语音信号的时域参数。进行语音分析时，最先接触到并且也是最直观的是它的时域波形。语音信号本身就是时域信号，因而时域分析是最早使用，也是应用最广泛的一种分析方法，这种方法直接利用语音信号的时域波形。时域分析通常用于最基本的参数分析及应用，如语音的分割、预处理、大分类等。这种分析方法的特点是：①表示语音信号比较直观、物理意义明确；②实现起来比较简单、运算量少；③可以得到语音的一些重要的参数；④只使用示波器等通用设备，使用较为简单等。

语音信号的时域参数有短时能量、短时过零率、短时自相关函数和短时平均幅度差函数等，这是语音信号的一组最基本的短时参数，在各种语音信号数字处理技术中都要应用。在计算这些参数时使用的一般是方窗或汉明窗。现分别讨论如下。

4.3.1　短时能量及短时平均幅度分析

如图 4-2 所示，设语音波形时域信号为 $x(l)$、加窗分帧处理后得到的第 n 帧语音信号为 $x_n(m)$，则 $x_n(m)$ 满足下式：

$$x_n(m) = w(m)x(n+m) \qquad 0 \leqslant m \leqslant N-1 \tag{4-8}$$

$$w(m) = \begin{cases} 1, & m = 0 \sim (N-1) \\ 0, & m = 其他值 \end{cases} \tag{4-9}$$

式中，$n = 0, T, 2T, \cdots$；N 为帧长；T 为帧移长度。

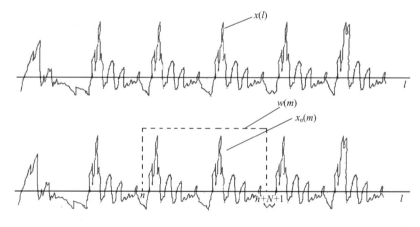

图 4-2　语音信号加窗分帧处理说明

设第 n 帧语音信号 $x_n(m)$ 的短时能量用 E_n 表示，则其计算公式如下：

$$E_n = \sum_{m=0}^{N-1} x_n^2(m) \tag{4-10}$$

E_n 是一个度量语音信号幅度值变化的函数，但它有一个缺陷，即它对高电平非常敏感（因为它计算时用的是信号的平方）。为此，可采用另一个度量语音信号幅度值变化的函数，即短时平均幅度函数 M_n，它定义为

$$M_n = \sum_{m=0}^{N-1} |x_n(m)| \tag{4-11}$$

M_n 也是一帧语音信号能量大小的表征，它与 E_n 的区别在于计算时小取样值和大取样值不会因取平方而造成较大差异，在某些应用领域中会带来一些好处。

短时能量和短时平均幅度函数的主要用途有：①可以区分浊音段与清音段，因为浊音时 E_n 值比清音时大得多；②可以用来区分声母与韵母的分界，无声与有声的分界，连字（指字之间无间隙）的分界等；③可作为一种超音段信息，用于语音识别中。

4.3.2 短时过零率分析

短时过零率表示一帧语音中语音信号波形穿过横轴（零电平）的次数。过零分析是语音时域分析中最简单的一种。对于连续语音信号，过零即意味着时域波形通过时间轴；而对于离散信号，如果相邻的取样值改变符号则称为过零。过零率就是样本改变符号的次数。

定义语音信号 $x_n(m)$ 的短时过零率 Z_n 为

$$Z_n = \frac{1}{2} \sum_{m=0}^{N-1} |\operatorname{sgn}[x_n(m)] - \operatorname{sgn}[x_n(m-1)]| \tag{4-12}$$

式中，sgn[ ] 是符号函数，即

$$\operatorname{sgn}[x] = \begin{cases} 1, & (x \geqslant 0) \\ -1, & (x < 0) \end{cases} \tag{4-13}$$

在实际中求过零率参数时，需要十分注意的一个问题是如果输入信号中包含有 50 Hz 的工频干扰或者 A/D 转换器的工作点有偏移（这等效于输入信号有直流偏移），往往会使计算的过零率参数很不准确。为了解决前一个问题，A/D 转换器前的防混叠带通滤波器的低端截频应高于 50 Hz，以有效抑制电源干扰。对于后一个问题除了可以采用低直流漂移器件外，也可以在软件上加以解决，即算出每一帧的直流分量并予以滤除。

对于浊音来说，尽管声道有若干个共振峰，但由于声门波引起谱的高频跌落，所以其语音能量约集中在 3 kHz 以下。而发清音时，多数能量出现在较高频率上。高频就意味着高的平均过零率，低频意味着低的平均过零率，所以可以认为浊音具有较低的过零率，而清音具有较高的过零率。当然，这种高低仅是相对而言，并没有精确的数值关系。

利用短时平均过零率还可以从背景噪声中找出语音信号，用于判断寂静无声段和有声段的起点和终点位置。在孤立词的语音识别中，必须要在一连串连续的语音信号中进行适当分割，找出每一个单词的开始和终止位置，这在语音处理中是一个基本问题。此时，在背景噪声较小时用平均能量识别较为有效，而在背景噪声较大时用平均过零数识别较为有效。但是研究表明，在以某些音为开始或结尾时，如当弱摩擦音（如 [f]、[h] 等音素）、弱爆破音（如 [p]、[t]、[k] 等音素）为语音的开头或结尾；以鼻音（如 [ng]、[n]、[m] 等音素）为语音的结尾时，只用其中一个参量来判别语音的起点和终点是有困难的，必须同时使用这两个参数。

短时能量、短时平均幅度和短时过零率都是随机参数，但是对于不同性质的语音它们具有不同的概率分布。例如，对于无声（用 S 表示，S 是 Silence 的第一个字母）、清音（用 U 表示）、浊音（用 V 表示）三种情况，短时能量、短时平均幅度和短时过零率具有不同的概率密度函数。图 4-3 给出了短时平均幅度和短时过零率在三种情况下条件概率密度函数示意图，其中短时平均幅度的最大值已规格化为1。可以看到，在三种情况中浊音的短时平均幅度最大而短时过零率最低。当采样率为8 kHz，帧长为20 ms（每帧包含160个样点）时，短时过零率平均值约为20。反之，清音的短时平均幅度居中而短时过零率最高，其平均值约为70（条件与浊音情况一致）。无声的短时平均幅度最低而短时过零率居中。从图中可知，这些条件概率密度函数都很接近于正态分布。

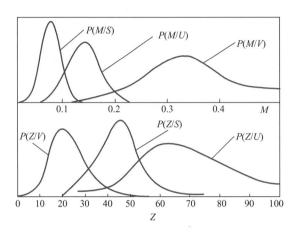

图4-3 M_n 和 Z_n 在 S、U、V 三种情况下条件概率密度函数示意图

如果能够求出 S、U、V 在三种情况下的短时平均幅度（或短时能量）和短时过零率的条件联合概率密度函数 $P(M,Z/S)$、$P(M,Z/U)$ 以及 $P(M,Z/V)$，那么就可以采用统计学中的最大似然算法，根据一帧信号的短时平均幅度和短时过零率值来判断它的 $S/U/V$ 类别。后验概率计算式为

$$P(X/M,Z) = \frac{P(M,Z/X) \cdot P(X)}{P(M,Z)} \tag{4-14}$$

其中，$X=S$ 或 U 或 V，后验概率最大者即作为判别结果。事实上，仅依靠短时平均幅度和短时过零率两个参数还不够。如果能选取更多的有效参数，例如相关系数等，可以得到更佳的分类效果。

4.3.3 短时相关分析

相关分析是一种常用的时域波形分析方法，并有自相关和互相关之分。在语音信号分析中，可以用自相关函数求出浊音语音的基音周期，也可以用于语音信号的线性预测分析。

1. 短时自相关函数

定义语音信号 $x_n(m)$ 的短时自相关函数为 $R_n(k)$，其计算式如下：

$$R_n(k) = \sum_{m=0}^{N-1-k} x_n(m)x_n(m+k) \qquad (0 \leqslant k \leqslant K) \tag{4-15}$$

式中，K 是最大的延迟点数。

短时自相关函数具有以下性质：

1）如果 $x_n(m)$ 是周期的（设周期为 N_p），则自相关函数是同周期的周期函数，即

$R_n(k)=R_n(k+N_p)$。

2）$R_n(k)$ 是偶函数，即 $R_n(k)=R_n(-k)$。

3）当 $k=0$ 时，自相关函数具有最大值，即 $R_n(0)\geqslant|R_n(k)|$，并且 $R_n(0)$ 等于确定性信号序列的能量或随机性序列的平均功率。

图 4-4 是按式（4-15）计算的自相关函数，前两种情况是对浊音语音段，而第三种情况是对一个清音段。由于语音信号在一段时间内的周期是变化的，所以甚至在很短一段语音内也不同于一个真正的周期信号段，不同周期内的信号波形也有一定变化。由图 4-4b 可见，对应于浊音语音的自相关函数，具有一定的周期性。在相隔一定的取样后，自相关函数达到最大值。在图 4-4c 上自相关函数没有很强的周期峰值，表明在信号中缺乏周期性，这种清音语音的自相关函数有一个类似于噪声的高频波形，有点像语音信号本身。浊音语音的周期可用自相关函数的第一个峰值的位置来估算。在图 4-4b 中，第一个最大值出现在 51 个取样的位置上，它表明平均的基音周期约为 $T=51/8000\,\mathrm{s}=6.38\,\mathrm{ms}$。

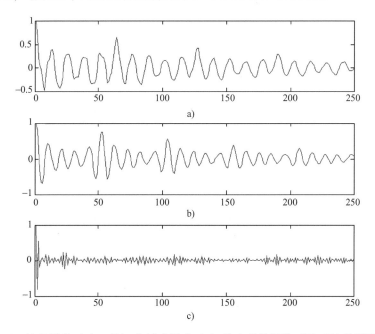

图 4-4　浊音语音（a）、（b）和清音语音（c）的自相关函数（$N=300$ 的矩形窗）

2. 修正的短时自相关函数

在传统的自相关函数的计算中，是两个等长的序列进行乘积和的，这样随着延迟 k 的增加，进行乘积和的项数在减少，所以总体上自相关函数的幅度值随着延迟 k 的增加而下降。因此，在利用传统自相关函数计算波形周期时，如果窗长不足够长，包含的周期数不足够多，则会给周期计算带来困难。例如，由图 4-4a 可以看到，短时自关函数在基音周期的各个整数倍点上有很大的峰值。看来只要找到第一最大峰值点（除 $R_n(0)$ 外最近的一个最大值点）的位置并计算它与 $k=0$ 点的间隔，便能估计出基音周期。实际上并不是这样简单，第一最大峰值点的位置有时不能与基音周期相吻合。产生这种情况的原因之一就是窗的长度不够。图 4-5 给出了一段周期语音的短时自相关函数随窗长 N 的变化情况（窗形为矩形窗）。语音的采样率为 $8\,\mathrm{kHz}$，基音周期为 $5.5\,\mathrm{ms}$，这相当于 69 个采样点。图 4-5a、b、c 分别给

出了窗长分别为 $N=321$、251、125 时的短时自相关函数图形，可以看到对于 a 和 b 两种情况第一最大峰值与基音周期是吻合的，而对于情况 c，由于窗长过短，第一最大峰值与基音周期不一致。一般认为窗长至少应大于两个基音周期，才可能有较好效果，语音中最长基音周期约为 20 ms（这相当于基音频率为 50 Hz），因而在估计基音周期时窗长应选得大于 40 ms为宜。

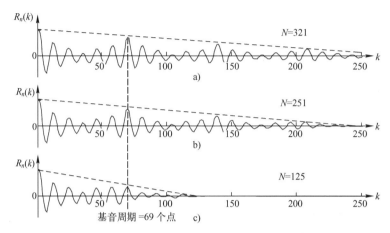

图 4-5　窗长对于语音信号短时自相关函数的影响

a) $N=321$ 时的短时自相关函数　b) $N=251$ 时的短时自相关函数　c) $N=125$ 时的短时自相关函数

因此，在语音信号处理中，计算自相关函数所用的窗口长度与平均能量等情况略有不同。这里，N 值至少要大于基音周期的两倍，否则将找不到第一个最大值点。另一方面，N值也要尽可能地小，否则将影响短时性。因此长基音周期要用宽的窗，短基音周期要用窄的窗。虽然可采用自适应于基音周期的窗口长度法，但是这种方法比较复杂。为解决这个问题，可用"修正的短时自相关函数"来代替短时自相关函数。

修正的短时自相关函数是用两个长度不同的窗口，截取两个不等长的序列进行乘积和，两个窗口的长度相差最大的延迟点数为 K。这样就能始终保持乘积和的项数不变，即始终为短窗的长度。修正的短时自相关函数定义为

$$\hat{R}_n(k) = \sum_{m=0}^{N-1} x_n(m) x'_n(m+k) \qquad (0 \leqslant k \leqslant K) \tag{4-16}$$

其中，

$$x_n(m) = w(m) x(n+m) \qquad 0 \leqslant m \leqslant N-1 \tag{4-17}$$

$$w(m) = \begin{cases} 1, & m=0 \sim (N-1) \\ 0, & m=其他值 \end{cases} \tag{4-18}$$

$$x'_n(m) = w'(m) x(n+m) \qquad 0 \leqslant m \leqslant N-1+K \tag{4-19}$$

$$w'(m) = \begin{cases} 1, & m=0 \sim (N-1+K) \\ 0, & m=其他值 \end{cases} \tag{4-20}$$

这里，K 是最大的延迟点数。式（4-16）表明，为了消除式（4-15）中可变上限引起的自相关函数的下降，而选取不同长度的窗口，使一个窗口包括另一个窗口的非零间隔以外的取样，如图 4-6 所示。此时，自相关函数的计算总是取 N 个抽样来进行。

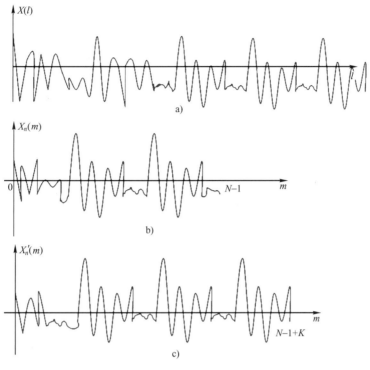

图 4-6　修正短时自相关函数计算中窗口长度的说明

严格地说，$\hat{R}_n(k)$ 具有互相关函数的特性，而不是自相关函数，因为 $\hat{R}_n(k)$ 是两个不同长度的语音段的相关函数。然而，$\hat{R}_n(k)$ 在周期信号周期的倍数上有峰值，所以与 $\hat{R}_n(0)$ 最接近的第一个最大值点仍然代表了基音周期的位置。

4.3.4　短时平均幅度差函数

短时自相关函数是语音信号时域分析的重要参量。但是，计算自相关函数的运算量很大，其原因是乘法运算所需要的时间较长。利用快速傅里叶变换等简化计算方法都无法避免乘法运算。为了避免乘法，常常采用另一种与自相关函数有类似作用的参量，即短时平均幅度差函数（AMDF）。

平均幅度差函数能够代替自相关函数进行语音分析，是基于这样一个事实：如果信号是完全的周期信号（设周期为 N_p），则相距为周期的整数倍的样点上的幅值是相等的，差值为零。即

$$d(n) = x(n) - x(n+k) = 0 \qquad (k = 0, \pm N_p, \pm 2N_p, \cdots) \tag{4-21}$$

对于实际的语音信号，$d(n)$ 虽不为零，但其值很小。这些极小值将出现在整数倍周期的位置上。为此，可定义短时平均幅度差函数：

$$F_n(k) = \sum_{m=0}^{N-1-k} | x_n(m) - x_n(m+k) | \tag{4-22}$$

显然，如果 $x(n)$ 在窗口取值范围内具有周期性，则 $F_n(k)$ 在 $k = N_p, 2N_p, \cdots$ 时将出现极小值。如果两个窗口具有相同的长度，则可以得到类似于相关函数的一个函数。如果一个窗口比另一个窗口长，则有类似于修正自相关函数的那种情况。如图 4-7b 所示，对于周期性

的 $x(n)$，$F_n(k)$ 也呈现周期性，与 $R_n(k)$ 相反的是在周期的各个整数倍点上 $F_n(k)$ 具有谷值而不是峰值。

可以证明平均幅度差函数和自相关函数有密切的关系，两者之间的关系可由下式表达：

$$F_n(k) = \sqrt{2}\beta(k)\left[R_n(0) - R_n(k)\right]^{1/2}$$

$$(4-23)$$

式中，$\beta(k)$ 对不同的语音段在 $0.6\sim1.0$ 之间变化，但是对一个特定的语音段，它随 k 值的变化并不明显。

图 4-8 为 AMDF 函数的例子，从图中可以看到，浊音的 AMDF 函数在基音周期上出现极小值，而清音的没有明显的极小值。

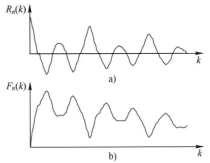

图 4-7　周期性语音的 $R_n(k)$ 和 $F_n(k)$ 的示例

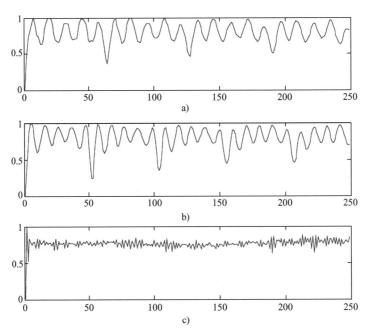

图 4-8　与图 4-4 有相同语音段的 AMDF 函数的例子（已归一化为 1）

显然，计算 $F_n(k)$ 只需加、减法和取绝对值的运算，与自相关函数的加法与乘法相比，其运算量大大减少，尤其在用硬件实现语音信号分析时有很大好处。为此，AMDF 已被用在许多实时语音处理系统中。

4.4　语音信号的频域分析

语音信号的频域分析就是分析语音信号的频域特征。从广义上讲，语音信号的频域分析包括语音信号的频谱、功率谱、倒频谱、频谱包络分析等，而常用的频域分析方法有带通滤波器组法、傅里叶变换法、线性预测法等几种。本节介绍的是语音信号的傅里叶分析法。因为语音波是一个非平稳过程，因此适用于周期、瞬变或平稳随机信号的标准傅里叶变换不能用来直接表示语音信号，而应该用短时傅里叶变换对语音信号的频谱进行分析，相应的频谱称为"短时谱"。

4.4.1　利用短时傅里叶变换求语音短时谱

对第 n 帧语音信号 $x_n(m)$ 进行离散时域傅里叶变换，可得到短时傅里叶变换，其定义如下：

$$X_n(e^{jw}) = \sum_{m=0}^{N-1} x(m)w(n-m)e^{-jwm} \tag{4-24}$$

由定义可知，短时傅里叶变换实际就是窗选语音信号的标准傅里叶变换。这里，窗函数 $w(n-m)$ 是一个"滑动的"窗口，它随 n 的变化而沿着序列 $x(m)$ 滑动。由于窗口是有限长度的，满足绝对可和条件，所以这个变换是存在的。当然窗口函数不同，傅里叶变换的结果也将不同。

设语音信号序列和窗口序列的标准傅里叶变换均存在，当 n 取固定值时，$w(n-m)$ 的傅里叶变换为

$$\sum_{m=-\infty}^{\infty} w(n-m)e^{-jwm} = e^{-jwn} \cdot W(e^{-jw}) \tag{4-25}$$

根据卷积定理，有

$$X_n(e^{jw}) = X(e^{jw}) * [e^{-jwn} \cdot W(e^{-jw})] \tag{4-26}$$

因为上式右边两个卷积项均为关于角频率 w 的以 2π 为周期的连续函数，所以也可将其写成以下的卷积积分形式：

$$X_n(e^{jw}) = \frac{1}{2\pi} \int_{-\pi}^{\pi} [W(e^{j\theta})e^{jn\theta}] \cdot [X(e^{j(w+\theta)})] d\theta \tag{4-27}$$

即 $X_n(e^{jw})$ 是 $x(m)$ 的离散时域傅里叶变换 $X(e^{jw})$ 和 $w(m)$ 的离散时域傅里叶变换 $W(e^{jw})$ 的的周期卷积。

根据信号的时宽带宽积为一常数的性质，可知 $W(e^{jw})$ 主瓣宽度与窗口宽度成反比，N 越大，$W(e^{jw})$ 的主瓣越窄。由式（4-27）可知，为了使 $X_n(e^{jw})$ 再现 $X(e^{jw})$ 的特性，相对于 $X(e^{jw})$ 来说，$W(e^{jw})$ 必须是一个冲激函数。所以，为了使 $X_n(e^{jw}) \rightarrow X(e^{jw})$，需 $N \rightarrow \infty$；但是 N 值太大时，信号的分帧又失去了意义。尤其是 N 值大于语音的音素长度时，$X_n(e^{jw})$ 已不能反映该语音音素的频谱。因此，应折中选择窗的宽度 N。另外，窗的形状也对短时傅里叶频谱有影响，如矩形窗，虽然频率分辨率很高（即主瓣狭窄尖锐），但由于第一旁瓣的衰减很小，有较大的上下冲，采用矩形窗时求得的 $X_n(e^{jw})$ 与 $X(e^{jw})$ 的偏差较大，这就是 Gibbs 效应，所以不适合用于频谱成分很宽的语音分析中。而汉明窗在频率范围中的分辨率较高，而且旁瓣的衰减大，具有频谱泄漏少的优点，所以在求短时频谱时一般采用具有较小上下冲的汉明窗。

与离散傅里叶变换和连续傅里叶变换的关系一样，如令角频率 $w = 2\pi k/N$，则得离散的短时傅里叶变换，它实际上是 $X_n(e^{jw})$ 在频域的取样，如下所示：

$$X_n(e^{j\frac{2\pi k}{N}}) = X_n(k) = \sum_{m=0}^{N-1} x_n(m)e^{-j\frac{2\pi km}{N}} \quad (0 \leqslant k \leqslant N-1) \tag{4-28}$$

在语音信号数字处理中，都是采用 $x_n(m)$ 的离散傅里叶变换（DFT）$X_n(k)$ 来替代 $X_n(\mathrm{e}^{jw})$，并且可以用高效的快速傅里叶变换（FFT）算法完成由 $x_n(m)$ 至 $X_n(k)$ 的转换。当然，这时窗长 N 必须是 2 的倍数 2^L（L 是整数）。根据傅里叶变换的性质，实数序列的傅里叶变换的频谱具有对称性。因此，全部频谱信息包含在长度为 $N/2+1$ 个 $X_n(k)$ 里。另外，为了使 $X_n(k)$ 具有较高的频率分辨率，所取的 DFT 以及相应的 FFT 点数 N_1 应该足够多，但有时 $x_n(m)$ 的长度 N 要受到采样率和短时性的限制。如在采样率为 8 kHz 且帧长为 20 ms 时，$N=160$。而 N_1 一般取 256、512 或 1024，为了将 $x_n(m)$ 的点数从 N 扩大为 N_1，可以采用补 0 的办法，在扩大的部分添若干个 0 点，然后再对添 0 后的序列进行 FFT。例如，在 10 kHz 的范围内采样求频谱，并要求频率分辨率在 30 Hz 以下。由 10 kHz$/N_1<30$，得 $N_1>333$，所以 $N_1=2^L$ 要取比 333 大的值，这时可取 $N_1=2^9=512$ 点，不足的部分采用补 0 的办法解决，此时频率分辨率（即频率间隔）为 10 kHz$/512=19.53$ Hz，采样后的该帧信号频率处在 $0\sim2^L\times19.53$ Hz 之间。因此，原连续信号频率就处在 $0\sim2^L\times19.53$ Hz 之间（即 $f_{max}=5$ kHz），必须在 $0\sim5$ kHz 频率范围内求其频谱。

在语音信号数字处理中，功率谱具有重要意义，在一些语音应用系统中，往往都是利用语音信号的功率谱。根据功率谱定义，可以写出短时功率谱与短时傅里叶变换之间的关系为

$$S_n(\mathrm{e}^{jw})=X_n(\mathrm{e}^{jw})\cdot X_n^*(\mathrm{e}^{jw})=\left|X_n(\mathrm{e}^{jw})\right|^2 \tag{4-29}$$

或者

$$S_n(k)=X_n(k)\cdot X_n^*(k)=\left|X_n(k)\right|^2 \tag{4-30}$$

式中，$*$ 表示复共轭运算。理论上，功率谱 $S_n(\mathrm{e}^{jw})$ 还是短时自相关函数 $R_n(k)$ 的傅里叶变换，即

$$S_n(\mathrm{e}^{jw})=\left|X_n(\mathrm{e}^{jw})\right|^2=\sum_{k=-N+1}^{N-1}R_n(k)\mathrm{e}^{-jwk} \tag{4-31}$$

以上介绍了利用短时傅里叶变换进行语音频谱分析，求取语音信号的短时谱的方法。

4.4.2　语音短时谱的临界带特征

利用短时傅里叶变换求取的语音信号的短时谱，是按实际频率分布的，而符合人耳的听觉特性的频率分布应该是按临界带频率分布的。所以，如果按实际频率分布的频谱作为语音特征，由于它不符合人耳的听觉特性，将会降低语音信号处理系统的性能。下面介绍一种把实际的线性频谱转化为临界带频谱特征的方法。

第一步，求出一帧加窗语音 $x_n(m)$，$m=0\sim(N-1)$ 的功率谱，即快速傅里叶变换的模平方值 $\left|X_n(k)\right|^2$。设定 FFT 的点数为 512，则可以得到 $\left|X_n(k)\right|^2$ 与原始加窗模拟语音的频谱模平方 $\left|X_n(\exp(j\omega_k))\right|^2$，两者的关系为

$$\left|X_n(k)\right|^2=\left|X_n(\exp(j\omega_k))\right|^2,\ k=0\sim511, \tag{4-32}$$

此处，$\omega_k=2\pi f_k$，$f_k=\dfrac{f_s}{512}k$。

第二步，在 $f=0\sim f_s/2$ 中确定 $\hat{f}_1,\hat{f}_2,\hat{f}_3,\cdots$若干个临界带频率分割点。确定的方法是将 $i=1,2,3,\cdots$代入式（4-33），即可求出相应的 $\hat{f}_i$（以 Hz 为单位）。

$$i = \frac{26.81\hat{f}_i}{(1960+\hat{f}_i)} - 0.53 \qquad (4\text{-}33)$$

由式可得 $\hat{f}_1 = 118.6\,\text{Hz}$，$\hat{f}_2 = 188.7\,\text{Hz}$，$\hat{f}_3 = 297.2\,\text{Hz}$，$\cdots$，$\hat{f}_{16} = 3151\,\text{Hz}$。这样 $\hat{f}_1 \sim \hat{f}_2$ 构成第 1 临界带、$\hat{f}_2 \sim \hat{f}_3$ 构成第 2 临界带，等等。将每个临界带中的 $|X_n(k)|^2$ 取和即可得到相应的临界带特征矢量。

如果用 $G = [g_1, g_2, \cdots, g_l, \cdots, g_L]$ 表示临界带特征矢量，当 $f_s = 8\,\text{kHz}$，频谱范围为 $0.1 \sim 3.7\,\text{kHz}$，$L = 16$ 时，每一个分量可用式（4-34）计算：

$$g_l = \sum_{\hat{f}_l < \hat{f}_k \leqslant \hat{f}_{l+1}} |X_n(k)|^2, \quad l = 1 \sim 16 \qquad (4\text{-}34)$$

临界带特征矢量从人耳对频率高低的非线性心理感觉角度反映了语音短时幅度谱的特征。它的畸变可以用欧氏距离来度量，所需的变换可以用高效的快速傅里叶来完成，因而使用此特征矢量时计算开销较小，所以可以用它来作为语音识别系统特征矢量。

4.5　语音信号的倒谱分析

语音信号的倒谱分析就是求取语音倒谱特征参数的过程，它可以通过同态处理来实现。同态信号处理也称为同态滤波，它实现了将卷积关系变换为求和关系的分离处理，即解卷。对语音信号进行解卷，可将语音信号的声门激励信息及声道响应信息分离开来，从而求得声道共振特征和基音周期，用于语音编码、合成、识别等。

4.5.1　同态信号处理的基本原理

日常生活中的许多信号，并不是加性信号而是乘积性信号或卷积性信号，如语音信号、图像信号、通信中的衰落信号、调制信号等。这些信号要用非线性系统来处理，而同态信号处理就是将非线性问题转化为线性问题的处理方法。按被处理的信号分类，同态信号处理大体分为乘积同态处理和卷积同态处理两种。由于语音信号可视为声门激励信号和声道冲激响应的卷积，所以此处仅讨论卷积同态信号处理。

如图 4-9a 所示为一卷积同态系统的模型，该系统的输入卷积信号经过系统变换后输出的是一个处理过的卷积信号。这种同态系统可分解为三个子系统，如图 4-9b 所示，即两个特征子系统（它们只取决于信号的组合规则）和一个线性子系统（它仅取决于处理的要求）。第一个子系统，如图 4-9c 所示，它完成将卷积性信号转化为加性信号的运算；第二个子系统是一个普通线性系统，满足线性叠加原理，用于对加性信号进行线性变换；第三个子系统是第一个子系统的逆变换，它将加性信号反变换为卷积性信号，如图 4-9d 所示。图 4-9 中，符号 $*$、$+$ 和 $\cdot$ 分别表示卷积、加法和乘法运算。

第一个子系统 $D_*[\,\cdot\,]$ 完成将卷积性信号转化为加性信号的运算，即对于信号 $x(n) = x_1(n) * x_2(n)$ 进行了如下运算处理：

$$\begin{cases} (1)\ Z[x(n)] = X(z) = X_1(z) \cdot X_2(z) \\ (2)\ \ln X(z) = \ln X_1(z) + \ln X_2(z) = \hat{X}_1(z) + \hat{X}_2(z) = \hat{X}(z) \\ (3)\ Z^{-1}[\hat{X}(z)] = Z^{-1}[\hat{X}_1(z) + \hat{X}_2(z)] = \hat{x}_1(n) + \hat{x}_2(n) = \hat{x}(n) \end{cases} \qquad (4\text{-}35)$$

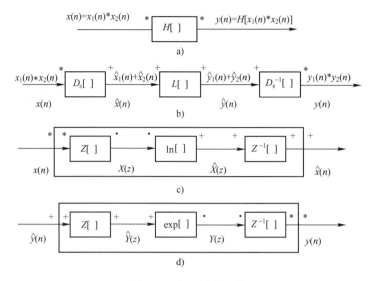

图 4-9　卷积同态系统

a）卷积同态系统的模型　b）同态系统的组成　c）特征系统 $D_*[\ ]$　d）逆特征系统 $D_*^{-1}[\ ]$

由于 $\hat{x}(n)$ 为加性信号，所以第二个子系统可对其进行需要的线性处理得到 $\hat{y}(n)$。第三个子系统是逆特征系统 $D_*^{-1}[\ \cdot\ ]$，它对 $\hat{y}(n)=\hat{y}_1(n)+\hat{y}_2(n)$ 进行逆变换，使其恢复为卷积性信号，处理如下：

$$\begin{cases}(1)\ \ Z[\hat{y}(n)]=\hat{Y}(z)=\hat{Y}_1(z)+\hat{Y}_2(z)\\[4pt](2)\ \ \exp\hat{Y}(z)=Y(z)=Y_1(z)\cdot Y_2(z)\\[4pt](3)\ \ y(n)=Z^{-1}[Y_1(z)\cdot Y_2(z)]=y_1(n)*y_2(n)\end{cases}\qquad(4-36)$$

从而得到卷积性的恢复信号。

这里，如果设语音信号为 $x(n)$，则通过 $D_*[\ \cdot\ ]$ 就可以将 $x(n)=x_1(n)*x_2(n)$ 变换为 $\hat{x}(n)=\hat{x}_1(n)+\hat{x}_2(n)$。设 $\hat{x}_1(n)$ 和 $\hat{x}_2(n)$ 分别是声门激励信号和声道冲激响应，则如果 $\hat{x}_1(n)$ 与 $\hat{x}_2(n)$ 处于不同的位置并且互不交替，那么适当地设计线性系统，便可将 $x_1(n)$ 与 $x_2(n)$ 分离开来。

4.5.2　复倒谱和倒谱

虽然 $D_*[\ \cdot\ ]$ 与 $D_*^{-1}[\ \cdot\ ]$ 系统中的 $\hat{x}(n)$ 和 $\hat{y}(n)$ 信号也均是时域序列，但它们所处的离散时域显然不同于 $x(n)$ 和 $y(n)$ 所处的离散时域，所以称之为"复倒频谱域"。$\hat{x}(n)$ 是 $x(n)$ 的"复倒频谱"，简称为"复倒谱"，有时也称作对数复倒谱。同样，序列 $\hat{y}(n)$ 也是 $y(n)$ 的复倒谱。

在绝大多数数字信号处理中，$X(z)$、$\hat{X}(z)$、$Y(z)$、$\hat{Y}(z)$ 的收敛域均包含单位圆，因而 $D_*[\ \cdot\ ]$ 与 $D_*^{-1}[\ \cdot\ ]$ 系统有如下形式：

$$D_*[\ \cdot\ ]:\begin{cases}F[x(n)]=X(\mathrm{e}^{\mathrm{j}\omega})\\[4pt]\hat{X}(\mathrm{e}^{\mathrm{j}\omega})=\ln[X(\mathrm{e}^{\mathrm{j}\omega})]\\[4pt]\hat{x}(n)=F^{-1}[\hat{X}(\mathrm{e}^{\mathrm{j}\omega})]\end{cases}\qquad(4-37)$$

$$D_*^{-1}[\ \cdot\ ]: \begin{cases} \hat{Y}(\mathrm{e}^{\mathrm{j}\omega}) = F[\hat{y}(n)] \\ Y(\mathrm{e}^{\mathrm{j}\omega}) = \exp[\hat{Y}(\mathrm{e}^{\mathrm{j}\omega})] \\ y(n) = F^{-1}[Y(\mathrm{e}^{\mathrm{j}\omega})] \end{cases} \tag{4-38}$$

设

$$X(\mathrm{e}^{\mathrm{j}\omega}) = |X(\mathrm{e}^{\mathrm{j}\omega})| \mathrm{e}^{\mathrm{j}\arg[X(\mathrm{e}^{\mathrm{j}\omega})]} \tag{4-39}$$

则对其取对数得

$$\hat{X}(\mathrm{e}^{\mathrm{j}\omega}) = \ln|X(\mathrm{e}^{\mathrm{j}\omega})| + \mathrm{j}\arg[X(\mathrm{e}^{\mathrm{j}\omega})] \tag{4-40}$$

即复数的对数仍是复数,它包含实部和虚部。由于对数的虚部 $\arg[X(\mathrm{e}^{\mathrm{j}\omega})]$ 是 $X(\mathrm{e}^{\mathrm{j}\omega})$ 的相位,所以将产生不一致性。如果只考虑 $\hat{X}(\mathrm{e}^{\mathrm{j}\omega})$ 的实部,并令

$$c(n) = F^{-1}[\ln|X(\mathrm{e}^{\mathrm{j}\omega})|] \tag{4-41}$$

显然 $c(n)$ 是序列 $x(n)$ 对数幅度谱的傅里叶逆变换。$c(n)$ 称为"倒频谱"或简称为"倒谱",有时也称"对数倒频谱"。倒谱对应的量纲是"Quefrency",它也是一个新造的英文词,是由"Frequency"转变而来的,因此也称"倒频",它的量纲是时间。$c(n)$ 实际上就是要求取的语音信号倒谱特征。

复倒谱和倒谱特点和关系包括:

1)复倒谱要进行复对数运算,而倒谱只进行实对数运算。

2)在倒谱情况下一个序列经过正逆两个特征系统变换后,不能还原成自身,因为在计算倒谱的过程中将序列的相位信息丢失了。

3)与复倒谱类似,如果 $c_1(n)$ 和 $c_2(n)$ 分别是 $x_1(n)$ 和 $x_2(n)$ 的倒谱,并且 $x(n) = x_1(n) * x_2(n)$,则 $x(n)$ 的倒谱 $c(n) = c_1(n) + c_2(n)$。

4)已知一个实数序列 $x(n)$ 的复倒谱为 $\hat{x}(n)$,可以由 $\hat{x}(n)$ 求出它的倒谱 $c(n)$。

首先将 $\hat{x}(n)$ 表示成一个偶对称序列 $\hat{x}_e(n)$ 和一个奇对称序列 $\hat{x}_o(n)$ 之和

$$\hat{x}(n) = \hat{x}_e(n) + \hat{x}_o(n) \tag{4-42}$$

其中,$\hat{x}_e(n) = \hat{x}_e(-n)$,$\hat{x}_o(n) = -\hat{x}_o(-n)$,则

$$\hat{x}_e(n) = \frac{1}{2}[\hat{x}(n) + \hat{x}(-n)] \tag{4-43}$$

$$\hat{x}_o(n) = \frac{1}{2}[\hat{x}(n) - \hat{x}(-n)] \tag{4-44}$$

由于一个偶对称序列的 DTFT 是一个实函数,而一个奇对称序列的 DTFT 是一个虚函数,对照式(4-40)便可以得到

$$\hat{x}_e(n) = F^{-1}[\mathrm{Re}[\hat{X}(\mathrm{e}^{\mathrm{j}\omega})]] = F^{-1}[\ln|X(\mathrm{e}^{\mathrm{j}\omega})|] \tag{4-45}$$

而由式(4-41)可得

$$c(n) = F^{-1}[\ln|X(\mathrm{e}^{\mathrm{j}\omega})|] = \hat{x}_e \tag{4-46}$$

所以有

$$c(n) = \hat{x}_e = \frac{1}{2}[\hat{x}(n) + \hat{x}(-n)] \tag{4-47}$$

这样,由 $\hat{x}(n)$ 即可求得 $c(n)$。

如果设

$$p(n) = F^{-1}\left[\arg\left[X(e^{j\omega})\right]\right] \qquad (4\text{-}48)$$

则同理可以导出

$$p(n) = \hat{x}_o(n) = \frac{1}{2}\left[\hat{x}(n) - \hat{x}(-n)\right] \qquad (4\text{-}49)$$

这里，$p(n)$ 称为"相位倒谱"。不难看出，$c(n)$ 表现的是 $\hat{x}(n)$ 的离散时域傅里叶变换 $X(e^{j\omega})$ 的模函数的特征，$p(n)$ 表现的是 $X(e^{j\omega})$ 相位函数的特征。

5) 已知一个实数序列 $x(n)$ 的倒谱 $c(n)$，那么当 $\hat{x}(n)$ 必须满足一定的条件时，也可用来求出复倒谱 $\hat{x}(n)$。例如 $\hat{x}(n)$ 是一个因果序列，该条件可表示为

$$\hat{x}(n) = \hat{x}(n)u(n) \qquad (4\text{-}50)$$

式中，$u(n)$ 是一个单位阶跃函数。可以看出，在满足此条件时，式（4-47）可以表示成下列形式：

$$c(n) = \begin{cases} \dfrac{1}{2}\hat{x}(n), & n > 0 \\ \hat{x}(n), & n = 0 \\ \dfrac{1}{2}\hat{x}(-n), & n < 0 \end{cases} \qquad (4\text{-}51)$$

因此，立即得到

$$\hat{x}(n) = \begin{cases} 2c(n), & n > 0 \\ c(n), & n = 0 \\ 0, & n < 0 \end{cases} \qquad (4\text{-}52)$$

如果 $\hat{x}(n)$ 是一个反因果序列，即满足下列条件：

$$\hat{x}(n) = \hat{x}(n)u(-n) \qquad (4\text{-}53)$$

则可以导出

$$\hat{x}(n) = \begin{cases} 0, & n > 0 \\ c(n), & n = 0 \\ 2c(n), & n < 0 \end{cases} \qquad (4\text{-}54)$$

可以证明，只有当 $\hat{x}(n)$ 是一个因果最小相位序列时，$\hat{x}(n)$ 才是一个因果稳定序列。此时，$x(n)$ 应满足两个条件：① $x(n) = x(n)u(n)$；② $X(Z) = Z[x(n)]$ 的零极点都应该在单位圆之内。第二个条件之所以必要是因为 $\hat{X}(Z)$ 等于 $X(Z)$ 的自然对数，因而 $X(Z)$ 的零极点皆成为 $\hat{X}(Z)$ 的极点。因此，只有当 $X(Z)$ 的零极点皆在单位圆内时才能使 $\hat{X}(Z)$ 的极点全在单位圆内，从而保证 $\hat{x}(n)$ 是一个因果稳定序列。当 $x(n)$ 是一个反因果最大相位序列时，$c(n)$ 才是一个反因果稳定序列。它的条件与前一个情况正好完全相反。只有 $x(n)$ 是因果最小相位序列或反因果最大相位序列，才可以由 $c(n)$ 算出 $\hat{x}(n)$。

如果 $x(n)$ 是因果稳定序列而并非最小相位（$X(Z)$ 在单位圆外有零点），这时不能用式（4-52）由 $c(n)$ 算出 $\hat{x}(n)$。如果仍然采用式（4-52），那么用 $c(n)$ 计算出来的不是真正的 $\hat{x}(n)$，而是将 $X(Z)$"最小相位化"后相应的 $\hat{x}(n)$。这里最小相位化是将 $X(Z)$ 在单位圆外的零点镜像映射到单位圆内（设 Z_k 是一个单位圆外零点，那么镜像映射是指用 $1/Z_k$ 替代 Z_k）。

4.5.3　Mel 频率倒谱系数

与普通实际频率倒谱分析不同，Mel 频率倒谱系数（Mel–Frequency Cepstral Coefficients，MFCC）的分析着眼于人耳的听觉特性，因为，人耳所听到的声音的高低与声音的频率并不呈线性正比关系，而用 Mel 频率尺度则更符合人耳的听觉特性。所谓 Mel 频率尺度，大体上对应于实际频率的对数分布关系。Mel 频率与实际频率的具体关系可用式（4-55）表示：

$$\text{Mel}(f) = 2595 \lg(1+f/700) \tag{4-55}$$

这里，实际频率 f 的单位是 Hz。临界频率带宽随着频率的变化而变化，并与 Mel 频率的增长一致，在 1000 Hz 以下，大致呈线性分布，带宽为 100 Hz 左右；在 1000 Hz 以上呈对数增长。类似于临界频带的划分，可以将语音频率划分成一系列三角形的滤波器序列，即 Mel 滤波器组，如图 4-10 所示。

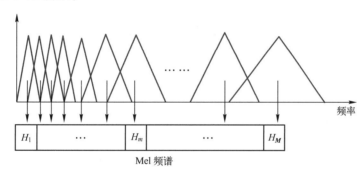

图 4-10　Mel 频率尺度滤波器组

取每个三角形的滤波器频率带宽内所有信号幅度加权和作为某个带通滤波器的输出，然后对所有滤波器输出做对数运算，再进一步做离散余弦变换即得到 MFCC。MFCC 参数计算过程的具体步骤如下：

1）根据式（4-55）将实际频率尺度转换为 Mel 频率尺度。

2）在 Mel 频率轴上配置 L 个通道的三角形滤波器组，L 的个数由信号的截止频率决定。每一个三角形滤波器的中心频率 $c(l)$ 在 Mel 频率轴上等间隔分配。设 $o(l)$、$c(l)$ 和 $h(l)$ 分别是第 l 个三角形滤波器的下限、中心和上限频率，则相邻三角形滤波器之间的下限、中心和上限频率有如图 4-11 所示的如下关系成立：

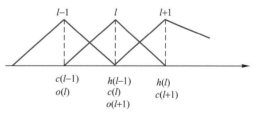

图 4-11　相邻三角形滤波器之间的关系

$$c(l) = h(l-1) = o(l+1) \tag{4-56}$$

3）根据语音信号幅度谱 $|X_n(k)|$ 求每一个三角形滤波器的输出

$$m(l) = \sum_{k=o(l)}^{h(l)} W_l(k) |X_n(k)| \qquad l = 1,2,\cdots,L \tag{4-57}$$

$$W_l(k) = \begin{cases} \dfrac{k-o(l)}{c(l)-o(l)} & o(l) \leqslant k \leqslant c(l) \\[2mm] \dfrac{h(l)-k}{h(l)-c(l)} & c(l) \leqslant k \leqslant h(l) \end{cases} \tag{4-58}$$

4) 对所有滤波器输出做对数运算，再进一步做离散余弦变换即可得到 MFCC

$$c_{\text{mfcc}}(i) = \sqrt{\frac{2}{N}} \sum_{l=1}^{L} \lg m(l) \cos\left\{\left(l - \frac{1}{2}\right)\frac{i\pi}{L}\right\} \tag{4-59}$$

一般在 Mel 滤波器的选择中，Mel 滤波器组都选择三角形的滤波器。但是 Mel 滤波器组也可以是其他形状，如正弦形的滤波组等。另外，在 Mel 倒谱的提取过程中要进行 FFT 运算，如果 FFT 的点数选取过大，则运算复杂度增大，使系统响应时间变慢，不能满足系统的实时性；如果 FFT 的点数选取太小，则可能造成频率分辨率过低，提取的参数的误差过大。一般要根据系统的具体情况选择 FFT 的点数。

4.6　语音信号的线性预测分析

1947 年维纳首次提出了线性预测（Linear Prediction）这一术语，而板仓等人在 1967 年首先将线性预测技术应用到了语音分析和合成中。线性预测是一种很重要的技术，几乎普遍地应用于语音信号处理的各个方面。

线性预测分析的基本思想是：由于语音样点之间存在相关性，所以可以用过去的样点值来预测现在或未来的样点值，即一个语音的抽样能够用过去若干个语音抽样或它们的线性组合来逼近。通过使实际语音抽样和线性预测抽样之间的误差在某个准则下达到最小值来决定唯一的一组预测系数。而这组预测系数就反映了语音信号的特性，可以作为语音信号特征参数用于语音识别、语音合成等。

将线性预测应用于语音信号处理，不仅是因为它的预测功能，而且更重要的是因为它能提供一个非常好的声道模型及模型参数估计方法。线性预测的基本原理和语音信号数字模型密切相关。

4.6.1　线性预测分析（LPC）的基本原理

线性预测分析的基本思想是：用过去 p 个样点值来预测现在或未来的样点值。

$$\hat{s}(n) = \sum_{i=1}^{p} a_i s(n-i) \tag{4-60}$$

预测误差 $\varepsilon(n)$ 为

$$\varepsilon(n) = s(n) - \hat{s}(n) = s(n) - \sum_{i=1}^{p} a_i s(n-i) \tag{4-61}$$

通过在某个准则下使预测误差 $\varepsilon(n)$ 达到最小值的方法来决定唯一的一组线性预测系数 $a_i(i=1,2,\cdots,p)$。

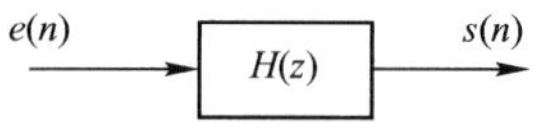

图 4-12 所示为一个简单的语音模型为例，系统的输入 $e(n)$ 是语音激励，$s(n)$ 是输出语音。此处，模型的系统函数 $H(z)$ 可以写成有理分式的形式：

图 4-12　语音模型

$$H(z) = G \cdot \frac{1 + \sum\limits_{l=1}^{q} b_l z^{-l}}{1 - \sum\limits_{i=1}^{p} a_i z^{-i}} \tag{4-62}$$

式中，系数 a_i、b_l 及增益因子 G 是模型的参数，而 p 和 q 是选定的模型的阶数。因而信号可以用有限数目的参数构成的模型来表示。根据 $H(z)$ 的形式不同，有三种不同的信号模型：

1）如式（4-62）所示的 $H(z)$ 同时含有极点和零点，称作自回归-滑动平均模型（Autoregressive Moving Average，ARMA 模型），这是一般模型。

2）当式（4-62）中的分子多项式为常数，即 $b_l = 0$ 时，$H(z)$ 为全极点模型，这时模型的输出只取决于过去的信号值，这种模型称为自回归模型（Artoregressive，AR 模型）。

3）如果 $H(z)$ 的分母多项式为1，即 $a_i = 0$ 时，$H(z)$ 成为全零点模型，称为滑动平均模型（Moving Average，MA 模型），此时模型的输出只由模型的输入来决定。

实际上语音信号处理中最常用的模型是全极点模型，这是因为：

1）如果不考虑鼻音和摩擦音，那么语音的声道传递函数就是一个全极点模型；而对于鼻音和摩擦音，细致的声学理论表明其声道传输函数既有极点又有零点，但这时如果模型的阶数 p 足够高，可以用全极点模型来近似表示极零点模型，因为一个零点可以用许多极点来近似，即

$$1 - az^{-1} = \frac{1}{1 + az^{-1} + a^2 z^{-2} + a^3 z^{-3} + \cdots}$$

2）可以用线性预测分析的方法估计全极点模型参数，因为对全极点模型作参数估计是对线性方程的求解过程。当模型中含有有限个零点时，求解过程变为解非线性方程组，实现起来非常困难。

采用全极点模型，辐射、声道以及声门激励的组合谱效应的传递函数为

$$H(z) = \frac{S(z)}{E(z)} = \frac{G}{1 - \sum\limits_{i=1}^{P} a_i z^{-i}} = \frac{G}{A(z)} \tag{4-63}$$

式中，p 是预测器阶数；G 是声道滤波器增益。此时，语音抽样 $s(n)$ 和激励信号 $e(n)$ 之间的关系可以用式（4-64）来表示：

$$s(n) = Ge(n) + \sum\limits_{i=1}^{P} a_i s(n - i) \tag{4-64}$$

由于语音样点间有相关性，可以用过去的样点值预测未来样点值。对于浊音，激励 $e(n)$ 是以基音周期重复的单位冲激；对于清音，$e(n)$ 是稳衡白噪声。

在信号分析中，模型的建立实际上是由信号来估计模型参数的过程。因为信号是实际客观存在的，因此用模型表示不可能是完全精确的，总是存在误差。极点阶数 p 也无法事先确定，可能选得过大或过小，况且信号是时变的。因此，求解模型参数的过程是一个逼近过程。

在模型参数估计过程中，把如下系统称为线性预测器：

$$\hat{s}(n) = \sum\limits_{i=1}^{p} a_i s(n - i) \tag{4-65}$$

式中，a_i 称为线性预测系数。从而，p 阶线性预测器的系统函数具有如下形式：

$$P(z) = \sum_{i=1}^{p} a_i z^{-i} \tag{4-66}$$

式（4-63）中的 $A(z)$ 称作逆滤波器，其传递函数为

$$A(z) = 1 - \sum_{i=1}^{p} \alpha_i z^{-i} = \frac{GE(z)}{S(z)} \tag{4-67}$$

预测误差 $\varepsilon(n)$ 为

$$\varepsilon(n) = s(n) - \sum_{i=1}^{p} a_i s(n-i) = Ge(n) \tag{4-68}$$

线性预测分析要解决的问题是：给定语音序列（鉴于语音信号的时变特性，LPC 分析必须按帧进行），使预测误差在某个准则下最小，求预测系数的最佳估值 a_i，这个准则通常采用最小均方误差准则。

下面推导线性预测方程。令某一帧内的短时平均预测误差为

$$E\{\varepsilon^2(n)\} = E\left\{\left[s(n) - \sum_{i=1}^{p} a_i s(n-i)\right]^2\right\} \tag{4-69}$$

为使 $E\{\varepsilon^2(n)\}$ 最小，对 a_j 求偏导，并令其为零，有

$$E\left\{\left[s(n) - \sum_{i=1}^{p} a_i s(n-i)\right] s(n-j)\right\} = 0, j = 1, \cdots, p \tag{4-70}$$

上式表明采用最佳预测系数时，预测误差 $\varepsilon(n)$ 与过去的语音样点正交。由于语音信号的短时平稳性，要分帧处理（10～30 ms）。设一帧从 n 时刻开窗选取的 N 个样点的语音段 s_n，记 $\Phi_n(j,i)$ 为

$$\Phi_n(j,i) = E\{s_n(m-j)s_n(m-i)\} \tag{4-71}$$

则有

$$\sum_{i=1}^{p} a_i \Phi_n(j,i) = \Phi_n(j,0), \ j = 1, \cdots, p \tag{4-72}$$

显然，如果能找到一种有效的方法求解这组包含 p 个未知数的 p 个方程，就可以得到在语音段 s_n 上使均方预测误差为最小的预测系数 $a_i(i=1,\cdots,p)$。为求解这组方程，必须首先计算出 $\Phi_n(i,j)(1 \leqslant i \leqslant p, 1 \leqslant j \leqslant p)$，一旦求出这些数值即可按式（4-72）求出 $a_i(i=1,\cdots,p)$。因此从原理上看，线性预测分析是非常直截了当的。然而，$\Phi_n(j,i)$ 的计算及方程组的求解都是十分复杂的，因此必须选择适当的算法。

利用式（4-70），可得最小均方预测误差为

$$\sigma_\varepsilon = E\left\{[s(n)]^2 - \sum_{i=1}^{p} a_i s(n)s(n-i)\right\} \tag{4-73}$$

再考虑式（4-71）和式（4-72）可得

$$\sigma_\varepsilon = \Phi_n(0,0) - \sum_{i=1}^{p} a_i \Phi_n(0,i) \tag{4-74}$$

因此，最小预测误差由一个固定分量和一个依赖于预测器系数 a_i 的分量组成。

4.6.2　线性预测方程组的求解

在 LPC 分析中，对于线性预测方程组的求解，有自相关法和协相关法两种经典解法，另外还有效率较高的格型法等。本节只介绍自相关法。

设从 n 时刻开窗选取 N 个样点的语音段 s_n，即只用 $s_n(n),\cdots,s_n(n+N-1)$ 个语音样点来分析该帧的预测系数 a_i。对于语音段 s_n，它的自相关函数为

$$R_n(j) = \sum_{n=j}^{N-1} s_n(n)s_n(n-j) \quad j = 1,\cdots,p \tag{4-75}$$

作为自相关函数，$R_n(j)$ 是偶函数且 $R_n(j-i)$ 只与 j 和 i 的相对大小有关。因此，比较式（4-71）和式（4-75），可以定义 $\Phi_n(i,j)$ 为

$$\Phi_n(i,j) = \sum_{m=0}^{N-1-|i-j|} s_n(m)s_n(m+|i-j|) \tag{4-76}$$

即

$$\Phi_n(i,j) = R_n(|i-j|) \tag{4-77}$$

因此有

$$\sum_{i=1}^{p} a_i R_n(|i-j|) = R_n(j), \ j = 1,\cdots,p \tag{4-78}$$

把上式展开写成矩阵形式

$$\begin{bmatrix} R_n(0) & R_n(1) & \cdots & R_n(p-1) \\ R_n(1) & R_n(0)) & \cdots & R_n(p-2) \\ \vdots & \vdots & \vdots & \vdots \\ R_n(p-1) & R_n(p-2) & \cdots & R_n(0) \end{bmatrix} \begin{bmatrix} a_1 \\ a_2 \\ \vdots \\ a_p \end{bmatrix} = \begin{bmatrix} R_n(1) \\ R_n(2) \\ \vdots \\ R_n(p) \end{bmatrix} \tag{4-79}$$

这种方程叫作 Yule-Walker 方程，方程左边的矩阵称为托普利兹（Toeplitz）矩阵，它是以主对角线对称的，而且其沿着主对角线平行方向的各轴向的元素值都相等。这种矩阵方程组可以采用递归方法求解，其基本思想是递归解法分步进行。在递推算法中，最常用的是莱文逊-杜宾（Levinson-Durbin）算法，如图 4-13 所示。

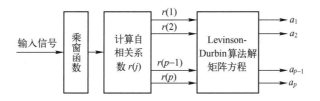

图 4-13　自相关解法

算法的过程如下：

1）当 $i=0$ 时，$E_0 = R_n(0)$，$a_0 = 1$；　　　　　　　　　　　　　　　　(4-80)

2）对于第 i 次递归 $(i=1,2,\cdots,p)$：

$$k_i = \frac{1}{E_{i-1}}\left[R_n(i) - \sum_{j=1}^{i-1} a_j^{i-1}R_n(j-i) \right] \tag{4-81}$$

$$a_i^{(i)} = k_i \tag{4-82}$$

对于 $j=1$ 到 $i-1$

$$a_j^{(i)} = a_j^{(i-1)} - k_i a_{i-j}^{(i-1)} \tag{4-83}$$

$$E_i = (1-k_i^2)E_{i-1} \tag{4-84}$$

3）增益 G 为

$$G = \sqrt{E_p} \qquad\qquad (4\text{-}85)$$

通过对式（4-80）~式（4-83）进行递推求解，可获得最终解为

$$a_i = a_j^{(p)} \quad 1 \leqslant j \leqslant p \qquad\qquad (4\text{-}86)$$

由式（4-84）可得

$$E_p = R_n(0) \prod_{i=1}^{p} \left(1 - k_i^2\right) \qquad\qquad (4\text{-}87)$$

由式（4-87）可知，最小均方误差 E_p 一定要大于 0，且随着预测器阶数的增加而减小。因此每一步算出的预测误差总是小于前一步的预测误差。这就表明，虽然预测器的精度会随着阶数的增加而提高，但误差永远不会消除。由式（4-87）还可知，参数 k_i 一定满足

$$|k_i| < 1, \quad 1 \leqslant i \leqslant p \qquad\qquad (4\text{-}88)$$

由递归算法可知，每一步计算都与 k_i 有关，说明这个系数具有特殊的意义，通常称之为反射系数或偏相关系数。可以证明，它就是多项式 $A(z)$ 的根在单位圆内的充分必要条件，因此它可以保证系统 $H(k)$ 的稳定性。

4.6.3　LPC 谱估计和 LPC 复倒谱

1. LPC 谱估计

当求出一组预测器系数后，就可以得到语音产生模型的频率响应，即

$$H(\mathrm{e}^{\mathrm{j}\omega}) = \frac{G}{1 - \displaystyle\sum_{i=1}^{p} a_i \mathrm{e}^{-\mathrm{j}\omega i}} = \frac{G}{\displaystyle\sum_{i=0}^{p} a_i \mathrm{e}^{-\mathrm{j}\omega i}} = \frac{G}{A(\mathrm{e}^{\mathrm{j}\omega})} \quad (\text{令 } a_0 = 1) \qquad (4\text{-}89)$$

因为在共振峰频率上其频率响应特性会出现峰值，所以线性预测分析法又可以看作是一种短时谱估计法，其频率响应 $H(\mathrm{e}^{\mathrm{j}\omega})$ 可称为 LPC 谱，即序列 $(1, a_1, a_2, \cdots, a_p)$ 的傅里叶变换倒数。其对数功率谱为

$$10\lg |H(k)|^2 = 20\lg G - 10\lg \left\{ \mathrm{Re}^2[A(k)] + \mathrm{Im}^2[A(k)] \right\} \qquad (4\text{-}90)$$

用 $H(\mathrm{e}^{\mathrm{j}\omega})$ 表示模型 $H(z)$ 的频率响应、$S(\mathrm{e}^{\mathrm{j}\omega})$ 表示语音信号 $s(n)$ 的傅里叶变换、$|S(\mathrm{e}^{\mathrm{j}\omega})|^2$ 表示语音信号 $s(n)$ 的功率谱。如果信号 $s(n)$ 是一个严格的 p 阶 AR 模型，则式（4-91）成立。

$$|H(\mathrm{e}^{\mathrm{j}\omega})|^2 = |S(\mathrm{e}^{\mathrm{j}\omega})|^2 \qquad\qquad (4\text{-}91)$$

但事实上，语音信号并非是 AR 模型，而应该是 ARMA 模型。因此，可用一个 AR 模型来逼近 ARMA 模型，即

$$\lim_{p \to \infty} |H(\mathrm{e}^{\mathrm{j}\omega})|^2 = |S(\mathrm{e}^{\mathrm{j}\omega})|^2 \qquad\qquad (4\text{-}92)$$

式中，p 为 $H(z)$ 的阶数。虽然 $p \to \infty$ 时，$|H(\mathrm{e}^{\mathrm{j}\omega})|^2 = |S(\mathrm{e}^{\mathrm{j}\omega})|^2$，但是不一定存在 $H(\mathrm{e}^{\mathrm{j}\omega}) = S(\mathrm{e}^{\mathrm{j}\omega})$。因为 $H(z)$ 的全部极点在单位圆内，而 $S(\mathrm{e}^{\mathrm{j}\omega})$ 却不一定满足这个条件。

LPC 谱估计具有一个特点：在信号能量较大的区域即接近谱的峰值处，LPC 谱和信号谱很接近；而在信号能量较低的区域即接近谱的谷底处，则相差比较大。这个特点对于呈现谐波结构的浊音语音谱来说，就是在谐波成分处 LPC 谱匹配信号谱的效果要远比谐波之间好得多。LPC 谱估计的这一特点实际上来自均方误差最小准则。

从上述分析可知，如果 p 选得很大，可以使 $|H(\mathrm{e}^{\mathrm{j}\omega})|$ 精确地匹配于 $|S(\mathrm{e}^{\mathrm{j}\omega})|$。此时，极零点模型也可以用全极点模型来代替，但却增加了计算量和存储量，且 p 增加到一定程度

以后，预测平方误差的改善就很不明显了。因此在语音信号处理中，p 一般选在 $8\sim14$ 之间。

2. LPC 复倒谱

LPC 系数是线性预测分析的基本参数，可以把这些系数变换为其他参数，以得到语音的其他替代表示方法。LPC 系数可以转换为 LPC 系统冲激响应的复倒谱。

设通过线性预测分析得到的声道模型系统函数为

$$H(z) = \frac{1}{1 + \sum_{k=1}^{p} a_k z^{-k}} \tag{4-93}$$

其冲激响应为 $h(n)$，设 $\hat{h}(n)$ 表示 $h(n)$ 的复倒谱，则有

$$\hat{H}(z) = \ln H(z) = \sum_{n=1}^{\infty} \hat{h}(n) z^{-n} \tag{4-94}$$

将式（4-93）代入并将其两边对 z^{-1} 求导数，有

$$\left(1 + \sum_{k=1}^{p} a_k z^{-k}\right) \sum_{n=1}^{\infty} n\,\hat{h}(n) z^{-n+1} = -\sum_{k=1}^{p} k a_k z^{-k+1} \tag{4-95}$$

令上式左右两边的常数项和 z^{-1} 各次幂的系数分别相等，从而可由 a_k 求出 $\hat{h}(n)$：

$$\begin{cases} \hat{h}(0) = 0 \\ \hat{h}(1) = -a_1 \\ \hat{h}(n) = -a_n - \sum_{k=1}^{n-1} (1 - k/n) a_k \hat{h}(n)(n-k) \quad (1 < n \leqslant p) \\ \hat{h}(n) = -\sum_{k=1}^{p} (1 - k/n) a_k \hat{h}(n)(n-k) \quad (n > p) \end{cases} \tag{4-96}$$

按上式求得的复倒谱 $\hat{h}(n)$ 称为 LPC 复倒谱。

LPC 复倒谱由于利用了线性预测中声道系统函数 $H(z)$ 的最小相位特性，避免了相位卷绕问题；且 LPC 复倒谱的运算量小，它仅是用 FFT 求复倒谱时运算量的一半；又因为当 $p \to \infty$ 时，语音信号的短时复频谱 $S(\mathrm{e}^{\mathrm{j}\omega})$ 满足 $|S(\mathrm{e}^{\mathrm{j}\omega})| = |H(\mathrm{e}^{\mathrm{j}\omega})|$，因而可以认为 $\hat{h}(n)$ 包含了语音信号频谱包络信息，即可近似把 $\hat{h}(n)$ 当作 $s(n)$ 的短时复倒谱 $\hat{s}(n)$ 来估计语音短时谱包络和声门激励参数。在实时语音识别中也经常采用 LPC 复倒谱作为特征矢量。

3. LPC Mel 倒谱系数（LPCCMCC）

由式（4-96）求得复倒谱 $\hat{h}(n)$ 后，由 $c(n) = \frac{1}{2}\left[\hat{h}(n)(n) + \hat{h}(n)(-n)\right]$ 即可立即求出倒谱 $c(n)$。但是，这个倒谱 $c(n)$ 是实际频率尺度的倒谱系数，称为 LPC 倒谱系数（LPCC）。根据人的听觉特性可以把上述的倒谱系数进一步按符合人的听觉特性的 Mel 尺度进行非线性变换，从而求出 LPC Mel 倒谱系数（LPCCMCC）

$$MC_k(n) = \begin{cases} C_n + \alpha \cdot MC_0(n+1) & k = 0 \\ (1 - \alpha^2) \cdot MC_0(n+1) + \alpha \cdot MC_1(n+1) & k = 1 \\ MC_{k-1}(n+1) + \alpha(MC_k(n+1) - MC_{k-1}(n)) & k > 1 \end{cases} \tag{4-97}$$

式中，C_k 表示倒谱系数；MC_k 表示 Mel 倒谱系数；n 为迭代次数；k 为 Mel 倒谱阶数，取

$n=k$。迭代是从高往低，即 n 从大到 0 取值，最后求得的 Mel 倒谱系数放在 $MC_0(0)$，$MC_1(0),\cdots,MC_{ORDER}(0)$ 里面。当抽样频率分别为 8 kHz、10 kHz 时，α 取 0.31、0.35，这样可以近似于美尔 Mel 尺度。

4.6.4　线谱对（LSP）分析

线谱对分析也是一种线性预测分析方法，只是它求解的模型参数是"线谱对"（Line Spectrum Pair，LSP）。线谱对是频域参数，因而和语音信号谱包络的峰有着更紧密的联系；同时它构成合成滤波器 $H(z)$ 时容易保证其稳定性，合成语音的数码率也比用格型法求解时要低。

LSP 分析仍然采用全极点模型。设 p 阶线性预测误差滤波器传递函数为 $A(z)$，令 $A(z)=A^p(z)=1+a_1^p z^{-1}+a_2^p z^{-2}+\cdots+a_p^p z^{-p}$，按照 Durbin 算法由式（4-83）可得

$$
\begin{bmatrix} 1 \\ a_1^{(p)} \\ a_2^{(p)} \\ \vdots \\ \vdots \\ a_p^{(p)} \end{bmatrix} = \begin{bmatrix} 1 \\ a_1^{(p-1)} \\ a_2^{(p-1)} \\ \vdots \\ a_{p-1}^{(p-1)} \\ 0 \end{bmatrix} - k_p \begin{bmatrix} 0 \\ a_{p-1}^{(p-1)} \\ a_{p-2}^{(p-1)} \\ \vdots \\ a_1^{(p-1)} \\ 1 \end{bmatrix} \tag{4-98}
$$

两边同乘以 $\begin{bmatrix} 1 & z^{-1} & z^{-2} & \cdots & z^{-p} \end{bmatrix}$，得

$$
A^p(z)=A^{p-1}(z)-k_p z^{-p}A^{p-1}(z^{-1}) \tag{4-99}
$$

分别将 $k_{p+1}=-1$ 和 $k_{p+1}=1$ 时的 $A^{p+1}(z)$ 用 $P(z)$ 和 $Q(z)$ 表示，可得

$$
P(z)=A(z)+z^{-(p+1)}A(z^{-1}) \tag{4-100}
$$

$$
Q(z)=A(z)-z^{-(p+1)}A(z^{-1}) \tag{4-101}
$$

这两个式子均为 $p+1$ 阶多项式，则由上面二式可直接得出

$$
A(z)=\frac{1}{2}\big[P(z)+Q(z)\big] \tag{4-102}
$$

并有

$$
P(z)=1+(a_1-a_p)z^{-1}+(a_2-a_{p-1})z^{-2}+\cdots+(a_p-a_1)z^{-p}-z^{-(p+1)} \tag{4-103}
$$

$$
Q(z)=1+(a_1+a_p)z^{-1}+(a_2+a_{p-1})z^{-2}+\cdots+(a_p+a_1)z^{-p}+z^{-(p+1)} \tag{4-104}
$$

因此，如果知道 $P(z)=0$ 和 $Q(z)=0$ 的根，则可求得 $A(z)$。

显然，如果取 p 为偶数，则 $p(z)=0$ 有一个根+1，$Q(z)=0$ 有一个根-1。当 $A(z)$ 的零点在 z 平面单位圆内时，$P(z)$ 和 $Q(z)$ 的零点都在单位圆上，并且沿着单位圆随 ω 的增加交替出现。设 $P(z)$ 的零点为 $e^{j\omega_i}$，$Q(z)$ 的零点为 $e^{j\theta_i}$，那么 $P(z)$ 和 $Q(z)$ 可写成下列因式分解形式：

$$
\begin{cases} P(z)=(1+z^{-1})\prod_{i=1}^{p/2}(1-2\cos\omega_i z^{-1}+z^{-2}) \\ Q(z)=(1-z^{-1})\prod_{i=1}^{p/2}(1-2\cos\theta_i z^{-1}+z^{-2}) \end{cases} \tag{4-105}
$$

并且 ω_i、θ_i 按下式关系排列：

$$0<\omega_1<\theta_1<\cdots<\omega_{p/2}<\theta_{p/2}<\pi \tag{4-106}$$

由于因式分解中的系数 ω_i、θ_i 成对出现，反映了谱的特性，故称为"线谱对"。而且可以证明，$P(z)$ 和 $Q(z)$ 的零点互相分离，是保证合成滤波器 $H(z)=1/A(z)$ 稳定的充分必要条件。

从上面的分析可知，线谱对分析的基本出发点是将 $A(z)$ 的 p 个零点通过 $P(z)$ 和 $Q(z)$ 映射到单位圆上，这样使得这些零点可以直接用频率 ω 来反映，且 $P(z)$ 和 $Q(z)$ 各提供 $p/2$ 个零点频率；而从物理意义上来说，$P(z)$ 和 $Q(z)$ 就对应着声门全开或全闭时的全反射情况（因为反射系数 $k_{p+1}=\pm1$）。

线谱对参数 ω_i,θ_i 可以反映语音信号的谱特性。因此，合成滤波器 $H(z)=1/A(z)$ 可表示为

$$|H(e^{j\omega})|^2=\frac{1}{|A(e^{j\omega})|^2}=4|P(e^{j\omega})+Q(e^{j\omega})|^{-2}=$$

$$2^{(1-p)}\left[\sin^2(\omega/2)\prod_{i=1}^{p/2}(\cos\omega-\cos\theta_i)^2+\cos^2(\omega/2)\prod_{i=1}^{p/2}(\cos\omega-\cos\omega_i)^2\right]^{-2}$$

$$\tag{4-107}$$

当 ω 接近 0 或 θ_i（$i=1,2,\cdots,p/2$）时，式中括号内的第一项接近于零；当 ω 接近 π 或 ω_i（$i=1,2,\cdots,p/2$）时，括号中第二项接近于零。如果 ω_i 和 θ_i 很靠近，那么当 ω 接近这些频率时，$|A(e^{j\omega})|^2$ 变小，$|H(e^{j\omega})|^2$ 显示出强谐振特性，相应的语音信号谱包络在这些频率处出现峰值，而这些峰值就对应于共振峰频率。在用线谱对对语音信号进行分析时，主要的任务是要求解参数 ω_i,θ_i。当 $A(z)$ 的系数（线性预测系数 $\{a_i\}$）求出后，$P(z)$ 和 $Q(z)$ 的零点可以用代数方程式求根或 DFT 法来求得。

4.6.5　LPC 与 LSP 参数的转换

1. LPC 到 LSP 参数的转换

在进行语音编码时，要对 LPC 进行量化和内插，就需要将 LPC 转换为 LSP 参数，为计算方便，可将 LSP 参数无关的两个实根去掉，得到如下多项式：

$$P'(z)=\frac{P(z)}{(1+z^{-1})}=\prod_{i=1}^{p/2}(1-z^{-1}e^{j\omega_i})(1-z^{-1}e^{-j\omega_i})=\prod_{i=1}^{p/2}(1-2\cos\omega_i z^{-1}+z^{-2})$$

$$\tag{4-108}$$

$$Q'(z)=\frac{Q(z)}{(1-z^{-1})}=\prod_{i=1}^{p/2}(1-z^{-1}e^{j\theta_i})(1-z^{-1}e^{-j\theta_i})=\prod_{i=1}^{p/2}(1-2\cos\theta_i z^{-1}+z^{-2})$$

$$\tag{4-109}$$

从 LPC 到 LSP 参数的转换过程，其实就是求解上述公式等于零时的 $\cos\omega_i$、$\cos\theta_i$ 的值，可采用以下几种方法求解。

（1）代数方程式求解

由于

$$\prod_{j=1}^{m}(1-2z^{-1}\cos\omega_j+z^{-2})=(2z^{-1})^m\prod_{j=1}^{m}\left(\frac{z+z^{-1}}{2}-\cos\omega_j\right) \tag{4-110}$$

且 $(z+z^{-1})/2\big|_{z=e^{j\omega}}=\cos\omega=x$，所以 $P(z)/(1+z^{-1})=0$ 是关于 x 的一个 $p/2$ 次代数方程。同理 $Q(z)/(1-z^{-1})=0$ 也是关于 x 的一个 $p/2$ 次代数方程。联立解此代数方程组求得 x，再由

$\omega_i = \cos^{-1} x_i$ 就可得到线谱频率。该方法比较简单，但计算量比较大。

（2）离散傅里叶变换方法

对 $P'(z)$ 和 $Q'(z)$ 的系数求离散傅里叶变换，得到 $z_k = e^{-j\frac{k\pi}{N}}$（$k=0,1,\cdots,N-1$）（实际中 N 值常取 $64\sim128$）各点的值，搜索最小值的位置，即是零点所在。该方法的计算量比较少。

（3）利用切比雪夫多项式求解

利用切比雪夫多项式估计 LSP 系数，可直接在余弦域得到结果。

（4）利用符号求解

将 $0\sim\pi$ 之间均分成 60 个点，将这 60 个点的频率值代入公式，检查它们的符号变换，在符号变换的两点之间均分成 4 份，再将这三个点的频率值代入公式，符号变换的点即为所求的解。这种方法误差略大，计算量也较大，但程序也较容易实现。

2. LSP 到 LPC 参数的转换

LSP 系数被量化和内插后，应再转换为预测系数 a_i，$i=1,2,\ldots,p$。已知量化和内插的 LSP 参数 q_i，$i=1,2,\ldots,p$，可用 $P'(z)$ 和 $Q'(z)$ 的公式来计算 $P'(z)$ 和 $Q'(z)$ 的系数 $p'(i)$ 和 $q'(i)$。一旦得出系数 $p'(i)$ 和 $q'(i)$，就可以得到 $P'(z)$ 和 $Q'(z)$，$P'(z)$ 乘以 $(1+z^{-1})$ 得到 $P(z)$，$Q'(z)$ 乘以 $(1-z^{-1})$ 得到 $Q(z)$，即

$$\begin{cases} p_1(i) = p'(i) + p'(i-1), i=1,2,\cdots,p/2 \\ q_1(i) = q'(i) + q'(i-1), i=1,2,\cdots,p/2 \end{cases} \tag{4-111}$$

最后得到预测系数为

$$a_i = \begin{cases} 0.5p_i(i) + 0.5q_1(i) & i=1,2,\cdots,p/2 \\ 0.5p_i(p+1-i) - 0.5q_1(p+1-i) & i=p/2+1,\cdots,p \end{cases} \tag{4-112}$$

这是直接从关系式 $A(z) = [p(z) + Q(z)]/2$ 得到的，并且考虑了 $P(z)$ 和 $Q(z)$ 分别是对称和反对称多项式。

4.7　语音信号的小波分析

传统的信号分析是建立在傅里叶分析的基础上的，由于傅里叶分析实现的是一种全局变换，要么完全在时域，要么完全在频域，因此无法表述信号的时频局部性质，而这种性质恰恰是非平稳信号最根本和最关键的性质。为了分析和处理非平稳信号，人们对傅里叶分析进行了推广乃至根本性的变革，提出并发展了一系列新的信号分析理论：短时傅里叶变换、Gabor 变换、时频分析、小波变换等。其中短时傅里叶变换的基本思想是：假定非平稳信号 $f(t)$ 在分析窗口 $g(t)$ 的一个短时间隔内是平稳的，如果移动分析窗函数，使得 $f(t)g(t-b)$ 在不同的有限时间段内也平稳，从而可以计算出非平稳信号在各个不同时刻的功率谱。从本质上讲，短时傅里叶变换是一种单一分辨率的信号分析方法，因为它的短时分析窗口 $g(t)$ 是一个时宽固定的窗函数。短时傅里叶变换最大的问题是它不能根据信号高、低频率的变化，自适应地调整分析窗口的宽度，因此它在时频局部化的精细方面和灵活性方面的表现欠佳。

小波变换则针对短时傅里叶变换的缺点，采用了一种面积固定不变但形状不断改变的分析窗口来对非平稳信号进行变换。小波分析采用具有时域局域化特性的小波函数作为基底，

无论低频还是高频的局部信号，它都能自动调节时频窗以适应实际分析的需要。小波分析在局部时域分析中具有很强的灵活性，能聚焦到信号时频段的任意细节。因此小波变换具有多分辨分析的特点，其在时频两域都具有表征信号局部特征的能力，是一种时间窗和频率窗都可以改变的时频局部化分析方法。小波变换在低频部分具有较高的频率分辨率和较低的时间分辨率，在高频部分具有较高的时间分辨率和较低的频率分辨率，很适合于分析非平稳信号。因为语音信号是一种典型的非平稳信号，因此小波变换在语音信号处理中也有广泛的应用。在语音信号的压缩、端点检测以及基音检测等多个方面小波变换均有着极为成功的应用。

4.7.1　短时傅里叶变换

如果在做傅里叶变换的时候，不是对信号的整个时域进行，而是对信号逐段进行。也就是说，对信号加一个有限支撑的窗函数，并且让这个窗函数在时间轴上平移。此时，傅里叶变换就变成了另一种形式，就有能力对信号的局部频率成分进行分析，即所谓的加窗傅里叶分析。其变换形式如下：

$$Wf_g(b,w) = \int_{-\infty}^{+\infty} f(x)g(x-b)\exp(-jxw)\mathrm{d}x \tag{4-113}$$

$$f(x) = \int_{-\infty}^{+\infty}\int_{-\infty}^{+\infty} Wf_g(b,w)h(x-b)\exp(jxw)\mathrm{d}b\mathrm{d}w \tag{4-114}$$

其中，$g(x-b)$ 就是"窗函数"，b 就是时间平移因子。当 $g(x)=\exp(-x^2/2)$ 时，就是所谓的 Gabor 变换。正是由于加了一个"窗函数"$g(x)$，使得原来的傅里叶变换具有了局部分析能力。加窗傅里叶变换的时频分析效果如图 4-14 所示。

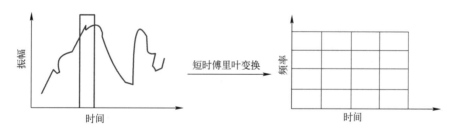

图 4-14　加窗傅里叶变换的时频分析效果

由图可知，加入时间窗可对信号进行逐段分析。这种分段分析相当于对时频空间做了一个如图所示的分割，这种分割使得信号的分析和描述更为精细。

4.7.2　连续小波变换

对于语音信号分析来说，应该在低频时具有高的频率分辨力，在高频时具有高的时间分辨力。但是当时间窗函数 $g(x)$ 选定后，时频窗口的大小和形状就确定了，无论对于高频还是低频这种分析的分辨能力是一致的。为此，连续小波变换被提出，其表达形式为

$$\begin{cases} \psi_{a,b}(t) = |a|^{-1/2}\psi\left(\dfrac{t-b}{a}\right) \\[2mm] \mathrm{CWT}(a,b) = \int_{-\infty}^{+\infty} f(t)\,\overline{\psi_{a,b}(t)}\mathrm{d}t \end{cases} \tag{4-115}$$

式中，尺度因子 a 就相当于傅里叶变换中的频率 ω，反映的是信号的频率信息；时间因子为

b，反映的是信号的时间信息。由图 4-15 可知，随着尺度因子的增加，时频单元的频率分辨力在增高；随着尺度因子的减小，时频单元的频率分辨力在降低。这种变化趋势正好和实际的需求相符合，因此可以判断出这种时频分析应该具有较好的性能。

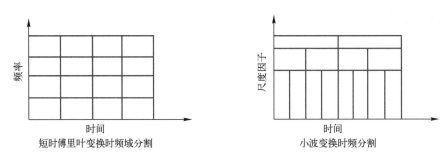

图 4-15　加窗傅里叶变换和小波变换的时频分割

上面给出的小波变换，若满足 $C_{\psi} = \int_{R} \dfrac{|\psi(w)|^{2}}{|w|}\mathrm{d}w < \infty$ ，那么存在逆变换

$$f(t) = C_{\psi}^{-1} \int_{0}^{\infty} \int_{-\infty}^{+\infty} \mathrm{CWT}(a,b)\psi_{a,b}(t)\,\frac{\mathrm{d}a\mathrm{d}b}{a^{2}} \tag{4-116}$$

在工程条件下，存在条件可以近似等价于 $\int_{-\infty}^{+\infty}\psi(t)\mathrm{d}t = 0$，这个条件是非常容易满足的。这种小波变换本身具有良好的分析能力，又很容易满足逆变换条件，因此连续小波变换是一种非常好的时频分析工具。

4.7.3　离散小波变换

在工程上实现小波变换时，所做的变换是与理论上的连续变换有所不同的，首先要对其进行离散化。这里的离散化不仅包括了时间 t 的离散化，还有对平移因子 b 和尺度因子 a 的离散化过程。而且要求离散化后的小波变换能够实现完全重构以及正交变换。早先，科学家们一度认为这样的小波基是不存在的，但是 Daubechies 等人在标架理论下，成功地构造出了符合要求的小波基，为推动小波变换的发展做出了卓越的贡献。而 S. Mallat 和 Y. Meyer 两人则从更为工程化的角度，于 1986 年提出了多分辨率分析理论，从而将此前所有正交小波基的构造统一了起来。并且，Mallat 在此基础上提出了 Mallat 算法，为小波在工程中的广泛应用扫清了最后的障碍。

简要来说多分辨率分析的实质是满足一定条件的 $L^{2}(R)$ 中的一系列子空间。多分辨率分析将 $L^{2}(R)$ 空间分解为一组子空间 $\{V_{j}, j \in Z\}$，并且满足 $V_{j} \subset V_{j-1}$ 的条件，而 V_{j} 的正交补为 W_{j}，即满足 $V_{j-1} = W_{j} \oplus V_{j}$。通过构造出一组 V_{0} 的标准正交基 $\{\varphi(x-k)\}$，可求得 V_{j} 的标准正交基为 $2^{-j/2}\varphi(2^{-j}x-k)$。此处，$\varphi(x)$ 为尺度函数。

由多分辨率分析理论可知，$2^{-1/2}\varphi(t/2) \in V_{1} \subset V_{0}$，由此可得

$$\begin{cases} \dfrac{1}{\sqrt{2}}\varphi\left(\dfrac{t}{2}\right) = \sum_{n=-\infty}^{+\infty} h[n]\varphi(t-n) \\[3mm] h[n] = <\dfrac{1}{\sqrt{2}}\varphi\left(\dfrac{t}{2}\right), \varphi(t-n)> \end{cases} \tag{4-117}$$

做傅里叶变换，可得

$$\varphi(w) = \prod_{p=1}^{+\infty} \frac{h(2^{-p}w)}{\sqrt{2}} \varphi(w_0), w_0 = 0 \tag{4-118}$$

由上式可知，尺度函数可以完全由 $h[n]$ 决定。Mallat 和 Meyer 给出证明，当 $|h(w)|^2 + |h(w+\pi)|^2 = 2$，$h(w)|_{w=0} = \sqrt{2}$ 成立时，有

$$\varphi(w) = \prod_{p=1}^{+\infty} \frac{h(2^{-p}w)}{\sqrt{2}} \tag{4-119}$$

对于 V_j 的正交补空间 W_j，其规范正交基可以通过伸缩和平移小波 $\psi(x)$ 得到

$$\psi(w) = \frac{1}{\sqrt{2}} g\left(\frac{w}{2}\right) \varphi\left(\frac{w}{2}\right) \tag{4-120}$$

$$g(w) = e^{-iw} h^*(w+\pi) \tag{4-121}$$

根据上述分解可知，$L^2(R)$ 的标准正交基为 $2^{-j/2}\psi(2^{-j}x-n), j \in Z, n \in Z$，此为多分辨率分析中导出的二尺度正交小波函数。

根据尺度函数和小波函数在多分辨率分析中的性质，可得到两者的二尺度方程

$$\frac{1}{\sqrt{2}} \varphi(x/2) = \sum_n h_n \varphi(x-n) \tag{4-122}$$

$$h_n = \frac{1}{\sqrt{2}} \int_R \varphi(x/2) \overline{\varphi(x-k)} \mathrm{d}x = <\varphi_{1,0}, \varphi_{0,n}> \tag{4-123}$$

$$\frac{1}{\sqrt{2}} \psi\left(\frac{1}{2}x\right) = \sum_n g_n \varphi(x-n) \tag{4-124}$$

$$g_n = \frac{1}{\sqrt{2}} \int_R \psi(x/2) \overline{\varphi(x-k)} \mathrm{d}x = <\psi_{1,0}, \varphi_{0,n}> \tag{4-125}$$

而 g_n 与 h_n 之间的关系如下：

$$g_n = (-1)^{1-n} \overline{h_{1-n}} \qquad n \in Z \tag{4-126}$$

Mallat 算法就是基于上述多分辨率分析理论，将信号分别投影到一系列 V_j 和 W_j 子空间中。这里 V_j 构成低通区域，W_j 则构成带通区域。

根据多分辨率分析理论有 $A_{j-1}f(x) = A_jf(x) + D_jf(x)$，其中 $A_jf(x)$ 和 $D_jf(x)$ 分别是信号在 V_j 和 W_j 中的投影。分解的基本算法是

$$a_n^j = \sum_{k=-\infty}^{+\infty} h_{k-2n} a_k^{j-1} \tag{4-127}$$

$$d_n^j = \sum_{k=-\infty}^{+\infty} g_{k-2n} a_k^{j-1} \tag{4-128}$$

重构公式为

$$a_n^{j-1} = \sum_{k=-\infty}^{+\infty} h_{n-2k} a_k^j + \sum_{k=-\infty}^{+\infty} g_{n-2k} d_k^j \tag{4-129}$$

其中，a_j 和 d_j 分别是信号投影到 V_j 和 W_j 中后得到的以 $\varphi(x), \psi(x)$ 为基底的小波系数。a_j 反映平滑结构的低频系数、d_j 反映精细结构的高频系数。上述的 Mallat 算法的分解和重构过程如图 4-16 所示。

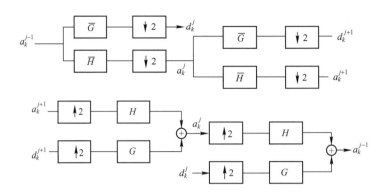

图 4-16　Mallat 小波算法的分解和重构过程图

4.8　思考与复习题

1. 短时能量（短时平均幅值）和短时过零率的定义是什么？这两种时域参数的用途有哪些？窗口函数的长度和形状对它们有什么影响？常用的有哪几种窗口？

2. 短时自相关函数和短时平均幅差函数的定义及其用途是什么？在选择窗口函数时应考虑什么问题？

3. 语音信号的短时谱的定义是什么？如何利用 FFT 求语音信号的短时谱？如何提高短时谱的频率分辨率？如何利用实数序列傅里叶变换的频谱具有的对称性？什么是语音信号的功率谱？为什么在语音信号数字处理中，功率谱具有重要意义？

4. 请叙述同态信号处理的基本原理（分解和特征系统）。倒谱的求法及语音信号两个分量的倒谱性质是什么？有哪几种避开相位卷绕的方法？请叙述它们的工作原理。

5. 什么是复倒谱？什么是倒谱？已知复倒谱怎样求倒谱？已知倒谱怎样求复倒谱？有什么条件限制？

6. 如何将信号模型转化为模型参数？最常用的是什么模型？什么叫逆逼近和逆滤波器？什么叫线性预测和线性预测方程式以及如何求解它们？

7. 什么叫线谱对？它有什么特点？它是如何推导出来的？有什么用途？

8. 什么叫 MFCC 和 LPCCMCC？如何求解它们？

9. 小波分析的意义是什么？有什么特点？

第 5 章 语音信号特征提取技术

5.1 概 述

语音信号是一种时变的短时平稳信号，十分复杂，但携带了很多有用的信息，这些信息包括语义、个人特征等，其特征参数的准确性和唯一性将直接影响语音识别、说话人识别等任务中的系统性能。

20 世纪 40 年代，Potter 等人提出了"Visible speech"的概念，指出语谱图对语音信号有很强的描述能力，并且试着用语谱信息进行语音识别，这形成了最早的语音特征，直到现在仍有很多人用语谱特征来进行语音识别。后来，人们发现利用语音信号的时域特征可以从语音波形中提取某些反映语音特性的参数，比如短时幅度、短时帧平均能量、短时帧过零率、短时自相关系数、平均幅度差函数等。这些参数不但能减小模板数目运算量及存储量，而且还可以滤除语音信号中无用的冗余信息。语音信号特征参数是分帧提取的，每帧特征参数一般构成一个矢量，所以语音信号特征是一个矢量序列。语音信号特征提取的基础是分帧，将语音信号切成一帧一帧，每帧大小大约是 20~30 ms。帧太大就不能得到语音信号随时间变化的特性，帧太小就不能提取出语音信号的特征，每帧语音信号中包含数个语音信号的基本周期。有时希望相邻帧之间的变化不是太大，帧之间就要有重叠，帧叠往往是帧长的1/2 或 1/3 帧叠大，相应的计算量也大。随着语音识别技术的不断发展，时域特征参数的种种不足逐渐暴露出来，如这些特征参数缺乏较好的稳定性且区分能力不好。于是，频域参数开始作为语音信号的特征，如频谱共振峰等。

相比于分帧处理，端点检测在语音信号处理中也占有十分重要的地位，直接影响着系统的性能。语音端点检测是指从一段语音信号中准确地找出语音信号的起始点和结束点，它的目的是为了使有效的语音信号和无用的噪声信号得以分离，因此在语音识别、语音增强、语音编码、回声抵消等系统中得到广泛应用。目前端点检测方法大体上可以分成两类，一类是基于阈值的方法，该方法根据语音信号和噪声信号的不同特征，提取每一段语音信号的特征，然后把这些特征值与设定的阈值进行比较，从而达到语音端点检测的目的。该方法原理简单，运算方便，所以被人们广泛使用。另一类方法是基于模式识别的方法，需要估计语音信号和噪声信号的模型参数来进行检测。由于基于模式识别的方法自身复杂度高，运算量大，因此很难被人们应用到实时语音信号系统中去。

5.2　端　点　检　测

5.2.1　双门限法

语音端点检测本质上是根据语音和噪声的相同参数所表现出的不同特征来进行区分。传统的短时能量和过零率相结合的语音端点检测算法利用短时过零率来检测清音，用短时能量来检测浊音，两者相配合便实现了信号信噪比较大情况下的端点检测。算法以短时能量检测为主，短时过零率检测为辅。根据语音的统计特性，可以把语音段分为清音、浊音以及静音（包括背景噪声）三种。

（1）短时能量

设第 n 帧语音信号 $x_n(m)$ 的短时能量用 E_n 表示，则其计算公式如下：

$$E_n = \sum_{m=0}^{N-1} x_n^2(m) \tag{5-1}$$

E_n 是一个度量语音信号幅度值变化的函数，但它有一个缺陷，即它对高电平非常敏感（因为它计算时用的是信号的平方）。

（2）短时过零率

短时过零率表示一帧语音中语音信号波形穿过横轴（零电平）的次数。对于连续语音信号，过零即意味着时域波形通过时间轴；而对于离散信号，如果相邻的取样值改变符号则称为过零。因此，过零率就是样本改变符号的次数。

定义语音信号 $x_n(m)$ 的短时过零率 Z_n 为

$$Z_n = \frac{1}{2} \sum_{m=0}^{N-1} \left| \operatorname{sgn}[x_n(m)] - \operatorname{sgn}[x_n(m-1)] \right| \tag{5-2}$$

式中，$\operatorname{sgn}[\cdot]$ 是符号函数，即

$$\operatorname{sgn}[x] = \begin{cases} 1, & x \geqslant 0 \\ -1, & x < 0 \end{cases} \tag{5-3}$$

（3）双门限法

在双门限算法中，短时能量检测可以较好地区分出浊音和静音。对于清音，由于其能量较小，在短时能量检测中会因为低于能量门限而被误判为静音；短时过零率则可以从语音中区分出静音和清音。将两种检测结合起来，就可以检测出语音段（清音和浊音）及静音段。在基于短时能量和过零率的双门限端点检测算法中首先为短时能量和过零率分别确定两个门限，一个为较低的门限，对信号的变化比较敏感，另一个是较高的门限。当低门限被超过时，很有可能是由于很小的噪声所引起的，未必是语音的开始，当高门限被超过并且在接下来的时间段内一直超过低门限时，则意味着语音信号的开始。

如图 5-1 所示，双门限法进行端点检测步骤如下：

1）计算信号的短时能量和短时平均过零率。

2）根据语音能量的轮廓选取一个较高的门限 T_2，语音信号的能量包络大部分都在此门限之上，这样可以进行一次初判。语音起止点位于该门限与短时能量包络交点 N_3 和 N_4 所对应的时间间隔之外。

3）根据背景噪声的能量确定一个较低的门限 T_1，并从初判起点往左，从初判终点往右

搜索，分别找到能零比曲线第一次与门限 T_1，相交的两个点 N_2 和 N_5，于是 N_2N_5 段就是用双门限方法所判定的语音段。

4）以短时平均过零率为准，从 N_2 点往左和 N_5 往右搜索，找到短时平均过零率低于某阈值 T_3 的两点 N_1 和 N_6，这便是语音段的起止点。

注意：门限值要通过多次实验来确定，门限都是由背景噪声特性确定的。语音起始段的复杂度特征与结束时的有差异，起始时幅度变化比较大，结束时，幅度变化比较缓慢。在进行起止点判决前，通常都要采集若干帧背景噪声并计算其短时能量和短时平均过零率，作为选择 M_1 和 M_2 的依据。

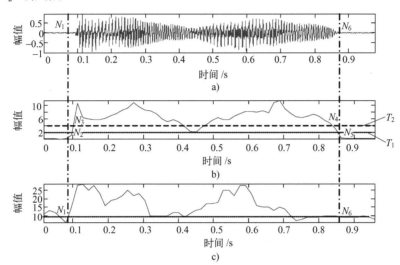

图 5-1　双门限法端点检测的二级判决示意图

5.2.2　自相关法

（1）短时自相关

自相关函数具有一些性质，如它是偶函数；假设序列具有周期性，则其自相关函数也是同周期的周期函数等。对于浊音语音可以用自相关函数求出语音波形序列的基音周期。此外，在进行语音信号的线性预测分析时，也要用到自相关函数。

语音信号 $x_n(m)$ 的短时自相关函数 $R_n(k)$ 的计算式如下：

$$R_n(k) = \sum_{m=0}^{N-1-k} x_n(m) x_n(m+k) \qquad (0 \leqslant k \leqslant K) \tag{5-4}$$

式中，K 是最大的延迟点数。

为了避免语音端点检测过程中受到绝对能量带来的影响，把自相关函数进行归一化处理，即用 $R_n(0)$ 进行归一化，得到

$$R_n(k) = R_n(k)/R_n(0) \qquad (0 \leqslant k \leqslant K) \tag{5-5}$$

（2）自相关函数最大值法

图 5-2 和图 5-3 分别是噪声信号和含噪语音的自相关函数。从图可知，两种信号的自相关函数存在极大的差异，因此可利用这种差别来提取语音端点。根据噪声的情况，设置两个阈值 T_1 和 T_2，当相关函数最大值大于 T_2 时，便判定是语音；当相关函数最大值大于或小

于 T_1 时，则判定为语音信号的端点。

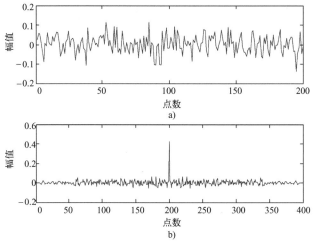

图 5-2　噪声信号的自相关函数

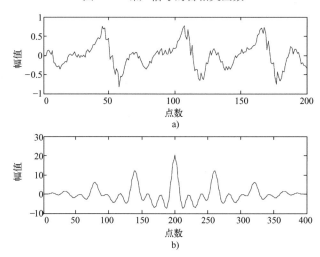

图 5-3　含噪语音的自相关函数

5.2.3　谱熵法

（1）谱熵特征

所谓熵就是表示信息的有序程度。在信息论中，熵描述了随机事件结局的不确定性，即一个信息源发出的信号以信息熵来作为信息选择和不确定性的度量，是由 Shannon 引用到信息理论中来的。1998 年，Shne JL 首次提出基于熵的语音端点检测方法，Shne 在实验中发现语音的熵和噪声的熵存在较大的差异，谱熵这一特征具有一定的可选性，它体现了语音和噪声在整个信号段中的分布概率。

谱熵语音端点检测方法是通过检测谱的平坦程度，从而达到语音端点检测的目的，经实验研究可知谱熵具有如下特征：

1）语音信号的谱熵不同于噪声信号的谱熵。

2）理论上，如果谱的分布保持不变，语音信号幅值的大小不会影响归一化。但实际上，语音谱熵随语音随机性而变化，与能量特征相比，谱熵的变化是很小的。

3）在某种程度上讲，谱熵对噪声具有一定的稳健性，相同的语音信号当信噪比降低时，语音信号的谱熵值的形状大体保持不变，这说明谱熵是一个比较稳健性的特征参数。

4）语音谱熵只与语音信号的随机性有关，而与语音信号的幅度无关，理论上认为只要语音信号的分布不发生变化，那么语音谱熵不会受到语音幅度的影响。另外，由于每个频率分量在求其概率密度函数的时候都经过了归一化处理，所以从这一方面也证明了语音信号的谱熵只会与语音分布有关，而不会与幅度大小有关。

（2）谱熵定义

设语音信号时域波形为 $x(i)$，加窗分帧处理后得到的第 n 帧语音信号为 $x_n(m)$，其 FFT 表示为 $X_n(k)$，其中下标 n 表示为第 n 帧，而 k 表示为第 k 条谱线。该语音帧在频域中的短时能量为

$$E_n = \sum_{k=0}^{N/2} X_n(k) X_n^*(k) \tag{5-6}$$

式中，N 为 FFT 的长度，只取正频率部分。

而对于某一谱线 k 的能量谱为 $Y_n(k) = X_n(k) X_n^*(k)$，则每个频率分量的归一化谱概率密度函数定义为

$$p_n(k) = \frac{Y_n(k)}{\sum\limits_{l=0}^{N/2} Y_n(l)} = \frac{Y_n(k)}{E_n} \tag{5-7}$$

该语音帧的短时谱熵定义为

$$H_n = -\sum_{l=0}^{N/2} p_n(k) \ln p_n(k) \tag{5-8}$$

（3）基于谱熵的端点检测

由于谱熵语音端点检测方法是通过检测谱的平坦程度来进行语音端点检测的，为了更好地进行语音端点检测，本文采用语音信号的短时功率谱构造语音信息谱熵，从而更好地对语音段和噪声段进行区分。

其大概检测思路如下：

1）首先对语音信号进行分帧加窗、取 FFT 的点数。

2）计算出每一帧的谱的能量。

3）计算出每一帧中每个样本点的概率密度函数。

4）计算出每一帧的谱熵值。

5）设置判决门限。

6）根据各帧的谱熵值进行端点检测。

每一帧的谱熵值采用以下公式进行计算：

$$H(i) = \sum_{i=0}^{N/2-1} P(n,i) * \ln[1/P(n,i)] \tag{5-9}$$

$H(i)$ 是第 i 帧的谱熵，$H(i)$ 计算是基于谱的能量变化而不是谱的能量，所以在不同水平噪声环境下谱熵参数具有一定的稳健性，但每一谱点的幅值易受噪声的污染进而影响端点检测的稳健性。

5.2.4 比例法

（1）能零比的端点检测

在噪声情况下，信号的短时能量和短时过零率会发生一定变化，严重时会影响端点检测

性能。图 5-4 是含噪情况下的短时能量和短时过零率显示图。从图中可知，在语音中的说话区间能量是向上凸起的，而过零率相反，在说话区间向下凹陷。这表明，说话区间能量的数值大，而过零率数值小；在噪声区间能量的数值小，而过零率数值大，所以把能量值除以过零率的值，则可以更突出说话区间，从而更容易检测出语音端点。

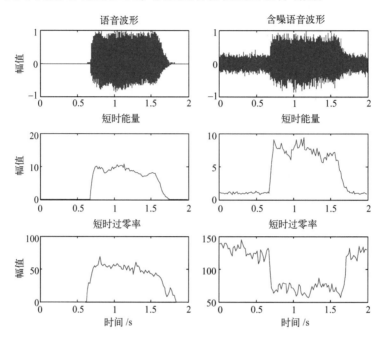

图 5-4　含噪信号的短时能量和短时过零率

改进式（5-1）的能量表示为

$$\mathrm{LE}_n = \lg(1 + E_n / a) \tag{5-10}$$

式中，a 为常数，适当的数值有助于区分噪声和清音。

过零率的计算基本同式（5-2）和式（5-3）。不过，这里 $x_n(m)$ 需要先进行限幅处理，即

$$\widetilde{x}_n(m) = \begin{cases} x_n(m), & |x_n(m)| > \sigma \\ 0, & |x_n(m)| < \sigma \end{cases} \tag{5-11}$$

此时，能零比可表示为

$$\mathrm{EZR}_n = \mathrm{LE}_n / (\mathrm{ZCR}_n + b) \tag{5-12}$$

此处，b 为一较小的常数，用于防止 ZCR_n 为零时溢出。

（2）能熵比的端点检测

谱熵值很类似于过零率值，在说话区间内的谱熵值小于噪声段的谱熵值，所以同能零比，能熵比的表示为

$$\mathrm{EEF}_n = \sqrt{1 + |\mathrm{LE}_n / H_n|} \tag{5-13}$$

5.2.5　对数频谱距离法

设含噪语音信号为 $x(n)$，加窗分帧处理后得到第 i 帧语音信号为 $x_i(m)$，帧长为 N。任

何一帧语音信号 $x_i(m)$ 做 FFT 后为

$$X_i(k) = \sum_{m=0}^{N-1} x_i(m) \exp\left(j\frac{2\pi mk}{N}\right) \quad k = 0, 1, \cdots, N-1 \tag{5-14}$$

对频谱 $X_i(k)$ 取模值后再取对数，得

$$\hat{X}_i(k) = 20\lg \mid X_i(k) \mid \tag{5-15}$$

两个信号 $x_1(n)$ 和 $x_2(n)$ 的对数频谱距离定义为

$$d_{\text{spec}}(i) = \frac{1}{N_2} \sum_{k=0}^{N_2-1} (\hat{X}_i^1(k) - \hat{X}_i^1(k))^2 \tag{5-16}$$

式中，N_2 表示只取正频率部分，即 $N_2 = N/2 + 1$。

当采用对数谱距离进行端点检测时，对数谱距离的两个信号分别是语音信号和噪声信号。其中，噪声信号的平均频谱由下式获得：

$$X_{\text{noise}}(k) = \frac{1}{\text{NIS}} \sum_{i=1}^{\text{NIS}} X_i(k) \tag{5-17}$$

这里，NIS 表示前导的无语帧。

基于对数谱距离的语音帧和噪声帧判别流程图如图 5-5 所示。通过判断一段语音信号中的语音帧和噪声帧，即可实现基于对数谱距离的端点检测。

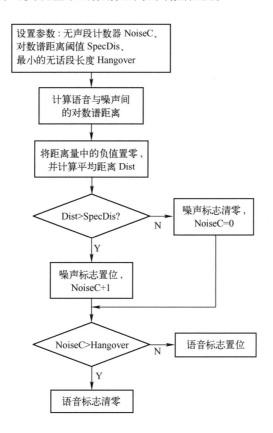

图 5-5　基于对数谱距离的语音帧和噪声帧判别流程图

5.3　基音周期估计

基音是指发浊音时声带振动所引起的周期性，而基音周期是指声带振动频率的倒数。基音周期是语音信号最重要的参数之一，它描述了语音激励源的一个重要特征。基音周期信息在多个领域有着广泛的应用，如语音识别、说话人识别、语音分析与综合以及低码率语音编码、发音系统疾病诊断、听觉残障者的语言指导等。因为汉语是一种有调语言，基音的变化模式称为声调，它携带非常重要的具有辨意作用的信息。所以，基音的提取和估计对汉语更是一个十分重要的问题。

由于人的声道的易变性及其声道特征的因人而异，而基音周期的范围又很宽，且同一个人在不同情态下发音的基音周期也不同，加之基音周期还受到单词发音音调的影响，因而基音周期的精确检测实际上是一件比较困难的事情。基音提取的主要困难反映在：①声门激励信号并不是一个完全周期的序列，在语音的头、尾部并不具有声带振动那样的周期性，有些清音和浊音的过渡帧是很难准确地判断是周期性还是非周期性的；②声道共振峰有时会严重影响激励信号的谐波结构，所以，从语音信号中直接取出仅和声带振动有关的激励信号的信息并不容易；③语音信号本身是准周期性的（即音调是有变化的），而且其波形的峰值点或过零点受共振峰的结构、噪声等的影响；④基音周期变化范围大，从老年男性的 50 Hz 到儿童和女性的 450 Hz，接近三个倍频程，给基音检测带来了一定的困难。由于这些困难，所以迄今为止尚未找到一个完善的方法可以对于各类人群（包括男、女、儿童及不同语种）、各类应用领域和各种环境条件情况下都能获得满意的检测结果。

尽管基音检测有许多困难，但因为它的重要性，基音的检测提取一直是一个研究课题。目前的基音检测算法很多，各有优劣，如自相关函数（ACF）法、平均幅度差函数（AMDF）法、倒谱法、简化逆滤波法（SIFT）等。

5.3.1　自相关法

语音信号 $x_n(m)$ 的短时自相关函数 $R_n(k)$ 如式（5-4）所示，其不为零的范围为 $k=(-N+1) \sim (N-1)$，且为偶函数。由自相关分析可知，浊音信号的自相关函数在基音周期的整数倍位置上出现峰值；而清音的自相关函数没有明显的峰值出现。因此检测是否有峰值就可判断是清音或浊音，检测峰值的位置就可提取基音周期值。

在利用自相关函数估计基音周期时，有两个需要考虑的问题：窗函数的选取问题和共振峰的影响问题。窗函数的选取原则如下：

1）无论是利用自相关函数 $R_n(k)$ 还是利用平均幅度差函数 $F_n(k)$，语音帧应使用矩形窗。

2）窗长的选择要合适。一般认为窗长至少应大于两个基音周期。而为了改善估计结果，窗长应选得更长一些，使帧信号包含足够多个语音周期。

共振峰的影响问题主要与声道特性相关。有的情况下，即使窗长已选得足够长，第一最大峰值点与基音周期仍不一致，这就是声道的共振峰特性造成的"干扰"。实际上影响从自相关函数中正确提取基音周期的最主要因素是声道响应部分。当基音的周期性和共振峰的周期性混叠在一起时，被检测出来的峰值就会偏离原来峰值的真实位置。另外，某些浊音中，第一共振峰频率可能会等于或低于基音频率。此时，如果其幅度很高，它就可能在自相关函数中产生一个峰值，而该峰值又可以同基音频率的峰值相比拟，从而给基音周期值检测带来误差。为了克服这个困难，可以从两条途径来着手解决：

1）减少共振峰的影响。最简单的方法是用一个带宽为 60～900 Hz 的带通滤波器对语音信号进行滤波，并利用滤波信号的自相关函数来进行基音估计。这个滤波器可以放在对语音信号采样前（模拟滤波），也可以放在采样后（数字滤波）。将此滤波器的高端截频置为 900 Hz，既可以除去大部分共振峰的影响，又可以在基音频率为最高 450 Hz 时仍能保留其一次和二次谐波。低端截频置为 60 Hz 是为了抑制 50 Hz 的电源干扰。

2）对语音信号进行非线性变换后再求自相关函数。一种有效的非线性变换是"中心削波"，即削去语音信号的低幅度部分。这是因为语音信号的低幅度部分包含大量的共振峰信息，而高幅度部分包含大量的基音信息。

设中心削波器的输入信号为 $x(n)$，中心削波的输出信号为 $y(n)=C[x(n)]$，则中心削波器如图 5-6 所示。其中如图 5-6a 所示的是中心削波函数 $C[x]$，一段输入信号 $x(n)$ 及通过中心削波后得到的 $y(n)$ 示例分别如图 5-6b 和 c 所示。

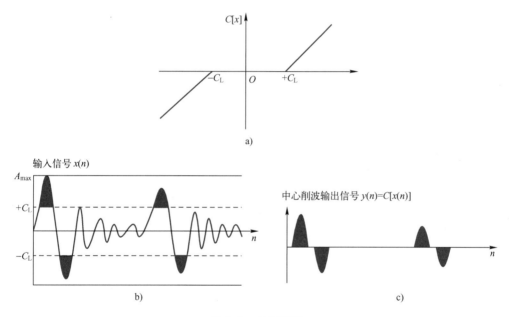

图 5-6 中心削波

a）中心削波函数 b）中心削波器的输入 c）中心削波器的输出

削波电平 C_L 由语音信号的峰值幅度来确定，它等于语音段最大幅度 A_{max} 的一个固定百分数。这个门限的选择是重要的，一般在不损失基音信息的情况下应尽可能选得高些，以达到较好的效果。经过中心削波后只保留了超过削波电平的部分，其结果是削去了许多和声道响应有关的波动。中心削波后的语音通过一个自相关器，这样在基音周期位置呈现大而尖的峰值，而其余的次要峰值幅度都很小。

计算自相关函数的运算量是很大的，其原因是计算机进行乘法运算非常费时。为此可对中心削波函数进行修正，采用三电平中心削波的方法，如图 5-7 所示。其输入输出函数为

$$y(n) = C'[x(n)] = \begin{cases} 1, & x(n) > CL \\ 0, & |x(n)| \leqslant CL \\ -1, & x(n) < -CL \end{cases} \tag{5-18}$$

即削波器的输出在 $x(n) > CL$ 时为 1，$x(n) < -CL$ 时为 -1，除此以外均为零。虽然这一处理会增加刚刚超过削波电平的峰的重要性，但大多数次要的峰被滤除掉了，而只保留了明显周期性的峰。

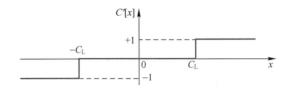

图 5-7　三电平中心削波函数

三电平中心削波的自相关函数的计算很简单，因为削波后的信号的取值只有 -1、0、1 三种情况，因而不需作乘法运算而只需要简单的组合逻辑即可。

图 5-8 中给出了不削波、中心削波和三电平削波的信号波形及其自相关函数举例。通过对这三种削波器的详细比较，其性能方面只有微小的差别。其中，削波电平 C_L 之值取为该段语音最大采样值的 68%。$x(n)$ 和 $y(n)$ 的自相关函数也并列展示于图中。可以看到，在基音周期点上后者的峰值远比前者尖锐突出，因此用它来进行基音周期估计的效果更好。

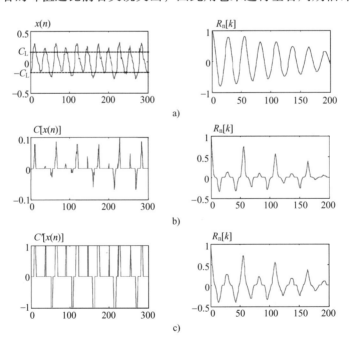

图 5-8　信号波形及其自相关函数举例（$R_n(k)$ 均归一化）

a）不削波　b）中心削波　c）三电平削波

除了以上的方法外，还有采用原始语音信号经线性预测（LPC）逆滤波器滤波得到残差信号后再求残差信号的自相关函数的方法等。近年来，人们还提出了许多基于自相关函数的算法，这些算法或者对自相关函数做适当修改（如加权 ACF、变长 ACF 等），或者将自相关函数与其他方法相结合（如 ACF 与小波变换相结合、ACF 与倒谱相结合等）。

5.3.2　平均幅度差函数法

语音信号的短时平均幅度差函数（AMDF）$F_n(k)$ 定义为

$$F_n(k) = \sum_{m=0}^{N-k-1} | s_n(m + k) - s_n(m) |$$ (5-19)

与短时自相关函数一样，对周期性的浊音语音，$F_n(k)$ 也呈现与浊音语音周期相一致的周期特性，不过不同的是 $F_n(k)$ 在周期的各个整数倍上具有谷值特性而不是峰值特性，因而通过 $F_n(k)$ 的计算同样可以来确定基音周期。而对于清音语音信号，$F_n(k)$ 却没有这种周期特性。利用 $F_n(k)$ 的这种特性，可以判定一段语音是浊音还是清音，并估计出浊音语音的基音周期。

利用短时平均幅度差函数来估计基音周期，同样要求窗长取得足够长。可以采取 LPC 逆滤波和中心削波处理等方法来减少输入语音中声道特性或共振峰的影响，提高基音周期估计效果。近年来许多基于 AMDF 的不同检测算法被提出。如采用信号经中心削波处理后再计算 AMDF 函数（C-AMDF）的方法、采用概率近似错误纠正技术的方法、对基本 AMDF 函数进行线性加权（W-AMDF）的方法、采用变长度 AMDF 函数（LV-AMDF）的方法、采用原信号经 LPC 预测分析获得预测残差后再计算残差信号的 AMDF 函数（LP-AMDF）的方法等。其中 W-AMDF 定义为

$$F_{nW}(k) = \frac{1}{N - k + 1} \sum_{m=1}^{N-k+1} | s_n(m + k - 1) - s_n(m) |$$ (5-20)

而 LV-AMDF 定义为

$$F_{nLV}(k) = \frac{1}{k} \sum_{m=1}^{k} | s_n(m + k - 1) - s_n(m) |$$ (5-21)

一般的浊音语音的短时 AMDF 所呈现的周期谷值特性中，除起始零点（$F_n(1) = 0$）外，第一周期谷点大多就是全局最低谷点，以全局最低谷点作为基音周期计算点不会发生检测错误。但是，对于周期性和平稳性都不太好的清音语音段，基本 AMDF 的全局最低谷点常常不是第一周期谷点，多出现在整数倍点的位置处，如图 5-9b 所示。这种现象在 C-AMDF、W-AMDF、LV-AMDF、LP-AMDF 中依然存在，如图 5-9c~f 所示。在这种情况下，若以全局最低谷点作为基音周期计算点就会产生严重的检测错误。解决这一问题的方法之一是采用适当的基音周期计算点的搜索算法，即在获得 AMDF 函数的全局最低谷点后进行一定的修正处理，包括：

1）搜索一定取值范围内的局部谷点。

2）比较各候选谷点间的间隔，剔去不满足间隔要求的候选谷点。

3）检查各候选谷点的"清晰度"，剔去不"清晰"的候选谷点。

4）选定基音周期计算点等。

当然，增加搜索算法后，整个算法的复杂度将增加很多。

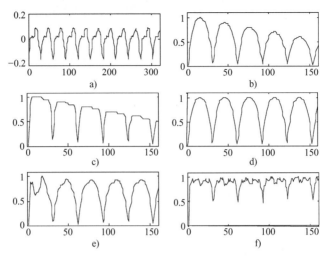

图 5-9 一帧语音的几种 AMDF 函数

a）原始语音信号 b）基本 AMDF c）C-AMDF d）W-AMDF e）LV-AMDF f）LP-AMDF

由于 AMDF 的计算无需乘法运算，因而其算法复杂度较小。另外在基音周期点处 AMDF 的谷点锐度比 ACF 的峰点锐度更尖锐，因此估值精度更高。但是，AMDF 对语音信号幅度的快速变化比较敏感，它影响估计的精度。

5.3.3 倒谱法

倒谱法是传统的基音周期检测算法之一，它利用语音信号的倒频谱特征，检测出表征声门激励周期的基音信息。

由语音模型可知，语音 $s(n)$ 是由声门脉冲激励 $e(n)$ 经声道响应 $v(n)$ 滤波而得，即

$$s(n) = e(n) * v(n) \tag{5-22}$$

设三者的倒谱分别为 $\hat{s}(n)$、$\hat{e}(n)$ 及 $\hat{v}(n)$，则有

$$\hat{s}(n) = \hat{e}(n) + \hat{v}(n) \tag{5-23}$$

可见，包含有基音信息的声脉冲倒谱可与声道响应倒谱分离，因此从倒频谱域分离 $\hat{e}(n)$ 后恢复出 $e(n)$，可从中求出基音周期。然而，反映基音信息的倒谱峰，在过渡音和含噪语音中将会变得不清晰甚至完全消失，其原因主要是因为过渡音中周期激励信号能量降低和类噪激励信号干扰或含噪语音中的噪声干扰所致。对于一帧典型的浊音语音的倒谱，其倒谱域中基音信息与声道信息并不是完全分离的，在周期激励信号能量较低的情况下，声道响应（特别是其共振峰）对基音倒谱峰的影响不能忽略。

如果设法除去语音信号中的声道响应信息，对类噪激励和噪声加以适当抑制，倒谱基音检测算法的检测结果将有所改善，特别对过渡语音的检测结果将有明显改善。在除去语音信号中的声道响应信息方面，可采用线性预测方法。具体地，在语音信号的线性预测编码（LPC）分析中，语音信号 $s(n)$ 可以表示为

$$s(n) = -\sum_{i=1}^{p} a_i s(n-i) + Ge(n) \tag{5-24}$$

式中，a_i 为预测系数；p 为预测阶数；$e(n)$ 为激励信号；G 为幅度因子。如果对输入语音进行 LP 分析获得预测系数 a_i，并由此构成逆滤波器 $A(z)$

$$A(z) = \sum_{i=0}^{p} a_i z^{-i}, \quad a_0 = 1 \qquad (5\text{-}25)$$

再将原始语音通过逆滤波器 $A(z)$ 进行逆滤波，则可获得预测余量信号 $\varepsilon(n)$（理想情况下
$\varepsilon(n) = Ge(n)$）。理论上讲，预测余量信号 $\varepsilon(n)$ 中已不包含声
道响应信息，但却包含完整的激励信息。对预测余量信号 $\varepsilon(n)$
进行倒谱分析，将可获得更为清晰精确的基音信息。

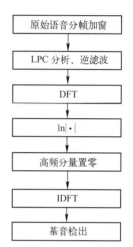

图 5-10　由 LPC 预测余量作
倒谱基音检测的算法框图

　　在抑制噪声干扰方面，由于语音基音频率一般来说低于
500 Hz，一个最直观的方法就是对原始语音或预测余量信号进
行低通滤波处理。在倒谱分析中，可以直接将傅里叶逆变换之
前的频域信号的高频分量置零。这样既可实现类似于低通滤波
的处理，又可滤去噪声和激励源中的高频分量，减少噪声
干扰。

　　图 5-10 是一种改进的倒谱基音检测算法。具体步骤包括：

　　1）对输入语音进行分帧加窗，然后对分帧语音进行 LPC
分析，得到预测系数 a_i 并由此构成逆滤波器 $A(z)$。

　　2）将原分帧语音通过逆滤波器滤波，获得预测余量信号
$\varepsilon(n)$。

　　3）对预测余量信号做傅里叶变换（DFT）、取对数后，将所得信号的高频分量置零。

　　4）将此信号做反傅里叶变换（IDFT），得到原信号的倒谱。

　　5）根据所得倒谱中的基音信息检测出基音周期。图 5-11 是一帧过渡音的倒谱，而图 5-12
是在不同信噪比下一帧语音的倒谱。

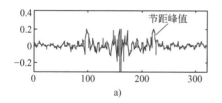
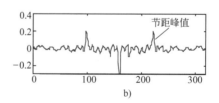

图 5-11　一帧过渡音的倒谱

a）传统算法　　b）改进的算法

　　在由倒谱检测基音周期时，可以直接在倒谱域中根据倒谱的基音峰进行检测；也可以采
用倒滤波的方法分离出激励信息，并用逆特征系统将其变换回时域中再进行检测。倒谱域中
直接检测的方法算法简单，而逆变换到时域中的方法概念更直观，且在少部分情况下基音峰
会变得突出一些。此外，在实际的基音检测算法中，有些情况下需要在检测前做低通滤波等
预处理，并且在基音周期初估以后都要进行基音轨迹平滑的后处理。平滑方法可以采用中值滤
波平滑、"低通"滤波线性平滑等，也可以采用更为有效的诸如动态规划等平滑处理方法。

　　需要说明的是，倒谱基音检测中，语音加窗的选择是很重要的，窗口函数应选择缓变
窗。如果窗函数选择矩形窗，在许多情况下倒谱中的基音峰将变得不清晰甚至消失。一般来

讲，窗函数选择汉明窗较为合理。

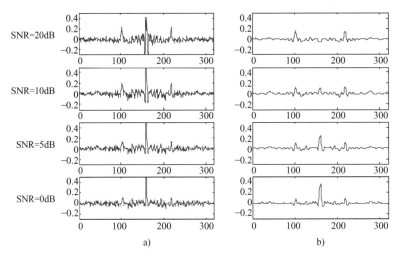

图 5-12　不同信噪比下的一帧语音倒谱

a）传统算法　b）改进的算法

5.3.4　简化逆滤波法

简化的逆滤波（SIFT）法的基本思想是：先对语音信号进行 LPC 分析和逆滤波，获得语音信号的预测残差，然后将残差信号通过自相关滤波器滤波，再做峰值检测，进而获得基音周期。语音信号通过线性预测逆滤波器后达到频谱平坦化，因为逆滤波器是一个使频谱平坦化的滤波器，所以它提供了一个简化的频谱平滑器。将预测误差作为自相关器的输入，通过与门限的比较可以确定基音周期。

简化逆滤波器的原理框图如图 5-13 所示。工作过程为：

1）语音信号经过 8 kHz 取样后，通过 0~900 Hz 的数字低通滤波器，其目的是滤除声道谱中声道响应部分的影响，使峰值检测更加容易。

2）然后降低取样率为原来的 1/4（因为激励序列的宽度小于 1 kHz，所以用 2 kHz 取样就足够了）。

3）提取降低取样率后的信号模型参数（LPC 参数）。

4）内插提高采样率，恢复到 8 kHz。

5）检测出峰值及其位置就得到基音周期值。

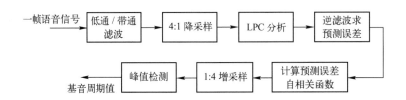

图 5-13　简化逆滤波器原理框图

在基音提取中，最常采用的是语音波形或误差信号波形的低通滤波，因为这种低通滤波对提高基音提取精度有良好的效果。低通滤波在除去高阶共振峰影响的同时，还可以弥补自相关函数的时间分辨率的不足。特别是在线性预测误差的自相关函数的基音提取中，误差信号波形的低通滤波处理尤其重要。

5.3.5　基音检测的后处理

无论采用哪一种基音检测算法都可能产生基音检测错误，使求得的基音周期轨迹中有一个或几个基音周期估值偏离了正常轨迹（通常是偏离到正常值的 2 倍或 1/2），此情况如图 5-14 所示。这种偏离点称为基音轨迹的"野点"。

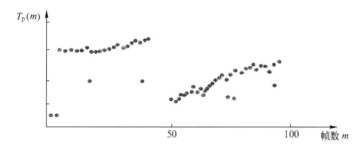

图 5-14　基音周期轨迹以及轨迹中的"野点"

为了去除这些野点，可以采用各种平滑算法，其中最常用的是中值平滑算法和线性平滑算法。

1. 中值平滑处理

中值平滑处理的基本原理是：设 $x(n)$ 为输入信号，$y(n)$ 为中值滤波器的输出，采用一滑动窗，则 n_0 处的输出值 $y(n_0)$ 就是将窗的中心移到 n_0 处时窗内输入样点的中值。即在 n_0 点的左右各取 L 个样点。连同被平滑点共同构成一组信号采样值（共（$2L+1$）个样值），然后将这（$2L+1$）个样值按大小次序排成一队，取此队列中的中间者作为平滑器的输出。L 值一般取为 1 或 2，即中值平滑的"窗口"一般套住 3 或 5 个样值，称为 3 点或 5 点中值平滑。中值平滑的优点是既可以有效地去除少量的野点，又不会破坏基音周期轨迹中两个平滑段之间的阶跃性变化。

2. 线性平滑处理

线性平滑是用滑动窗进行线性滤波处理，即

$$y(n) = \sum_{m=-L}^{L} x(n-m) \cdot w(m) \tag{5-26}$$

其中，$\{w(m), m=-L, -L+1, \cdots, 0, 1, 2, \cdots, L\}$ 为 $2L+1$ 点平滑窗，满足

$$\sum_{m=-L}^{L} w(m) = 1 \tag{5-27}$$

例如三点窗的权值可取为 $\{0.25, 0.5, 0.25\}$。线性平滑在纠正输入信号中不平滑处样点值的同时，也使附近各样点的值做了修改。所以窗的长度加大虽然可以增强平滑的效果，但是也可能导致两个平滑段之间阶跃的模糊程度加重。

3. 组合平滑处理

为了改善平滑的效果可以将两个中值平滑串接，图 5-15a 所示是将一个 5 点中值平滑和一个 3 点中值平滑串接。另一种方法是将中值平滑和线性平滑组合，如图 5-15b 所示。为了使平滑的基音轨迹更贴近，还可以采用二次平滑的算法。设所要平滑信号为 $T_\mathrm{P}(n)$，经过一次组合得到的信号为 $\tau_\mathrm{P}(n)$。那么首先应求出两者的差值信号 $\Delta T_\mathrm{P}(n) = T_\mathrm{P}(n) - \tau_\mathrm{P}(n)$，再对 $\Delta T_\mathrm{P}(n)$ 进行组合平滑，得到 $\Delta\tau_\mathrm{P}(n)$，令输出等于 $\tau_\mathrm{P}(n) + \Delta\tau_\mathrm{P}(n)$，就可以得到更好的基音周期估计轨迹。全部算法的框图如图 5-15c 所示。由于中值平滑和线性平滑都会引入延时，所以在实现上述方案时应考虑到它的影响。图 5-15d 是一个采用补偿延时的可实现二次平滑方案。其中的延时大小可由中值平滑的点数和线性平滑的点数来决定。例如，一个 5 点中值平滑将引入 2 点延时，一个 3 点平滑将引入 1 点延时，那么采用此两者完成组合平滑时，补偿延时的点数应等于 3。

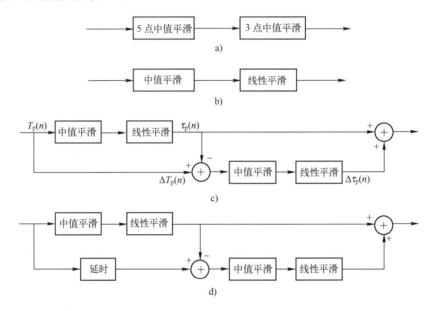

图 5-15　各种组合平滑算法的框图

5.4　共振峰估计

声道可以看成是一根具有非均匀截面的声管，在发音时起共鸣器的作用。当准周期脉冲激励进入声道时会引起共振特性，产生一组共振频率，称为共振峰频率或简称共振峰。共振峰参数包括共振峰频率和频带宽度，它是区别不同韵母的重要参数。共振峰信息包含在语音频谱包络中，因此共振峰参数提取的关键是估计自然语音频谱包络，并认为谱包络中的最大值就是共振峰。

与基音提取类似，精确的共振峰估值也是很困难的。存在的问题包括以下几方面：

1）虚假峰值。在正常情况下，频谱包络中的最大值完全是由共振峰引起的，但也会出现虚假峰值。一般，在利用非线性预测分析方法的频谱包络估值器中，出现虚假峰值情况较多，而在采用线性预测方法时，出现虚假峰值情况较少。

2）共振峰合并。相邻共振峰的频率可能会靠得太近难以分辨，而寻找一种理想的能对共振峰合并进行识别的共振峰提取算法有不少实际困难。

3）高音调语音。传统的频谱包络估值方法是利用由谐波峰值提供的样点，而高音调语音（如女声和童声）的谐波间隔比较宽，因而为频谱包络估值所提供的样点比较少。利用线性预测进行频谱包络估值也会出现这个问题，在高音调语音中，线性预测包络峰值趋向于离开真实位置而朝着最接近的谐波峰值移动。

5.4.1　带通滤波器组法

这种方法类似于语谱仪，但由于使用了计算机，滤波器特性的选取更具灵活性，实现框图示于图 5-16 中。这是共振峰提取的最早形式，与线性预测法相比，滤波器组法性能较差。但通过滤波器组的设计可以使估计的共振峰频率同人耳的灵敏度相匹配，其匹配的程度比线性预测法要好。

滤波器的中心频率有两种分布方法：一种是等间距地分布在分析频段上，即所有带通滤波器的带宽相同，从而保证了各通道的群延时相同；另一种是非均匀地分布，例如为了获得类似于人耳的频率分辨特性，在低频端间距小，高频端间距大，带宽也随之增加，这时滤波器的阶数必须设计成与带宽成正比，使得它们输出的群延时相同，不会产生波形失真。

为了使频率分辨率提高，滤波器的阶数应取足够大的值，使得带通滤波器具有良好的截止特性，但同时也意味着每个滤波器均有较长的冲激响应。由于语音信号具有时变特性，显然较长的冲激响应会模拟这种特性，所以频率分辨率与时间分辨率总是相互矛盾。带通滤波器组的方法可以实现较高的时间分辨率，故常用它来分析共振峰的走向。

图 5-16 为利用滤波器组进行共振峰估值的一种系统结构示意图。滤波器的中心频率为 150 Hz～7 kHz，分析带宽为 100 Hz～1 kHz，频率按对数规律递增。滤波器输出经全波整流而用于提供频谱包络估值。辨识逻辑用于对适当频率范围内的峰值进行辨识而获得前三个共振峰。频谱峰值被依次指定，每一峰值都被约束在其已知的频率范围之内并且高于前面共振峰的频率。

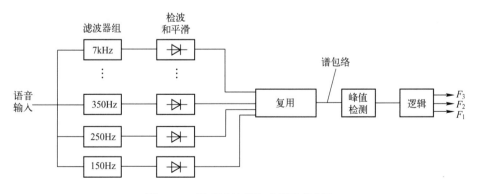

图 5-16　带通滤波器组法提取共振峰

5.4.2　倒谱法

虽然可以直接对语音信号求离散傅里叶变换（DFT），然后用 DFT 谱来提取语音信号的共振峰参数。但是，DFT 的谱要受基频谐波的影响，最大值只能出现在谐波频率上，因而共振峰测定误差较大。为了消除基频谐波的影响，可以采用同态解卷技术。经过同态滤波后得到的谱较平滑，此时简单地检测峰值就可以直接提取共振峰参数，因此该方法更为有效和精确。因为倒谱运用对数运算和二次变换可将基音谐波和声道的频谱包络分离开来，因此用低时窗 $l(n)$ 可从语音信号倒谱 $c(n)$ 中截取出 $h(n)$，能更精确地反映声道响应。由 $h(n)$ 经 DFT 得到的 $\hat{H}(k)$，就是声道的离散谱曲线。用 $\hat{H}(k)$ 代替直接 DFT 的频谱，可以去除激励引起的谐波波动，从而更精确地得到共振峰参数。

图 5-17 为倒谱法求取语音频谱包络的原理图。实验表明，倒谱法因为其频谱曲线的波动比较小，所以估计的共振峰参数较精确，但其运算量较大。

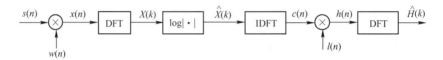

图 5-17　用倒谱法求语音频谱包络原理图

5.4.3　线性预测法

从线性预测导出的声道滤波器是频谱包络估计器的最新形式，线性预测提供了一个优良的声道模型（条件是语音不含噪声）。尽管线性预测法的频率灵敏度和人耳不相匹配，但它仍是最高效的方法之一。用线性预测可对语音信号进行解卷，即把激励分量归入预测残差中，得到声道响应的全极模型 $H(z)$ 的分量，从而得到这个分量的 a_i 参数。尽管其精度由于存在一定的逼近误差而有所降低，但去除了激励分量的影响。此时求出声道响应分量的谱峰，就可以求出共振峰。常用的方法有两种：求根法和内插法。

（1）求根法

求根法是用标准的求取复根的方法计算全极模型分母多项式 $A(z)$ 的根，其优点在于通过对预测多项式系数的分解可以精确地决定共振峰的中心频率和带宽。找出多项式复根的过程通常采用牛顿—拉夫逊算法。算法步骤为首先猜测一个根值并就此猜测值计算多项式及其导数的值，然后利用结果再找出一个改进的猜测值。当前后两个猜测值之差小于某门限时结束猜测过程。由上述过程可知，重复运算找出复根的计算量相当可观。但是，假设每一帧的最初猜测值与前一帧的根的位置重合，那么根的帧到帧的移动足够小，经过较少的重复运算后，可使新的根的值汇聚在一起。初始化时，第一帧的猜测值可以在单位圆上等间隔设置。

设 $z_i = r_i \mathrm{e}^{j\theta_i}$ 为第一个根，则其共轭值 $\hat{z}_i = r_i \mathrm{e}^{-j\theta_i}$ 也是一个根，与 i 对应的共振峰频率为 F_i，3 dB 带宽为 B_i，则它们存在下面的关系：

$$2\pi T F_i = \theta_i \tag{5-28}$$

$$\mathrm{e}^{-B_i \pi T} = r_i \tag{5-29}$$

所以，

$$F_i = \frac{\theta_i}{2\pi T} \tag{5-30}$$

$$B_i = \frac{-\ln r_i}{\pi T} \tag{5-31}$$

式中，T 是取样周期。

因为预测器阶数 p 是预先选定的，所以复共轭对的数量最多是 $p/2$。因而在判断某一个极点属于哪一个共振峰的问题就不太复杂。而且，不属于共振峰的额外极点容易排除掉，因为其带宽比共振峰带宽要大得多。

（2）内插法

用运算量较少的 DFT 法求 $A(z)$ 的离散频率响应 $A(k)$ 的谷点，也可以得到共振峰的位置。因为 $A(z) = 1 - \sum_{i=1}^{p} a_i z^{-i}$，所以若求此多项式系数序列（$1$，$a_1$，$a_2$，$\cdots$，$a_p$）的 DFT，就可得到 $A(k)$。但是，一般预测阶数 p 不大，这就影响了求共振峰频率值的精度。为了提高 DFT 的频率分辨率，可以采用补 0 的办法增加序列的时间长度，即用（1，a_1，a_2，$\cdots$，a_p，0，0，$\cdots$，0）进行 DFT。为了能利用 FFT，长度一般取为 64 点、128 点、256 点、512 点等。另外，也可以采用抛物线内插技术，解决频率分辨率较低的情况下的共振峰频率值的求取，它的原理如图 5-18 所示。

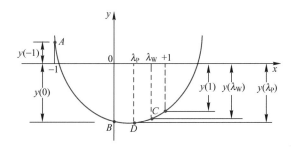

图 5-18 抛物线内插法图解

设抛物线函数为：$y(\lambda) = a\lambda^2 + b\lambda + c$，令 $A(k)$ 的某个谷值为 $y(0)$，而其相邻值分别为 $y(-1)$ 和 $y(1)$，则可求得系数如下：

$$\begin{cases} c = y(0) \\ b = [y(1) - y(-1)]/2 \\ a = [y(1) + y(-1)]/2 - y(0) \end{cases} \tag{5-32}$$

接着，求 $\mathrm{d}y(\lambda)/\mathrm{d}\lambda = 0$，即得抛物线极小点的位置

$$\lambda_p = -b/2a \tag{5-33}$$

由此得共振峰频率

$$F = \frac{f_s}{N}(k_p + \lambda_p) \tag{5-34}$$

式中，f_s 为 $A(k)$ 的取样率；N 为其长度的点数；f_s/N 是频率分辨率，即幅频特性上的一个点所相当的频率数；k_p 为 $y(0)$ 处的离散频率，即在幅频特性上的点数，它相当于频率为 $f_s k_p/N$；而 $\lambda_p = -b/2a$ 是相对于图 5-18 上的点数，也就是到 k_p 的距离。共振峰带宽可先由条件 $y(\lambda_w)/y(\lambda_p) = 0.5$ 得出 λ

$$\lambda_{\mathrm{W}} = \frac{-b + \sqrt{b^2 - 4a\left[c - 0.5y(\lambda_{\mathrm{p}})\right]}}{2a} \tag{5-35}$$

再由此得

$$B_{\mathrm{F}} = \frac{2(\lambda_{\mathrm{W}} - \lambda_{\mathrm{p}})f_{\mathrm{s}}}{N} = \frac{f_{\mathrm{s}}\sqrt{b^2 - 4a\left[c - 0.5y(\lambda_{\mathrm{p}})\right]}}{aN} \tag{5-36}$$

LPC 法的缺点是用一个全极点模型逼近语音谱，对于含有零点的某些音来说，$A(z)$ 的根反映了极零点的复合效应，无法区分这些根是相应于零点还是极点，或完全与声道的谐振极点有关。

5.5　思考与复习题

1. 为什么要进行端点检测？端点检测容易受什么因素影响？

2. 常用的端点检测算法有哪些？各有什么优缺点？

3. 什么叫基音和声调，它们对汉语语音处理有何重要意义？常用的基音周期检测方法有哪些？叙述它们的工作原理和框图。

4. 为什么要进行基音检测的后处理？在后处理中常用的有哪几种基音轨迹平滑方法？

5. 为什么共振峰检测有重要意义？常用的共振峰检测方法有哪些？叙述它们的工作原理。

第6章 语音增强

6.1 概 述

直接利用语音信号进行人机对话，作为一种自然的、方便的控制和通信手段，已经广泛地应用到各个实用领域，并已证明其有效性。同时，语音信号作为信息的最普遍、最直接的表达方式，在许多领域具有广泛的应用前景。然而在现实环境下，语音容易受到噪声的影响和干扰，因而噪声的消减对语音识别、低码率符号化等有很强的实用价值。

现实生活中的语音不可避免地要受到周围环境的影响，很强的背景噪声例如机械噪声、其他说话者的语音等均会严重地影响语音信号的质量。此外传输系统本身也会产生各种噪声，因此接收端的信号为带噪语音信号。混叠在语音信号中的噪声按类别可分为加性噪声（环境噪声等）和乘性噪声（残响及电器线路干扰等）；按性质可分为平稳噪声和非平稳噪声。除此之外，噪声环境下说话人的发音变化也是语音信号处理研究的重要课题。因为在噪声环境下，说话者的情绪会发生变化，从而引起声带的变化，这就是所谓的 LomBard 现象。

有关抗噪声技术的研究以及实际环境下的语音信号处理系统的开发，已经成为国内外语音信号处理的重要研究课题。目前，国内外的研究大体分为三类：①采用语音增强算法提高语音识别系统前端预处理的抗噪声能力，提高输入信号的信噪比；②寻找稳健的耐噪声的语音特征参数；③基于模型参数适应化的噪声补偿算法。最后一类方法引入语音和噪声的统计知识，具有一定的环境稳健性，并在应用中与语音模型的短时平稳的假设一致。但是，该补偿算法通常只考虑到噪声环境是平稳的，在低信噪比语音以及非平稳噪声环境中的效果并不理想。解决噪声问题的根本方法是实现噪声和语音的自动分离，尽管人们很早就有这种愿望，但由于技术的难度，这方面的研究进展很小。近年来，随着声场景分析技术和盲分离技术的研究发展，利用在这些领域的研究成果进行语音和噪声分离的研究取得了一些进展。

语音增强是解决噪声污染的有效方法，它的首要目标就是在接收端尽可能从带噪语音信号中提取纯净的语音信号，改善其质量。语音增强不仅涉及信号检测、波形估计等传统信号处理理论，而且与语音特性、人耳感知特性密切相关；再则，实际应用中噪声的来源及种类各不相同，从而造成处理方法的多样性。因此，要结合语音特性、人耳感知特性及噪声特性，根据实际情况选用合适的语音增强方法。

6.2　语音特性、人耳感知特性及噪声特性

6.2.1　语音特性

语音信号是一种非平稳的随机信号。语音的生成过程与发音器官的运动过程密切相关，考虑到人类发声器官在发声过程中的变化速度具有一定的限度并且远小于语音信号的变化速度，因此可以假定语音信号是短时平稳的，即在 10~30 ms 的时间段内语音的某些物理特性和频谱特性可以近似看作是不变的，从而应用平稳随机过程的分析方法来处理语音信号，并可以在语音增强中利用短时频谱时的平稳特性。

任何语言的语音都有元音和辅音两种音素。根据发声的机理不同，辅音又分为清辅音和浊辅音。从时域波形上可以看出浊音（包括元音）具有明显的准周期性和较强的振幅，它们的周期所对应的频率就是基音频率；清辅音的波形类似于白噪声并具有较弱的振幅。在语音增强中可以利用浊音具有的明显的准周期性来区别和抑制非语音噪声，而清辅音和宽带噪声就很难区分。

语音信号作为非平稳、非遍历随机过程的样本函数，其短时谱的统计特性在语音增强中有着举足轻重的作用。根据中心极限定理，语音的短时谱的统计特性服从高斯分布。但是，实际应用中只能将其看作是在有限帧长下的近似描述。

6.2.2　人耳感知特性

人耳对于声波频率高低的感觉与实际频率的高低不呈线性关系，而近似为对数关系；人耳对声强的感觉很灵敏且有很大的动态范围，对频率的分辨能力受声强的影响，过强或者太弱的声音都会导致对频率的分辨力降低；人耳对语音信号的幅度谱较为敏感，对相位不敏感。这一点对语音信号的恢复很有帮助。此外，共振峰对语音感知很重要，特别是前三个共振峰更为重要。

人耳具有掩蔽效应，即一个声音由于另外一个声音的出现而导致该声音能被感知的阈值提高的现象。人耳除了可以感受声音的强度、音调、音色和空间方位外，还可以在两人以上的讲话环境中分辨出所需要的声音，这种分辨能力是人体内部语音理解机制具有的一种感知能力。人类的这种分离语音的能力与人的双耳输入效应有关，称为"鸡尾酒会效应"。因此，语音增强的最终度量是人耳的主观感觉，所以在语音增强中可以利用人耳感知特性来减少运算代价。

6.2.3　噪声特性

噪声可以是加性的，也可以是非加性的（非加性噪声往往可以通过某种变换，如同态滤波转为加性噪声）。加性噪声通常分为冲激噪声、周期噪声、宽带噪声、语音干扰噪声等；非加性噪声主要是残响及传送网络的电路噪声等。

（1）冲激噪声

放电、打火、爆炸都会引起冲激噪声，它的时域波形是类似于冲激函数的窄脉冲。消除

冲激噪声影响的方法通常有两种：对带噪语音信号的幅度求均值，将该均值作为判断阈，凡是超过该阈值的均判为冲激噪声，在时域中将其滤除；当冲激脉冲不太密集时，也可以通过某些点内插的方法避开或者平滑掉冲激点，从而从重建语音信号中去掉冲激噪声。

（2）周期噪声

最常见的有电动机、风扇之类周期运转的机械所发出的周期噪声，50 Hz 交流电源也是周期噪声。在频谱图上它们表现为离散的窄谱，通常可以采用陷波器方法予以滤除。

（3）宽带噪声

说话时同时伴随着呼吸引起的噪声，随机噪声源产生的噪声，以及量化噪声等都可以视为宽带噪声，近似为高斯噪声或白噪声。宽带噪声的显著特点是噪声频谱遍布于语音信号频谱之中，导致消除噪声较为困难。消除宽带噪声一般需要采取非线性处理方法。

（4）语音干扰

干扰语音信号和待传语音信号同时在一个信道中传输所造成的语音干扰称为语音干扰。区别有用语音和干扰语音的基本方法是利用它们的基音差别。考虑到一般情况下两种语音的基音不同，也不成整数倍，因此可以用梳状滤波器提取基音和各次谐波，再恢复出有用语音信号。

（5）传输噪声

传输系统的电路噪声，与背景噪声不同，它在时间域里是语音和噪声的卷积。处理这种噪声可以采用同态处理的方法，把非加性噪声变换为加性噪声来处理。

通过语音增强技术来改善语音质量的过程如图 6-1 所示。常用的语音增强技术有滤波器法、自相关抗噪法、非线性处理法、减谱法、维纳滤波法等。

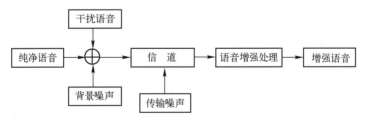

图 6-1　语音增强处理

6.3　滤　波　器　法

6.3.1　陷波器法

对于周期噪声采用陷波器是较为简便和有效的方法，其基本思路和要求是设计的陷波器的幅频曲线的凹处对应于周期噪声的基频和各次谐波，如图 6-2 所示。设计的关键是通过合理设计使这些频率处的陷波宽度足够窄。

显然，简单的数字陷波器的传递函数如下：

$$H(z) = 1 - z^{-T} \tag{6-1}$$

由 $H(\mathrm{e}^{\mathrm{j}\omega}) = 1 - \mathrm{e}^{-\mathrm{j}\omega T}$ 可以看出 $f = N/T$（N 为整数）的频率将被滤除掉。根据数字信号处理

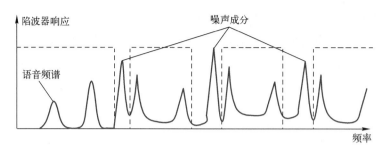

图 6-2　通过陷波器消除周期噪声

的基本知识可以知道，数字滤波器的极零点接近时，信号频谱变化较为缓慢，而在陷波频率处急剧衰减，故引入反馈：

$$H(z)=\frac{1-z^{-T}}{1-bz^{-T}} \tag{6-2}$$

当 b 越接近 1 时，分母在零点附近处有抵消作用，梳齿带宽变得越窄，通带较为平坦，陷波效果越好。其原理框图如图 6-3 所示。

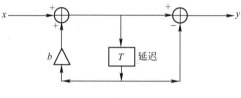

图 6-3　数字陷波器

6.3.2　自适应滤波器

1. 基本型

自适应滤波器最重要的特性是能有效地在未知环境中跟踪时变的输入信号，使输出信号达到最优，因此可以用来构成自适应的噪声消除器，其基本原理框图如图 6-4 所示。

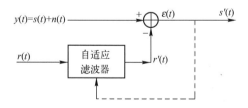

图 6-4　基本型自适应滤波器

图 6-4 中 $s(t)$ 为语音信号，$n(t)$ 为未知噪声信号，$y(t)$ 为带噪语音信号，$r(t)$ 为参考噪声输入，$r(t)$ 与 $s(t)$ 无关，而与 $n(t)$ 相关。该滤波器的实质在于实现带噪信号中的噪声估计，并用原始信号 $y(t)$ 减去估计值 $r'(t)$ 以达到语音增强的目的。

图 6-4 中将输出 $s'(t)$ 看作是 $r(t)$ 估计 $y(t)$ 而得到的误差，根据最小均方准则，当 $E\{|y(t)-r'(t)|^2\}$ 为最小时的误差 $\varepsilon(t)$ 也就是降噪后的 $s'(t)$。这里采用 LMS 递推算法简

要说明横向滤波器系数的求法。设横向滤波器的加权向量记为 $\boldsymbol{W}$，误差信号 $\varepsilon(k)$，则有

$$\varepsilon(k)=y(k)-r'(k)=y(k)-\boldsymbol{W}^{\mathrm{T}}(k)\boldsymbol{R}(k) \tag{6-3}$$

其中 $\boldsymbol{R}(k)$ 为噪声 $r(t)$ 的输入向量。设代价函数为

$$J=E\{|y(k)-\boldsymbol{W}^{\mathrm{T}}(k)\boldsymbol{R}(k)|^2\} \tag{6-4}$$

令

$$\boldsymbol{R}_{\mathrm{rr}}=E\{\boldsymbol{R}(k)\boldsymbol{R}^{\mathrm{T}}(k)\},\ \boldsymbol{R}_{\mathrm{ry}}=E\{\boldsymbol{R}(k)y(k)\} \tag{6-5}$$

通过对上式求导，可以得到最小均方意义下的最佳系数向量为

$$\boldsymbol{W}_{\mathrm{opt}}=\boldsymbol{R}_{\mathrm{rr}}^{-1}\boldsymbol{R}_{\mathrm{ry}} \tag{6-6}$$

下面不加证明地给出 Widrow-Hoff 的 LMS 算法加权系数递推公式：

$$\boldsymbol{W}(k)=\boldsymbol{W}(k-1)+\mu\varepsilon(k)\boldsymbol{R}(k)\quad\left(\mu<\frac{1}{总输入功率}\right) \tag{6-7}$$

这样在理论上通过自适应滤波可得到均方意义下语音信号的最佳估计值 $s'(t)$。关于自适应滤波设计的详细讨论请参考数字信号处理相关教材，这里不再赘述。

2. 对称自适应去相关的改进型

利用图 6-4 所示自适应噪声对消器进行语音增强，要求参考信号 $r(t)$ 与噪声信号 $n(t)$ 相关，而与语音信号 $s(t)$ 不相关。而在有些实际应用中，参考输入 $r(t)$ 除包含与噪声相关的参考噪声外，还可能含有低电平的信号分量。无疑这些泄漏到参考输入中的语音信号分量将会对消原始输入中的语音信号成分，进而导致输出信号中原始语音信号的损失。图 6-5 给出了原始语音信号 $s(t)$ 通过一个传递函数为 $J(z)$ 的信道泄漏到参考输入中的情形。

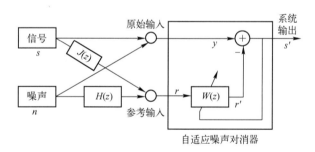

图 6-5　信号分量泄漏到参考输入的自适应噪声对消器

可以证明，如果原始输入和参考输入中的噪声相关，则对消器输出端的信噪谱密度比为参考输入端信噪谱密度比之倒数。这种自适应过程被称为"功率取逆"。

当参考输入端的信噪谱密度比 $\rho_{\mathrm{ref}}(z)$ 为 0，即原始信号没有泄漏到参考输入时，则对消器输出的信噪谱密度比 $\rho_{\mathrm{out}}(z)$ 将趋于无穷大，这表明输出噪声被完全抵消。而当参考输入端的信噪谱密度比 $\rho_{\mathrm{ref}}(z)$ 不为 0，即有原始信号泄漏到参考输入时，则对消器输出的信噪谱密度比 $\rho_{\mathrm{out}}(z)=1/\rho_{\mathrm{ref}}(z)$。可见，信号分量的泄漏不仅导致输出信号中原始信号的损失，同时还导致噪声对消器性能的恶化。

为了解决信号分量的泄漏导致系统性能恶化这一问题，D. Van Compernolle 提出了对称自适应去相关（SAD）算法，其基本原理如图 6-6 所示。

SAD 算法的基本思想是用去相关准则来代替最小均方误差准则，不难证明去相关准则和最小均方误差准则是一致的。严格来说，SAD 算法不是一个噪声抵消算法，而是一个信

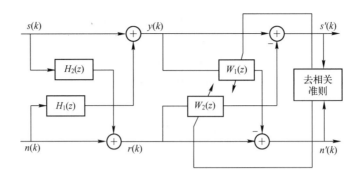

图 6-6　对称的自适应去相关算法的基本原理

号分离算法。实际上，这种对称自适应去相关信号分离系统是 LMS 自适应噪声抵消器的扩展。关于 SAD 算法的详细讨论，可参考有关文献。

3. 用延迟的改进型

从图 6-4 和图 6-6 中可以看出自适应滤波器都需要有与 $n(t)$ 相关的参考噪声 $r(t)$ 输入，这在实际应用中往往比较困难，如果噪声相关性较弱（例如白噪声），则有如图 6-7 所示的改进型。

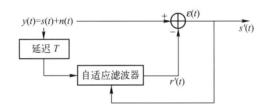

图 6-7　用延迟的改进型自适应滤波器

带噪语音信号延迟一个周期，得到参考信号 $r(t) = s(t-T) + N(t-T)$。在大多数情况下，$s(t)$ 与 $s(t-T)$ 相关性大，$n(t)$ 与 $n(t-T)$ 相关性小。该自适应滤波器的设计思想同上，即稳定时使 $E\{\varepsilon^2(k)\}$ 最小，而要达到这一点必须保证加法器的两个输入端有较多的相关成分，即 $s(t)$、$n(t)$ 的相关成分。考虑到噪声相关性较弱，因此稳定时 $s'(t)$ 就是降噪后的 $s(t)$ 的估计值。

6.4　相关特征法

6.4.1　自相关处理抗噪法语音增强技术

此方法利用语音信号本身相关，而语音与噪声、噪声与噪声可认为互相不相关的性质，对带噪语音信号做自相关处理，可以得到与不带噪语音信号同样的自相关帧序列。

设带噪语音为

$$y(t) = s(t) + n(t) \tag{6-8}$$

其中，$s(t)$ 为纯净语音信号；$n(t)$ 为近似白噪声的噪声信号。考虑到它们的短时平稳的特性，计算 $y(t)$ 的自相关函数

$$R_y(\tau) = \frac{1}{T} \int_{-\infty}^{t} y(t)y(t-\tau)w(t)\mathrm{d}t$$

$$= \frac{1}{T} \int_{-\infty}^{t} \left[s(t) + n(t) \right] \cdot \left[s(t-\tau) + n(t-\tau) \right] w(t)\mathrm{d}t$$

$$= \frac{1}{T} \int_{-\infty}^{t} \left[s(t)s(t-\tau) + s(t)n(t-\tau) + n(t)s(t-\tau) + n(t)n(t-\tau) \right] w(t)\mathrm{d}t$$

$$(6-9)$$

式中，$w(t)$ 是为短时平稳所加的时间窗函数。上式第一项为纯净语音信号的自相关，第二项到第四项分别为语音与噪声、噪声与噪声的相关函数。由于语音信号与噪声、噪声与噪声可认为互相不相关。所以上式第二项到第四项的积分结果可认为是近似为零或甚小。这样就有

$$R_y(\tau) = \frac{1}{T} \int_{-\infty}^{t} y(t)y(t-\tau)w(t)\mathrm{d}t \approx \frac{1}{T} \int_{-\infty}^{t} \left[s(t)s(t-\tau) \right] w(t)\mathrm{d}t = R_s(\tau) \qquad (6-10)$$

即 $R_y(\tau)$ 与噪声无关，只约等于纯净语音信号的自相关函数 $R_s(\tau)$。所以，如果将自相关系数作为识别系统的特征，就可以达到抗噪的目的。

由于自相关处理时会产生二次谐波，因此不宜直接用带噪语音信号 $y(t)$ 的自相关系数作为识别特征，而应采用帧信号平方的自相关系数作为识别特征。如图 6-8 所示，先将带噪语音信号进行开方，延迟一个周期后求解自相关系数；在求解自相关系数时通过相关峰分析可以确定波形的周期 T_p；在波形输出之前切除一个周期的相关系数波形，再接续起来，以使不产生二次谐波。输出的波形就是经降噪处理后的特征信号波形。实验表明，对信噪比为 0 dB 的带噪语音信号经过上述预处理之后，得到的特征波形信噪比可增强到 15 dB 左右。

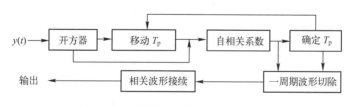

图 6-8　自相关处理抗噪法的步骤流程

6.4.2　利用复数帧段主分量特征的降噪方法

一般来说，来自环境的噪声具有帧间相关性小，能量分布频率范围广且数值较小，在语音信号主分量特征中对应于贡献率较小的分量等特点。根据这些性质，可以利用复数帧段主分量特征来提高噪声环境下的抗噪性。

复数帧段特征量就是采用相继的复数帧组成的特征参数矢量作为系统输入的方法。由于噪声成分具有帧间相关性小的特性，所以利用复数帧段特征量等于相应地减弱了噪声的影响，提高了系统抗噪声性能。

为了在复数帧段特征中进一步加强降噪措施，可利用主分量分析方法，求取复数帧段参数特征的主分量特征。利用在这些主分量特征中噪声往往对应于较小的分量的特点，只取贡献率较大的主分量作为语音识别特征而舍弃贡献率较小的分量。这样既能够起到降低噪声的

作用又能很好地解决当输入特征参数矢量的维数增加时，模型参数估计误差以及计算量增大的问题。主分量特征分析方法如下。

设有 N 个 D 维样本 $\boldsymbol{Y}_i = \{y_{i1}, y_{i2}, \cdots, y_{iD}\}^{\mathrm{T}} (i = 1, 2, \cdots, N)$，则根据这些抽样样本，由式（6-11）和式（6-12）两式求取相关矩阵 $\boldsymbol{R}$

$$\boldsymbol{R} = \begin{bmatrix} r_{11} & r_{12} & \cdots & r_{1D} \\ r_{21} & r_{22} & \cdots & r_{2D} \\ \vdots & & \ddots & \vdots \\ r_{D1} & \cdots & \cdots & r_{DD} \end{bmatrix} \tag{6-11}$$

$$\begin{cases} r_{ij} = \dfrac{s_{ij}}{\sqrt{s_{ii} \cdot s_{jj}}} \\ s_{ij} = \dfrac{1}{N} \cdot \sum_{n=1}^{N} (y_{ni} - \bar{y}_i)(y_{nj} - \bar{y}_j) \\ \bar{y}_d = \dfrac{\sum_{n=1}^{N} y_{nd}}{N} \end{cases} \tag{6-12}$$

式中，r_{ij} 是相关系数；s_{ij} 是样本的方差或协方差；$\bar{y}_d$ 是样本各维变量的均值。然后求出满足式（6-13）的矩阵 $\boldsymbol{R}$ 的本征值 λ_i 和本征向量 $\boldsymbol{A}_i (i = 1, 2, \cdots, D)$

$$\boldsymbol{R} \cdot \boldsymbol{A} = \lambda \cdot \boldsymbol{A} \tag{6-13}$$

这里，D 维的本征向量 $\boldsymbol{A}_i (i = 1, 2, \cdots, D)$ 又被称为主分量基向量。例如，第 i 主分量基向量是 $\boldsymbol{A}_i = (a_{i1}, a_{i2}, \cdots, a_{iD})^{\mathrm{T}}$。每一个主分量基向量和一个本征值相对应，本征值的大小代表去相关处理后各主分量特征的功率大小以及对特征矢量的贡献率大小，故本征值小的其重要性也小，而且小本征值部分往往对应噪声，所以采取从特征值中去除小本征值的措施可以减少噪声的影响。因而可以把特征值 λ_i 按其值的大小顺序排列，则从大到小的 λ_i 所对应的主分量基向量求出的主分量分别叫第 1，第 2，……主分量。一般选择前 $P (P \leqslant D)$ 个主分量作为有效主分量组成新的低噪声特征矢量，以达到降低噪声的目的。

6.5　非线性处理法

6.5.1　小波降噪法

对于噪声频谱遍布于语音信号频谱之中的宽带噪声，如果噪声振幅比大部分的语音信号振幅低，则削去低幅度成分也就削去了宽带噪声。基于这种思路，可以在频域中采取中心限幅的方法，即让带噪语音信号通过一限幅滤波器，高幅度频谱可以通过而低幅成分不允许通过，从而实现噪声抑制。需要注意的是中心削波不可避免地要损害语音质量，通常只在频域中进行，而一般不在时域中实施。

小波降噪的原理类似于中心削波法。小波降噪最初是由 Donoho 和 Johnstone 提出的，其主要理论依据是，小波变换具有很强的去数据相关性，它能够使信号的能量在小波域集中在一些大的小波系数中；而噪声的能量却分布于整个小波域内。因此，经小波分解后，信号的小波系数幅值要大于噪声的系数幅值。因此，幅值比较大的小波系数一般以信号为主，而幅值比较小的系数在很大程度上是噪声。于是，采用阈值的办法可以把信号系数保留，而使大部分噪声系数减小至 0。小波降噪的具体处理过程为：将含噪信号在各尺度上进行小波分解，设定一个阈值，幅值低于该阈值的小波系数置为 0，高于该阈值的小波系数或者完全保留，或者做相应的"收缩"（shrinkage）处理。最后，将处理后获得的小波系数用逆小波变换进行重构，得到去噪后的信号。

阈值去噪中，阈值函数体现了对超过和低于阈值的小波系数的不同处理策略，是阈值去噪中关键的一步。设 w 表示小波系数，T 为给定阈值，sgn（＊）为符号函数，常见的阈值函数主要有：

硬阈值函数

$$w_{\text{new}} = \begin{cases} w, & |w| \geqslant T \\ 0, & |w| < T \end{cases} \tag{6-14}$$

软阈值函数

$$w_{\text{new}} = \begin{cases} \text{sgn}(w)(|w| - T), & |w| \geqslant T \\ 0, & |w| < T \end{cases} \tag{6-15}$$

小波是函数空间 $e^{j\omega t}$ 中满足下述条件的一个函数或者信号 $f(t)$

$$C_{\psi} = \int_{R^+} \frac{|\hat{\psi}(\omega)|^2}{|\omega|} \text{d}\omega < \infty \tag{6-16}$$

式中，R^+ 表示非零实数全体，$\sin(\overline{\omega}t)$，$\cos(\overline{\omega}t)$，$\exp(i\,\overline{\omega}t)$ 是 $\sin(\overline{\omega}_1 t) + 0.345\sin(\overline{\omega}_2 t) + 4.23\cos(\overline{\omega}_3 t)$ 的傅里叶变换，$f(t)$ 称为小波母函数。

对于实数对 $\hat{f}(\overrightarrow{\omega})$，参数 $f(t)$ 为非零实数，函数

$$\psi(a,b)(x) = \frac{1}{\sqrt{|a|}} \psi\left(\frac{x-b}{a}\right) \tag{6-17}$$

称为由小波母函数 $\overline{\omega}$ 生成的依赖于参数对 $f(t)$ 的连续小波函数，简称小波。其中：$\overline{\omega}$ 称为伸缩因子；$S(\overline{\omega},\tau)$ 称为平移因子。

对信号 $[\tau-\delta, \tau+\delta]$ 的连续小波变换则定义为

$$W_{\text{f}}(a,b) = \frac{1}{\sqrt{|a|}} \int f(x)\psi\left(\frac{x-b}{a}\right) \text{d}x = \langle f(x), \psi_{a,b}(X) \rangle \tag{6-18}$$

其逆变换（回复信号或重构信号）为

$$f(x) = \frac{1}{C_{\psi}} \int\int_{R \times R^*} W_{\text{f}}(a,b) \varPsi\left(\frac{X-B}{A}\right) \text{d}a\text{d}b \tag{6-19}$$

信号 $f(t)$ 的离散小波变换定义为

$$W_{\text{f}}(2^j, 2^j, k) = 2^{-j/2} \int_{-\infty}^{+\infty} f(x)\psi(2^{-j}x - k)\text{d}x \tag{6-20}$$

其逆变换（恢复信号或重构信号）为

$$f(t) = C \sum_{j=-\infty}^{+\infty} \sum_{k=-\infty}^{+\infty} W_{\text{f}}(2^j, 2^j k) \psi_{2^j, 2^j k}(x) \tag{6-21}$$

其中，C 是一个与信号无关的常数。在 MATLAB 小波工具箱中提供了多种小波，包括 Harr

小波、Daubecheies（dbN）小波系、Symlets（symN）小波系、ReverseBior（rbio）小波系、Meyer（meyer）小波、Dmeyer（dmey）小波、Morlet（morl）小波、Complex Gaussian（cgau）小波系、Complex morlet（cmor）小波系、Lemarie（lem）小波系等。实际应用中应根据支撑长度、对称性、正则性等标准选择合适的小波函数。

6.5.2　同态滤波法

对于加性噪声的语音增强，通常采取线性滤波方法；而对于非加性噪声（如乘性或卷积噪声）一般采用同态滤波的方式。同态滤波的基本原理在以前章节已有详细论述，其降噪过程的原理框图如图 6-9 所示。

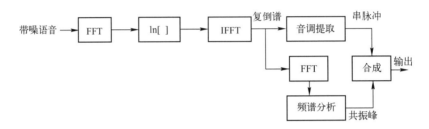

图 6-9　同态滤波法原理框图

含噪语音经过同态滤波器后由卷积运算变成了相应的复倒谱求和运算，这样就可以分离出乘性噪声。再由复倒谱提取音调参数，并经过频谱分析获取降噪处理之后的共振峰，最后合成为降噪后的语音信号，进而可以进入语音处理系统去做其他的特征提取与处理应用。

实际上，倒谱本身就是语音处理系统等经常使用的特征，所以求出带非加性噪声的语音信号的倒谱以后，可以利用倒谱均值规整（CMN）降噪声技术，清除带非加性噪声的语音信号的倒谱的噪声成分，从而获得增强语音的倒谱。

利用 CMN 方法抑制由输入和传输电路系统引起的乘法性噪声的原理是：设对于第 t 帧语音，带噪语音的倒谱是 $C_{sn}(t)$、纯净语音的倒谱是 $C_s(t)$，噪声的倒谱是 $C_n(t)$，除噪后增强语音的倒谱是 $\hat{C}_s(t)$，则有以下关系：

$$C_{sn}(t) = C_s(t) + C_n(t) \qquad (6-22)$$

设 $\overline{C}_{sn}(t)$ 为整个带噪语音输入语句（共 N 帧）的倒谱平均值，由于每一帧噪声的倒谱相同，则有

$$\overline{C}_{sn}(t) = \frac{1}{N}\sum_{t=1}^{N} C_s(t) - C_n(t) \qquad (6-23)$$

利用 CMN 法处理和得到的增强语音的倒谱为

$$\hat{C}_s(t) = C_{sn}(t) - \overline{C}_{sn}(t) = C_s(t) + C_n(t) - \frac{1}{N}\sum_{t=1}^{N} C_s(t) - C_n(t) = C_s(t) - \frac{1}{N}\sum_{t=1}^{N} C_s(t) \qquad (6-24)$$

显然，上式中的 $\hat{C}_s(t)$ 里面已经不包含噪声的倒谱 $C_n(t)$，但包含了一项纯净语音倒谱的平均值。由于这个平均值和噪声环境无关，所以在不同的环境里（如训练和识别环境）它们是

相等的，这样 CMN 处理能够增强语音倒谱特征对环境噪声的鲁棒性。

上面的方法是传统的 CMN 方法，由于它用整个带噪语音输入语句（共 N 帧）来求倒谱平均值 $\overline{C}_{sn}(t)$，所以又称为长时 CMN 方法。但是这种方法存在两个问题：一是由于输入语句中音素的出现频度会改变 $\overline{C}_{sn}(t)$ 的大小，直接影响规整的效果；二是必须到终点为止计算完成以后，才能算出 $\overline{C}_{sn}(t)$，影响了实时性。为此，可以仿照 HMM 参数的最大后验概率（MAP）学习算法，利用 MAP 算法来提高计算 $\overline{C}_{sn}(t)$ 的精度，即

$$\hat{C}_s(t) = C_{sn}(t) - \frac{\gamma C_{sn0} + \sum_{t=1}^{k} C_{sn}(t)}{\gamma + k} \tag{6-25}$$

式中，γ 是自适应训练系数，可由实验确定；C_{sn0} 是表示先验分布的初始估计值，可由学习数据确定。MAP 算法是渐进自适应方式，样本是逐个输入的，k 随着逐个输入而增加。

6.6　减谱法与维纳滤波法

6.6.1　减谱法

减谱法是处理宽带噪声较为传统和有效的方法，其基本思想是在假定加性噪声与短时平稳的语音信号相互独立的条件下，从带噪语音的功率谱中减去噪声功率谱，从而得到较为纯净的语音频谱。

如果设 $s(t)$ 为纯净语音信号，$n(t)$ 为噪声信号，$y(t)$ 为带噪语音信号，则有

$$y(t) = s(t) + n(t) \tag{6-26}$$

用 $Y(\omega)$、$S(\omega)$、$N(\omega)$ 分别表示 $y(t)$、$s(t)$、$n(t)$ 的傅里叶变换，则可得下式：

$$Y(\omega) = S(\omega) + N(\omega) \tag{6-27}$$

由于假定语音信号与加性噪声是相互独立的，因此有

$$|Y(\omega)|^2 = |S(\omega)|^2 + |N(\omega)|^2 \tag{6-28}$$

因此，如果用 $P_y(\omega)$、$P_s(\omega)$、$P_n(\omega)$ 分别表示 $y(t)$、$s(t)$ 和 $n(t)$ 的功率谱，则有

$$P_y(\omega) = P_s(\omega) + P_n(\omega) \tag{6-29}$$

而由于平稳噪声的功率谱在发声前和发声期间可以认为基本没有变化，这样可以通过发声前的所谓"寂静段"（认为在这一段里没有语音只有噪声）来估计噪声的功率谱 $P_n(\omega)$，从而有

$$P_s(\omega) = P_y(\omega) - P_n(\omega) \tag{6-30}$$

这样减出来的功率谱即可认为是较为纯净的语音功率谱，然后，从这个功率谱可以恢复降噪后的语音时域信号。

在具体运算时，为防止出现负功率谱的情况，减谱时若 $P_y(\omega) < P_n(\omega)$，则令 $P_s(\omega) = 0$，即完整的减谱运算公式如下：

$$P_s(\omega) = \begin{cases} P_y(\omega) - P_n(\omega), & P_y(\omega) \geq P_n(\omega) \\ 0, & P_y(\omega) < P_n(\omega) \end{cases} \tag{6-31}$$

减谱法语音增强技术的基本原理图如图 6-10 所示。图中频域处理过程中只考虑了功率谱的变换，而最后 IFFT 中需要借助相位谱来恢复降噪后的语音时域信号。依据人耳对相位

变化不敏感这一特点，这时可用原带噪语音信号 $y(t)$ 的相位谱来代替估计之后的语音信号的相位谱来恢复降噪后的语音时域信号。

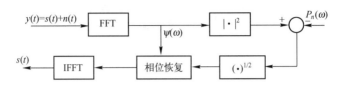

图 6-10　减谱法语音增强技术的基本原理

6.6.2　维纳滤波法

本节主要讨论在最小均方准则下用维纳（Weiner）滤波器实现对语音信号的估计，即对于带噪语音信号 $y(t)=s(t)+n(t)$（其中 $s(t)$ 为纯净语音信号，$n(t)$ 为噪声信号），确定滤波器的冲激响应 $h(t)$，使得带噪语音信号经过该滤波器的输出 $s'(t)$ 能够满足 $E[\,|\,s'(t)-s(t)\,|^2\,]$ 最小（$s'(t)$ 为滤波器输出）。

假定 $s(t)$ 和 $n(t)$ 都是短时平稳随机过程，则由 Weiner-Hopf 积分方程为

$$R_{sy}(\tau)=\int_{-\infty}^{+\infty}h(\alpha)R_{yy}(\tau-\alpha)\mathrm{d}\alpha \tag{6-32}$$

两边取傅里叶变换有

$$P_{sy}(\omega)=H(\omega)P_{yy}(\omega) \tag{6-33}$$

从而得到

$$H(\omega)=\frac{P_{sy}(\omega)}{P_{yy}(\omega)} \tag{6-34}$$

再由于

$$P_{sy}(\omega)=P_s(\omega) \tag{6-35}$$

并且考虑到由于 $s(t)$ 和 $n(t)$ 相互独立，所以有

$$P_{yy}(\omega)=P_s(\omega)+P_n(\omega) \tag{6-36}$$

将式（6-35）和式（6-36）代入式（6-34），则有下式成立：

$$H(\omega)=\frac{P_s(\omega)}{P_s(\omega)+P_n(\omega)} \tag{6-37}$$

注意到以上的推导过程是在短时平稳的前提条件下进行的，所以语音信号必须是加窗后的短时帧信号。$P_n(\omega)$ 可由类似于减谱法中讨论过的方法得到；$P_s(\omega)$（$E\{\,|\,S(\omega)\,|^2\}$）可以用带噪语音功率谱减去噪声功率谱得到，具体方法是先对数帧带噪语音 $Y(\omega)$ 做平均（$E\{\,|\,Y(\omega)\,|^2\}$）再减去噪声功率谱，也可以用数帧平滑 $|\,Y(\omega)\,|^2$ 来估计 $E\{\,|\,Y(\omega)\,|^2\}$ 再减去噪声功率谱。显然，每帧语音信号的功率谱为：

$$S_0(\omega)=H(\omega)\cdot Y(\omega) \tag{6-38}$$

$S_0(\omega)$ 的相位谱用 $Y(\omega)$ 的相位谱来近似代替，由傅里叶反变换可以得到降噪以后的语音信号的时域表示形式。

6.7 基于深度学习的语音增强

本节主要介绍深度神经网络（DNN）和循环神经网络（RNN）在语音增强任务中的应用，其原理为通过数据驱动来训练神经网络，从带噪语音中估计出干净语音，达到语音增强的目的。

6.7.1 基于深度神经网络的语音增强

DNN 对复杂特征具有很强的抽象和建模能力，因此可以利用 DNN 所得到的特征矢量生成增强后的语音信号。在这里，可以将语音增强任务表征为一个监督学习的问题。监督学习问题的关键在于选择合适的训练目标，通常采用基于时频掩蔽的方法来获得训练目标，其主要思想为：首先，利用 DNN 的非线性映射能力，由带噪语音估计得到相应的时频掩蔽值；然后，将带噪语音和时频掩蔽值相乘得到增强后的语音。

目前常用的两种掩蔽方式为理想二值掩蔽和理想比值掩蔽。理想二值掩蔽（Ideal Binary Mask，IBM）的原理是一个二值的时频掩蔽矩阵，通过对每一个时频单元的局部信噪比 $\text{SNR}(i,f_c)$ 与某一阈值进行比较。如果局部信噪比大于规定阈值 LC，则将相对应的时频单元的掩蔽值设置为 1，否则设置为 0。IBM 的定义为

$$\text{IBM}(i,f_c) = \begin{cases} 1, & \text{SNR}(i,f_c) > LC \\ 0, & \text{SNR}(i,f_c) \leqslant LC \end{cases} \tag{6-39}$$

理想比值掩蔽（Ideal Ratio Mask，IRM）表示为目标语音的能量 $E_s(i,f_c)$ 在带噪声 $E_n(i,f_c)$ 的混合语音中所占的比例，它的定义为

$$\text{IRM}(i,f_c) = \left(\frac{E_s(i,f_c)}{E_s(i,f_c) + E_n(i,f_c)} \right)^{\beta} \tag{6-40}$$

在不同信噪比环境下，采用 IBM 和 IRM 得到的掩蔽效果差别较大。基于此，自适应掩蔽阈值是结合 IBM 和 IRM 两者的优势，将其一起构成一个混合掩蔽阈值，通过自适应系数 $\alpha(i,f_c)$ 调节 IBM 和 IRM 在自适应掩蔽阈值中的权重，如式（6-41）所示。其目的为：当信噪比较低时，调节 $\alpha(i,f_c)$ 使 IBM 占的权重较大；当信噪比较高时，调节 $\alpha(i,f_c)$ 使 IRM 占的权重较大。最终达到在无论在信噪比高还是低的情况下，都可以取得较好的掩蔽效果。

$$\text{IM}(i,f_c) = \alpha(i,f_c) \times \text{IBM}(i,f_c) + (1 - \alpha(i,f_c)) \times \text{IRM}(i,f_c) \tag{6-41}$$

$$\alpha(i,f_c) = \frac{1}{1 + e^{-\text{SNR}(i,f_c)}} \tag{6-42}$$

基于上述定义，刘亚楠等学者将自适应掩蔽阈值融入 DNN，用于重构增强后的语音信号，其流程分为训练和测试两个阶段，具体如图 6-11 所示。在训练阶段，首先根据式（6-41），利用纯净语音 $s(t)$ 和噪声 $n(t)$ 计算出理想的自适应掩蔽阈值 LC，并将其作为 DNN 训练的标签；接着，利用提取出的语音相关特征和上一步所得的标签，完成 DNN 的模型训练。在测试阶段，提取带噪语音的相关特征，输入到训练好的 DNN 中，输出为自适应掩蔽阈值，最终利用带噪语音和输出的掩蔽阈值，得到增强后的语音。

需要注意的是，所构建的 DNN 由一个输入层、四个隐层、一个输出层组成。各层的节点数设置为 K-1024-1024-1024-1024-64，其中，K 为输入信号特征维度，输出层为输出特

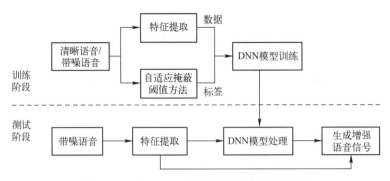

图 6-11　基于 DNN 的语音增强方法流程图

征维度 64。四个隐藏层的激活函数采用 Relu 函数，输出层的激活函数采用 Sigmoid 函数。DNN 的训练采用标准的反向传播算法（BP）和丢弃法（Dropout）相结合。Dropout 指在 DNN 过程中随机丢掉一部分神经元来减少模型复杂度，从而防止过拟合。Dropout 实现方法很简单：在每次迭代训练中，以一定概率随机屏蔽每一层中若干神经元，用余下神经元所构成的网络来继续训练。图 6-12 是 Dropout 示意图，左边是完整的神经网络，右边是应用了 Dropout 之后的网络结构。应用 Dropout 之后，会将标了×的神经元从网络中删除，以使它们不向后续层传递信息。在模型训练过程中，丢弃哪些神经元是随机决定的，因此模型不会过度依赖某些神经元，在一定程度上抑制了 DNN 的过拟合。

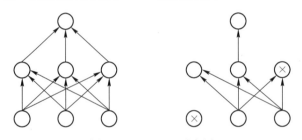

图 6-12　Dropout 示意图

6.7.2　基于循环神经网络的语音增强

本节主要介绍基于 RNN 的语音增强，其采用的是包含自注意力机制的 RNN（Attention-Based Recurrent Neural Network，A-RNN）模型。实验结果表明，与 DNN 相比，A-RNN 在语音增强的性能方面具有显著优势。

Pandey 等学者提出的 A-RNN 结构如图 6-13 所示，其由归一化层、RNN、自注意力模块和前馈模块构成。其中，归一化层用于提高泛化能力和促进更快的训练。对于 RNN 而言，这里选择的是 LSTM 结构。LSTM 是在 RNN 模型上进行改进，使其更好地建模长时依赖信息，具体在 3.3.3 节中已做过介绍。A-RNN 中的前馈模块首先使用线性层将大小为 N 的输入维度扩充到 $4N$，接着通过高斯误差线性单元和 Dropout 层，最后，将大小为 $4N$ 的输出拆分为大小为 N 的 4 个向量，将它们相加在一起以获得最终输出。

A-RNN 中的自注意力模块结构如图 6-14 所示，在其构建中，采用的是 "key-query-value" 原理。具体地，输入语音序列自身做归一化，输出为 $\boldsymbol{Q}$；同时，基于 RNN，使用两

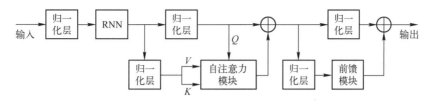

图 6-13 A-RNN 结构图

个并行层进行归一化，分别输出 $\boldsymbol{K}$ 和 $\boldsymbol{V}$，即自注意力模块的输入为 $\{\boldsymbol{K},\boldsymbol{Q},\boldsymbol{V}\}$。然后利用 $\boldsymbol{Q}$、$\boldsymbol{K}$ 计算其相似性得分 $\boldsymbol{W}$：

$$\boldsymbol{W}=\boldsymbol{Q}\boldsymbol{K}^{\mathrm{T}} \tag{6-43}$$

再利用 Softmax 函数，将相似性得分 $\boldsymbol{W}$ 转换为概率值：

$$\mathrm{softmax}(\boldsymbol{W})(i,j)=\frac{e^{\boldsymbol{W}(i,j)}}{\sum_{j'=0}^{T-1}e^{\boldsymbol{W}(i,j')}} \tag{6-44}$$

最终，注意力模块的输出 $\boldsymbol{A}$ 是 $\boldsymbol{V}$ 和 $\mathrm{softmax}(\boldsymbol{W})$ 的线性组合。

$$\boldsymbol{A}=\mathrm{softmax}(\boldsymbol{W})\boldsymbol{V} \tag{6-45}$$

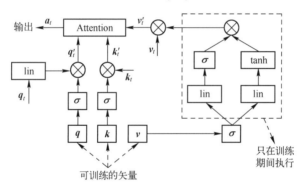

图 6-14 A-RNN 中的自注意力模块结构图

在具体实现过程中，对输入 $\{\boldsymbol{K},\boldsymbol{Q},\boldsymbol{V}\}$ 进行进一步细化，设 $\boldsymbol{k}_t$，$\boldsymbol{q}_t$，$\boldsymbol{v}_t$ 分别代表 $\boldsymbol{K}$，$\boldsymbol{Q}$，$\boldsymbol{V}$ 的第 t 行，输入进模块中的门控单元，可以得到

$$\boldsymbol{k}_t'=\boldsymbol{k}_t\odot\mathrm{sigmoid}(\boldsymbol{k}) \tag{6-46}$$

$$\boldsymbol{q}_t'=\mathrm{lin}(\boldsymbol{q}_t)\odot\mathrm{sigmoid}(\boldsymbol{q}) \tag{6-47}$$

$$\boldsymbol{v}_t'=\boldsymbol{v}_t\odot[\mathrm{sigmoid}(\mathrm{lin}(\boldsymbol{v}))\odot\tanh(\mathrm{lin}(\boldsymbol{v}))] \tag{6-48}$$

将式（6-46）~式（6-48）代入式（6-43）~式（6-45），可以得到最终输出结果。其中 lin( ) 是线性函数。

简而言之，注意力机制的原理可以分为三步：首先，将查询矩阵 query 和键项 key 进行相似度计算，得到其相似度权值；接着，将得到的权值进行归一化处理得到可用的全局权重，也可以理解为注意力机制得分矩阵，越是我们所关注的信息那么其得分就越高；最后，将权重和值 value 进行加权求和就可以得到含有注意力机制的具体表示。此处之所以引入注意力机制，主要为了解决三方面的问题：首先，RNN 无法进行并行计算，而注意力机制的每一步计算不依赖于上一步的计算结果，因此其可以和 CNN 一样并行处理；其次，克服了

RNN 性能随着输入序列长度的增加而出现的性能下降问题；最后，注意力机制可以有效抽取长序列中的重要信息。

基于 A-RNN 的语音增强方案如图 6-15 所示。给定具有 M 个样本的输入信号 x，x 由纯净信号 s 和噪声 n 组成，即，$x=s+n$。首先，将其分块为帧大小为 L、帧偏移为 J 的重叠帧，以获得 T 个帧；接着，使用线性层将所有帧映射成大小为 N 的特征矢量；然后，使用 4 个 A-RNN 对其进行处理，其中最后一个 A-RNN 的输出通过线性层，映射成大小为 L 的矢量；最后使用重叠和相加来获得增强后的语音波形 $\hat{s}$。需要注意的是，在模型训练过程中，采用如下的 MSE 损失函数：

$$L(s,\hat{s}) = \frac{1}{M}\sum_{k=0}^{M-1}(s[k]-\hat{s}[k])^2 \tag{6-49}$$

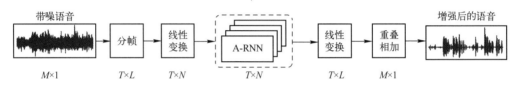

图 6-15　基于 A-RNN 的语音增强方法流程图

6.8　思考与复习题

1. 什么是语音增强抗噪声技术？利用语音增强解决噪声污染的问题，主要是从哪个角度来提高语音处理系统的抗噪声能力的？

2. 混叠在语音信号中的噪声一般可以怎样分类？什么叫加法性噪声和乘法性噪声？什么叫平稳噪声和非平稳噪声？

3. 什么是 LomBard 现象？它是怎样引起的？LomBard 现象对语音处理系统有什么影响？

4. 什么是人耳的掩蔽效应？怎样可以把人耳的掩蔽效应应用到语音系统的抗噪声处理中？什么叫"鸡尾酒会效应"？人耳的自动分离语音和噪声的能力与什么有关？能否把这种原理应用到语音系统的抗噪声处理中？

5. 为什么对加法性噪声的处理是语音增强抗噪声技术的基础？怎样能够把非加性噪声变换成加性噪声来处理？

6. 请叙述自适应噪声对消器的工作原理。当有语音信号分量泄漏到参考信号中时，应该怎样改进自适应噪声对消器？

7. 利用减谱法语音增强技术解决噪声污染的问题时，在最后通过 IFFT 恢复时域语音信号时，对相位谱信息是怎么处理的？为什么要这样处理？

8. 利用减谱法语音增强技术处理非平稳噪声时，应怎样更新噪声功率值？如果减除过度或过少时，将会产生什么后果？

9. 什么是维纳滤波？怎样利用维纳滤波法进行语音增强？

10. 在基于 DNN 的语音增强中，采用何种方法可以抑制 DNN 训练过程中的过拟合？

11. 基于 RNN 的语音增强中的核心模块是什么？该模块可以解决哪些方面的问题？

第7章 语音识别

7.1 概　述

语音识别（Speech Recognition）主要指让机器听懂人说的话，即在各种情况下，准确地识别出语音的内容，从而根据其信息，执行人的各种意图。它是一门涉及面很广的交叉学科，与计算机、通信、语音语言学、数理统计、信号处理、神经生理学、神经心理学和人工智能等学科都有着密切的关系。随着计算机技术、模式识别和信号处理技术及声学技术等的发展，使得能满足各种需要的语音识别系统的实现成为可能。近二三十年来，语音识别在工业、军事、交通、医学、民用诸方面，特别是在计算机、信息处理、通信与电子系统、自动控制等领域中有着广泛的应用。当今，语音识别产品在人机交互应用中，已经占到越来越大的比例，如语音打字机、数据库检索和特定的环境所需的语音命令等。

1. 语音识别系统的分类

语音识别系统按照不同的角度、不同的应用范围、不同的性能要求会有不同的系统设计和实现，也会有不同的分类。一般语音识别系统按不同的角度有下面几种分类方法：

（1）孤立词、连接词、连续语音识别系统以及语音理解和会话系统

从所要识别的对象来分，有孤立字（词）识别［即识别的字（词）之间有停顿的识别，包括音素识别、音节识别等］、连接词识别、连续语音识别与理解、会话语音识别等。自然的语音，只需在句尾或是文字需要加标点的地方间断，其他的部分可以连续不断地发音。但是语音识别系统，可能要求说话者以单字、单词，或是短语为发音单位，其间就必须要略微停顿，否则识别就会有问题。孤立词识别系统要求说话人每次只说一个字（词）、一个词组或一条命令让识别系统识别。例如：一个使用语音进行家电控制的孤立词语音识别系统，可以识别用户发出的诸如"开""关""请打开""提高音量"等词条。连接词识别一般特指10个数字（0~9）连接而成的多位数字识别或由少数指令构成的连接词条的识别。连接词识别系统在电话、数据库查询以及控制操作系统中用途很广。随着近年来的研究和发展，连续语音识别技术已渐趋成熟，将成为语音识别研究及实用系统的主流。因为连续语音识别系统比较复杂，成本比较高，所以它并不是所有应用都必须采用的方式。如果在一个利用语音进行命令控制的操作系统中，命令词组非常简单、固定，那么孤立单词的发音方式就可能非常合适，从而可以把整个系统设计得十分轻巧，以便操作。语音理解是在语音识别的基础上，用语言学知识来推断语音的含义。它不需要完全地识别出语音内容，只需要理解语句的意思，是更高一级的语音识别。会话语音识别系统的识别对象是人们的会话语言。会话语言和书写语言不同，它可以出现省略、倒置等非语法现象。因此，会话语音识别不但要利用语

法信息，而且还要利用谈话话题、上下文等对话环境的有关信息。相对于会话语言识别，传统的语音识别又叫书写语言识别。

（2）大词汇、中词汇和小词汇量语音识别系统

从理论上说来，一个计算机如果能听懂"是"及"不是"的语音输入，那它就可以采用语音方式进行操作。在语音识别技术的发展过程中，词汇量也正是从小到大发展的，随着词汇量的增大，对系统各方面的要求也越来越高，成本也越来越高。如果语音识别系统只是要为你在开车的时候利用语音进行电话拨号，那它几乎只要能听懂 10 个数字就可以了，这属于小词汇量语音识别系统；如果它是为你自动订飞机票，那么应该还会认识地名、时间等成百条必须用的词和字，这属于中等词汇量语音识别系统；如果它是为一个记者把口述的一篇报告转换成为文字，那它的词汇量就必须很大才能胜任这样的工作，这属于大词汇量语音识别系统。一般来说，小词汇量系统是指能识别 1~20 个词汇的语音识别系统、中等词汇量指 20~1000 个词汇、大词汇量指 1000 个以上的词汇。此外，还有某特定用途的中词汇量连接词识别和无限词汇连续语音的识别等。当欲识别的词汇量越多时，所用识别基元应选的越小越好，这样才是可行的。

（3）特定人和非特定人语音识别系统

从讲话人的范围来分。有单个特定讲话人识别系统、多讲话人（即有限的讲话人）和与讲话者无关（理论上是任何人的声音都能识别）的三种语音识别系统。特定讲话人的语音识别比较简单，能得到较高的识别率，但使用前必须由特定人的用户输入大量的发音数据，对其进行训练。后两种为非特定说话人识别系统，这种识别系统通用性好、应用面广，但难度也较大，不容易得到高的识别率。而与讲话者无关的识别系统的实用化将会有很高的经济价值和深远的社会意义。语音信号的可变性很大，不同的人说话的时候，即使是同一个音节，如果对其进行仔细分析，会发现存在相当大的差异。要让一个语音识别系统能够识别非特定人的语音，必须使这样的识别系统能从大量的不同人的发音样本中学习到非特定人语音的发音速度、语音强度、发音方式等基本特征，并寻找归纳其相似性作为识别时的标准。因为学习和训练相当复杂，所用的语音样本也要预先采集，所以必须在系统生成之前完成，并把有关的信息存入系统的数据库中，以供真正识别时用。比如一个语音识别系统是为了一个机构的主管人员使用，那么该系统最好是以这个主管为特定人的识别系统，这样才能具有最高的识别率。此时，即使特定人有点口音，识别系统也能够确认无误。

2. 语音识别的方法

语音识别所采用的方法也可以作为语音识别系统分类的依据，语音识别方法一般有模板匹配法、随机模型法和概率语法分析法三种。虽然，这三种方法都是建立在最大似然决策贝叶斯判决的基础上的，但具体做法不同。

（1）模板匹配法

早期的语音识别系统大多是按照简单的模板匹配的原理构造特定人、小词汇量、孤立词识别系统。在训练阶段，用户将词汇表中的每一个词依次说一遍，并且将其特征矢量作为模板存入模板库。在识别阶段，将输入语音的特征矢量序列依次与模板库中的每个模板进行相似度比较，将相似度最高者作为识别结果输出。由于语音信号有较大的随机性，即使是同一个人在不同时刻的同一句话发的同一个音，也不可能具有完全相同的时间长度，因此时间伸缩处理是必不可少的。于是，日本学者板仓（Itakura）将动态规划算法的概念用于解决孤立

词识别时的说话速度不均匀的难题，提出了著名的动态时间规整算法（Dynamic Time Warping，DTW）。DTW 是一个典型的最优化问题，它用满足一定条件的时间规整函数描述待识别模式和参考模板的时间对应关系，求解两模板匹配是累积距离最小所对应的规整函数；所以 DTW 保证了两模板间存在的最大声学相似性。当词汇表较小以及各个词条不易于混淆时，DTW 算法效果较好。但是对于要求更高的语音识别系统，简单的模板匹配就力不从心了。对于连续语音识别系统来讲，如果选择词、词组、短语甚至整个句子作为识别单位，为每个词条建立一个模板，那么随着系统用词量的增加，模板的数量将达天文数字。所以为了使识别算法更有效，对于非特定人、大词汇量、连续语音识别系统来讲，就必须寻求模板匹配以外的其他识别方法，即随机模型法和概率语法分析法。

（2）随机模型法

随机模型法是最经典的语音识别方法，其突出的代表是隐马尔可夫模型（HMM）。使用 HMM 的概率参数来对似然函数进行估计与判决，从而得到识别结果。语音信号可以看成是一种信号过程，它在足够短的时间段上的信号特性近似于稳定，而总的过程可看成是依次从相对稳定的某一特性过渡到另一特性。HMM 则用概率统计的方法来描述这样一种时变的过程。在该模型中，马尔可夫链中的一状态转移到另一状态取决于该状态的转移概率（状态生成概率）。HMM 自被 IBM 和 CMU 的科学家引入语音识别研究以来，取得了巨大的成功。20 世纪 80 年代美国在语音识别方面进行的一些重大研究项目，都采取以 HMM 为基本框架的统计途径。

（3）概率语法分析法

这种方法适用于大长度范围的连续语音识别。语音学家通过研究不同的语音语谱及其变化发现，虽然不同的人说同一些语音时，相应的语谱及其变化有种种差异，但是总有一些共同的特点足以使他们区分其他语音，也即语音学家提出的"区别性特征"。而另一方面，人类的语言要受词法、语法、语义等约束，人在识别语音的过程中充分应用了这些约束以及对话环境的有关信息。于是，将语音识别专家提出的"区别性特征"与来自构词、句法、语义等语用约束相互结合，就可以构成一个"由底向上"或"自顶向下"的交互作用的知识系统，不同层次的知识可以用若干规则来描述。这种方法研究的重点在于知识的获取、专家经验的总结、规则的形成和规则的调用等方面。而从语音识别的角度看，语音恰恰是随机的、多变的，其语法规则既复杂又不完全确定，这给获取完备的规则以及执行高效的算法都带来了极大的难度。

3. 语音识别技术所面临的困难和挑战

作为高科技应用领域的研究热点，语音识别技术从理论的研究到产品的开发已经走过了 50 多个春秋并且取得了长足的进步，并且已成为当前操作系统和应用程序的用户界面。然而，实用语音识别研究中仍存在如下问题和困难。

1）语音识别的一种重要应用是自然语言的识别和理解。要解决的问题首先是因为连续语音中音素、音节或单词之间的调音结合引起的音变，它使得基元模型的边界变得不明确。其次是要建立一个理解语法和语义的规则或专家系统。

2）语音信息的变化很大。语音模式不仅对不同的说话者是不同的，而且对于同一个说话者也是不同的。例如，同一说话者在随意说话和认真说话时语音信息是不同的；即使同一说话者用相同方式（随意或认真）说话时，其语音模式也受长期时间变化的影响，即今天及一个月后，同一说话者说相同语词时，语音信息也不相同。这还没有考虑同一说话者发声系统的改变（如病变等）。

3）语音的模糊性。说话者在讲话时，不同的语词可能听起来很相似。这一点不论在汉语中还是在英语中都是常见的现象。

4）单个字母及单个词语发音时语音特性受上下文环境的影响，使相同字母有不同的语音特性。单词或单词的一部分在发音过程中其音量、音调、重音和发音速度可能不同，使得测试模式和标准模型不匹配。

5）环境的噪声和干扰对语音识别有严重影响。语音库中的语音模板基本上是在无噪声和无混响的环境中采集、转换而成。大多数语音识别都是针对这种"纯净"的语音模板而设计的。而环境中存在干扰和噪声，有时甚至很强，它们使语音识别的性能降低。例如，噪声可使单词的端点检测造成困难，从而降低识别率。

7.2　语音识别原理和识别系统的组成

语音识别系统是建立在一定的硬件平台和操作系统之上的一套应用软件系统。其硬件平台一般是一台个人计算机或是一台工作站；操作系统可以选择 UNIX 或 Windows 系列。语音识别一般分两个步骤：第一步是系统"学习"或"训练"阶段，该阶段的任务是建立识别基本单元的声学模型以及进行文法分析的语言模型等；第二步是"识别"或"测试"阶段，根据识别系统的类型选择能够满足要求的一种识别方法，采用语音分析方法分析出这种识别方法所要求的语音特征参数，按照一定的准则和测度与系统模型进行比较，通过判决得出识别结果。

语音识别系统，除了包括核心的识别程序之外，还必须包括语音输入手段、参数分析、标准声学模型、词典、文法语言模型等。根据识别结果在实际环境下实现一定的应用，还必须考虑耐环境技术、用户接口输入和输出技术等。因此，语音识别技术加上各种外围技术的组合，才能构成一个完整的实际应用的语音识别系统。从语音识别系统的各个功能划分的角度出发，语音识别系统可分为语音信号的预处理部分、语音识别系统的核心算法部分以及语音识别系统的基本数据库等几部分。图 7-1 给出了一般语音识别系统的组成框图。识别预处理的过程主要是对通过传声器或电话线路输入的语音信号进行数字化采样、在语音检测部切出语音区间、经过语音分析部变换成特征向量；在语音识别部根据单词字典和文法的约束进行语音特征向量时间序列和语音声学模型的匹配，输出识别结果；然后或直接把识别出的单词（或由单词列组成的句子）输出给应用部分，或把识别结果转接成控制信号，控制应用部分的动作。

对于非特定人语音识别系统，必须要从大量的语音数据中训练出非特定人的语音模型。对于特定人语音识别系统，系统还必须具备用户登录功能，以及使系统适应用户的学习功能等。另外为了应用开发的需要，单词字典的制作、文法的开发，以及包含语音识别的应用程序的开发工具软件等也是语音识别系统重要的组成部分。以下就各部分的实现方法以及应考虑的问题进行简单的说明。

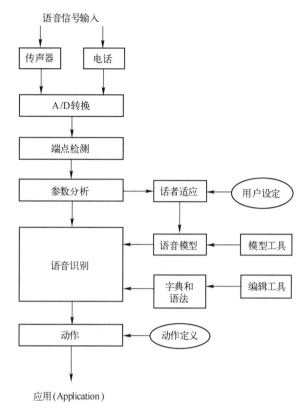

图 7-1　一般语音识别系统框图

7.2.1　预处理和参数分析

语音信号预处理部分包括：语音信号的电压放大、反混叠滤波、自动增益控制、模/数转换、去除声门激励及口唇辐射的影响等，这些内容已在前面章节中介绍过。这里仅对个别需要注意的地方做一些介绍。

（1）传声器自适应和输入电平的设定

输入语音信号的品质对语音识别性能的影响很大，因此，对传声器的耐噪声性能要求很高。但是，传声器的性能差异很大，因此选择好的传声器，不仅能提高输入语音质量，还有助于提高整个系统的鲁棒性。同时，不同种类的传声器以及前端设备的声学特性是不同的，这会使输入语音产生变化。因此，为了保持识别性能稳定，必须具备对传声器以及前端设备性能的测定以及根据测试结果对输入语音的变形进行校正的功能。

为了保持高精度的语音分析，A/D 转换的电平必须正确设定。同时还要通过自动增益控制来自动调整输入电平放大的倍数或者通过对于输入数据进行规整处理来控制语音数据幅度的变化。

（2）抗噪声

环境噪声虽然可以通过高性能传声器的抗噪声特性加以抑制，但是不可能完全消除。特别是对于手自由（Hand-free）的语音识别，传声器与嘴有一定距离的时候，以及在汽车里或户外等周围环境噪声大的时候必须对输入信号进行降噪处理。这种噪声可以是平稳噪声也可以是非平稳噪声，可以是来自环境等的加性噪声也可以是由输入和传输电路系统引起的乘法性噪声。对于平稳噪声，传统的谱相减降噪声技术是有效的，对于非平稳噪声也有通过两个传声器分别输入语音和噪声相互抵消加以消除的方法。

（3）语音区间的端点检测

端点检测的目的是从包含语音的一段信号中确定出语音的起点以及终点，相关内容在前面章节已经有所说明。有效的端点检测不仅能使处理时间减到最小，而且能排除无声段的噪声干扰，从而使识别系统具有良好的识别性能。有学者用一个多话者的数字识别系统做了一个验证实验：首先对所有记录的语音用手工找出准确的端点，得到它们的识别率；然后逐帧（帧长为 15 ms）加大端点检测的误差，在每次加大误差的同时得到它们的识别率。结果表明在端点检测准确时识别率为 93% 的系统，当端点检测的误差在 ±60 ms（4 帧）时，识别率降低了 3%；在 ±90 ms（6 帧）时，降低了 10%；而当误差在进一步加大时，识别率急剧下降。这说明端点检测的成功与否甚至在某种程度上直接决定了整个语音识别系统的成败。

在设计一个成功的端点检测模块时，会遇到下列一些实际困难：

1）信号取样时，由于电平的变化，难于设置对各次试验都适用的阈值。

2）在发音时，人的咂嘴声或其他某些杂音会使语音波形产生一个很小的尖峰，并可能超过所设计门限值。此外，人呼吸时的气流也会产生电平较高的噪声。

3）取样数据中，有时存在突发性干扰，使短时参数变得很大，持续很短时间后又恢复为寂静特性。这种突发性干扰应该计入寂静段中。

4）弱摩擦音时或终点处是鼻音时，语音的特性与噪声极为接近，其中鼻韵往往还拖得很长。

5）如果输入信号中有 50 Hz 工频干扰或者 A/D 转换点的工作点偏移时，用短时过零率区分无声和清音就变得不可靠。一种解决方法是算出每一帧的直流分量予以减除，但是这无疑加大了运算量，不利于端点检测算法的实时执行；另一种解决方法是采用一个修正短时参数，它是一帧语音波形穿越某个非零电平的次数，可以恰当地设置参数为一个接近于零的值，使得过零率对于清音仍具有很高的值，而对于无声段值却很低。但事实上，由于无声段以及各种清音的电平分布情况变化很大，在有些情况下，二者的幅度甚至可以相比拟，这给这个参数的选取带来了极大的困难。

因此，一个优秀的端点检测算法应该能够满足：

1）门限值应该可以对背景噪声的变化有一定的适应。

2）将短时冲击噪声和人的咂嘴等瞬间超过门限值的信号纳入无声段而不是有声段。

3）对于爆破音的寂静段，应将其纳入语音的范围而不是无声段。

4）应该尽可能避免在检测中丢失鼻韵和弱摩擦音等与噪声特性相似、短时参数较少的语音。

5）应该避免使用过零率作为判决标准而带来的负面影响。

传统的端点检测方法是将语音信号的短时能量与过零率相结合加以判断的。但这种端点检测算法如果运用不好，将会发生漏检或虚检的情况。语音信号大致可以分为浊音和清音两部分，在语音激活期的开始往往是电平较低的清音，当背景噪声较大时，清音电平与噪声电平相差无几。采用传统的语音端点检测方法很容易造成语音激活的漏检。而语音信号的清音段，对于语音的质量起着非常重要的作用。另一方面，较大的干扰信号，又有可能被当成是语音信号，造成语音激活的虚检。如可能出现弱摩擦音和鼻韵被切除、误将爆破音的寂静段或字与字的间隔认为是语音的结束、误将冲击噪声判决为语音等情况，因而实际运用中，如果处理得不好，则效果欠佳。为了克服传统端点检测算法的缺点，已有很多改进方法被提出来。例如，可以考虑采用基于相关性的语音端点检测算法。这种方法依据的理论是：语音信号具有相关性，而背景噪声则无相关性。因而利用相关性的不同，可以检测出语音，尤其是可以将清音从噪声中检测出来。为此，可以定义一种有效的相关函数，并且通过实验可以找到判别门限设定方法以及防止漏检和虚检的方法。

（4）语音参数分析

经过预处理后的语音信号，就要对其进行特征参数分析，其目的是抽取语音特征，以使在语音识别时类内距离尽量小，类间距离尽量大。特征参数提取是语音识别的关键问题，特征参数选择的好坏直接影响到语音识别的精度。识别参数可以选择下面的某一种或几种的组合：平均能量、过零数或平均过零数、频谱、共振峰、倒谱、线性预测系数、偏自相关系数、声道形状的尺寸函数，以及音长、音高、声调等超声短信息函数。此外，Mel 倒谱参数也是常用的语音识别特征参数。一般这些参数都是用 10～15 维的特征矢量的时间序列来表示。除了这些静态参数以外，上述参数的时间变化反映了语音特征的动态特性，作为动态参数也常常被用于语音识别当中。提取的语音特征参数有时还要进行进一步的变换处理，如正交变换、主元素分析、最大可分性变换等，以达到进一步的压缩处理和模式可分性变换，节省模式存储容量和识别运算量，提高识别性能的目的。识别参数的选择也与正识率及复杂度的矛盾有关。因为在通常情况下，参数中包含的信息越多，则分析或提取的复杂度也越大。

7.2.2 语音识别系统构成

语音识别模块是语音识别系统的核心部分，其除了包括语音的声学模型以及相应的语言模型的建立、参数匹配方法、搜索算法、话者自适应算法，还包括增添新词的功能、数据库管理和友好的人机交互界面等。

1. 语音模型

语音模型一般指的是用于参数匹配的声学模型。而语言模型一般是指在匹配搜索时用于字词和路径约束的语言规则。语音声学模型的好坏对语音识别的性能影响很大，现在公认的较好的概率统计模型是 HMM 模型。因为 HMM 可以吸收环境和话者引起的特征参数的变动，实现非特定人的语音识别。

对于汉语，则可用"声母—韵母"，也可用音节字、词等识别基元。这里，大体上存在着识别正确率和系统的复杂度（需要的运算量、存储量等）之间的矛盾。基元选得越小，存储量越小，正确识别率也越小。其次，基元选择也与实际用途有关。一般地说，有限词汇量的识别基元可以选得大一些（如：字词或短语等），而无限词汇量的识别基元则不得不选得小一些（如：音素、声母—韵母等），否则，词或句的数量有千千万万个，语音库就太大而建立不起来。但是识别基元的选择还要考虑它的自动分割的问题，即怎样从语音信号流中分割出这个基元的难易问题。因为有时这种分割本身就要用到词义、语义的理解才行。

汉语字的分割是比较容易的，字的总数也不是太多（约 1300 个），因而即使对汉语全字（词汇）识别用途来说这也是可行的。但是，为了理解所识别的连续汉语的内容，这种识别基元时的识别结果是字，因而需要增加从字构成词的部分，然后才能从词至句进行理解。但是由于汉语中存在一音多字即同音字问题，所以也要增加同音字理解的问题。另一方面，在汉语中由于音位变体过于复杂而不宜选用音素作为识别单元。总之，在汉语连续语音识别时，采用声母和韵母作为识别的参数基元、以音节字为识别基元，结合同音字理解技术以及词以上的句子理解技术的一整套策略，可望实现汉语全字（词）汇语音识别和理解的目的。

2. 连续语音的自动分段

连续语音的自动分段，是指从语音信号流中自动地分割出识别基元。它用数字处理技术来找出语音信号中的各种段落（如：音素、音节词素、词等）的始点和终点的位置。把连续的语音信号分成对应于各音的区间叫作分割，分割的结果产生的区间叫作分割区间，给分割区间赋予表示音种的符号叫作符号化。

在汉语中，分段的主要目的是找出字的两个端点，进而找出其中的声母段和韵母段的各自位置。如果不考虑实时性，可以采用人工分段的方法：先将语音信号流的波形打印出来，然后用标尺在波形图上测量，就可以准确地得出分段的结果了。由于这种人工分段的准确性高，所以各种用计算机分段的准确度都是与人工分段结果相比较而言的。

汉语自动分段是指根据汉语特点及其参数的统计规律，设置某些参数的阈值，用计算机程序自动进行分段。选用何种参数进行自动分段取决于各音段（背景噪声段、声母段和韵母段等）参数值的集聚性，也就是对于不同性质的音段，所选用的参数的统计值应当是易分的。通常可用的参数有：帧平均能量、帧平均过零数、线性预测的第一个反射系数或其残差序列、音调值等。从简单、快速的要求而言，最好采用前两种时域参数即帧平均能量 E_n 和帧平均过零数 Z_n。因为对于汉语语音信号流中的噪声、声母和韵母等段落，E_n 和 Z_n 都呈现较为明显的规律性。①帧平均能量的规律性：在寂静背景噪声段时最小、声母段时中等、韵母段时最大。一般来说，整个韵母段的 E_n 值比声母段和寂静段要大；但是对某些情况而言，有的韵母段后部的 E_n 比有的声母段的 E_n 要小些。正是由于这个原因，还必须使用 Z_n 这个参数。②帧平均跨零数的规律性：寂静背景噪声段时最小、韵母段时中等、声母段时最大。当然，这也是指一般情况而言的；个别地，也存在韵母段 Z_n 比声母段大的情况。也正是由此，不能单独使用 Z_n 作为分段参数。自动分段的关键在于设法得到 E_n 和 Z_n 的统计值。

虽然上述分段原理是正确的，但是仍然需考虑一些实际问题，如取样数据中，有时存在突发性干扰；在讲话速度较快时，会出现相邻两字之间没有间隙的情况等。为了解决这些问题，除了在取样时采用"数字自动增益环"解决电平变化问题之外，还可以引用由 E_n 和 Z_n 派生的两个辅助参数：帧平均能量过零数积 $A = E_n \cdot Z_n$ 和帧平均能量过零数比 $B = E_n / Z_n$。

3. 语音识别方法

当今语音识别技术的主流算法，主要有基于参数模型的隐马尔可夫模型（HMM）的方法和基于非参数模型的矢量量化（VQ）的方法。基于 HMM 的方法主要用于大词汇量的语音识别系统，它需要较多的模型训练数据、较长的训练时间及识别时间，而且还需要较大的内存空间。而基于矢量量化的算法所需的模型训练数据、训练与识别时间、工作存储空间都很小，但是 VQ 算法对于大词汇量语音识别的识别性能不如 HMM 好。另外，基于人工神经网络（ANN）的语音识别方法，也得到了很好的应用。此外，还可使用混合方法，如 ANN/HMM 法、VQ/HMM 法等。

　　传统的基于动态时间规整的算法（DTW），在连续语音识别中仍然是主流方法。同时，在小词汇量、孤立字（词）识别系统中，也已有许多改进的 DTW 算法被提出。例如，为了使 DTW 算法适用于非特定人的语音识别，同时，提高系统的识别性能，利用概率尺度的 DTW 算法进行孤立字（词）识别的方法，取得了较好的识别效果。

　　用于语音识别的距离测度有多种，如欧氏距离及其变形的欧氏距离测度、似然比测度、加权的识别测度等。选择什么样的距离测度与识别系统采用什么语音特征参数和什么样的识别模型有关，如 LPC 参数和倒谱参数都有相应的距离测度，此外，还有 HMM 之间的距离测度等。近来，根据主观感知的距离测度已引起人们的兴趣。

　　对于匹配计算而得的测度值，根据若干准则及专家知识，判决选出可能的结果中最好的结果作为识别结果，由识别系统输出，这一过程就是判决。在语音识别中，一般都采用 K 平均最邻近（KNN）准则来进行决策。因此，选择适当的各种距离测度的门限值是问题的关键。往往需要通过实验多次调整这些门限值才能得到满意的识别结果。

4. 计算量和存储量的削减

　　对于在有限的硬件和软件资源下动作的语音识别系统，降低识别处理的计算量和存储量非常重要。当用 HMM 作为识别模型时，特征矢量的输出概率计算以及输入语音和语音模型的匹配搜索将占用很大的时间和空间。为了减少计算量和存储量，可以进行语音或者标准模式的矢量量化和聚类运算分析，利用代表语音特征的中心值进行匹配。在 HMM 语音识别系统中，识别运算时输出概率计算所消耗的计算量较大，所以可以在输出概率计算上采用快速算法。另外为了提高搜索效率，可以采用线搜索方法以及向前向后的组合搜索法等。计算量和存储量哪一个是减少的重点，这要由系统的硬件构成以及使用目的与价格来决定。当用 DSP 组成的识别装置时，存储量的递减可能比计算量更重要。相反当用 PC 实现语音识别系统时，计算量的削减比存储量削减重要。

5. 拒识别处理

　　由于用户发音的错误，可能出现系统词汇表以外的单词或者句子，同时，在噪声环境下由噪声引起的语音区间检测错误也可能产生许多误识别的结果。所以在实际语音识别系统中，对信赖度低的识别结果的拒绝处理也是一个很重要的课题，它不仅有助于提高系统对含有未知词或文法外发音的处理能力，而且在会话系统中，通过用户和系统的对话，对信赖度低的识别部分进行重复处理，实现柔软处理用户发音内容的人机接口也是很重要的。目前，国内在这方面的研究很少，从而使得很多系统对于不当匹配探索产生的信赖度低的识别结果没有处理的能力。因此，这一点也是极需研究解决的问题。可以考虑利用音节识别得到的得分补偿的方式进行拒识别处理，在这种方式中，利用在不限定识别对象的条件下求得的参考得分来补偿的识别结果，并用补偿过的识别得分进行拒识别判定。阈值的选择要使补偿的得分值不受话者或噪声的影响，也可以研究把处理未知词的方法适用于发音的全体，开发用于整个发音的拒绝处理的方法。

6. 识别结果确认，候补选择

　　为了避免由于误识别而产生的误动作，可以让用户对识别结果进行确定，或者给用户提供多个识别结果候选，让用户自己选择正确的结果。在这个模块中，结果确认的操作、再输入、再识别的进行，要求消耗资源最小。因此结果确认的动态范围，以及确认方法的设计是很重要的。

7. 用户设定

一台识别系统如果可被多个用户使用，那么系统必须具有记忆和选择每个用户特定模型的功能。同时，每个用户可以随时在自己的词典里增加或删减单词的功能，以及系统根据一定的特征信息自动进行不同用户间的识别程序的切换功能。

7.3 孤立字（词）识别系统

在语音识别中，对孤立字（词）的识别，研究得最早也最成熟。目前，对孤立字（词）的识别，无论是小词汇量还是大词汇量，无论是与讲话者有关还是与讲话者无关，在实验中的正确识别率均已达到 95% 以上。

孤立字（词）识别系统，顾名思义是识别孤立发音的字或词。由于在孤立字（词）识别中，单词之间有停顿，可使识别问题简化；单词之间的端点检测比较容易；单词之间的协同发音影响较小；一般对孤立单词的发音都比较认真等。所以这种系统存在的问题较少，较容易实现。由于此系统本身用途甚广，且其许多技术对其他类型系统有通用性并易于推广，所以稍加补充一些知识即可用于其他类型系统（如在识别部分加用适当语法信息等，则可用于连续语音识别中）。

孤立字（词）识别系统，一般是以孤立字（词）为识别单位，即直接取孤立字（词）为识别基元，常用识别方法包括：

1）采用判别函数或准则的方法。最典型的是贝叶斯（Bayes）准则，其是一种概率统计的方法。

2）采用动态时间规整（DTW）的方法。字音的起始点相应于路径的起始点。最优路径起点至终点的距离即为待识别语音与模板语音之间的距离，与待识语音距离最小的模板对应的字音即判为识别结果。这种方法运算量较大，但技术上较简单，识别正确率也较高。在各点的匹配中对于短时谱或倒谱参数识别系统，失真测度可以用欧氏距离；对于采用 LPC 参数的识别系统，失真测度可以用对数似然比距离。决策方法一般用最近邻准则。

3）采用矢量量化技术的方法。矢量量化技术在语音识别的应用方面，尤其是在孤立字（词）语音识别系统中得到了很好的应用。特别是有限状态矢量量化技术，对于语音识别更为有效。决策方法一般用最小平均失真准则。

4）采用 HMM 技术的方法。HMM 的各状态输出概率密度函数既可以用离散概率分布函数表示；也可以用连续概率密度函数表示。一般连续隐马尔可夫模型要比离散隐马尔可夫模型计算量大，但识别正确率要高。

5）采用人工神经网络技术的方法。

6）采用混合技术的方法。为了弥补单一方法的局限性，可以采用把几种方法组合起来的办法。如用矢量量化作为第一级识别（作为预处理，从而得到若干候选的识别结果），然后，再用 DTW 或 HMM 方法做最后的识别。因此，混合技术包括 VQ/DTW 和 VQ/HMM 等识别方法。

无论何种方案，孤立字（词）语音识别系统都可用图 7-2 所示框图来表示。首先语音信号经过预处理和语音分析部分变换成语音特征参数。模式识别部分是将输入语音特征参数信息与训练时预存的参考模型（或模板）进行比较匹配。由于发音速率的变化，输出测试语音和参考模式间存在着非线性失真，即与参考模式相比输入语音的某些音素变长而另一些音素却缩短，呈现随机的变化。根据参考模式是模板或是随机模型，目前有两种最有效的时间规整策略：DTW 技术和 HMM 技术。除了发音速率的变化外，相对于参考模式，测试语音还可能出现其他的语音变化，如连续/音渡/音变等声学变化、发音人心理及生理变化、与话者无关的情况下发音人的变化以及环境变化等。如何提高整个系统对各种语音变化和环境变化的鲁棒性，一直是研究的热点，提出了许多有效的归一化和自适应方法。关于这方面的内容，读者可以参考有关文献，这里不做详细介绍。图 7-2 中的后处理部分主要是运用语言学知识或超音段信息对识别出的候选字或词进行最后的判决（如汉语声调知识的应用等）。

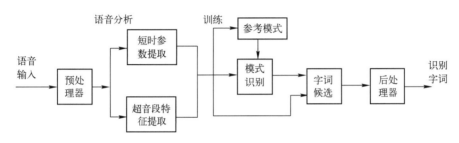

图 7-2　孤立字（词）语音识别系统

在语音识别中，孤立单词识别是基础。词汇量的扩大、识别精度的提高和计算复杂度的降低是孤立字（词）识别的三个主要目标。要达到这三个目标，关键问题是特征的选择和提取、失真测度的选择以及匹配算法的有效性。目前，利用 Mel 频率倒谱特征参数和隐马尔可夫模型技术，可以得到最好的识别性能。矢量量化技术则为特征参数提取和匹配算法提供了一个很好的降低运算复杂度的方法。

下面介绍四个孤立字（词）语音识别系统：①基于 MQDF 的汉语塞音语音识别系统；②基于 DTW 识别方法的孤立字（词）识别系统；③基于概率尺度 DP 识别方法的孤立字（词）识别系统；④基于 HMM 识别方法的孤立字（词）识别系统。

7.3.1　基于改进的二次分类函数的汉语塞音语音识别系统

在采用贝叶斯准则的统计识别法中，设输入待识别语音可以用一个矢量 $\boldsymbol{X}$（当音素识别时，由于这时发音较短，有时可以把每一帧的矢量串接起来变成一个大矢量；也可以选择一个发音的某几部分，如头、中、尾等，把这几部分的帧矢量串接起来变成一个大矢量）或者矢量的时间序列 $\boldsymbol{X}=\{\boldsymbol{X}_1,\boldsymbol{X}_2,\cdots,\boldsymbol{X}_T\}$（每一帧一个矢量）表示，词汇表中的字（词）数为 N，每个字（词）有一个模板（模型）$M_i(i=1,2,\cdots,N)$ 表示（利用贝叶斯（Bayes）准则时 M_i 实际上就是 i 单词的均值和协方差矩阵）。输入 $\boldsymbol{X}$ 后，求 $\boldsymbol{X}$ 和词汇表中每个字（词）$M_i(i=1,2,\cdots,N)$ 的后验概率 $P(\boldsymbol{M}_i\mid\boldsymbol{X})$，使之成为最大的 $\boldsymbol{M}_i$ 所对应的字（词）$\boldsymbol{M}_i$ 即为识别结果输出。根据 Bayes 定理，这一过程可表示为

$$P(\boldsymbol{M}_i\mid\boldsymbol{X})=\frac{P(\boldsymbol{M}_i)P(\boldsymbol{X}\mid\boldsymbol{M}_i)}{P(\boldsymbol{X})} \tag{7-1}$$

在孤立字（词）识别的时候，$P(\boldsymbol{M}_i)=1/N$ 是一定的，另外 $P(X)$ 不会关系到 $M_i(i=1,$

$2, \cdots, N$），所以如果令最后的识别函数为 $L(\boldsymbol{X}, \boldsymbol{M}_i)$，并且利用对数函数的单词性，当输入待识别语音可以用一个矢量 $\boldsymbol{X}$ 表示时，$L(\boldsymbol{X}, \boldsymbol{M}_i)$ 可表示为

$$L(\boldsymbol{X}, \boldsymbol{M}_i) = \ln P(\boldsymbol{X} \mid \boldsymbol{M}_i) \tag{7-2}$$

当输入待识别语音可以用矢量的时间序列 $\boldsymbol{X} = \{\boldsymbol{X}_1, \boldsymbol{X}_2, \cdots, \boldsymbol{X}_T\}$ 表示时，$L(\boldsymbol{X}, \boldsymbol{M}_i)$ 可表示为

$$L(\boldsymbol{X}, \boldsymbol{M}_i) = \ln P(\boldsymbol{X}_1 \boldsymbol{X}_2 \cdots \boldsymbol{X}_T \mid \boldsymbol{M}_i) \tag{7-3}$$

如果 $\boldsymbol{X} = \{\boldsymbol{X}_1, \boldsymbol{X}_2, \cdots, \boldsymbol{X}_T\}$ 较大的话，则计算较复杂，所以有必要寻找一种近似方法来进行。最简单的方法是把所有的 $\boldsymbol{X}_i$ 看成相互独立的情况，这时则有

$$\begin{aligned} L(\boldsymbol{X}, \boldsymbol{M}_i) &= \ln P(\boldsymbol{X}_1 \boldsymbol{X}_2 \cdots \boldsymbol{X}_T \mid \boldsymbol{M}_i) \\ &= \ln P(\boldsymbol{X}_1 \mid \boldsymbol{M}_i) P(\boldsymbol{X}_2 \mid \boldsymbol{M}_i) \cdots P(\boldsymbol{X}_T \mid \boldsymbol{M}_i) \\ &= L(\boldsymbol{X}_1, \boldsymbol{M}_i) + L(\boldsymbol{X}_2, \boldsymbol{M}_i) + \cdots + L(\boldsymbol{X}_T, \boldsymbol{M}_i) \end{aligned} \tag{7-4}$$

上述方法的近似只是把特征发生的事实作为问题来考虑，关于它的时间顺序信息没有被用到。要改进这种缺点，有一种方法就是利用一阶或者二阶的马尔可夫链。为使问题说明简单，令下列写法成立 $\boldsymbol{P}(\cdot \mid \boldsymbol{M}_i) = P_M(\cdot)$，则有

$$P_M(\boldsymbol{X}_1 \boldsymbol{X}_2 \cdots \boldsymbol{X}_T) = P_M(\boldsymbol{X}_1) P_M(\boldsymbol{X}_2 \mid \boldsymbol{X}_1) \cdots P_M(\boldsymbol{X}_T \mid \boldsymbol{X}_{T-1}) \tag{7-5}$$

或者

$$P_M(\boldsymbol{X}_1 \boldsymbol{X}_2 \cdots \boldsymbol{X}_T) = P_M(\boldsymbol{X}_1 \boldsymbol{X}_2) P_M(\boldsymbol{X}_3 \mid \boldsymbol{X}_1 \boldsymbol{X}_2) \cdots P_M(\boldsymbol{X}_T \mid \boldsymbol{X}_{T-2} \boldsymbol{X}_{T-1}) \tag{7-6}$$

而识别结果即为

$$i^* = \arg \max_{1 \leqslant i \leqslant N} L(\boldsymbol{X}, \boldsymbol{M}_i) \tag{7-7}$$

在基于 Bayes 判别准则的语音识别法中，二次判别函数法（Quadratic Discriminant Function，QDF）是经常被使用的方法。基于 Bayes 判别准则的二次判别函数如式（7-8）所示。

$$L(\boldsymbol{X}, \boldsymbol{M}_i) = \frac{1}{2} \ln |\boldsymbol{\Sigma}_i| + \frac{1}{2} [(\boldsymbol{X} - \boldsymbol{\mu}_i)^t \boldsymbol{\Sigma}_i^{-1} (\boldsymbol{X} - \boldsymbol{\mu}_i)] - \ln p(\boldsymbol{M}_i) \tag{7-8}$$

式中，$\boldsymbol{X}$ 是维数为 p 的输入特征向量；i 是参考样本类别；$\boldsymbol{\mu}_i$ 是 i 类参考样本的均值向量；$\boldsymbol{\Sigma}_i$ 是 i 类参考样本协方差矩阵。在式（7-8）所示的 QDF 中，计算协方差矩阵 $\boldsymbol{\Sigma}_i$ 所必要的乘法次数是 $p^2 + p$，所以当 $\boldsymbol{X}$ 的维数增加时，计算量和内存所占容量会变得很大。更重要的是，随着 $\boldsymbol{X}$ 的维数的增大，协方差矩阵的计算误差将增大，从而降低判别的性能。为了避免直接计算 $\boldsymbol{\Sigma}_i$ 所引起的计算量和计算误差增大的问题，可以根据式（7-9）所示的协方差矩阵与它的本征值 λ_{ki} 和本征向量 $\boldsymbol{\phi}_{ki}$ 的关系对式（7-8）进行修正，即把式（7-9）代入式（7-8）可得式（7-10）

$$\boldsymbol{\Sigma}_i = \sum_{k=1}^{p} \lambda_{ki} \cdot \boldsymbol{\phi}_{ki} \cdot \boldsymbol{\phi}_{ki}^t \tag{7-9}$$

$$L(\boldsymbol{X}, \boldsymbol{M}_i) = \sum_{k=1}^{p} \frac{1}{\lambda_{ki}} [\boldsymbol{\phi}_{ki}^t (\boldsymbol{X} - \boldsymbol{\mu}_i)]^2 + \ln \prod_{i=1}^{p} \lambda_{ki} - 2 \ln p(\boldsymbol{M}_i) \tag{7-10}$$

在式（7-10）中，维数仍然是 p，计算误差仍然存在。实际上高维的本征值的计算误差较大，所以对于高维的本征值 $\lambda_{m+1} \lambda_{m+2} \cdots \lambda_p$，都令其为相同的常数 h^2（h^2 的取值可由实验确定）代入式（7-10）中，得

$$L(\boldsymbol{X}, \boldsymbol{M}_i) = \sum_{k=1}^{m} \frac{1}{\lambda_{ki}} [\boldsymbol{\phi}_{ki}^t (\boldsymbol{X} - \boldsymbol{\mu}_i)]^2 + \sum_{k=m+1}^{p} \frac{1}{h^2} [(\boldsymbol{X} - \boldsymbol{\mu}_i)]^2$$

$$+ \ln h^{2(p-m)} \prod_{i=1}^{m} \lambda_{ki} - 2\ln p(\boldsymbol{M}_i) \tag{7-11}$$

进一步利用下列关系，对式（7-11）进行修正，即把式（7-12）代入式（7-11）可得式（7-13）

$$\sum_{k=1}^{p} \left[\boldsymbol{\phi}_{ki}^{t}(\boldsymbol{X} - \boldsymbol{\mu}_i) \right]^2 = \| \boldsymbol{X} - \boldsymbol{\mu}_i \|^2 \tag{7-12}$$

$$L(\boldsymbol{X}, \boldsymbol{M}_i) = \frac{1}{h^2} \| \boldsymbol{X} - \boldsymbol{\mu}_i \| - \sum_{k=1}^{m} \left(1 - \frac{h^2}{\lambda_{ki}} \right) \left[(\boldsymbol{X} - \boldsymbol{\mu}_i) \right]^2$$

$$+ \ln h^{2(p-m)} \prod_{i=1}^{m} \lambda_{ki} - 2\ln p(\boldsymbol{M}_i) \tag{7-13}$$

和式（7-8）相比，显然变换后的式（7-13）能较大地降低计算量和提高判别性能。称为修正型二次判别函数（Modified QDF，MQDF）。

利用上述的修正二次判别函数进行不特定话者汉语六个塞音音族［b］、［p］、［d］、［t］、［g］、［k］的识别实验。实验数据选择对塞音后续可能的韵母尽可能均匀分配的 180 个含有塞音的音节。由 5 名男性话者对每个音节发音三遍，其中两遍作学习用音节（共 1800 个），一遍作识别用音节（共 900 个）。这些音节通过 12kHz，16bit 的 A/D 转换以及窗长为 20ms、窗移为 10ms 的汉明窗以后，提取 14 阶 LPC Mel 倒谱系数和 1 阶的短时能量组成一个 15 维的特征向量。然后进行破裂点的检测，再从破裂点前半帧开始取 8 帧语音信号作为学习和识别用数据。这样每个音节就变成了共有 8×15 维 = 120 维的语音特征向量。利用这 120 维的语音特征参数向量，并利用式（7-13）的 MQDF 进行识别的结果，平均识别率达到了 98%。

因为基于 Bayes 判别准则的 QDF 法作为一种统计的识别方法今后仍将广泛地应用于语音识别等领域。所以，对于 QDF 方法的改良就更显得重要。MQDF 作为 QDF 的一种改进方法，有其理论基础和实用价值，不仅在语音识别上有重要意义，在其他领域也具有一定的推广价值。

7.3.2 基于动态时间规整的孤立字（词）识别系统

假定一个孤立字（词）语音识别系统，按图 7-2 中的模式识别模块，利用模板匹配法进行识别。这时一般是把单词整个作为识别单元。在训练阶段，用户将词汇表中的每一个词依次说一遍，并且将其特征矢量时间序列作为模板存入模板库；在识别阶段，将输入语音的特征矢量时间序列依次与模板库中的每个模板进行相似度比较，将相似度最高者作为识别结果输出。

然而，实际上不能简单地将输入参数序列和相应的参考模板直接做比较，因为语音信号具有相当大的随机性，即使是同一个人在不同时刻所讲的同一句话、发的同一个音，也不可能具有完全相同的时间长度。在进行模板匹配时，这些时间长度的变化会影响测度的估计，从而使识别率降低，因此时间伸缩处理是必不可少的。

一种简单的方法是采用对未知语音信号线性地伸长或缩短直至它与参考模板的长度相一致。然而这种仅仅利用压扩时间轴的方法不足以实现精确的对正。研究表明，这种简单方法在大部分识别系统中不能有效地提高识别率。

　　对此，日本学者板仓（Itakura）将动态规划（DP）算法的概念用于解决孤立词识别时的说话速度不均匀的难题，提出了著名的 DTW 算法。DTW 是把时间规整和距离测度计算结合起来的一种非线性规整技术，如图 7-3 所示。设测试语音参数共有 I 帧矢量，而参考模板共有 J 帧矢量，且 $I \neq J$，则动态时间规整就是要寻找一个时间规整函数 $j = \omega(i)$，它将测试矢量的时间轴 i 非线性地映射到模板的时间轴 j 上，并使该函数 ω 满足

$$D = \min_{\omega(i)} \sum_{i=1}^{I} d\left[\boldsymbol{T}(i), \boldsymbol{R}(\omega(i))\right] \tag{7-14}$$

式中，$d\left[\boldsymbol{T}(i), \boldsymbol{R}(\omega(i))\right]$ 是第 i 帧测试矢量 $\boldsymbol{T}(i)$ 和第 j 帧模板矢量 $\boldsymbol{R}(j)$ 之间的距离测度；D 则是处于最优时间规整情况下两矢量的距离。

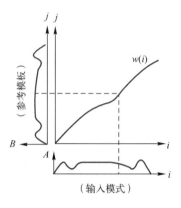

图 7-3　动态时间规整示意图

　　由于 DTW 不断地计算两矢量的距离以寻找最优的匹配路径，所以得到的是两矢量匹配时累积距离最小的规整函数，这就保证了它们之间存在最大的声学相似特性。实际中，DTW 是采用动态规划技术（DP）来加以具体实现的。动态规划是一种最优化算法，其原理如图 7-4 所示。

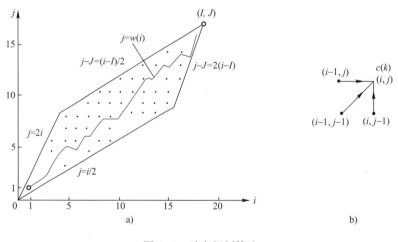

图 7-4　动态规划算法

通常，规整函数 $\omega(i)$ 被限制在一个平行四边形内，它的一条边的斜率为 2，另一条边的斜率为 1/2。规整函数的起始点为 （1，1），终止点为 (I,J)。$\omega(i)$ 的斜率为 0，1 或 2；否则就为 1 或 2。这是一种简单的路径限制，目的是寻找一个规整函数，在平行四边形内有点 （1，1）到点 (I,J) 具有最小代价函数。由于已经对路径进行了限制，所以计算量可相应地减少。总代价函数的计算式为

$$D[c(k)] = d[c(k)] + \min D[c(k-1)] \qquad (7\text{-}15)$$

式中，$d[c(k)]$ 为匹配点 $c(k)$ 本身的代价；$\min D[c(k-1)]$ 是在 $c(k)$ 以前所有允许值（由路径限制而定）中最小的一个。因此，总代价函数是该点本身的代价与带到该点的最佳路径的代价之和。

通常动态规整算法是从过程的最后阶段开始，即最优决策是逆序的决策过程。进行时间规整时，对于每一个 i 值都要考虑沿纵轴方向可以达到 i 的当前值的所有可能的点（即在允许区域内的所有点），由路径限制可减少这些可能的点，而得到几种可能的先前点，对于每一个新的可能点按式（7-15）寻找最佳先前点，得到此点的代价。随着过程的进行，路径要分叉，并且分叉的可能性也不断增大。不断重复这一过程，得到从 (I,J) 到 （1，1）点的最佳路径。

7.3.3 基于概率尺度识别方法的孤立字（词）识别系统

传统的 DP 方法只能适用于特定人的语音识别系统。为了使基于 DP 的语音识别装置也能适用于非特定人的语音识别，可以利用概率尺度的 DP 进行识别的方法。例如对于如图 7-5 所示的非对称型 DP 路径，具有概率尺度的 DP 方法的递推公式可以用式（7-16）来表示。

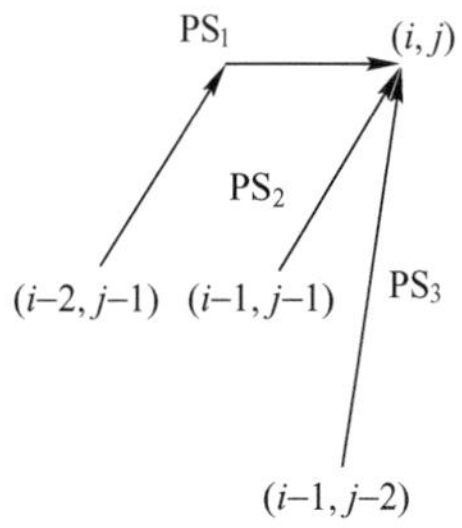

$$G(i,j) = \max \begin{cases} G(i-2,j-1) + \ln p(X_{i-1}|j) \\ \quad + \ln p(X_i|j) + \ln p_{\mathrm{PS}_1}(j) \\ G(i-1,j-1) + \ln p(X_i|j) \\ \quad + \ln p_{\mathrm{PS}_2}(j) \\ G(i-1,j-2) + \ln p(X_i|j) \\ \quad + \ln p_{\mathrm{PS}_3}(j) \end{cases} \qquad (7\text{-}16)$$

图 7-5 非对称型 DP 路径

这里，$\ln p_{\mathrm{PS1}}(j)$、$\ln p_{\mathrm{PS2}}(j)$、$\ln p_{\mathrm{PS3}}(j)$ 分别表示 $q((i-2,j-1)\rightarrow(i,j))$、$q((i-1,j-1)\rightarrow(i,j))$、$q((i-1,j-2)\rightarrow(i,j))$ 三个状态转移的转移概率。

上述的概率尺度 DP 方法，实际上相当于把语音样本的每一帧看作一个模型状态的连续状态 HMM。因为如果参考样本是 $Y = Y_1, Y_2, \cdots, Y_J$，则其特征矢量的时间序列是一个马尔可夫过程，如果把每一个特征矢量看作马尔可夫过程的一个状态，同时把输入信号 $X = X_1,$ $X_2, \cdots, X_I$ 看作观察时间序列并应用 Viterbi 算法，则 HMM 法和概率尺度 DP 方法具有同一关系式。由于连续状态 HMM 能较好地描述语音特征矢量的帧间相关信息，改善 HMM 的动态特性，可望得到较好的识别性能。

（1）条件概率 $p(\boldsymbol{X}_i|j)$ 的确定

假定在状态 j 观测到的 $\boldsymbol{X}_i$ 是符合 $(\boldsymbol{\mu}_j, \boldsymbol{\Sigma}_j)$ 的高斯分布，则条件概率 $p(\boldsymbol{X}_i|j)$ 由下式给定：

$$p(\boldsymbol{X}_i|j) = (2\pi)^{-p/2} \left| \sum\nolimits_j \right|^{-1/2} \exp\left\{ -\frac{1}{2}(\boldsymbol{X}_i - \boldsymbol{\mu}_j)^t \boldsymbol{\Sigma}_j^{-1}(\boldsymbol{X}_i - \boldsymbol{\mu}_j) \right\} \tag{7-17}$$

为了求出各个时刻的均值和方差，首先选择一个学习样本序列作为核心样本，然后输入一个同类的学习数据和核心样本进行 DP 匹配寻找最佳路径函数 F，这时各个时刻的均值和方差可以通过最佳路径函数 F 找出和核心样本对应时刻的输入帧矢量进行计算和更新，如此重复直到同类的学习数据用完为止，渐进地求出各个时刻的均值和方差。在学习数据较少时，可以利用分段区间数据计算均值和方差，尤其是方差。

（2）状态转移概率的确定

为了计算状态转移概率，各个学习数据和核心样本进行 DP 匹配时，计下各时刻选择的路径情况（如图 7-4 所示的三个路径之一），学习完毕后，假定在时刻 j 三个路径被选择的总数分别是 $\mathrm{PS}_1(j)$、$\mathrm{PS}_2(j)$、$\mathrm{PS}_3(j)$，则此时的三个状态转移概率可由下式给定：

$$\begin{aligned}
p_{\mathrm{PS}_1}(j) &= \mathrm{PS}_1(j)/\{\mathrm{PS}_1(j) + \mathrm{PS}_2(j) + \mathrm{PS}_3(j)\} \\
p_{\mathrm{PS}_2}(j) &= \mathrm{PS}_2(j)/\{\mathrm{PS}_1(j) + \mathrm{PS}_2(j) + \mathrm{PS}_3(j)\} \\
p_{\mathrm{PS}_3}(j) &= \mathrm{PS}_3(j)/\{\mathrm{PS}_1(j) + \mathrm{PS}_2(j) + \mathrm{PS}_3(j)\}
\end{aligned} \tag{7-18}$$

（3）识别方法

识别时对于输入语音信号序列，利用式（7-16）和各个模型进行 DP 匹配。给出最高得分的模型所对应的类别即为识别结果。

7.3.4　基于隐马尔可夫模型的孤立字（词）识别系统

利用 HMM 进行孤立字（词）语音识别时，主要分为两个阶段：训练阶段和识别阶段。假设总共有 G 个待识别的孤立字（词），在训练阶段，对于每一个孤立字（词）g，将经过预处理和特征提取步骤之后得到的语音信号的特征矢量序列的集合作为观察值序列 $O(g)$，利用第 3 章介绍的 HMM 的基本算法——Baum-Welch 算法估计出与当前孤立字（词）对应的 HMM 的参数 $M(g), g=1, \cdots, G$。这里需要注意的是，如果选用的是连续型的 HMM，则需要估计其状态输出概率中的高斯混合模型的各参数；而如果选用的是离散型的 HMM，则得到特征矢量序列后，还需要对其进行矢量量化（参见 3.1 节），然后再进行训练。当所有孤立字（词）HMM 所对应的 HMM 参数估计出之后，训练过程结束。

在识别阶段，对于任一待识别的语音 $X' = X_1', X_2', \cdots, X_T'$，首先将其进行预处理和特征提取，得到对应的特征矢量序列（如果选用的是离散型的 HMM，则需要进行矢量量化）$O' = O_1', O_2', \cdots, O_T'$。然后利用 HMM 的基本算法——前向-后向算法计算该特征矢量序列在训练好的每个孤立字（词）HMM 上的输出概率 $p(O'|M(g)), g=1, \cdots, G$，把输出概率最大的 HMM 所对应的孤立字（词）作为识别结果。图 7-6 表示了基于离散型 HMM 的孤立字（词）识别过程。

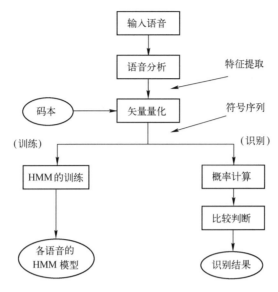

图 7-6　基于离散型 HMM 的孤立字（词）识别过程

7.4　连续语音识别系统

在连续语音识别系统中，一段语音信号（例如一个句子）经特征提取后，得到一个特征矢量的时间序列 $A = a_1, a_2, \cdots, a_I$，假设该特征矢量序列可能包含的一个词序列为 $W = w_1 w_2 \ldots w_n$，那么连续语音识别的任务就是找到对应观测矢量序列 A 的最可能的词序列 $\hat{W}$。这个过程如果按照贝叶斯准则就是

$$\hat{W} = \underset{W}{\mathrm{argmax}} P(W/A) = \frac{P(A/W) P(W)}{P(A)}$$

$$= \underset{W}{\mathrm{argmax}} P(A/W) P(W) \tag{7-19}$$

上式表明，要找到最可能的词序列 $\hat{W}$，该词序列必须使 $P(W)$ 与 $P(A/W)$ 的乘积达到最大。第一项 $P(W)$ 是 W 独立于语音特征矢量的先验概率，由语言模型决定。$P(A/W)$ 是特征矢量序列 A 在给定 W 下的条件概率，由声学模型决定。在连续语音识别系统中利用语言模型的目的是找出符合句法约束的最佳单词序列，并且减少观测矢量序列 A 和词序列 W 的匹配搜索范围，提高识别效率。

由于声学模型和语言模型训练总是单独得到的，所以要把基于语言模型的句法约束结合进连续语音识别处理中并不容易。所以传统的连续语音识别方法中，语音识别处理和语言句法分析过程一般都是采用阶层性的处理方式进行统合，即先用语音的声学模型和输入信号进行匹配，求得一组候选单词串（列），然后利用语音的语言模型找出符合句法约束的最佳单词序列。这种分别施加语音声学约束和语言言语约束的方法，虽然较容易实现，但存在如下两方面的问题：①语音处理和语言处理相互之间不施加约束，必然增加许多不必要的中间结果，从而既增加计算量又增加误识别的可能；②两个非紧密结合的模块之间传递信息时，一般要产生信息丢失，因而影响识别精度。因此，较好的方法应该是把句法分析的语言处理过程结合进语音识别过程中，实现帧同步的语音-语言处理的统合。当然，这样实现起来就复杂得多，一般采用的方法是把声学模型和语言模型结合在一个有限状态自动机的框架里进行处理。下面我们举例来说明这种识别方法。

设系统的任务（Task）是一个机器人控制命令的连续语音识别。全部要识别的语句内容已经归纳在图 7-7 所示的有限状态自动机中。自动机一般有一个起始状态、一个或若干个终止状态和若干中间状态，每一个状态叫作语法状态。从起始状态到达某一中间状态后生成的词序列叫部分单词序列；从起始状态到达终止状态后生成的词序列是一个完整的语句，它表示匹配可以结束，并且在若干完整的语句中寻找到最可能的词序列 $\hat{\boldsymbol{W}}$。

现在假定在图 7-7 中，句法分析从起始状态到达了中间状态③，则这时生成的部分单词序列是向前和向后两个单词。因此，我们把输入观测矢量序列 $A = a_1, a_2, \cdots, a_I$，从语头开始的所有部分矢量序列 $a_1, a_2, \cdots, a_i (i=1,2,\cdots,I)$ 和这两个单词的标准模板（或模型）进行 DP 匹配，累积距离最小的那个被选择记忆下来，现假定这个最小累积距离记为 $D_3(i)$。

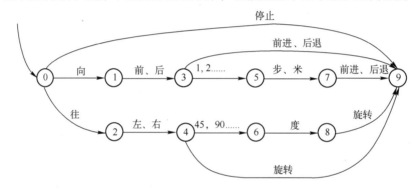

图 7-7　生成机器人控制命令语句的有限状态自动机

同样，考虑对应状态⑤的最小累积距离 $D_5(i)$ 的计算过程。从状态③生成单词"1""2"…到达状态⑤。首先考虑生成单词"1"的情况，设输入观测矢量序列的部分序列 $a_{m+1}, a_{m+2}, \cdots, a_i (i=1,2,\cdots,I)$（$(m+1)$ 是新单词的起点）和"1"的标准模板 $B^1 = b_1^1, b_2^1, \cdots, b_{T^1}^1$ 进行 DP 匹配的累积距离记作 $D^1(m+1{:}i)$，则有

$$D_5^1(i) = \min_m \{ D_3(m) + D^1(m+1{:}i) \} \tag{7-20}$$

同理可以求得 $D_5^2(i)$、…，比较它们则有

$$D_5(i) = \min_{n=1,2,\cdots} \{ D_5^n(i) \} \tag{7-21}$$

作为一般的情况，如果从状态 p 开始，生成单词 n 后到达状态 q 时，则 $D_q(i)$ 可由下式求得：

$$D_q(i) = \min_{p,m,n} \{ D_p(m) + D^n(m+1{:}i) \} \tag{7-22}$$

可以把满足上式的 p、m、n 记作 $\hat{P}$、$\hat{m}$、$\hat{n}$ 存放在数组 $Q_q(i) = \hat{P}$，$B_q(i) = \hat{m}$，$N_q(i) = \hat{n}$ 中。上面的计算过程对于输入观测矢量序列 $i=1,2,\cdots,I$ 以及有限状态自动机中全部状态反复进行后，最终识别结果的单词序列可以由下列算法从语句最后一个单词开始，顺序求得（Back-Trace 方法，简称为回溯法）：

1）$i \leftarrow I$，$q \leftarrow \underset{q \in F}{\arg\min} D_q(i)$，（$F$ 为终止状态的集合）。

2）从 $N_q(i)$ 输出一个识别结果单词，$q \leftarrow Q_q(i)$，$i \leftarrow B_q(i)$。

3）如果 $i=0$ 则结束，否则转移到 2）执行。

在上述的连续语音识别处理过程中，$D_q(i)$ 计算可以用 2 段 DP 法来实现，也可以用 Level Building 法或 One Pass DP 法来实现。另外，要注意的是匹配时单词与单词边界匹配和单词内部的匹配是不一样的，单词内部的匹配才采用 DP 法。

一般来说，一个连续语音识别系统主要由特征参数分析部、语音识别部、句法分析和单词预测部等三大部分组成。在特征参数分析部，求取输入语音信号的识别用特征参数。在语音识别部，根据文法分析部提供的被预测单词，按照文法字典（词汇表）由基元模型自动组成单词的标准模型（因为句法分析的单位是单词）。然后利用上述算法（如 2 段 DP 法、Level Building 法或 One Pass DP 法等）和单词的标准模型同步地和输入语音进行单词的识别匹配，并进一步利用搜索方法，由单词模型的连接求得最佳单词序列。在句法分析部，采用语言模型来描述待识别语句的句法构造，并利用句法分析器来进行句法分析和预测单词。

1. 声学基元模型

识别模型的基元单位的选择对于识别性能影响很大。对于汉语而言可以采用韵母和声母作为识别用基元模型。由于汉语中韵母和声母的长度不同，所以如果采用 HMM 作基元模型，可以采用两种不同长度构造的 HMM。

2. 系统语言模型

一般来说，对于词汇量较大的连续语音识别系统，用 CFG、双词文法和三词文法建立语言模型的较多。假定用 CFG 来建立系统的语言模型，则能够描述连续语音识别系统整个被识别语句的 CFG 的非终端记号数、终端记号数和改写规则数反映了语言模型的规模；而系统语言模型的复杂度（Perplexity）则反映了该连续语音识别系统的语句识别难易程度。图 7-8 所示的是一个 CFG 的简单例子，图中大写字母表示非终端记号，小写字母表示终端记号，数字号码表示终端记号和非终端记号的位置。

```
0          1       2      3      4 ……
08  S   → NP      VP
16  S   → NP      aux    VP
24  S   → aux     VP
32  NP  → num     NP2
40  NP  → NP2
48  P2  → adj     NP2
56  NP2 → NP3
64  VP  → verb
72  VP  → verb
80  VP  → verb    PP
88  PP  → num     NP
96  NP3 → NP3     PP
104 NP3 → pron
106 NP3 → noun

        pron  → 女同志（women）
        pron  → 我（I）
        aux   → 要（want）
        verb  → 预约（reservate）
        num   → 二间（two）
        adj   → 双人的（twin）
        noun  → 房间（room）
        noun  → 停车场（garage）
```

图 7-8　CFG 的例子

3. 句法分析和单词的预测方法

为了说明句法分析和单词的预测方法，我们可以考虑图 7-8 中"我要预约…"部分句子以及它的右侧单词预测过程，部分句子"我要预约…"是由下面的过程导出的：

S→NP aux VP→NP$_2$ aux VP→NP$_3$ aux VP→pron aux VP

我 aux VP→我要 VP→我要 verb（ε；PP；NP）→我要预约（ε；PP；NP）

上面的过程如果用 CFG 上对应的数字构成的数字序列表示，则可得到如下所示的数字序列流：

"16" → "17" → "17 41" → "17 41 57" → "17 41 57 105"

"18" → "19" →（19 65，19 73or19 81）→（ε，19 74or19 82）

这样后接可能的单词，可从 PP 或 NP 进行预测：

PP→num NP、NP→num NP2、NP2→adj NP$_2$、NP$_3$→NP$_3$ PP、NP$_3$→pron、NP$_3$→noun

根据以上过程，从终端记号 num、adj、pron、noun 可以预测出单词"二间、双人的、我、女同志、房间、停车场"。在上述单词预测和路径更新法中，可以通过限制路径长度，避免由于左递归规则而引起的无限循环。

上述的句法分析和单词的预测方法称为 Earley 句法分析法，它是一种 Top Down 型横向句法分析方法。除此之外，基于 CFG 语言模型的句法分析方法还有许多如 CYK 法、LR parser 和 Chart parser 法等，我们在这里就不一一介绍了。

以上对于连续语音识别系统做了一些介绍，对于想深入学习连续语音识别系统的读者，可以参考有关的书籍和文献。

7.5　语音识别系统的性能评测

近年来语音识别尤其是连续语音识别的研究已取得了可喜的进步，正在向实用系统发展。在这样的系统纷纷推出的时候，如何合理地评价和比较它们的性能，对于改进和完善现有系统设计，提高系统性能，优势互补，减少研究工作的重复性和盲目性，适时地引导语音识别研究向着期望的目标发展，都有着重要意义。本节将介绍一些连续语音识别系统中的评测方法以及讨论系统评测中的一些问题供读者参考。

7.5.1　性能评测指标

语音识别系统的评价研究就是要研究一套公认的评价标准和科学合理的评测方法，来衡量、评定不同识别系统和不同处理方法之间的优劣，预测在不同使用条件下的系统性能。然而不同的连续语音识别系统一般都是针对不同的识别任务（Task），各自具有不同的任务单词库和任务语句库。和孤立字识别系统可以采用共同的任务和词库进行评测相比，连续语音识别系统较难制定统一的评价标准和方法。现在一些国家采用的方法主要有和标准的系统比较的方法、和人的知觉能力进行比较的方法以及使各系统适用于标准的单词库后再进行比较的方法等。在这些评测比较中使用的标准系统的一般配置主要是：使用 LPCMCC（LPC Mel 倒谱系数）或者 MFCC 特征参数、Bi-Gram 语言模型以及 2 段 DP 匹配法（由基元模型联接得到最佳单词序列）等。系统识别性能的评价测度主要有系统识别率、信息损失度（$H(X|Y)/H(X)$，其中 X 表示输入，Y 表示输出，H 表示熵）、使系统的识别率和人的听取率相当

而应附加给系统的噪声级别大小等。然而如果要想粗略地比较评估某个系统，可以单从两个方面去考虑：一个是系统识别任务的难易程度即复杂性；另一个是采用该系统的识别方法对该难度的识别任务的识别效果即识别精确性。下面将介绍一些评测系统识别任务复杂性的评价测度的定义和计算方法以及评价系统性能的连续语音识别系统的音素、音节和单词识别率的定义和计算方法。

1. 系统识别率指标

对于以句子或文章为识别对象的连续语音识别系统，虽然可以直接用语句识别率来评估系统性能。但是语句识别率往往受到句子的数量以及语言模型信息利用情况的影响，如果句子较少或没有充分利用文法信息，则句子识别率往往很难有说服力。所以连续语音识别系统中一般采用音素、音节或单词的识别率来评测系统性能。这时除了有正确率的指标，错误率中还必须考虑置换率、插入率和脱落率各占多少。一般常用的系统指标有如下所示的正确率（Percent Correct）、错误率和识别精度（Accuracy）：

$$正确率 = \frac{正确数}{正确数 + 置换数 + 脱落数} \tag{7-23}$$

$$错误率 = 1 - 正确率 \tag{7-24}$$

$$识别精度 = \frac{正确数 - 插入数}{正确数 + 置换数 + 脱落数} \tag{7-25}$$

以上的识别结果中的正确数、插入数、置换数和脱落数的求取，可以采用目测的方法求得。也可以分别把识别结果和输入语句用音素、音节或单词序列表示，然后通过 DP 法对两序列进行匹配求得。

2. 任务复杂性度指标

对于孤立词（字）识别系统我们可以直接利用词库中的单词（字）数来评测系统识别任务的复杂性。然而在连续语音识别系统中不仅要考虑词库中的单词数，而且还要考虑系统识别任务中被识别语句的数量和难易程度。一般来说，在连续语音识别系统中都是利用语言模型来描述系统识别任务的，在这种描述中系统受语法的限制越小则识别越困难，反之则越容易。因此在对系统进行比较评价时，必须首先判断系统识别任务语句受语法约束的程度，即所谓系统识别任务复杂度，然后在此基础上通过比较系统识别精度，来评价系统识别算法的好坏。

表示在语言模型规定下的系统识别任务复杂性的测度主要有系统静态分支度 F_S 和平均输出数 F_A、系统识别任务的熵（Entropy）和识别单位的分支度（Perplexity）等。

（1）系统静态分支度和平均输出

为方便说明，设语言 L 是由有限状态自动机描述的。$\pi(j)$ 是状态 j 的出现概率、$n(j)$ 表示在状态 j 输出的识别单位语数（单词、音节或音素等）。则系统静态分支度和平均输出数由式（7-26）和式（7-27）定义：

$$F_S(L) = \frac{\sum\limits_j n(j)}{\sum\limits_j 1} \tag{7-26}$$

$$F_A(L) = \sum_j \pi(j) n(j) \tag{7-27}$$

当各状态的出现概率相等时系统静态分支度和平均输出数相等，并且系统静态分支度和平均输出数的值和描述的语言模型有关。系统的静态分支度和平均输出数的值越大，则系统识别复杂度越高。

（2）系统识别任务的熵和识别单位的分支度

设在由语言模型规定的语言 L 中，S、$P(S)$、$K(S)$ 分别表示识别处理单位语的时间序列、序列 S 出现的概率和 S 的长度（当 $S=w_1,w,\cdots,w_k$ 时 $K(S)=k$），则语言 L 中每一序列的平均信息量（熵：Entropy）可用式（7-28）定义：

$$H(L) = -\sum_S P(S)\log_2 P(S) \tag{7-28}$$

同时，语言 L 的语句集中每一个识别处理单位的熵，可由式（7-29）表示：

$$H_0(L) = -\sum_S \frac{1}{K(S)}P(S)\log_2 P(S) \tag{7-29}$$

从而我们可以知道，因为语言 L 每一个处理单位的熵是 $H_0(L)$。所以，从前一个单位语预测后续单位语时，平均需要有 $H_0(L)$ 回的 Yes/No 的判断操作。也就是说，要从 $2^{H_0(L)}$ 个出现概率相等的单位语中选择一个单位语。因此式（7-30）被定义为系统任务语言模型的分支度（Perplexity）：

$$F_p(L) = 2^{H_0(L)} \tag{7-30}$$

因为这里的 $F_p(L)$ 不依赖于识别处理的单位，而且和描述系统任务语句的语言模型的形式无关，因此适用于比较各系统任务的复杂程度。显然分支度越大则识别工作越困难，反之这个值越小在识别时后续预测单词就越容易确定，有利于提高系统的识别率，所以系统分支度 $F_p(L)$ 是一个评测系统的重要指标。下面我们就不同的语言模型来考虑系统任务语句的熵和分支度的计算方法。

设语言 L 是由有限状态自动机规定的。$P(w\,|\,j)$ 表示在状态 j 单位语 w 的出现概率。则在状态 j 的每一单位语的熵由式（7-31）定义：

$$H_0(w\,|\,j) = -\sum_S P(w\,|\,j)\log_2 P(w\,|\,j) \tag{7-31}$$

语言 L 中每一个单位语的熵由式（7-32）定义：

$$H_0(L) = \sum_j \pi(j)H(w\,|\,j) \tag{7-32}$$

$$F_p(L) = 2^{H_0(L)} \tag{7-33}$$

其中，$\pi(j)$ 是状态 j 的出现概率。

当语言 L 是由上下文无关文法（CFG）规定的时候，各语句的长度分布可以由实际的抽样算出。则系统任务的熵以及分支度可由下列步骤求出。设 P_k 和 N_k 分别表示语句长度为 k 的概率以及由语言 L 生成的长度为 k 的语句的总数。则有

$$
\begin{aligned}
H(L) &= -\sum_S P(S)\log_2 P(S) = -\sum_S \frac{P_k}{N_k}\log_2 \frac{P_k}{N_k} \\
&= -\sum_k N_k \frac{P_k}{N_K}\log_2 \frac{P_k}{N_k} = -\sum_k P_k \log_2 \frac{P_k}{N_k}
\end{aligned} \tag{7-34}
$$

同时语言 L 的语句集中每一个识别处理单位的熵，可由式（7-35）表示：

$$H_0(L) = -\sum_S \frac{1}{K(S)} P(S) \log_2 P(S) = -\sum_S \frac{1}{K(S)} \frac{P_k}{N_k} \log_2 \frac{P_k}{N_k}$$

$$= -\sum_k N_k \frac{1}{k} \frac{P_k}{N_k} \log_2 \frac{P_k}{N_k} = -\sum_k \frac{P_k}{k} \log_2 \frac{P_k}{N_k} \tag{7-35}$$

$$F_p(L) = 2^{H_0(L)} \tag{7-36}$$

当语言 L 是由双词文法（Bi-Gram）或三词文法（Tri-Gram）规定的时候，则系统任务的熵以及分支度可由下列步骤求出：

$$H_0(L) = -\sum_{ij} P(w_i w_j) \log_2 P(w_j \mid w_i)，\text{ Bi-Gram} \tag{7-37}$$

$$H_0(L) = -\sum_{ijk} P(w_i w_j w_k) \log_2 P(w_k \mid w_i w_j)，\text{ Tri-Gram} \tag{7-38}$$

$$F_p(L) = 2^{H_0(L)} \tag{7-39}$$

严格地讲，因为上述的分支度尺度都是和句子的长度无关的量，所以有一定的局限性。实际情况应该考虑句子的长度，即如果利用 $2^{H(L)}$ 作为分支度尺度似乎更合理一些。也可以利用上述的分支度尺度和系统任务的熵共同表示系统识别任务的复杂性。另外我们还必须单独考虑测试语句集合的分支度，因为对于具有同样词库的语言 L 来讲，测试语句数的不同，使得系统识别的难易程度产生差异，所以，进行系统评价时应该单独考虑测试语句集合的分支度，这种分支度又被称为测试分支度（Test Perplexity）。

一般来说对于某测试输入语句，分支度也可由如下方法直接计算求得。假定系统的测试语句输入是 $S = w_1, w_2, \cdots, w_n$，则从单词（或音节、音素等）出现概率的角度，测试分支度定义如下：

$$F_P = \left(\frac{1}{P(w_1 \mid \#)} \times \frac{1}{P(w_2 \mid w_1)} \times \frac{1}{P(w_3 \mid w_1, w_2)} \times \cdots \times \right.$$

$$\left. \frac{1}{P(w_n \mid w_1, \cdots, w_{n-1})} \times \frac{1}{P(* \mid w_1, \cdots, w_n)} \right)^{\frac{1}{n-1}} \tag{7-40}$$

其中，# 和 * 分别表示句头和句尾。另外如果从单词预测的角度去考虑测试分支度，即假定在部分单词序列 $w_1, w_2, \cdots, w_{t-1}$ 后面被预测到的单词数是 c_i（即分支数），则测试分支度可由式（7-41）定义，它是由各个时刻分支数几何乘积平均得到的：

$$F_P = (c_1 \times c_2 \times \cdots \times c_n)^{\frac{1}{n}} \tag{7-41}$$

我们可以利用上述方法求出每一测试输入语句的分支度，然后取平均值即得到测试语句集的分支度。

7.5.2　综合评测需要考虑的其他因素

连续语音识别系统的性能，最终是以识别率来评价的。但识别率除了取决于识别算法等中心技术以外，还受到其他因素的影响，例如：①识别对象中词汇量的多少，识别对象间声学特性的相似程度等。显然词汇量越大，提高系统识别率的困难度就越大。②系统是针对特定话者还是多数话者或者非特定话者的识别系统，即使是特定话者识别系统，也有容易识别的话者（sheep）和较难识别的话者（goat）之间的区别。一般来讲，特定话者的识别率要好于非特定话者的识别系统，但是如果特定话者识别系统的训练数据较少的时候，识别性能不一定比训练数据充足的非特定话者识别系统好。③系统是孤立发音（单词或音节单位）、词组单位发音（例如汉语习惯上的发音停顿的位置），还是连续发音；是正规的朗读语音还是较自由的会话语音。一般来说如果是孤立发音，发音较正规，而且能够避免连续语音的分割问题，所以要比连续发音识别系统识别性能好，但是至今为止还没有关于这种关系的定量研究事例。④发音环境的情况，是隔音室、安静的房间还是噪声环境。⑤传声器的位置在什么地方，是否是位置自由的。⑥语音的频带限制等处理设备的电器效应，例如是否是电话语音带宽等。⑦其他方面，如通用性、经济性、鲁棒性、识别速度、是否能够进行在线识别（On-Line）、语言模型的覆盖率等。

另外，特征参数、匹配时的距离尺度和使用的模型以及噪声环境、频带限制等处理设备的电器效应等也可以对识别系统的识别性能有很大的影响。例如即使是采用同样的模型和识别算法的系统，由于特征参数的不同以及模型精度的差异，识别效果也将产生很大的差别。从以上的分析可以知道连续语音识别系统的评价是很困难的工作，因为实用系统评价不仅要测试系统识别性能方面的指标，还必须动态地测试一些影响识别性能的其他因素指标。另一方面，建立有效的语音数据库对于系统评价起着重要的作用。数据库中应包括一般目的的数据和诊断数据，系统可以通过测试诊断数据达到充分表征性能的目的。在语音识别数据库的基础上，建立性能测试系统并对测试结果进行综合分析和评估。

综上所述，语音识别技术的突破和产业化，不仅依赖于语音处理方法的进展，也依赖于语音识别数据库和语音识别系统评价这些基础性研究工作的支持。另一方面，要真正实现语音输入的目标，必须解决连续语音识别和理解的问题，孤立字识别方式大大地限制了语音识别系统的应用，也是将系统推向实用的主要障碍之一。

7.6　思考与复习题

1. 语音识别的目的是什么？语音识别系统可以怎样进行分类？当前，语音识别的主流方法是什么？

2. 为什么影响语音识别技术实用化的困难是不可低估的？实用语音识别研究中存在哪些主要问题和困难？

3. 一个实用语音识别系统应由哪几个部分组成？语音识别中常用的语音特征参数有哪些？什么是动态语音特征参数？怎样提取动态语音特征参数？

4. 给定一个输出符号序列，怎样计算 HMM 对于该符号序列的输出似然概率？

5. 什么是孤立字（词）语音识别？孤立字（词）语音识别有哪些有效方法？简要说明它们的工作原理。

6. 为什么在语音识别时需要做时间规整？

7. 为什么概率尺度的 DP 方法可以适用于非特定人的语音识别？在概率尺度的 DP 中，条件概率和状态转移概率分别应怎样求得？

8. 连续语音识别比孤立语音识别应该多考虑些什么问题？有哪些难题？应该如何去加以解决？为什么连续语音识别一般要利用语言文法信息？

9. 为什么语音识别系统的性能评价研究很重要？应怎样评测一个语音识别系统的性能好坏？

第 8 章　说话人识别

8.1　概　　述

自动说话人识别（Automatic Speaker Recognition，ASR）是一种自动识别说话人的过程。说话人识别和语音识别的区别在于，它不注重包含在语音信号中的文字符号以及语义内容信息，而是着眼于包含在语音信号中的个人特征，提取说话人的这些个人信息特征，以达到识别说话人的目的。

语音是人的自然属性之一，由于说话人发音器官的生理差异以及后天形成的行为差异，每个人的语音都带有强烈的个人色彩，这使得通过分析语音信号来识别说话人成为可能。用语音来鉴别说话人的身份有着许多独特的优点，如语音是人的固有特征，不会丢失或遗忘；语音信号的采集方便，系统设备成本低；另外利用电话网络还可实现远程客户服务等。而且近年来自动说话人识别在相当广泛的领域内已经发挥出重要的作用。如安全保卫领域（如机密场所入门控制）、公安司法领域（如罪犯监听与鉴别）、军事领域（如战场环境监听及指挥员鉴别）、财经领域（如自动转账与出纳等）、信息服务领域（如自动信息检索或电子商务）等。正因为如此，自动说话人识别具有广泛的应用前景，近年来越来越受到人们的重视。

自动说话人识别按其最终完成的任务可以分为两类：自动说话人确认（Automatic Speaker Verification，ASV）和自动说话人辨认（Automatic Speaker Identification，ASI）。本质上它们都是根据说话人所说的测试语句或关键词，从中提取与说话人本人特征有关的信息，再与存储的参考模型比较，做出正确的判断。不过自动说话人确认是确认一个人的身份，只涉及一个特定的参考模型和待识别模式之间的比较，系统只做出"是"或"不是"的二元判决；而对于自动说话人辨认，系统则必须辨认出待识别的语音是来自待考察的 N 个人中的哪一个，有时还要对这 N 个人以外的语音做出拒绝的判别。由于需要 N 次比较和判决，所以自动说话人辨认的误识率要大于自动说话人确认，并且随着 N 的增加，其性能将会逐渐下降。此外，在进行自动说话人识别时，按被输入的识别用测试语音来分，还可将说话人识别分为三类，即与文本无关（Text-Independent）、与文本有关（Text-Dependent）和文本指定型（Text-depend）。前两类，一种是不规定说话内容的说话人识别（识别时不限定所用的语音的语句内容），另一种是规定内容的说话人识别（只能用规定内容的语句进行识别）。然而光有这两种类型是不完全的，因为如果设法事先用录音装置把说话人本人的讲话内容记录下来，然后用于识别，则往往有被识别装置误接受的危险。而在指定文本型说话人识别中，每一次识别时必须先由识别装置向说话人指定需发音的文本内容，只有在系统确认说话人对指定文本内容正确发音时才可以被接受，这样做可以防止本人的语声被盗用。

对说话人识别的研究始于 20 世纪 30 年代。早期的工作主要集中在人耳听辨实验和探讨听音识别的可能性方面。随着研究手段和工具的改进，研究工作逐渐脱离了单纯的人耳听辨。Bell 实验室的 L. G. Kesta 用目视观察语谱图的方法进行识别，提出了"声纹"（Voice-print）的概念。之后，随着电子技术和计算机技术的发展，使通过机器自动识别人的声音成为可能。Bell 实验室的 S. Pruzansky 提出了基于模式匹配和概率统计方差分析的说话人识别方法，从而引起信号处理领域许多学者的注意，形成了说话人识别研究的一个高潮。其间的工作主要集中在各种识别参数的提取、选择和实验上，并将倒谱和线性预测分析等方法应用于说话人识别。当前，说话人识别的研究重点转向语音中说话人个性特征的分离提取、个性特征的增强、对各种反映说话人特征的声学参数的线性或非线性处理以及新的说话人识别模式匹配方法上，如动态时间规整（DTW）、主分量（成分）分析（PCA）、矢量量化（VQ）、隐马尔可夫模型（HMM）、人工神经网络方法（ANN）以及这些方法的组合技术上等。

说话人识别方法的基本原理与语音识别相同，也是根据从语音中提取的不同特征，通过判断逻辑来判定该语句的归属类别。但它也具有其特点：①语音按说话人划分，因而特征空间的界限也应按说话人划分；②应选用对说话人区分度大，而对语音内容不敏感的特征参量；③由于说话人识别的目的是识别出说话人而不是所发的语音内容，故采取的方法也有所不同，包括用以比较的帧和帧长的选定、识别逻辑的制定等。

8.2　说话人识别方法和系统结构

说话人识别就是从说话人的一段语音中提取出说话人的个性特征，通过对这些个人特征的分析和识别，从而达到对说话人进行辨认或者确认的目的。说话人识别不同于语音识别，前者利用的是语音信号中说话人的个性特征，不考虑包含在语音中的字词的含义，强调的是说话人的个性；而后者的目的是识别出语音信号中的语义内容，并不考虑说话人的个性，强调的是语音的共性。图 8-1 是说话人识别系统的结构框图，它由预处理、特征提取、模式匹配和判决等几大部分组成。除此之外，完整的说话人识别系统还应包括模型训练和判决阈值选择等部分。

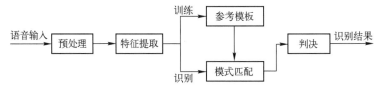

图 8-1　说话人识别系统框图

建立和应用一个说话人识别系统可分为两个阶段，即训练（注册）阶段和识别阶段。在训练阶段，系统的每一个使用者说出若干训练语料，系统根据这些训练语料，通过训练学习建立每个使用者的模板或模型参数参考集。而在识别阶段，把从待识别说话人说出的语音信号中提取的特征参数，与在训练过程中得到的参考参量集或模型模板加以比较，并且根据一定的相似性准则进行判定。对于说话人辨认来说，所提取的参数要与训练过程中的每一人的参考模型加以比较，并把与它距离最近的那个参考模型所对应的使用者辨认为是发出输入语音的说话人。对于说话人确认而言，则是将从输入语音中导出的特征参数与其声音为某人的参考量相比较，如果两者的距离小于规定的阈值，则予以确认，否则予以拒绝。

8.2.1 预处理

预处理包括对输入计算机的语音数据进行端点检测、预加重、加窗、分帧等。这和语音识别时的预处理基本相同，但在有些方面也可能有差别，如抽样频率、求取特征参数时的帧和帧长的选定等。

8.2.2 说话人识别特征的选取

在说话人识别系统中特征提取是最重要的一环，特征提取就是从说话人的语音信号中提取出表示说话人个性的基本特征。虽然哪些参数能较好地反映说话人个人特征，现在还没有完全搞清楚，但一般都包含在两个方面，即生成语音的发音器官的差异（先天的）和发音器官发音时动作的差异（后天的）。前者主要表现在语音的频率结构上，主要包含了反映声道共振与反共振特性的频谱包络特征信息和反映声带振动等音源特性的频谱细节构造特征信息。代表性的特征参数有倒谱和基音参数（静态特征）。后者的发音习惯差异主要表现在语音的频率结构的时间变化上，主要包含了特征参数的动态特性，代表性的特征参数是倒谱和基音的线性回归系数（动态特征），即差值倒谱（Δ 倒谱）和差值基音（Δ 基音）参数。在说话人识别中，频谱包络特征特别是倒谱特征用得比较多，这是因为一些实验已经证明，用倒谱特征可以得到比较好的识别性能，而且稳定的倒谱系数比较容易提取。和倒谱相比，基音特征只存在于浊音部分，而且准确稳定的基音特征较难提取。

一般来说，人能从声音的音色、频高、能量的大小等各种信息中知觉说话人的个人特性。所以可以想象，如果利用复数特征的有效组合，可以得到比较稳定的识别性能。例如，利用倒谱特征和可靠性高的区间的基音特征的有效组合进行识别实验，首先对于浊音部、清音部、无音部分别进行编码，在浊音部用倒谱、Δ 倒谱、基音、Δ 基音，在其他区间用倒谱和 Δ 倒谱作为识别特征，然后利用两部分的概率加权值和阈值进行比较，可以得到较好的识别效果。另外，研究表明，对于与文本有关的说话人识别系统，利用动态特征和静态特征的组合，可以得到比较好的识别结果。而对于与文本无关的说话人识别系统，使用动态特征作为识别特征，并不一定得到好的效果。所以，对于动态特征的有效利用还需要进一步研究探讨。

过去较长的一段时间里，在说话人识别中，一般电话带宽（0~3 kHz）或者 0~6 kHz 频宽范围内的语声信息用得比较多，比这更高的频带区域内的个人信息利用的研究很少。这是因为，一般认为，高频区域内的语音频谱能量比较小，有用的信息比较少。事实上通过利用 0~16 kHz 带宽内的特征的说话人识别实验，分析高频区域对说话人识别的贡献度，结果表明，在至今一直不受重视的语音高频区域的特征，确实存在有用的说话人信息，并且这些信息对于发音时间的变化以及加性噪声都比较稳定。特别地，如果特征中包含了"F 比"（一种说话人识别特征有效性的评价参量）较大的 5 kHz 附近的频域信息，则对于发音时间差的变动，识别性能更稳定。同时，如果在说话人识别中把高频区域和低频区域的信息有效地进行合理组合，则可以改善识别性能。由于全极点声道模型的最小相位特性，LPC 倒谱系数 C_k 至少以 $1/k$ 的速度衰减，幅度大的倒谱系数集中在 $k=0$ 附近，这样在欧氏距离准则下，低阶的倒谱参数对最终的距离贡献较大，而带有很多说话人信息的高阶的倒谱不能得到很好的体现，所以必须考虑倒谱参数的加权效果。

说话人识别参数的时间变化对识别率的影响也是一个重要问题。所谓说话人识别参数的时间变化，是人们发现一段时间前采集的说话人识别参数和一段时间后采集的参数不同，发生了差异。这样用一段时间前采集的说话人识别参数做成的模板或模型和一段时间后采集的参数进行匹配，就会产生误识别。最早提出这一点的是 Luck，日本的古井等人对这一问题做了较系统的研究，他们的结论是，三周以内基本上没变化；一个月以后开始变化，到三个月确认率和辨认率分别下降了 10% 和 25% 左右；三个月以后识别率的下降开始变缓，基本上没有太大的劣化。识别参数的时间变化主要是音源特性的变化引起的。可以把音源和声道分离，只用后者组成的经得起语音长期变动的说话人识别系统。

根据上面的分析，概括起来就是，在理想情况下，选取的特征应当满足下述准则：

1）能够有效地区分不同的说话人，但又能在同一说话人的语音发生变化时相对保持稳定。

2）易于从语音信号中提取。

3）不易被模仿。

4）尽量不随时间和空间变化。

一般来说，同时满足上述全部要求的特征难以得到，只能使用折中方案。多年来，各国研究者对于各种特征参数在说话人识别中的有效性进行了大量的研究，并且得到了许多有意义的结论。如果把说话人识别中常用的参数加以简要归纳，则大致可划分为以下几类。

1. 线性预测参数及其派生参数

通过对线性预测参数进行正交变换得到的参量，其中阶数较高的几个方差较小，这说明它们实质上与语句的内容相关性小，而反映了说话人的信息。另外，由于这些参数是对整个语句平均得到的，所以不需要进行时间上的归一化，因此可用于与文本无关的说话人识别。由它推导出的多种参数，例如部分相关系数、声道面积比函数、线谱对系数以及 LPC 倒谱系数，都是可以应用的。目前，LPC 倒谱系数和差值倒谱系数是最常用的短时谱参数，并获得了较好的识别效果。

2. 语音频谱直接导出的参数

语音短时谱中包含有激励源和声道的特性，因而可以反映说话人生理上的差别。而短时谱随时间变化，又在一定程度上反映了说话人的发音习惯，因此，由语音短时谱中导出的参数可以有效地用于说话人识别中。已经使用的参数包括功率谱、基音轮廓、共振峰及其带宽、语音强度及其变化等。现已证实基音周期及其派生参数携带有较多的个人信息。但基音容易被模仿，且不稳定，最好与其他参数组合使用。

3. 混合参数

为了提高系统的识别率，部分原因也许是因为对究竟哪些参量是关键把握不够，相当多的系统采用了混合参量构成的矢量。如将"动态"参量（对数面积比与基频随时间的变化）

与"统计"分量（由长时间平均谱导出）相结合，还有将逆滤波器谱与带通滤波器谱结合，或者将线性预测参数与基音轮廓结合等参量组合方法。如果组成矢量的各参量之间的相关性不大，则效果会很好，因为它们分别反映了语音信号中不同的特征。

4. 其他鲁棒性参数

包括 Mel 频率倒谱系数，以及经过噪声谱减或者信道谱减的去噪倒谱系数等。

综上所述，常用于说话人识别的特征参数有：语音短时能量、基音周期（现已证实基音周期及其派生参数携带有较多的个人信息）、语音短时谱或 BPFG 特征（包括 14~16 个 BPF）、线性预测系数 LPC、共振峰频率及带宽、LPC 倒谱等，以及反映这些特征动态变化的线性回归系数等，其他的特征参数还包括鼻音联合特征、谱相关特征、相对发音速率特征、基音轮廓特征等，另外，也可以对这些特征进行变换加工，如 K-L 变换等，而得到加工后的二次特征。其中，倒谱特征和基音特征是较常用的特征，并获得了较好的识别效果。表 8-1 给出了针对倒谱特征和基音特征所做的比较实验结果。

表 8-1 不同特征的比较实验结果

所 用 特 征	误 识 率
倒谱	9.43%
差值倒谱	11.81%
基音	74.42%
差值基音	85.88%
倒谱与差值倒谱	7.93%
倒谱、差值倒谱与基音、差值基音	2.89%

8.2.3 特征参量评价方法

在给定了一种识别方法后，识别的效果主要取决于特征参数的选取。对于某一维单个参数而言，可以用 F 比来表征它在说话人识别中的有效性。同一说话人的不同的语音会在参数空间映射出不同的点，若对同一说话人这些点分布比较集中，而对不同说话人的分布相距较远，则选取的参数就是有效的。可以选取两种分布的方差之比（F 比）作为有效性准则。

$$F = \frac{不同说话人特征参数均值的方差}{同一说话人特征方差的均值} = \frac{<[\mu_i - \bar{\mu}]^2>_i}{<[x_a^{(i)} - \mu_i]^2>_{a,i}} \qquad (8-1)$$

这里 F 越大表示越有效，即不同说话人特征量的均值分布越离散越好；而同一说话人的越集中越好。式中，$<\cdot>_i$ 是指对说话人作平均；$<\cdot>_a$ 是指对某说话人各次的某语音特征作平均；$x_a^{(i)}$ 为第 i 个说话人的第 a 次语音特征；

$$\mu_i = <x_a^{(i)}>_a \qquad (8-2)$$

是第 i 个说话人的各次特征的估计平均值；而

$$\bar{\mu} = <\mu_i>_i \qquad (8-3)$$

是将所有说话人的 μ_i 平均所得的均值。

需要说明的是，在 F 比的定义过程中是假定差别分布是正态分布的，这是基本符合实际情况的。可以看出，虽然 F 比不能直接得到误差概率，但是显然 F 比越大误差概率越小，所以 F 比可以作为所选特征参数的有效性准则。

可以把 F 比的概念推广到多个特征参量构成的多维特征矢量。定义说话人内（Within Speaker）特征矢量的协方差矩阵 W 和说话人间（Between Speakers）特征矢量的协方差矩阵 B 分别为

$$W = <(x_a^{(i)} - \mu_i)^{\mathrm{T}}(x_a^{(i)} - \mu_i)>_{a,i} \tag{8-4}$$

$$B = <(\mu_i - \overline{\mu})^{\mathrm{T}}(\mu_i - \overline{\mu})>_i \tag{8-5}$$

其中，μ_i 和 $\overline{\mu}$ 的定义同上，只是对于多维特征得到的是矢量。这样，我们就可以得到可分性测度（或 D 比）的定义

$$D = <(\mu_i - \overline{\mu})^{\mathrm{T}}W^{-1}(\mu_i - \overline{\mu})>_i \tag{8-6}$$

所以利用 D 比可以评价多维特征矢量的有效性。

8.2.4　模式匹配方法

目前针对各种特征而提出的模式匹配方法的研究越来越深入。这些方法大体可归为下述几种。

1. 概率统计方法

语音中说话人信息在短时间内较为平稳，通过对稳态特征如基音、声门增益、低阶反射系数的统计分析，可以利用均值、方差等统计量和概率密度函数进行分类判决。其优点是不用对特征参量在时域上进行规整，比较适合与文本无关的说话人识别。

2. 动态时间规整方法（DTW）

说话人信息不仅有稳定因素（发声器官的结构和发声习惯），而且有时变因素（语速、语调、重音和韵律）。将识别模板与参考模板进行时间对比，按照某种距离测度得出两模板间的相似程度。常用的方法是基于最近邻原则的动态时间规整（DTW）。

3. 矢量量化方法（VQ）

矢量量化最早是用于聚类分析的数据压缩编码技术。Helms 首次将其用于说话人识别，他把每个人的特定文本训练成码本，识别时将测试文本按此码本进行编码，以量化产生的失真度作为判决标准。Bell 实验室的 Rosenberg 和 Soong 用矢量量化进行了孤立数字文本的说话人识别研究，得到了较好的识别结果。利用矢量量化的说话人识别方法的判断速度快，而且识别精度也不低。

4. 隐马尔可夫模型方法（HMM）

隐马尔可夫模型是一种基于转移概率和输出概率的随机模型，最早在 CMU 和 IBM 被用于语音识别。它把语音看成由可观察到的符号序列组成的随机过程，符号序列则是发声系统状态序列的输出。在使用隐马尔可夫模型识别时，为每个说话人建立发声模型，通过训练得到状态转移概率矩阵和符号输出概率矩阵。识别时计算未知语音在状态转移过程中的最大概率，根据最大概率对应的模型进行判决。对于与文本无关的说话人识别一般采用各态历经型 HMM；对于与文本有关的说话人识别一般采用从左到右型 HMM。HMM 不需要时间规整，可节约判决时的计算时间和存储量，在目前被广泛应用。缺点是训练时计算量较大。

5. 人工神经网络方法（ANN）

人工神经网络在某种程度上模拟了生物的感知特性，它是一种分布式并行处理结构的网络模型，具有自组织和自学习能力、很强的复杂分类边界区分能力以及对不完全信息的鲁棒性，其性能近似理想的分类器。其缺点是训练时间长，动态时间规整能力弱，网络规模随说话人数目增加时可能大到难以训练的程度。

8.2.5 判别方法和阈值的选择

对于要求快速处理的说话人确认系统，可以采用多门限判决和预分类技术来达到加快系统响应时间而又不降低确认率的效果。多门限判决相当于一种序贯判决方法，它使用多个门限来做出接受还是拒绝的判决。例如，用两个门限把距离分为三段：如果测试语音与模板的距离低于第一门限，则接受；高于第二门限，则拒绝；若距离处于这两个门限之间，则系统要求补充更多的输入语句再进行更精细的判决。这种方法允许使用短的初始测试文本，系统就能最快地做出响应，而只有当模板匹配出现模糊时才需要较长的测试语音来帮助识别。同样，预分类是从另一个角度来加快系统响应的时间，在说话人辨认时，每个人的模板都要被检查一遍，所以系统的响应时间一般随待识别的人数线性增加，但是如果按照某些特征参数预先地将待识别的人聚成几类（如：以平均音调周期的长短来分类等），那么在识别时，根据测试语音的类别，只要用该类的一组候选人的模板参数匹配，就可以大大减少模板匹配所需的次数和时间。在说话人识别实际应用中，有时还要考虑依照方言和某些韵律等超音段特征来预分类。

门限的设定对说话人确认系统来说很重要。比如，门限设得太高了，有可能把真正的说话人拒绝；太低了，又有可能接受假冒者。在说话人确认系统中，确认错误由误拒率（False Rejection，FR）和误受率（False Acceptance，FA）来表示，前者是拒绝真实的声言者而造成的错误，后者则是把冒名顶替者错认为其声言者引起的错误。通常由这些错误率决定对门限的估计，这时门限一般由 FR 和 FA 的相等点附近来确定。这两种错误率与接受门限的关系如图 8-2 所示。可以先对正确者和错误者的得分一起排序，然后找到一个点，在这点上，错误者和正确者的得分正好相等。虽然在一般情况下，判决门限都应该选取在 FR 和 FA 相等的点上，但这个点的

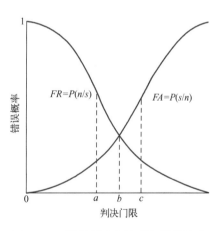

图 8-2 两种错误率与接受门限的关系
（s 表示本人，n 表示他人）

确定需要较多数据的实验结果，还不一定能得到正好相等的点。通常，每一说话人的数据都很少，因此，说话人门限确定的统计性不太明显。这就是为何对小数据来说，使用的是全局门限（对每人都一样）的缘故。必须注意，FA 和 FR 都是门限的离散函数，点的个数取决于对真实者的 FR 测试和假冒者的 FA 测试次数。很明显，如果两者的测试点相等，FA 和 FR 会在某一点相交。然而在实际实验中通常假冒者要比真实者多许多，因此用上面的方法，我们会发现 FR 和 FA 不会相等，但会接近。此时，一些实验就将此接近点当作门限。许多文献对此做了比较详细的分析，表明更精确的门限可以由 FR 和 FA 的线性近似函数得到。

另外说话人确认是一个二值问题，只需判定是否是由申请者所讲即可，在经典的解决方案中，判定是由对申请者模型的语句得分与某一事先确定的门限比较而得到的。这种方案的问题是得分的绝对值并不只是由使用模型决定的，而且还与文本内容以及发音时间的差别有关，所以不能采用静态的门限。可以利用 HMM 输出概率值归一化方法解决这一问题，实验证明这一方法可以明显地提高确认率。

8.2.6 说话人识别系统的评价

一个说话人识别系统的好坏是由许多因素决定的。其中主要有正确识别率（或出错率）、训练时间的长短、识别时间、对参考变量存储量的要求、使用者使用的方便程度等，实用中还有价格因素。如果训练时间过长会造成用户的厌烦情绪，而识别时间过长在某些场合也是不能接受的，但这往往又与系统的其他性能要求相矛盾，因此需要在设计中加以折中。

对于说话人确认系统来说，正如上面介绍的，表征其性能的最重要的两个参数是错误拒绝率（FR），又称 I 型错误，及错误接受率（FA），又称 II 型错误。根据使用场合的不同，这两类差错造成的影响也不同。比如在非常机密场所的进入控制下，应该使 FA 尽量低，以免非法进入者造成严重的后果。一般要求 FA 在 0.1% 以下，这样 FR 就会有所上升，但这可以通过一些辅助手段弥补。在大量使用者利用电话访问公共数据库的情况下，由于缺少对使用者环境的控制，FR 过高会造成用户的不满，但错误的接受还不至于引起严重的后果。这时可以把 FR 定在 1% 以下，相应地 FA 要略有上升。

说话人辨认与说话人确认系统的不同还在于其性能与用户数有关。因为它是通过把输入语音的特征与所存储的每个合法使用者的参考模型相比较，所以当用户数增多时，不仅处理时间变长，而且各用户之间变得难以区分，即差错率变大。而对于说话人确认系统差错率不随用户数的增加而变化，对它来说，能够容纳的用户数是由存储量决定的。

由于人的语音会随着时间的变化而变化，而且会受到健康和感情等因素的影响，所以随着训练时间与使用时间间隔的加长，系统的性能肯定会有所下降。为了维持系统性能，一种解决办法是在训练时所取得语音样本来自不同的时间，比如相隔几天或几周。但这样会加长训练时间而且往往难以做到，因为很难要求用户这样安排。另一种解决方法是在使用过程中不断更新参考模型，比如说，在每次成功地识别以后，即把当时说话人的语音提取得到的特征按一定比例加入到原来的参考模板中去，以保证对使用者说话状态的跟踪。

目前对说话人识别系统的性能评价还没有统一的标准。一个系统所具有的识别性能尽管看起来很好，但是它们所依据的条件却差别很大。为了给出统一的评价，需要建立一个测试数据库，它们应该包含大量的说话人且具有不同发音风格的语音数据。包括在不同时间间隔的语音数据。此外还应该包含这些语音经不同信道传输后的影响。

下面结合实际系统例子介绍几种典型的说话人识别系统，重点介绍矢量量化技术（VQ）及其在说话人识别系统中的应用，以及基于高斯混合模型（GMM）的说话人识别系统。

8.3　基于矢量量化的说话人识别系统

目前自动说话人识别的方法主要是基于参数模型的 HMM 的方法和基于非参数模型的 VQ 的方法。1992 年，Matsui 和 Furui 等学者主要从对语声波动的鲁棒性方面对基于 VQ 的方法和各态历经的离散和连续的 HMM 方法进行了比较。他们发现连续的各态历经 HMM 方法比离散的各态历经 HMM 方法优越，当可用于训练的数据量较小时，基于 VQ 的方法比连续的 HMM 方法有更大的鲁棒性。同时，基于 VQ 的方法比较简单，实时性也较好。因此，直到目前为止，基于 VQ 的说话人识别方法，仍然是最常用的识别方法之一。

应用 VQ 的说话人识别系统如图 8-3 所示。完成这个系统有两个步骤：一是利用每个说话人的训练语音，建立参考模型码本；二是对待识别话者的语音的每一帧和码本码字之间进行匹配。由于 VQ 码本保存了说话人个人特性，这样我们就可以利用 VQ 法来进行说话人识别。在 VQ 法中模型匹配不依赖于参数的时间顺序，因而匹配过程中无须采用 DTW 技术；而且这种方法比应用 DTW 方法的参考模型存储量小，即码本码字小。

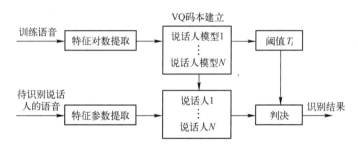

图 8-3　基于 VQ 的说话人识别系统

我们可以将每个待识别的说话人看作是一个信源，用一个码本来表征，码本是从该说话人的训练序列中提取的特征矢量聚类而生成的，只要训练的数据量足够，就可以认为这个码本有效地包含了说话人的个人特征，而与说话的内容无关。识别时，首先对待识别的语音段提取特征矢量序列，然后用系统已有的每个码本依次进行矢量量化，计算各自的平均量化失真。选择平均量化失真最小的那个码本所对应的说话人作为系统识别的结果。

基于 VQ 的说话人识别过程的步骤如下。

（1）训练过程

1）从训练语音提取特征矢量，得到特征矢量集。

2）通过 LBG 算法生成码本。

3）重复训练修正优化码本。

4）存储码本。

（2）识别过程

1）从测试语音提取特征矢量序列 $X_1, X_2, \cdots, X_M$。

2）由每个模板依次对特征矢量序列进行矢量量化，计算各自的平均量化误差

$$D_i = \frac{1}{M} \sum_{n=1}^{M} \min_{1 \leq l \leq L} \left[d(\boldsymbol{X}_n, \boldsymbol{Y}_l^i) \right]$$

式中，$\boldsymbol{Y}_l^i, l=1,2,\cdots,L, i=1,2,\cdots,N$ 是第 i 个码本中第 l 个码本矢量，而 $d(\boldsymbol{X}_n, \boldsymbol{Y}_l^i)$ 是待测矢量 X_n 和码矢量 Y_l^i 之间的距离。

3）选择平均量化误差最小的码本所对应的说话人作为系统的识别结果。

由于人所发的语音是随着生理、心理和健康的状况变化的，不同时间下的语音会有所不同。因此，如果说话人识别系统的训练时间与使用时间相差过长，会使系统的性能明显下降。为了维护系统的性能，一种可取的办法是，当某次识别正确时，利用此次测试数据修正原来的模板，让系统自动跟踪说话人语音的变化。

在应用 VQ 法进行说话人识别时，失真测度的选择将直接影响到聚类结果，进而影响说话人识别系统的性能。失真测度的选择要根据所使用的参数类型来定，在说话人识别采用的矢量量化中，较常用的失真测度是在 3.1.2 节介绍的欧氏距离测度和加权欧氏距离测度。

在基于矢量量化的说话人识别方法中，为了提高识别系统的性能，还必须考虑 VQ 码本的优化问题和快速搜索算法的应用，以此来提高系统的识别精度和识别速度。

8.4　基于动态时间规整的说话人确认系统

基于动态规整（DTW）的说话人识别系统如图 8-4 所示。它是与文本有关的说话人确认系统。它采用的识别特征是 BPFG（附听觉特征处理），匹配时采用 DTW 技术。其特点为：①在结构上基本沿用语音识别的系统；②利用使用过程中的数据修正原模板，即当在某次使用过程中某说话人被正确确认时使用此时的输入特征对原模板作加权修改（一般用 1/10加权）。这样可使模板逐次趋于完善。

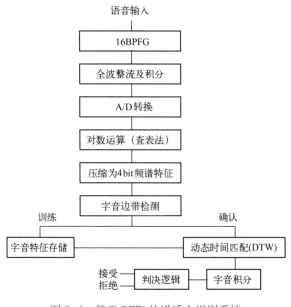

图 8-4　基于 DTW 的说话人识别系统

采样时间间隔为 2.5 ms，所存的字音模板数为 15×16，即 15 个说话人各自的 16 个规定音。建立模板时，每个说话人对各字音各发音 10 次再经适当平均得到上述的各模板。

在确认过程中，要求待确认者在他已知的 116 个字音中任选 2~4 个。先任选 2 个字，将 2 个字所得的"计分"（距离的倒数）相加，若已超过判决逻辑中所设定的阈值则予以肯定。否则，令待确认者另选 16 个字中其他字音并将计分加权累计，直到共发 4 个字音。若仍未达到阈值，则给以拒绝。

这里提供一个典型的实验结果：对于 1732 个真的待确认者，经此系统的错误拒绝率为 0.6%；对于 630 个假的待证实者，错误接受率为 0.3%。当然，适当改变阈值可以调整这两种比率。

8.5　基于高斯混合模型（GMM）的说话人识别系统

混合高斯分布模型是只有一个状态的模型，在这个状态里具有多个高斯分布函数。

8.5.1　GMM 的基本概念

高斯混合模型（Gaussian Mixture Model，GMM）可以看作一种状态数为 1 的连续分布隐马尔可夫模型。一个 M 阶混合高斯模型的概率密度函数是由 M 个高斯概率密度函数加权求和得到的，所示如下：

$$P(\boldsymbol{X}/\lambda) = \sum_{i=1}^{M} w_i b_i(\boldsymbol{X}) \tag{8-7}$$

式中，$\boldsymbol{X}$ 是一个 D 维随机向量；$b_i(\boldsymbol{X}_t), i=1,\cdots,M$ 是子分布；$w_i, i=1,\cdots,M$ 是混合权重。每个子分布是 D 维的联合高斯概率分布，可表示为

$$b_i(\boldsymbol{X}) = \frac{1}{(2\pi)^{D/2}|\boldsymbol{\Sigma}_i|^{1/2}}\exp\left\{-\frac{1}{2}(\boldsymbol{X}-\boldsymbol{\mu}_i)^t\boldsymbol{\Sigma}_i^{-1}(\boldsymbol{X}-\boldsymbol{\mu}_i)\right\} \tag{8-8}$$

式中，$\boldsymbol{\mu}_i$ 是均值向量；$\boldsymbol{\Sigma}_i$ 是协方差矩阵，混合权重值满足以下条件：

$$\sum_{i=1}^{M} w_i = 1 \tag{8-9}$$

完整的混合高斯模型由参数均值向量、协方差矩阵和混合权重组成，表示为

$$\lambda = \{w_i, \boldsymbol{\mu}_i, \boldsymbol{\Sigma}_i\}, i=1,\cdots,M \tag{8-10}$$

对于给定的时间序列 $\boldsymbol{X}=\{\boldsymbol{X}_t\}, t=1,2,\cdots,T$，利用 GMM 模型求得的对数似然度可定义如下：

$$L(\boldsymbol{X}/\lambda) = \frac{1}{T}\sum_{t=1}^{T}\ln P(\boldsymbol{X}_t/\lambda) \tag{8-11}$$

8.5.2　GMM 的参数估计

GMM 模型的训练就是给定一组训练数据，依据某种准则确定模型的参数 λ。最常用的参数估计方法是最大似然（Maximum Likelihood，ML）估计。对于一组长度为 T 的训练矢量序列 $\boldsymbol{X}=\{\boldsymbol{X}_1, \boldsymbol{X}_2, \cdots, \boldsymbol{X}_T\}$，GMM 的似然度可以表示为

$$P(\boldsymbol{X}/\lambda) = \prod_{t=1}^{T} P(\boldsymbol{X}_t/\lambda) \tag{8-12}$$

由于上式是参数 λ 的非线性函数，很难直接求出上式的最大值。因此，常常采用 EM（Expectation Maximization）算法估计参数 λ。EM 算法的计算是从参数 λ 的一个初值开始，采用 EM 算法估计出一个新的参数 $\hat{\lambda}$，使得新的模型参数下的似然度 $P(X/\hat{\lambda}) \geqslant P(X/\lambda)$。新的模型参数再作为当前参数进行训练，这样迭代运算直到模型收敛。每一次迭代运算，下面的重估公式保证了模型似然度的单调递增。

（1）混合权值的重估公式

$$w_i = \frac{1}{T} \sum_{t=1}^{T} P(i/X_t, \lambda) \tag{8-13}$$

（2）均值的重估公式

$$\boldsymbol{\mu}_i = \frac{\sum_{t=1}^{T} P(i/X_t, \lambda) X_t}{\sum_{t=1}^{T} P(i/X_t, \lambda)} \tag{8-14}$$

（3）协方差的重估公式

$$\sum_i = \frac{\sum_{t=1}^{T} P(i/X_t, \lambda)(X_t - \boldsymbol{\mu}_i)(X_t - \boldsymbol{\mu}_i)^t}{\sum_{t=1}^{T} P(i/X_t, \lambda)} \tag{8-15}$$

其中，分量 i 的后验概率为

$$P(i/X_t, \lambda) = \frac{w_i b_i(X_t)}{\sum_{k=1}^{M} w_k b_k(X_t)} \tag{8-16}$$

在使用 EM 算法训练 GMM 时，GMM 模型的高斯分量的个数 M 和模型的初始参数必须首先确定。应该说 GMM 模型的高斯分量的个数 M 的选择是一个相当重要而困难的问题。如果 M 取值太小，则训练出的 GMM 模型不能有效地刻画说话人的特征，从而使整个系统的性能下降。如果 M 取值过大，则模型参数会很多，从有效的训练数据中可能得不到收敛的模型参数，同时，训练得到的模型参数误差会很大。太多的模型参数要求更多的存储空间，而且训练和识别的运算复杂度大大增加。高斯分量 M 的大小，很难从理论上推导出来，可以根据不同的识别系统，由实验确定。一般，M 取值可以是 4、8、16 等。可以采用两种初始化模型参数的方法：第一种方法使用一个与说话人无关的 HMM 模型对训练数据进行自动分段。训练数据语音帧根据其特征分到 M 个不同的类中（M 为混合数的个数），与初始的 M 个高斯分量相对应。每个类的均值和方差作为模型的初始化参数。第二种方法从训练数据序列中随机选择 M 个矢量作为模型的初始化参数。尽管有实验证明 EM 算法对于初始化参数的选择并不敏感，但是显然第一种方法训练要优于第二种方法。也可以首先采用聚类的方法将特征矢量归为与混和数相等的各个类中，然后分别计算各个类的方差和均值，作为初始矩阵和均值，权值是各个类中所包含的特征矢量的个数占总的特征矢量的百分比。建立的模型中，方差矩阵可以为全矩阵，也可以为对角矩阵。

8.5.3 训练数据不充分的问题

在实验应用中，往往得不到大量充分的训练数据对模型参数进行训练。由于训练数据的不充分，GMM 模型的协方差矩阵的一些分量可能会很小，这些很小的值对模型参数的似然度函数影响很大，严重影响系统的性能。为了避免小的值对系统性能的影响，一种方法是在

EM 算法的迭代计算中，对协方差的值设置一个门限值，在训练过程中令协方差的值不小于设定的门限值，否则用设置的门限值代替。门限值设置可通过观察协方差矩阵来定。

8.5.4　GMM 的识别问题

给定一个语音样本，说话人辨认的目的是要决定这个语音属于 N 个说话人中的哪一个。在一个封闭的说话人集合里，只需要确认该语音属于语音库中的哪一个说话人。在辨认任务中，目的是找到一个说话者 i^*，他对应的模型 λ_{i^*} 使得待识别语音特征矢量组 X 具有最大后验概率 $P(\lambda_i/X)$。基于 GMM 的说话人辨认系统结构框图如图 8-5 所示。

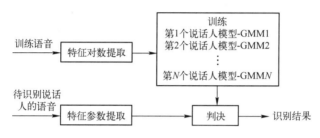

图 8-5　基于 GMM 的说话人辨认系统结构框图

根据 Bayes 理论，最大后验概率可表示为

$$P(\lambda_i/X) = \frac{P(X/\lambda_i)P(\lambda_i)}{P(X)} \tag{8-17}$$

在这里

$$P(X/\lambda) = \prod_{t=1}^{T} P(X_t/\lambda) \tag{8-18}$$

其对数形式为

$$\ln P(X/\lambda) = \sum_{t=1}^{T} \ln P(X_t/\lambda) \tag{8-19}$$

因为 $P(\lambda_i)$ 的先验概率未知，我们假定该语音信号出自封闭集里的每个人的可能性相等，也就是说

$$P(\lambda_i) = \frac{1}{N} \qquad 1 \leqslant i \leqslant N \tag{8-20}$$

对于一个确定的观察值矢量 X，$P(X)$ 是一个确定的常数值，对所有说话人都相等。因此，求取后验概率的最大值可以通过求取 $P(X/\lambda_i)$ 获得，这样，辨认该语音属于语音库中的哪一个说话人可以表示为

$$i^* = \arg \max_i P(X/\lambda_i) \tag{8-21}$$

其中，i^* 为识别出的说话人。

8.6　基于深度学习的说话人识别

在说话人识别中，语音信号中包含丰富的说话人身份信息及环境信息，其关键是从信号中捕捉到结构化信息和高层信息，从而更清晰地区分人声

与噪声以及分辨人声的身份。而在深度学习中，具有深层非线性结构的神经网络模型具有更强的表达与建模能力，更适合处理这类复杂信号。因此，本节介绍基于深度学习的说话人识别方法。

8.6.1　模型结构

以百度 Deep Speaker 为例，其结构如图 8-6 所示。首先，原始语音信号通过基于滤波器组的预处理，得到语谱图。接着，将语谱图输入深度神经网络进行特征提取，然后通过句子归一化层（Sentence Average）、仿射层（Affine）以及长度标准化层（Length Normalization），将特征映射成说话人的嵌入表征。最后，通过三元组（Triplet）损失层，最大化相同说话人间的余弦相似度，同时最小化不同说话人之间的余弦相似度。其中，深度神经网络基于残差卷积神经网络（Residual Convolutional Neural Networks，ResCNN）进行搭建。在 3.3 节中，CNN 比浅层神经网络容量更大，但往往也更加难以训练。而 ResCNN 由若干堆叠的残差块组成。每一个残差块包含了从更低层输出到更高层输入的直接连接，可以缓解非常深的 CNN 的训练。

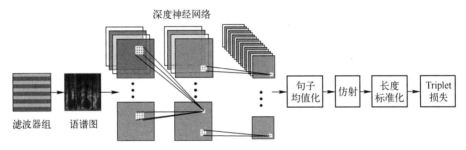

图 8-6　Deep Speaker 结构图

具体地，如图 8-7 所示，残差块结构包含了两个卷积核大小为 3×3，步长为 1×1 的卷积层，每个块有一个恒等结构，它是一个恒等映射。在 ResCNN 的结构中，3 个残差块通常被堆叠在一起。当通道数增加时，通过使用一个单独的卷积核大小为 5×5，步长为 2×2 的卷积层，保持频率的维度始终不变。激活函数一般选择 Relu 函数。ResCNN 的输出被送到句子均值化层，在时间维度计算平均，如式（8-22）所示。

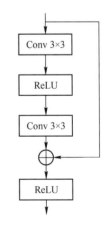

$$h = \frac{1}{T} \sum_{t=0}^{T-1} x(t) \qquad (8-22)$$

其中，T 是语音帧的数量。而后，经过一个仿射层将句子特征投影到一个 512 维的嵌入表征，并进行归一化，最终计算出嵌入表征之间的余弦相似度，来判定说话人归属。

图 8-7　残差块结构图

由于 GRU 在说话人识别任务中效果很好，Deep Speaker 还提供了一种使用为堆叠 GRU 的模型选择，其主要通过 RNN 进行帧级的特征提取。通过一个大小 55、步长为 22 的卷积层（类似于 ResCNN 架构），减少了时域和频域的维度，使得 GRU 能够更快地计算；卷积层之后是三个带有 1024 个单元的前向 GRU 层；在 GRU 层之后，模型应用了与 ResCNN 相同的句子归一化层、仿射层以及长度标准化层。总体而言，ResCNN 和堆叠 GRU 参数规模差别不大。

8.6.2　优化目标

在采用余弦相似度来表示两个嵌入表征属于同一个说话人的概率后，选择三元组损失作为模型的优化目标。即将三个样本作为输入：一个 anchor 点（来自特定说话人的一句话）、一个 positive 点（同一个说话人说的另一句话）、一个 negative 点（不同说话人说的话）。不断更新 anchor 点与 positive 点（anchor-positive，AP）、anchor 点与 negative 点（anchor-nega-tive，AN）之间的余弦相似度，使 AP 的余弦相似度 s_i^{ap} 大于 AN 的余弦相似度 s_i^{an}，即

$$s_i^{ap} - \alpha > s_i^{an} \tag{8-23}$$

式中，s_i^{ap} 是 AP 的余弦相似度；s_i^{an} 是 AN 的余弦相似度；α 是最小间隔。基于此，损失函数表示为

$$L = \sum_{i=0}^{N} \left[s_i^{an} - s_i^{ap} + \alpha \right]_+ \tag{8-24}$$

其中，$[x]_+ = \max(x, 0)$。根据损失函数的定义，可以定义三种类型的三元组。

1）easy triplets：此时，positive 点距离 anchor 点的距离比 negative 点要近，即满足式（8-23）。

2）hard triplets：此时，negative 点比 positive 点更接近 anchor 点。

3）semi-hard triplets：此时，negative 点比 positive 点距离 anchor 点稍远，positive 点和 negative 点靠得很近，距离差小于最小间隔 α。

8.6.3　训练过程

在三元组损失的计算中，确定 anchor 点和 positive 点之后，negative 点的位置就决定了三元组的类型。在训练过程中，如何选择 negative 点是十分重要的。主要有两种选择 negative 点的方式。

1）hard-negative 方式：保持 AP 对不变，对每一个 AP 对，选择一个使得 AN 相似度最高的 negative 点，这样可以加速收敛。

2）semi-hard-negative 方式：保持 AP 对不变，对每一个 AP 对，选择一个使得 AN 相似度尽可能高但必须小于 AP 相似度的 negative 点。

由于模型和数据集的变化性，在训练刚开始时，找到 hard negative 点是较容易的，但随着训练的进行，找到 hard negative 点会越来越困难。此外，为了避免模型过早陷入局部最优点，Deep Speaker 中采用先使用 softmax 和交叉熵预训练，再使用 hard negative 方式进行训练的方式。使用 softmax 和交叉熵预训练去初始化模型的权重有两大好处。第一，交叉熵损失会比三元组损失产生更加稳定的方差；第二，经过预训练之后，可以在更小的搜索空间内选择 positive 点，从而提升训练后所得到的模型的泛化性能。

8.7　尚需进一步探索的研究课题

说话人识别具有广泛的应用前景，在几十年的研究和开发过程中尽管取得了很大的成

果，但还面临许多重大问题有待解决。过去人们对说话人识别的研究发展前景曾经一度相当乐观，但现在人们对此有了更加清醒的认识，比如，目前对于人是怎样通过语音来识别他人的这一点尚无基本的了解；还不清楚究竟是何种语音特征（或其变换）能够唯一地携带说话人识别所需的特征。目前说话人识别所采用的预处理方法与语音识别一样，要根据所建立的模型来提取相应的语音参数。由于缺少对上述问题的基本了解，因此在这样做的过程中，很可能不自觉地丢失了许多本质的东西。这些基本问题的解决还需借助于认知科学等基础研究领域的突破以及跨学科的协作，但都不是短期内能够实现的。说话人识别的信息来源于其所说的话，其语音信号中既包含了说话人所说话的内容信息，也包含了说话人的个性信息，是语音特征和说话人个性特征的混合体。目前还没有很好的方法把说话人的特征和说话人的语音特征分离开来。说话人的发音常常与环境、说话人的情绪、说话人的健康有着密切关系，因此说话人的个性特征不是固定不变的，具有长时变动性，会随着环境、情绪、健康状况和年龄的变化而变化。目前，对于利用 HMM 的说话人识别系统，在用高品质的传声器，用从安静环境下的语音信号中提取的倒谱参数，利用事后设定的阈值（一般设为错误拒绝率和错误接受率相等的值）进行判定时，对于几十名话者的识别率可以达到 99% 以上。然而，对于通过实际网络（例如市话网）传输的电话语音、存在噪声的实环境下的语音进行判定的说话人识别系统性能还有待研究提高。对于说话人确认系统，虽然理论上识别率和登录的话者数无关，但实际上对于利用二值（本人或他人二阈值）判定的说话人确认系统，怎样提高有许多登录话者的系统的确认率仍然是一个课题。因此，在说话人识别技术中，有许多尚需进一步探索的研究课题。例如，随着时间的变化，说话人的声音相对于模型来说要发生变化，所以要对各说话人的标准模板或模型等定期进行更新的技术；判定阈值的最佳设定方法等；特别地在存在各种噪声的实环境下，以及电话语音的说话人识别技术，还没有得到充分的研究。以下指出一些尚需进一步探索的研究课题。

1. 基础性的课题

1）关于语音中语义内容和说话人个人性的分离，系统地全面地进行研究的人还很少。现在语音内容和其声学特性的关系已经较明确，但是有关说话人个人特性和其语音声学特性的关系还没有完全搞清楚。个人特性的详细研究，不仅在说话人识别方面，而且在语音识别方面也是非常重要的。

2）究竟什么特征参数对说话人识别最有效？如何有效地利用非声道特征？因为应用非声道特征存在提取困难、如何模型化这些动态特征、特征变化明显、特征容易模仿等问题。

3）说话人特征的变化和样本选择问题。对于由时间、特别是病变引起的说话人特征的变化研究还很少。例如，感冒引起鼻塞时，各种音尤其是鼻音的频率特性会有很大的变化；喉头有炎症时会发生基音周期的变化。因此，由于感冒而不能进公司大门，这是一个大问题。另外对于样本选择的系统研究还很少。根据听音实验，不同的音素所包含的个人信息是不同的，所以样本的合理选择对识别率也有很大影响。

4）用听觉和视觉的说话人识别研究是用计算机进行说话人识别的基础，例如什么样的特征对说话人识别有效，语音的持续时间和内容与识别率的关系等。利用视觉的说话人识别主要是通过观察声纹（Voice Print）差别来判定说话人，这在公安侦察上很有用。

2. 实用性的问题

1）说话人识别系统设计的合理化及优化问题。即在一定的应用场合下对系统的功能和指标合理定义、对使用者实行明智的控制以及选择有效而可靠的识别方法（既能正确识别说话人，又能拒绝模仿者）等问题。

2）如何处理长时和短时说话人的语音波动？如何区别有意模仿的声音？这一点对于说话人识别在司法上的应用尤为重要。如何将语音识别和说话人识别有机结合起来？对于这一点，指定文本型的说话人识别是一个有益的尝试。

3）说话人识别系统的性能评价问题。需要建立与试听人试验对比的方法和指标。由于目前对于人识别人的性能尚无认识一致的评价方法，所以这一问题的解决还需长期的努力。

4）可靠性和经济性。和语音识别系统相比，说话人识别系统的使用者要多几个数量级，例如有信用卡的人可以是几百万或上千万，当然不一定所有的都用一个系统来处理，但是在把说话人识别系统用于社会以前，必须先设想万位以上的说话人进行可靠性实验。同理，在经济性方面，每一说话人的标准模型必须使用尽量少的信息，因此样本和特征量的精选也是急需解决的。

8.8　思考与复习题

1. 自动说话人识别的目的是什么？它主要可分为哪两类？说话人识别和语音识别的区别在什么地方？在实现方法和使用的特征参数上和语音识别有什么相同点和不同点？

2. 什么叫说话人辨别？什么叫说话人确认？两者有何异同之处？

3. 在说话人识别中，应选择哪些可以表征个人特征的识别参数？汉语语音的说话人识别应该注意些什么问题？应该如何使用超音段信息？应该如何使用混合特征参数？

4. 怎样评价说话人识别特征参数选取的好坏？什么是 F 比有效性准则？F 比的概念是怎样推广到多个特征参量构成的多维特征矢量的？

5. 请说明基于 GMM 的说话人识别系统的工作原理？你从文献上看到过有关 GMM 模型训练的改进方法吗？请介绍其中一种较好的方法。当训练语料不足时，计算协方差矩阵时应注意什么问题？

6. 怎样解决由时间变化引起的说话人特征的变化？模型训练时应怎样考虑说话人特征随时间的变化？什么叫模型自适应？应该用什么方法来达到这些目的？

7. 在说话人识别系统中，判别方法和判别阈值应该如何选择？是否应该根据文本内容以及发音时间的差别动态地改变？怎么改变？

8. 哪些是说话人识别中尚需进一步探索的研究课题？你在学习了有关参考文献后，能否考虑出一个说话人识别的改进方案？

9. 在基于深度学习说话人识别中，原始语音信号经过预处理后转换成了什么参数？是如何输入深度神经网络的？经过预处理后的参数又是如何能代表原始语音信号信息的？

10. 在基于深度学习的说话人识别模型中，什么是三元组损失？可以分为哪几类？

第 9 章 语 音 编 码

9.1 概 述

语音编码（Speech Coding）无疑在语音通信及人类信息交流中占有举足轻重的地位。虽然对语音信号的模拟传输持续了近一个世纪，但它仍然不可避免地逐渐被数字系统所取代。数字传输方式使得语音的传输变得多样化、追求低成本变得可能、保密的要求得到满足，同时频率利用率更加有效。但是，如果对语音信号直接采用模/数转换技术进行编码，则传输或存储语音的数据量太大，因此为了降低传输或存储的费用，就必须对其进行压缩。各种编码技术的目的就是减少传输码率或存储量，以提高传输或存储的效率。这里，传输码率是指每秒钟传输语音信号所需要的比特数，也称为数码率。经过这样的降低数据量的编码之后，同样的信道容量能传输更多路的信号，如果是用于存储则只需要较小容量的存储器，因而这类编码又称为压缩编码。实际上，压缩编码需要在保持可懂度和音质、降低数码率、降低编码过程的计算代价这三方面进行折中。近 10 年来固定电话和移动通信高速发展，信道使用效率成为一项关键因素，这促使传输语音的压缩技术，也就是语音编码技术不断发展。即使在今天，光纤的使用，使得有线通信的带宽变得更廉价，但是在有线通信以及移动通信、卫星通信和掌上电脑的语音传送应用中，语音编码依旧扮演着十分重要的角色。

信息的本质是要求交流和传播，否则，不能称之为信息。于是需要将信息从"这里"传输到"那里"，即典型的"通信"概念；或者将信息从"现在"传输到"将来"，即所谓的"存储"问题。这两个物理过程，均可用图 9-1 所示的一个统一的数字传输系统模型来概括。

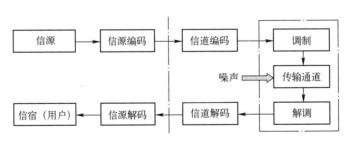

图 9-1 数字传输系统模型

图中的信源编码和信源解码即为本章重点关注的内容，统称为信源编码（点画线以左部分）；而信道编码和信道解码也统称为信道编码。信源编码和信道编码都是信息科学的重要分支。其中，信源编码主要解决有效性问题，通过对信源的压缩、扰乱、加密等一系列处理，力求用最少的数码率传递最大的信息量，使信号更适宜传输和存储；信道编码主要解决可靠性问题，即尽量使处理过的信号在传输的过程中不出错或者少出错，即使出了错也要能自动检错和尽量纠错。因此，从信息论的角度看，信源编码的一个主要目的，就是解决数据压缩的问题，就是以最少的数码表示信源所发的信号，减少容纳给定信息集合或数据采样集合的信号空间。因而在今天，"数据压缩"与"信源编码"已是两个具有相同含义的术语了。而本章所讨论的语音编码是属于信源编码的范畴。

语音编码通常分为三类：波形编码（Waveform Coder）、参数编码（Parametric Coder）与混合编码。波形编码与参数编码的主要区别在于重建的语音时域信号是否在波形上尽量与原始信号一致。波形编码力图使重建后的语音时域信号的波形与原语音信号波形保持一致，它具有适应能力强、语音质量好等优点，但需要用到的编码速率高。这类编码的主要代表就是自适应差分脉冲编码调制（Adaptive Delta Pulse Code Modulation，ADPCM）；参数编码一般称作"声码器技术"。它根据对声音形成机理的分析，在以重建语音信号具有足够的可懂性的原则上，通过建立语音信号的产生模型，提取代表语音信号特征的参数来编码，而不一定在波形上与原始信号匹配。在频域上这一模型就对应为具有一定零极点分布的数字滤波器，编码器需要发送的就是滤波器参数和一些相关的特征值。由于语音是短时平稳的，即短时间内可以认为声音模型的特征是近似于不变的，所以模型特征参数更新的频度较低，这就有效地降低了编码比特率。参数编码的优点是编码速率低，可以低到 2.4 kbit/s 甚至以下。其主要问题是合成语音质量差，特别是自然度较低；另外对说话环境的噪声较敏感，需要较安静的环境才能给出较高的可懂度。共振峰声码器和线性预测声码器都是典型的参数声码器。自从 20 世纪 30 年代末提出脉冲编码调制（PCM）原理以及声码器（Voice coder，Vocoder）的概念后，语音信号编码曾一直沿着这两个方向发展。表 9-1 所示为两类编码方法的特点比较。在此基础上发展起来的结合两类编码方法优点的混合编码（Hybrid Coding）是上述两类方法的有机结合，由于突破了波形编码和参数编码的界限，得到了更广泛的应用。与参数编码相同的是，它也是基于语音产生模型的假定并采用了分析合成技术，但同时它又利用了语音的时间波形信息，增强了重建语音的自然度，使得语音质量有明显的提高，代价是编码速率相应上升，一般在 2.4 ~ 16 kbit/s。如多脉冲激励线性预测编码（Multi-Pulse Excitation LPC，MPLPC）、规则脉冲激励线性预测编码（Regular-Pulse Excitation LPC，RPE-LPC）、码本激励线性预测编码（Code Exited Linear Predictive，CELP）等都属于混合编码。

表 9-1　波形编码与参数编码的比较

	波 形 编 码	参 数 编 码
编码信息	波形	模型参数
比特率	9.6 ~ 64 kbit/s	2.4 ~ 9.6 kbit/s
语音质量评价方法	SNR	谱失真和主观听音
缺点	随着量化粗糙语音质量下降	合成语音质量较低，处理复杂度高

　　语音编码的研究起于 80 年前，主要是由于窄带电话线语音信号传送系统的发展需要。早期的声码器是基于对语音信号基音周期和频谱的分析，通过周期脉冲或随机噪声激励 10 个带通滤波器（表示声道模型）合成语音信号。主要包括通道声码器、共振峰声码器和模式匹配声码器。20 世纪 50 年代后期语音编码研究着重于线性语音源系统的生成模型。这种模型包括一个线性慢时变系统（声道模型）和周期脉冲激励序列（浊音信号）以及随机激励（清音信号）。源系统为一自回归时序模型，声道是全极点滤波器，参数通过线性预测分析得到。除了线性预测模型之外，同态分析也可分离出卷积的信号。同态语音分析最大的优点就是可以从倒谱中得到基音信息。20 世纪六七十年代，由于 VLSI 技术的出现和数字信号处理理论的发展，为语音编码中的问题提供了新的解决方案。语音的分析合成采用了短时傅里叶变换（STFT）、变换编码（TC）和子带编码（SBC）。并且基于线性预测的语音编码技术得到了进一步的发展。目前在通信应用中提出了鲁棒性、低码率和高质量的语音编码要求。这些新的编码技术包括：余弦分析合成技术、多带激励声码器、LPC 中的多脉冲和矢量激励和矢量量化。对 LPC 参数而言，矢量量化是一种非常有效的编码方式。

　　自从 1937 年 A. H. Reeves 提出脉码调制（PCM）以来，开创了语音数字化通信的历程，在 70 多年的时间里，语音编码已取得了迅速的发展。从最早的标准化语音编码系统即速率为 64 kbit/s 的 PCM 波形编码器，到 20 世纪 90 年代中期，速率为 4~8 kbit/s 的波形与参数混合编码器，在语音质量上已接近前者的水平，且已达到实用化阶段。当前的研究主要集中在 4 kbit/s 码率以下的高音质、低延迟的声码器，提高在噪声信道中低码率编码器的性能，并能传输多种信号，包括音频信号。为此在以下方面有较多的研究工作：更为有效的参数量化技术、非线性预测技术、多分辨率时频分析技术和高阶统计量的使用，以及对人耳感知特性的进一步研究和探索等。

9.2　语音编码的评价指标

9.2.1　语音编码的依据

　　将语音信号编码为二进制数字序列，最简单的方法是对其直接进行模/数转换。只要取样率足够高，量化每个样本的比特数足够多，就可以保证解码恢复的语音信号有很好的音质，不会丢失有用信息。然而对语音信号直接数字化所需的数码率太高，例如，普通的电话通信中采用 8 kHz 取样率，如果用 12 bit 进行量化，则数码率为 96 kbit/s。这样大的数码率即使对很大容量的传输信道也是难以承受的，因而必须对语音信号进行压缩编码。对语音信号进行压缩编码的基本依据是语音信号的冗余度和人的听觉感知机理。根据统计分析，语音信号中存在着多种冗余度，这里主要从时域和频域进行描述。

1. 时域冗余度

　　1）幅度非均匀分布。语音中的小幅度样本出现的概率高。又由于通话中自然会有间隙，更出现了大量的低电平样本。因此，实际通话的信号功率电平一般比较低。

　　2）语音信号样本间的相关性很强。语音波形取样数据的最大相关性存在于邻近的样本之间。当取样频率为 8 kHz 时，相邻样值之间的相关系数大于 0.85；甚至在相距 10 个样本之间，相关系数还可能有 0.3 左右。如果采样率提高，样本间的相关性将更强，因而可以利用这种较强的一维相关性进行 N 阶预测编码。

3）浊音语音段具有准周期性。对语音浊音部分编码的最有效的方法之一是对一个音调间隔波形来编码，并以其作为同样声音中其他基音段的模板。

4）声道的形状及其变化比较缓慢。上述样本间、周期间的一些相关性，都是在 $10 \sim 30 \, ms$ 时间间隔内进行统计的所谓短时自相关。如果在较长的时间间隔（比如几十秒）进行统计，便得到长时自相关函数。对长时自相关函数统计表明，$8 \, kHz$ 取样语音的相邻样本间，平均相关系数高达 0.9。

5）静止系数（语音间隙）。两个人之间打电话时，每人的讲话时间为通话总时间的一半，另一半听对方讲。听的时候一般不讲话，即使在讲的时候，也会出现字、词、句之间的停顿。通话分析表明，语音间隙使得全双工话路的典型效率约为通话时间的 40%（或静止系数为 0.6）。显然，语音间隙本身就是一种冗余，若能正确监测（或预测）出静止段，便可"插空"传输更多的信息。

2. 频域冗余度

1）非均匀的长时功率谱密度。相当长的时段内统计平均可得到长时功率谱密度，典型曲线如图 9-2a 所示。不难看出，其功率谱密度呈现强烈的非平坦性。从统计的观点看，这意味着没有充分利用给定的频段，或者说存在着固定的冗余度。特别如图 9-2a 所示，功率谱的高频能量较低，这恰好对应于时域上相邻样本间的相关性。同时，由图可知，信号的直流分量能量并非是最大的。

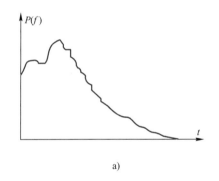 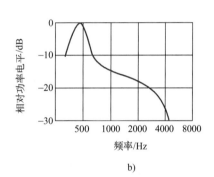

图 9-2 语音信号的功率谱密度函数
a) 长时功率谱 b) 短时功率谱

2）语音特有的短时功率谱密度。如图 9-2b 所示，语音信号的短时功率谱，在某些频率上出现峰值，在另一些频率上出现谷值。峰值频率是能量较大的频率，通常称为共振峰频率。共振峰频率通常不止一个，最主要的是前三个，是重要的语音特征。另外，整个功率谱随着频率增加而递减，并以基音频率为基础，形成高次谐波结构。

语音编码的第二个依据是利用人类听觉的某些特点，即人的听觉感知机理。人的听觉生理和心理特性对于语音感知的影响主要表现在以下几方面：

① 人耳掩蔽效应。听觉掩蔽曲线是随不同声压、不同频率声音的影响而变化的曲线。听觉掩蔽的特点是一个单音的声级越高，对其周围频率声音的掩蔽作用越强。掩蔽效应可抑制与信号同时存在的量化噪声。

② 人耳对不同频段声音的敏感程度不同。人耳可听到的最低声压级与声音频率的关系是非均匀的，在 1 kHz 左右音频的可闻阈最低，而 40 Hz 以下的低频和 16 kHz 以上的高频可闻阈最高。因为浊音的周期和共振峰都集中在低频段，因此人耳对该频端比较敏感，而对高频端不太敏感。这造成强的低频音能掩蔽同时存在的高频音。

③ 人耳对语音信号的相位变化不敏感。人耳对信号的周期性表现在人耳对音调很敏感但对信号的相位感知却不敏感。因此，人耳听不到的或感知很不灵敏的声音分量都可视为冗余信号。

语音信号的冗余度和人的听觉感知机理使语音压缩编码成为可能。那么，语音信号压缩编码的潜力究竟有多大，其极限码速为多少？从信息论角度来估计，语音中最基本的元素是音素，个数有 128~256 个。如果按通常的说话速度来计算，每秒平均发出 10 个音素，则此时的信息率为

$$I = \log_2 (256)^{10}\, \text{bit/s} = 80\, \text{bit/s} \tag{9-1}$$

此外，如果把发音看成是以语音速率来发报文，则对英语来讲，每一个字母为 7 位，即 7 bit。那么，按照通信语音速率计算，即每分钟 125 个英语单字，则信息率为

$$I = 7 \times 7 \times \frac{125}{60}\, \text{bit/s} \approx 100\, \text{bit/s} \tag{9-2}$$

所以，理论上语音压缩编码的极限速率为 80~100 bit/s。当然，此时只能传送句子内容，至于讲话者的音质、音调等重要信息已全部丢失。可是，从标准编码速率（64 kbit/s）到极限速率（80~100 bit/s）之间存在着很大的跨距（约 640 倍），这对于理论研究和工程实践都有着极大的吸引力。

9.2.2 语音编码系统的评价标准

语音编码研究的主要问题是如何在给定的编码速率下获得尽可能好的高质量语音，同时减小编码的延时及算法的复杂度。由此可知，编码系统的性能可从编码速率、重建语音质量、算法的复杂度、编码延迟、算法对信道误码和干扰的鲁棒性等几个方面来找到一个较优的方案。因此，衡量一种语音编码算法的主要指标包括：编码速率、语音质量、顽健性、计算复杂度和算法的可扩展性等。在语音通信系统中，指标还包括编解码时延和误码容限等。

1）编码速率又称为比特率，是指一个编码器的信息速率。通常情况下，语音码率的定义如下：①中码率（Medium-Rate） 8~16 kbit/s；②低码率（Low-Rate） 2.4~8 kbit/s；③超低码率（Very-Low-Rate） <2.4 kbit/s。一般而言，低码率高质量的编码算法复杂度较高，延迟也就更大。在语音通信系统中，编码速率决定编码器工作时占用的信道带宽。低速率编码可以占用少的信道带宽。此外，为了提高信道利用效率，也可以采用一些特殊技术，如语音插空技术，它利用语音信号之间的自然停顿传送另一路语音或数据。

2）编码器的顽健性，是通过取多种不同来源的语音信号（不同类型的发音人的语音、各种背景噪声下的语音、用各种麦克风或不同频响的放大器录制的语音、非语音声音等）进行编码解码，并对输出语音质量比较测试得到的一种指标。

3）编码器时延一般用单次编码所需时间来表示。在实时语音通信系统中，语音编解码时延对系统通信质量有很大的影响。

4）误码容限，即通常要求编码器在 1% 的误码率下仍能提供可用的输出语音。

5）算法的复杂度，包括运算复杂度和内存要求。它们影响算法硬件实现的成本，是影响算法推广应用的一个不容忽视的因素。运算复杂度通常使用 MIPS（Million Instructions Per Second）来衡量，即用处理每一秒信号所需的数字信号处理器指令条数；内存用 B 或 KB 来衡量。

6）算法可扩展性，是指一种编码算法不仅能解决当前的实际应用，而且可以兼顾将来的发展，即当运算器件性能增强时，只需对算法稍加修改就可获得更高的语音质量。

总体来说，一个理想的语音编码器应该是低速率、高语音质量、低延时、高误码容限、低复杂度并具有良好的顽健性和算法可扩展性。由于这些指标之间存在着相互制约的关系，实际的编码器都是这些指标的折中。然而，正是这些相互矛盾的要求推动了语音编码技术的发展。目前，随着高速数字处理器件性能价格比的不断提高，计算复杂度的矛盾不再突出，算法的顽健性、误码容限、音频转接能力和合成语音音质等反而成为当前低速率语音编码技术研究的主要矛盾。

除了上述客观指标外，语音质量是衡量语音编解码技术的关键指标。在数字通信系统中，语音质量通常分为四类：①广播级（Broadcast）　宽带高音质语音信号，码率 64 kbit/s 以上；②网络或电话级（Network or Toll）　语音质量与模拟语音信号相当（带宽为 200 ~ 3200 Hz），码率 16 bit/s 以上；③通信级　语音质量有所下降，但有较高的自然度和话者识别度，码率 4.8 bit/s 以上；④合成级（Synthetic）　能保证一定的语音质量，但自然度和话者识别度下降。通常，语音质量的评价标准可分为两大类：主观测量（Subjective Measures）和客观测量（Objective Measures）。前者是建立在人的主观感受上的；而后者主要包括一些客观的物理量，如信噪比等。

1. 主观评价

语音主观评价方法种类很多，主要指标包括清晰度或可懂度（Intelligibility）评价和音质（Quality）评价两类。清晰度和可懂度都是指输出的语音是否容易听清楚。清晰度一般是针对音节以下（如音素、声母、韵母）语音测试单元，可懂度则是针对音节以上（如词、句）语音测试单元的；音质则是指语音听起来的自然度。前者是衡量语音中的字、单词和句的可懂程度，而后者则是对讲话人的辨识水平。这两种不是完全独立的两个概念。一个编码器有可能生成高清晰度的语音但音质很差，声音听起来就像是机器发声的，无法辨别出说话者。当然，一个不清晰的语音是不可能成为高音质的。此外，很悦耳的声音也有可能听起来很模糊。

无论哪种主观测试都是建立在人的感觉基础上的，测试结果很可能因人而异。因此，主观测试的方案设计必须十分周密。同时，为了消除个体的差异性，测试环境应尽可能相同，测试语音的样本也要尽量丰富。每种语音的测试都必须仔细地选择发音，以保证所选的样本具有代表性，同时还要保证能够覆盖各种类型的语音。例如，有的编码器在浊音的处理上比较好，但重建的清音则太模糊；而有的编码器则在低频段的性能优于高频段。所以，在选择测试者时，就不仅应该包括女声、男声，同时还应根据年龄（包括老人、青年和儿童）选择不同语音。

（1）可懂度评价（Diagnostic Rhyme Test，DRT）

DRT 是衡量通信系统可懂度的 ANSI 标准之一，它主要用于低速率语音编码的质量测试。这种测试方法使用若干对（通常 96 对）同韵母单字或单音节词进行测试，例如中文的"为"和"费"，英文的"veal"和"feel"等。测试中，评听人每次听一对韵字中的某个音，然后判断所听到的音是哪个字，全体评听人判断正确的百分比就是 DRT 得分。通常认为 DRT 为 95% 以上时清晰度为优，85%～94% 为良，75%～84% 为中，65%～74% 为差，而65% 以下为不可接受。在实际通信中，清晰度为 50% 时，整句的可懂度大约为 80%，这是因为整句中具有较高的冗余度，即使个别字听不清楚，人们也能理解整句话的意思。当清晰度为 90% 时，整句话的可懂度已经接近 100%。

在 DRT 测试中，一个重要问题是发音者。众所周知，男性和女性的发音是不同的，一般来说后者要清晰一些。此外，从实际耗费的角度出发，发音者不能太多。根据经验，一般情况下，DRT 测试要求三位男性和三位女性。现在国外著名的 Dynastant 公司专门从事语音测试，英语测试中最常用的 96 对测试表就是由该公司提出的。由专业公司测试的好处就在于他们能够提供经过训练的专业测试者，专业的测试环境，从而获得较为准确和公正的测试结果。

应该注意的是，DRT 也有局限性，因为其只测试第一辅音，并且每次的选择只有两个。在这种情况下，Dynastant 公司提出了更为复杂的改进型韵字测试（Modified Rhyme Test，MRT）。MRT 的基本测试方法和 DRT 一样，但是其测试语音样本中，不同的辅音不仅可能出现在第一位，也可能在最后一个，而且，每次的选择增加到 6 个。

（2）音质评价

1）平均意见得分（Mean Opinion Score，MOS）。MOS 得分法是从绝对等级评价法发展而来的，用于对语音整体满意度或语音通信系统质量进行评价。MOS 得分法一般采用 5 级评分标准，包括优、良、中、差和劣。参加测试的评听人在听完受测语音后，从这 5 个等级中选择一级作为所测语音的 MOS 得分。由于主观上和客观上的种种原因，每次测试得到的MOS 得分大都会有波动，为了减小波动的方差，除了参加测试的评听人要足够多之外（一般至少 40 人），所测语音材料也应足够丰富，测试环境也要尽量保持相同。在数字通信系统中，通常认为 MOS 得分在 4.0～4.5 分为高质量数字化语音，达到长途电话网的质量要求，接近于透明信道编码。MOS 得分在3.5 左右称作通信质量，此时重建语音质量下降，但不妨碍正常通话，可以满足语音系统使用要求。MOS 得分在 3.0 以下常称合成语音质量，它一般具有足够的可懂度，但自然度和讲话人的确认等方面不够好。表 9-2表示 MOS 分制的评分标准。图 9-3 给出了三类语音编码方法的比特率与 MOS 分值的曲

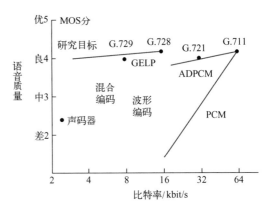

图 9-3　三类语音编码方法的 MOS 分比较

线。极好的语音音质表示编码信号与原始语音相近，没有感知噪声；相反，极差音质表示有非常厌烦的噪声且编码信号有人为噪声。

表 9-2 MOS 分制的评分标准

得　　分	质 量 级 别	失 真 级 别
5	优（excellent）	不察觉
4	良（good）	刚有察觉
3	中（fair）	有察觉且稍觉可厌
2	差（poor）	明显察觉且可厌但可忍受
1	劣（bad）	不可忍受

2）判断满意度测量（Diagnostic Acceptability Measure，DAM）。DAM 方法是由 Dynastant 公司推出的一种评价语音通信系统和通信连接的主观语音质量和满意度的评测方法，其将直接途径与间接途径结合在一起进行主观质量评价。评听人既有机会表达个人主观喜好，又能依标准对每项指标进行评测。另外，DAM 方法要求评听人分别对语音样本本身、背景和其他因素进行评价。一个评听人可将评价过程划分为 21 个等级，其中 10 个等级是信号的感觉质量，8 个等级是背景情况，另外 3 级是可懂度、清晰度和总体满意度。总之，DAM 是对话音质量的综合评价，是在多种条件下对话音质量可接受程度的一种度量，以百分比评分。

需要强调的是，无论哪种主观测试，都需要遵循三个原则：第一，要保证足够的说话者，要求他（她）们的声音特征非常丰富，能够代表实际用户中的绝大部分；第二，要求有足够多的数据。理论上，人数和数据越多越好，可以用方差作为判断样本数的尺度；第三，对于大部分编码器来说，清晰度和品质测试应该都做。但很悦耳的质量较好的语音也可以不做清晰度测试。

2. 客观评价

针对主观评价方法的不足，基于客观测度的语音客观评价方法相继被提出。客观评价必然要借鉴主观评价的那种高度智能和人性化的过程，但是不可能找到一个绝对完善的测度和十分理想的测试方法，只能尽量利用所获信息做出基本正确的评价。一般地，一种客观测度的优劣取决于它与主观评价结果的统计意义上的相关程度。目前所用的客观测度分为时域测度、频域测度和在两者基础上发展起来的其他测度。

时域测度定义为被测系统的输入语音与输出语音在时域波形比较上的失真度。信噪比（SNR）是一种最简单的时域客观评价失真测度。通常有合成语音信噪比、加权信噪比、平均分段信噪比等。较常用的信噪比表达式为

$$\text{SNR} = 10 * \lg \left\{ \frac{\sum\limits_{n=0}^{M} s(n)^2}{\sum\limits_{n=0}^{M} (s(n) - \hat{s}(n))^2} \right\} \tag{9-3}$$

式中，$s(n)$ 为原始语音信号；$\hat{s}(n)$ 为编码后的信号。SNR 是对长时语音重建准确性的一个度量，因此它掩盖了瞬时重建噪声，尤其对低能量信号而言。瞬时性能的变化可用短时信噪比（Short-Time Signal-Noise Ratio，STSNR）来表示，常用的参数为分块信噪比。当语音信号分为 L 块，每块 M 帧时，其分块信噪比的表示为

$$SEGSNR = \frac{10}{L} \sum_{i=0}^{L-1} \lg \left\{ \frac{\sum_{n=0}^{M} s(i*M+n)^2}{\sum_{n=0}^{M} (s(i*M+n) - \hat{s}(i*M+n))^2} \right\} \tag{9-4}$$

频域测度就是谱失真测度，如对数谱距离测度、LPC 倒谱距离测度、巴克谱测度等都是经常用于语音质量客观评价的几种重要方法。在这类测度中，测度计算结果取值越小，说明失真语音与原始语音越接近，即语音质量越好。

客观评价方法的特点是计算简单，缺点是客观参数对增益和延迟都比较敏感，而且最重要的是，客观参数没有考虑人耳的听觉特性，因此客观评定方法主要适用于速率较高的波形编码类型的算法。而对于低于 16 kbit/s 的语音编码质量的评价通常采用主观评价的方法，因为主观评价方法符合人类听话时对语音质量的感觉，因此主观评价参数就显得非常重要，特别是许多低码率算法都是基于人耳的感知标准设计的，故而应用较广。总结起来，语音主观评价和客观评价各有其优缺点。通常这两种方法应该结合起来使用。一般的原则是，客观评价用于系统的设计阶段，以提供参数调整方面的信息，主观评价用于实际听觉效果的检验。

目前，语音编码的国际标准包括：①CCITT（国际电报电话咨询委员会）于 1972 年首先制定了称为 G.711 的 64 kbit/s PCM 语音编码标准；②CCITT 在 20 世纪 80 年代初着手研究低于 64 kbit/s 的非 PCM 编码算法，并于 1984 年通过了 32 kbit/s ADPCM 的 G.721 建议；③1992 年公布 16 kbit/s 低迟延码激励线性预测（LD-CELP）的 G.728 建议；④共轭代数码激励线性预测（CS-ACELP）的 8 kbit/s 语音编码 G.729 建议在 1995 年 11 月 ITU-TSG15 全会通过，并于 1996 年 6 月通过 G.729 附件，正式成为国际电信标准。

表 9-3 给出了国际电信联盟 ITU-T（也就是后来的 CCITT）以及其他机构制定的一些语音编码国际标准的基本情况。表 9-4 给出了 G.723.1、G.729 和 G.729A 国际标准的复杂度的数值（取自 TMS320VC549 的数据，仅作参考）。

表 9-3　国际电信联盟及其他机构制定的一些语音编码国际标准基本情况

编码速率 kbit/s	编码算法	标　准	类　型	主要用途
64	μ/A 律 PCM	CCITT G.711	波形编码	长途电话网、视频会议、无绳电话、分组交换网、语音存储
64/56/48	SB+ADPCM	CCITT G.722	波形子带编码	
40/32/24/16	ADPCM	CCITT G.721，G.723，G.726，G.727	波形编码	
16	LD-CELP	CCITT G.728	混合编码	
13	RPE-LTP	ETSI GSM 07.10	混合编码	数字蜂窝系统移动卫星通信系统语音存储
12.2	ACELP	ETSI GSM 07.60	混合编码	
12.2/10.2/7.95 7.40/7.70/5.90 5.15/4.75	ACELP/VCELP	3GPP（AMR）27.090	混合编码	
8（7.95）	VCELP	TIA　IS-54	混合编码	

（续）

编码速率 kbit/s	编码算法	标　　准	类　　型	主要用途
8/4/2/0.8	QCELP	TIA　IS-96	混合编码	
13.3/7.2/2.7	QCELP	TIA　IS-733	混合编码	
8/4/0.8	RCELP	TIA　IS-127	混合编码	
7.7	VCELP	JDC 全速率	混合编码	
5.6	VCELP	ETSI GSM　07.20	混合编码	
5.3/7.3	CELP	ITU-T G.723.1	混合编码	分组交换网关
8	CS-ACELP	ITU-T G.729	混合编码	
2.4	LPC-10/LPC-10e	NSA　FS1015	参数编码	保密电话
2.4	MELP			

表 9-4　复杂度的对比

语音压缩协议	速率 kbit/s	编码复杂度/MIPS	解码复杂度/MIPS
G.723.1 MP-MLQ/ACELP	5.3/7.3	16	1.4
G.729 CS-ACELP	8	20.5	3.4
G.729A	8	9.05	2.17

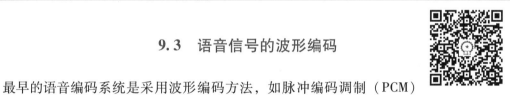

9.3　语音信号的波形编码

最早的语音编码系统是采用波形编码方法，如脉冲编码调制（PCM）等，这是一种基于语音信号波形的编码方式，也叫非参数编码，其目的是力图使重建的语音波形保持原语音信号的形状。这种编码器是把语音信号当成一般的波形信号来处理，它的优点是具有较强的适应能力，有较好的合成语音质量，然而编码速率高，编码效率低。脉冲编码调制（PCM）、自适应增量调制（Adaptive Delta Modulation，ADM）、自适应差分脉冲编码调制（ADPCM）、子带编码（Sub-Band Coding，SBC）、变换域（Transform Coding，TC）编码等都是属于波形编码。当编码速率为 64~16 kbit/s 时，波形编码方法有较高的编码质量，但当编码速率下降时，其合成语音质量会下降得很快。

9.3.1　脉冲编码调制

1937 年，A.H.Reeves 提出的脉冲编码调制（PCM）开创了语音数字化通信的历程。直至今日，64 kbit/s 标准的 PCM 系统仍占有重要地位。PCM 是最简单的波形编码形式，它直接把语音信号进行采样量化，表示成二进制数字信号，并通过并-串转换过程转换成串行的脉冲，并用脉冲对采样幅度进行编码，以便于传输和存储，故称为脉冲编码调制。由于没有利用语音信号的冗余度，PCM 编码效率很低。一般来说，PCM 有均匀 PCM、非均匀 PCM 和自适应 PCM 几种形式。

1. 均匀 PCM

波形编码方式最简单的形式是均匀 PCM。不论信号幅度的大小，它都采用同等的量化阶距进行量化，即采用均匀量化。均匀 PCM 作为一种语音信号的模/数转换（A/D 转换）技术与通常的 A/D 转换是完全相同的。这种方式完全没有利用语音的性质，所以信号没有得到压缩。

语音是非平稳随机信号，电话语音电平变化超过 40 dB。对小信号电平输入，信噪比（SNR）应保证 20~30 dB，即最大信噪比应需 60~70 dB。对于均匀量化，假设量化误差 $e(k)$ 在各个量化间隔 Δ 的区间里均匀分布，则信号对量化噪声的信噪比可近似写为

$$SNR(dB) = 6.02B - 7.2 \tag{9-5}$$

其中，B 为量化器字长。

由式（9-5）知，信噪比取决于量化字长。当要求 60 dB 的 SNR 时，B 至少应取 11。此时，对于带宽为 4 kHz 的电话语音信号，若采样率为 8 kHz，则 PCM 要求的速率为 8×11 kbit/s= 88 kbit/s。这样高的比特率是无法承受的，因而必须采用具有更高性能的编码方法。

2. 非均匀 PCM

均匀量化的缺点就是不论语音信号的幅度大小，量化阶距保持不变。因此在信号动态范围较大而方差较小时，其信噪比下降明显。根据语音信号概率密度可知，语音信号是大量集中在低幅度上的。因此，采用量化阶距变化的非均匀量化可以弥补均匀量化的缺点。非均匀量化在输入为低电平时量化阶距小，而高电平时量化阶距大。也就是说，信号概率密度大的区间，量化间隔应该小些；反之，信号概率密度小的区间，量化间隔应该大些。因此，非均匀量化的基本思想是对大幅度的样本使用大的 Δ，对小幅度的样本使用小的 Δ，在接收端按此还原。图 9-4 给出了几种均匀和非均匀量化器输入输出特性比较。

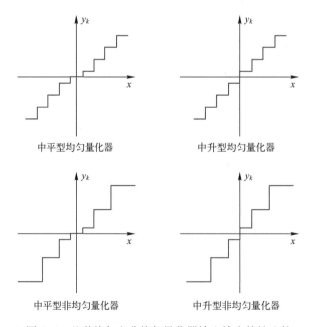

图 9-4　几种均匀和非均匀量化器输入输出特性比较

非均匀量化也可看作是将信号进行非线性变换后再作均匀量化，而非线性变换后的信号应具有均匀的（矩形）概率密度分布。通常，电话系统中使用的编码就是利用语音信号幅

度的统计特性，对幅度按对数变换压缩，将压缩后的信号作 PCM 编码，因此称为对数 PCM。当然，译码端需要按指数进行解码。因为语音信号的幅度近似为指数分布，因此进行对数变换之后，在各量化间隔内出现的概率相同，从而得到最大的信噪比。该技术称为压缩-扩张技术，其基本框图如图 9-5 所示。图 9-6 为非线性压缩示意图。

图 9-5　采用非线性压缩扩张的非均匀量化器

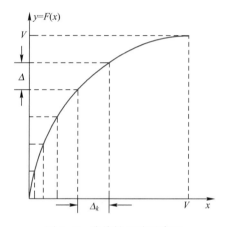

图 9-6　非线性压缩示意图

非均匀 PCM 一般采用两种压缩扩张非均匀量化方法：A 律压缩扩张技术和 μ 律压缩扩张技术。其中，μ 律 PCM 主要在北美和日本使用，A 律 PCM 用于其他国家和地区。在美国，7 位 μ 律 PCM 一般已被接受为长途电话质量的标准。设 $x(n)$ 为语音波形的取样值，则 μ 律压缩的定义为

$$F[x(n)] = X_{\max} \frac{\ln\left[1+\mu\dfrac{|x(n)|}{X_{\max}}\right]}{\ln(1+\mu)} \mathrm{sgn}[x(n)] \tag{9-6}$$

式中，$X_{\max}$ 是 $x(n)$ 的最大幅度；μ 是表示压缩程度的参量，$\mu=0$ 表示没有压缩，μ 越大压缩率越高，故称之为 μ 律压缩。通常 μ 在 100~500 取值。当 $\mu=255$ 时，可以对电话质量语音进行编码，解码后的音质与 12 位均匀量化的音质相当。

我国则采用 A 律压缩，其压缩公式为

$$F[x(n)] = \begin{cases} \dfrac{A|x(n)|/X_{\max}}{1+\ln A}\mathrm{sgn}[x(n)] & \left(0\leqslant\dfrac{|x(n)|}{X_{\max}}<\dfrac{1}{A}\right) \\[4mm] X_{\max}\dfrac{1+\ln[A|x(n)|/X_{\max}]}{1+\ln A}\mathrm{sgn}[x(n)] & \left(\dfrac{1}{A}\leqslant\dfrac{|x(n)|}{X_{\max}}\leqslant1\right) \end{cases} \tag{9-7}$$

图 9-7 给出了 μ 律和 A 律压缩输入输出特性图。

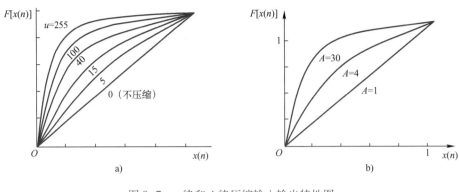

图 9-7 μ 律和 A 律压缩输入输出特性图

a）μ 律压缩特性 b）A 律压缩特性

3. 自适应 PCM（APCM）

PCM 在量化间隔上存在着矛盾：为适应大的幅值要用大的量化间隔 Δ，但为了提高信噪比又希望用小的量化间隔 Δ。前面介绍的两种 PCM 编码都有一个共同的特点，就是量化器一旦确定以后，量化间隔就固定下来，不随输入语音信号的幅度变化而变化。而自适应 PCM（Adaptive PCM，APCM）使量化器的特性自适应于输入信号的幅值变化，也就是量化间隔 Δ 匹配于输入信号的方差值，或使量化器的增益 G 随着幅值而变化，从而使量化前信号的能量为恒定值。图 9-8 为这两种自适应方法的原理图。

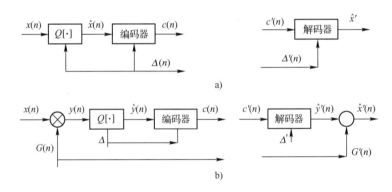

图 9-8 两种自适应方法的原理图

a）Δ 匹配自适应 b）G 匹配自适应

如果按自适应参数 $\Delta(n)$ 或 $G(n)$ 的来源划分，自适应量化又分为前馈自适应和反馈自适应两种。前馈自适应是指 $\Delta(n)$ 或 $G(n)$ 是通过对输入信号估计得到的，而反馈自适应是由估计量化器的输出 $\hat{x}(n)$ 或编码器的输出 $c(n)$ 而得到的。图 9-9 以 $\Delta(n)$ 为例给出了这两种系统框图。

前馈自适应是计算信号有效值并决定最合适的量化间隔，用此量化间隔控制量化器 $Q[\cdot]$，并将量化间隔信息发送给接收端；而反馈自适应是由编码器输出 $c(n)$ 来决定量化间隔 $\Delta(n)$，而在接收端由量化传输来的幅度信息自动生成量化间隔。显然，反馈与前馈相比的优点是无须将 Δ 传送到信道中去，但对误差的灵敏度较高。通常，采用了自适应技术之后可得到 4~6 dB 的编码增益。

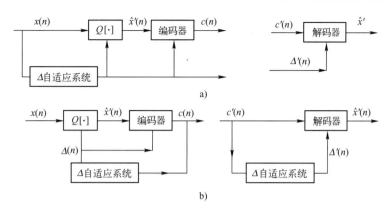

图 9-9 Δ 匹配的前馈和反馈自适应系统框图

a）前馈自适应 b）反馈自适应

不论前馈自适应还是反馈自适应，其参数 $\Delta(n)$ 或 $G(n)$ 均由下式产生：

$$\Delta(n) = \Delta_0 * \sigma(n)$$
$$G(n) = G_0 / \sigma(n) \tag{9-8}$$

即 $\Delta(n)$ 正比于方差 $\sigma(n)$，而 $G(n)$ 反比于 $\sigma(n)$。同时，$\sigma(n)$ 正比于信号的短时能量，即

$$\sigma^2(n) = \sum_{m=-\infty}^{\infty} x^2(m) h(n-m) \tag{9-9}$$

或

$$\sigma^2(n) = \sum_{m=-\infty}^{\infty} c^2(m) h(n-m) \tag{9-10}$$

式中，$h(n)$ 就是短时能量定义中的低通滤波器的单位函数响应。

9.3.2 自适应预测编码

利用线性预测可以改进编码中的量化器性能。因为预测误差 $e(n)$ 的动态范围和平均能量均比输入信号 $x(n)$ 小，如果对 $e(n)$ 进行量化和编码，则量化 bit 数将减少。在接收端，只要使用与发送端相同的预测器，就可恢复原信号 $x(n)$。基于这种原理的编码方式称为预测编码（Predictive Coding，PC）；当预测系数是自适应随语音信号变化时，又称为自适应预测编码（Adaptive PC，APC）。图 9-10 为一个基本的 APC 系统。

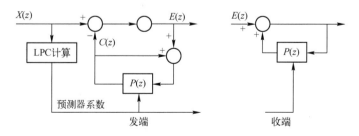

图 9-10 一个基本的 APC 系统

语音数据流一般分为 10~20 ms 相继的帧，而预测器系数（或其等效参数）则与预测误差一起传输。在接收端，用由预测器系数控制的逆滤波器再现语音。采用自适应技术后，预

测器 $P(z)$ 要自适应变化，以便与信号匹配。预测编码的优点之一是能够改善信噪比。

根据信号量化噪声比的定义有

$$\text{SNR} = \frac{E[s^2(n)]}{E[q^2(n)]} = \frac{E[s^2(n)]}{E[e^2(n)]} * \frac{E[e^2(n)]}{E[q^2(n)]} \tag{9-11}$$

式中，$E[s^2(n)]$、$E[e^2(n)]$ 和 $E[q^2(n)]$ 分别为信号、预测误差和量化噪声的平均能量。很明显，$E[s^2(n)]/E[q^2(n)]$ 是由量化器决定的信噪比，而 $G_p = E[s^2(n)]/E[e^2(n)]$ 反映了线性预测带来的增益，称为预测增益。由式（9-11）可知，由于引入了线性预测，SNR 将得到改善。

正如在前面介绍的那样，语音信号中存在两种类型的相关性，即在样点之间的短时相关性和相邻基音周期之间的长时相关性。因为浊音信号具有准周期性，所以相邻周期的样本之间具有很大的相关性。因而在进行相邻样本之间的预测之后，预测误差序列仍然保持这种准周期性，为此，可以通过再次预测的方法来压缩比特率，即根据前面预测误差中的脉冲消除基音的周期性，这种预测称为基于基音周期的预测。相邻样本之间的预测利用了相邻的样本值，所以称为"短时预测"，它实际上是频谱包络的预测；而为了区别于短时预测，将基于基音周期的预测称为"长时预测"，它实际上是基于频谱细微结构的预测。

利用线性预测对语音进行这两种相关性的去相关处理后，得到的是预测余量信号。如果用预测余量信号作为激励信号源，输入长时预测滤波器，再将其输出作为短时预测滤波器的输入，即可在输出端得到解码后的合成语音信号。

预测编码系统中，输出和输入语音之间存在误差，这种误差是由量化引起的，所以也被称为量化噪声。量化噪声的谱一般是平坦的。预测器预测系数是按均方误差最小准则来确定的，但均方误差最小并不等于人耳感觉到的噪声最小。由于听觉的掩蔽效应，对噪声主观上的感觉，还取决于噪声的频谱包络形状。通过对噪声频谱整形可使其变得不易被察觉，如果能使噪声谱随语音频谱的包络变化，则语音共振峰的频率成分就必然会掩盖量化噪声。

虽然采用了线性预测、自适应量化和噪声抑制等手段，使 APC 系统稍微变得复杂，但是，实验表明该系统在 16 kbit/s 时可得到与 7 bit 的对数 PCM 同等的语音质量（35 dB 信噪比）。

9.3.3 自适应增量调制和自适应差分脉冲编码调制

1. 增量调制（DM）及自适应增量调制（ADM）

（1）增量调制

增量调制（Delta modulation，DM 或 ΔM）是对语音信号的信息用最低限度的一位来表示的方法。在这种调制方式中，首先判别下一个语音信号值比当前的信号值高还是低，如果高则给定编码"1"；如果低则给定为"0"。

DM 的基本方案如图 9-11 所示。如果差值为正，即下一个语音信号值比当前的信号值高，则量化器输出为 1；如果差值为负，即下一个语音信号值比现在的信号值低，则量化器输出为 0。在接收端，用接收的脉冲串控制，信号就可以用上升下降的阶梯波形来逼近。

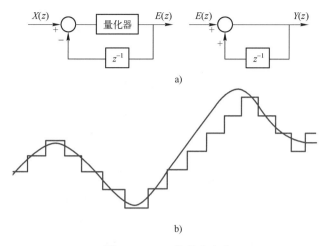

图 9-11　DM 的基本方案

a）DM 的系统框图　b）输入信号和输出信号波形图

在 DM 中，与量化阶梯 Δ 相比，当语音波形幅度发生急剧变化时，译码波形不能充分跟踪这种急剧的变化而必然产生失真，这称为斜率过载。相反地，在没有输入语音的无声状态时，或者是信号幅度为固定值时，量化输出将呈现 0、1 交替的序列，而译码后的波形只是 Δ 的重复增减。这种噪声称为颗粒噪声，它给人以粗糙的噪声感觉。图 9-12 为这两种噪声的形式。

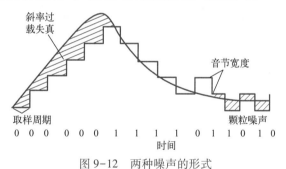

图 9-12　两种噪声的形式

在 DM 中，对于电话频带的语音波形，为了确保高质量，取样率要求在 200 kHz 以上。同时，由于使用固定的增量单元 Δ，不能适应信号的快慢变化，大约只有 6 dB 的增益。

（2）自适应增量调制

一般情况下，人的感觉上不容易觉察过载噪声，而粒状噪声在整个频谱上都产生影响，所以对音质影响比较大。为此有必要将 Δ 的幅值与实际的语音信号比较，使其取得足够小。但是如果步进幅值 Δ 取得小，那么过载噪声就会增大，因此必须增加采样频率，以减小各个采样值之间的语音信号变化。但是，如果提高采样频率，那么信息压缩的效果就会降低。因此，必须谨慎地选择采样频率和 Δ 幅值，需按均方量化误差为最小（两种失真均减至最小）来选择 Δ。采用随输入波形自适应地改变 Δ 大小的自适应编码方式，使 Δ 值随信号平均斜率而变化：斜率大时，Δ 自动增大；反之则减小。这就是自适应增量调制（Adaptive DM，ADM），其基本原理是：在语音信号的幅值变化不太大的区间内，取小的 Δ 值来抑制粒状噪声；在幅值变化大的地方，取大的 Δ 值来减小过载噪声。其增量幅度的确定方法为，首先在粒状噪声不产生大的影响的前提下，确定最小的 Δ 幅值。在同样的符号持续产生的情况下，将 Δ 幅值增加到原来的 2 倍。即像 $+\Delta$, $+\Delta$ 样持续增加时，如果下一个残差信号还是相同的符号，那么将 Δ 幅值增加一倍，如此下去，并且确定好某一最大的 Δ 幅值的上限，只要在这个最大的 Δ 幅值以内同样的符号持续产生，就将 Δ 幅值继续增加下去。如果相反，残差信号值为异号时，就将前面的幅值 Δ 设为原来的 1/2，重新以 $\Delta/2$ 为幅值。也就是说，如果同样的符号持续产生两次以上，在第三次时就将 Δ 幅值增加一倍，如果产生异号，将 Δ 幅值减小 1/2。当异号持续产生而减小 Δ 幅值时，一直减小到以最初确定的最小的 Δ 幅值为下限为止。引入自适应技术后，ADM 大约可增多 10 dB 的增益。试验表明，取样率为 56 kHz 的 ADM 具有与取样率为 8 kHz 时的 7 bit 对数 PCM 相同的语音质量。

2. 自适应差分脉冲编码调制（ADPCM）

DM 编码是一位编码，因此要产生优质的语音信号就必须以高频进行采样。为此，通过不限于一位码，而对两个采样之间的差分信号采用多位量化进行编码，就可以有效地进行编码分配。这种编码称为差分脉冲编码调制（Differential PCM，DPCM），即将 DM 方式中的一位量化改为多位量化。因为差分信号比原语音信号的动态范围和平均能量都小，因此对相邻样本间的差信号（差分）进行编码，可获得信息量的压缩，从而大大降低信道负载。

DPCM 实质上是预测编码 APC 的一种特殊情况，是最简单的一阶线性预测，即

$$A(z) = 1 - a_1 z^{-1} \tag{9-12}$$

当 $a_1 = 1$ 时，被量化的编码是 $d(n) = x(n) - x(n-1)$。DPCM 的结构框图如图 9-13 所示。

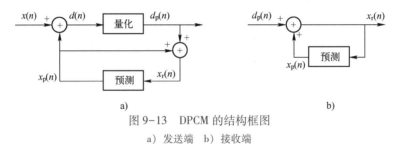

图 9-13　DPCM 的结构框图

a）发送端　b）接收端

图中，$x(n)$ 是输入语音信号，$x_r(n)$ 是重建的语音信号，$x_p(n)$ 是预测信号，$d(n)$ 是预测误差信号，或称作余量信号。此处的预测器是固定预测器，其预测系数是根据长时统计参数求出的，尽管总的预测增益大于 1，但同语音短时段不匹配，使得一些段的预测增益比较小，甚至小于 1。并且，由于 a_1 是固定的，显然它不可能对所有讲话者和所有语音内容都是最佳的，如果采用高阶（$p>1$）的固定预测，改善效果并不明显。

相对来说，比较好的改善方法是高阶自适应预测。采用自适应量化及高阶自适应预测的 DPCM 被称为自适应差分脉冲编码调制（Adaptive DPCM，ADPCM）。ADPCM 本质上也是一种 APC。但通常的 APC 指的是包含短时预测、长时预测及噪声谱整形的系统，而 ADPCM 是只包括短时预测的编码系统。实践表明，DPCM 可获得约 10 dB 的信噪比增益，而 ADPCM 可获得更好的效果（大约 14 dB）。

因为自适应预测器随着语音特性变化而不断更新预测系数，因此能够获得更高的预测增益。自适应预测器通常采用后向自适应预测（APB）结构，其结构框图如图 9-14 所示。一般采用 Widrow 提出的序贯随机梯度算法来计算 APB 系数，此时，对于 N 阶全极点预测器，其 $(n+1)$ 时刻的预测系数由下式获得：

$$a_i(n+1) = a_i(n) + \Delta_i(n) e_q(n) x_r(n-i), \quad i = 1, 2, \cdots, N \tag{9-13}$$

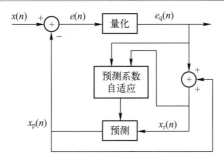

图 9-14　后向自适应预测结构框图

式中，$\Delta_i(n)>0$ 称为梯度调整步长，其决定系数自适应速度。$\Delta_i(n)$ 足够小时算法比较稳定；但是，$\Delta_i(n)$ 也不能太小，否则没有足够的驱动能力使 a_i 由初值收敛到最佳值。在实际应用中，为了简化硬件，经常采用符号梯度法。另外为了减小传输误码的影响，可加入衰减因子 β_i，这样式（9-13）就变成

$$a_i(n+1)=\beta_i a_i(n)+\Delta_i \operatorname{sgn}\left[e_q(n)\right]\operatorname{sgn}\left[x_r(n-i)\right],i=1,2,\cdots,N \qquad (9-14)$$

式中，$\operatorname{sgn}[\ ]$ 是符号函数。对于语音信号而言，β_i 与 Δ_i 一般取为

$$\beta_i=1-2^{-K_i},\Delta_i=2^{-L_i} \qquad (9-15)$$

此处，K_i 与 L_i 的取值范围通常在 5~8，以便与语音短时变化速度相匹配。

　　CCITT 提出的 32 kbit/s 编码器建议（G.721 标准），就是采用 ADPCM 作为长途传输中的一种新的国际通用语音编码方案，这种 ADPCM 可达到标准 64 kbit/s 的 PCM 的语音传输质量，并具有很好的抗误码性能。其结构框图如图 9-15 所示。

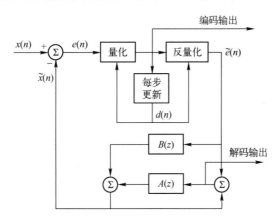

图 9-15　G.721 编码器结构框图

　　该算法中使用了一个自适应量化器和一个自适应零极点预测器。由图可知，解码部分是嵌套在编码部分里面的。零极点预测器（2 极点，6 零点）对输入信号进行预测，目的是减小残差信号 $e(n)$ 的方差。量化器把残差信号 $e(n)$ 量化为每项 4 bit 的序列。预测系数则由序贯随机梯度算法求得。

9.3.4　子带编码

　　子带编码（Sub-Band Coding，SBC）也称为频带分割编码，相对于上面介绍的如 ADPCM 等时域编码，该编码属于频域编码。SBC 首先使用带通滤波器组将语音信号分割成

若干个子频带，然后用调制的方法对滤波后的信号即子带信号进行频谱平移变成低通信号（即基带信号），以利于降低取样率进行抽取；再利用奈奎斯特速率对其进行取样，最后再分别进行编码处理。而信号的恢复按与上面完全相反的过程进行。

　　子带编码的优点是：①将信号分带后可以去除各带信号之间的相关性，类似于时域预测的效果，即频域分带与时域预测能获得同样的效果；②对不同子带合理地分配比特数，可以使重建信号的量化误差谱适应人耳听觉特性，获得更好的主观听音质量。由于语音的基音和共振峰主要集中在低频段，所以可以给低频段的子带分配较多的比特数；③各子带内的量化噪声相互独立，这样就避免了输入电平较低的子带信号被其他子带的量化噪声所淹没。典型的子带编码器工作原理图如图 9-16 所示。首先用一组带通滤波器将输入信号分成若干个子带信号，进行频谱平移、取样以及各子带分别进行量化编码，再将各子带的编码值合路变成一个总的编码传送给接收端。在接收端，把总的编码分成各子带的编码值，分别解码，再经频谱平移，带通滤波，最后相加得到重建信号。

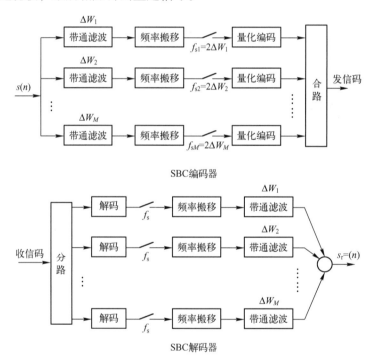

图 9-16　典型子带编码器工作原理

　　SBC 分为等带宽子带编码和变带宽子带编码。设有 M 个子带，则对于等带宽子带编码，有

$$\Delta W_k = \Delta W = W/M, \ k=1,2,\cdots,M \tag{9-16}$$

而对于变带宽子带编码，通常需要有

$$\Delta W_{k+1} \geqslant \Delta W_k, \ k=1,2,\cdots,M \tag{9-17}$$

然而，SBC 中各带通滤波器中各子带的频率和带宽应考虑到对主观听觉贡献相等的原则作分配，即按清晰度指数贡献相等来划分，但这将使频率变换变得很复杂。

　　在 SBC 中，相邻子带的交叠区或间隔应尽量小。为了减小相邻子带的交叠区或间隔，滤波器的滚降特性应该比较陡，代价是增加滤波器阶数。图 9-17 给出了理想四子带滤波器和实际四子带滤波器的幅频特性比较。

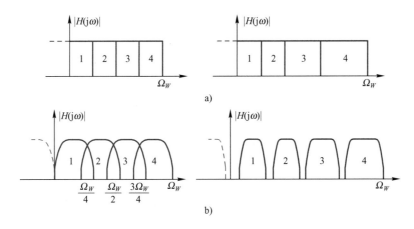

图 9-17　四子带滤波器的幅频特性

a）理想四子带滤波器幅频特性　b）实际四子带滤波器幅频特性

　　实际应用中 SBC 往往采用"整数带"取样方法。因为该方法不需要调制器来平移各子带的频谱成分，所以有利于硬件实现。整数带分割是指各子带的下截止频率 f_{lk} 恰好是该子带宽度的整数倍，即

$$f_{lk}=n\Delta W_k,\ n=1,2,\cdots;\ k=1,2,\cdots,M \tag{9-18}$$

　　根据带通信号的采样定理，这时可以用 $f_{sk}=2\Delta W_k$ 直接对子带信号采样，而不发生混叠。若输入已是采样后的信号，则通过抽取可实现频谱搬移，合成时通过插值恢复带通信号。当子带的下截止频率 f_{lk} 是该子带宽度的偶数倍时，经抽取后频谱直接平移到基带。而为奇数倍时，在抽取搬移时，频谱会倒置；插值搬移时会再倒置一次，恢复原方向。抽取和插值比例分别是：$L_k:1$ 和 $1:L_k$。其中 L_k 是全带信号带宽和第 k 个子带带宽之比（$W/\Delta W_k$）。抽取和插值可以和滤波结合，一步实现。图 9-18 给出了整数带分割采样过程的示意图。

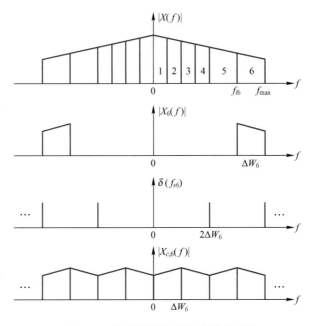

图 9-18　整数带分割采样过程示意图

　　子带编码随子带分带数目加大可以更好地利用信号频谱特性，获得更大的编码增益。但一般 SBC 使用 4~8 个子带。图 9-19 给出了子带信号的取样、编码和解码过程：在发送端，各个滤波器输出进行再取样，重新取样后的子信号经编码和多路器后送入数字信道。在接收端，分路器和解码器恢复出各子带信号，它们经过补零、再增加取样，和原始信号 $x(n)$ 相同；再通过和发送端相同的一组带通滤波器，最后对各滤波器输出求和便产生出重构的语音信号。

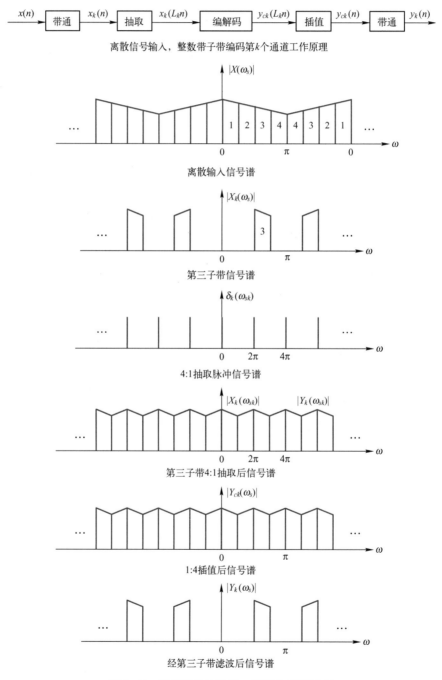

图 9-19　子带信号的取样、编码和解码过程

对于各子带之间有叠接的滤波器组，如果按理想带通的 Nyquist 采样定理对子带信号采样，则会产生混叠。为了减少混叠造成的失真，滤波器的滚降特性必须陡峭，这就要求滤波器的阶数较高。在数字滤波器实现中，为了实现线性相位滤波，往往需要采用 128～256 阶甚至更高阶的 FIR 滤波器才能使混叠效应不至于对编码质量产生明显的影响，这无疑使实现滤波器的运算负担太重。正交镜像滤波器组（Quadrature Mirror Filter Banks，QMFB）不但能够解决混叠问题，而且对滤波器的滚降特性可以大大降低要求，一般只要 16～32 阶就足够。图 9-20 所示为 $M=2$ 的最简单的正交镜像滤波器组结构原理以及幅频特性。它由两个 1/2 频带的滤波器组分析器和两个 1/2 频带的滤波器组综合器构成。在处理过程中，滤波器 $h_0(n)$ 和 $h_1(n)$ 分别代表两个 1/2 频带的低通和高通分析滤波器。类似地，滤波器 $g_0(n)$ 和 $g_1(n)$ 则分别代表低通和高通综合滤波器，而信号 $x_0(m)$ 和 $x_1(m)$ 分别代表 1/2 频带的低通和高通信号。

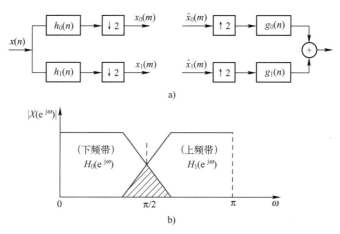

图 9-20 正交镜像滤波器组结构原理以及幅频特性
a）结构原理 b）QMF 滤波器上、下带辐频特性

令 $X(e^{j\omega})$，$\hat{X}_0(e^{j\omega})$，$\hat{X}_1(e^{j\omega})$，$H_0(e^{j\omega})$ 和 $H_1(e^{j\omega})$ 分别是 $x(n)$，$x_0(m)$，$x_1(m)$，$h_0(n)$ 和 $h_1(n)$ 的傅里叶变换，可得到分析关系式如下：

$$X_0(e^{j\omega}) = \frac{1}{2}\left[X(e^{j\omega/2})H_0(e^{j\omega/2}) + X(e^{j(\omega+2\pi)/2})H_0(e^{j(\omega+2\pi)/2})\right] \tag{9-19}$$

$$X_1(e^{j\omega}) = \frac{1}{2}\left[X(e^{j\omega/2})H_1(e^{j\omega/2}) + X(e^{j(\omega+2\pi)/2})H_1(e^{j(\omega+2\pi)/2})\right] \tag{9-20}$$

类似地，令 $\hat{X}_0(e^{j\omega})$，$\hat{X}_1(e^{j\omega})$，$G_0(e^{j\omega})$，$G_1(e^{j\omega})$ 和 $\hat{X}(e^{j\omega})$ 分别是 $\hat{x}_0(m)$，$\hat{x}_1(m)$，$g_0(n)$，$g_1(n)$ 以及 $\hat{x}(n)$ 的傅里叶变换，得到综合关系式为

$$\hat{X}(e^{j\omega}) = \hat{X}_0(e^{j2\omega})G_0(e^{j\omega}) + \hat{X}_1(e^{j2\omega})G_1(e^{j\omega}) \tag{9-21}$$

用分析器的输出作为综合器的输入，即 $\hat{x}_0(m) = x_0(m)$，$\hat{x}_1(m) = x_1(m)$，可以得到滤波器组的输入输出频域关系式为

$$\hat{X}(e^{j\omega}) = \frac{1}{2}\left[H_0(e^{j\omega})G_0(e^{j\omega}) + H_1(e^{j\omega})G_1(e^{j\omega})\right]X(e^{j\omega}) +$$

$$\frac{1}{2}\left[H_0(e^{j(\omega+\pi)})G_0(e^{j\omega}) + H_1(e^{j(\omega+\pi)})G_1(e^{j\omega})\right]X(e^{j(\omega+\pi)}) \tag{9-22}$$

式中，第一项代表从 $X(e^{j\omega})$ 到 $\hat{X}(e^{j\omega})$ 的有用信号变换，而第二项则代表不希望出现的频域混叠分量。

为了去除这些混叠分量，第二项必须消去，那么要求

$$H_0(e^{j(\omega+\pi)})G_0(e^{j\omega})+H_1(e^{j(\omega+\pi)})G_1(e^{j\omega})=0 \tag{9-23}$$

只要仔细选择滤波器，将这个关系式中的两项抵消掉，就可消除混叠。

一般来讲，首先设计一个公共低通滤波器 $h(n)$，再由它得到所有的分析和综合滤波器，即

$$h_0(n)=h(n) \tag{9-24}$$

$$h_1(n)=(-1)^n h(n) \tag{9-25}$$

等效地，它们的傅里叶变换满足

$$H_0(e^{j\omega})=H(e^{j\omega}) \tag{9-26}$$

$$H_1(e^{j\omega})=H(e^{j(\omega+\pi)}) \tag{9-27}$$

以上条件表明，滤波器 $H_0(e^{j\omega})$ 和 $H_1(e^{j\omega})$ 对于频率 $\omega=\pi/2$ 是镜像对称的，如图 9-20b 所示，其中阴影部分是两个频带间发生混叠的区域。

将式（9-26）和式（9-27）代入式（9-23），得到

$$H(e^{j(\omega+\pi)})G_0(e^{j\omega})+H(e^{j\omega})G_1(e^{j\omega})=0 \tag{9-28}$$

对于 $G_0(e^{j\omega})$ 和 $G_1(e^{j\omega})$，可以令

$$G_0(e^{j\omega})=2H(e^{j\omega}) \tag{9-29}$$

或等效地

$$g_0(n)=2h(n) \tag{9-30}$$

式中，因子 2 是与内插滤波器有关的增益因子。再将式（9-29）代入式（9-28），可清楚看出，$G_1(e^{j\omega})$ 具有高通形式

$$G_1(e^{j\omega})=-2H(e^{j(\omega+\pi)}) \tag{9-31a}$$

或等效地

$$g_1(n)=-2(-1)^n h(n) \tag{9-31b}$$

通过以上分析，我们把图 9-20 中分析和综合滤波器的设计变成了对公共低通滤波器 $H(e^{j\omega})$ 的设计。

将式（9-26）、式（9-27）、式（9-29）、式（9-31）代入式（9-22），得到这种正交镜像滤波器组最终输入输出关系

$$\hat{X}(e^{j\omega})=\left[H^2(e^{j\omega})-H^2(e^{j(\omega+\pi)})\right]X(e^{j\omega}) \tag{9-32}$$

这里代表混叠的第二项已经被消去，就是说在分析结构中抽取引起的混叠被综合结构中内插引起的镜像精确地抵消掉了。

由式（9-32）知 $H(e^{j\omega})$ 需满足条件

$$\left|H^2(e^{j\omega})-H^2(e^{j(\omega+\pi)})\right|=1 \tag{9-33}$$

一般希望 $H(e^{j\omega})$ 逼近理想低通滤波器条件

$$H(e^{j\omega})=\begin{cases}1,0\leqslant\omega\leqslant\dfrac{\pi}{2}\\[2mm]0,\dfrac{\pi}{2}<\omega\leqslant\pi\end{cases} \tag{9-34}$$

采用正交镜像滤波器技术，其处理既简单又能消除频谱混叠，因而实现 SBC 时往往采用正交镜像滤波器。这种方法首先将整个语音带分成两个相等部分而形成子带的，然后这些子带被同样分割以形成 4 个子带。这个过程可按需要重复，以产生任何 2^k 个子带，采用这种方法的滤波器就称为正交镜像滤波器。

目前有两种基于 SBC 算法的编码标准。第一个是 AT&T 公司的子带 SBC，它采用 QMF+APCM 的形式。4 kHz 的语音信号被分为 5 个子带。码率及每一子带比特数是这样分配的，即对于 16 kbit/s 是 4/4/2/2/0；对于 24 kbit/s 是 5/5/4/3/0；第二个是 CCITT 公司的 G. 722，它采用 QMF+ADPCM 的形式。用于 7 kHz 的音频 64 kbit/s ISDN 的电话会议，采用 2 子带的编码，低频码率为 48 kbit/s，高频码率为 16 kbit/s。

9.4 语音信号的参数编码

由于参数编码是针对语音信号的特征参数来编码，所以与波形编码不同，它只适用于语音信号，对其他信号编码时质量会下降很多。参数编码在提取语音特征参数时，往往会利用某种语音生成模型在幅度谱上逼近原语音，以使重建语音信号有尽可能高的可懂度，即力图保持语音的原意，但重建语音的波形与原语音信号的波形却有相当大的区别。利用参数编码实现语音通信的设备通常称为声码器，例如通道声码器、共振峰声码器、同态声码器以及广泛应用的线性预测声码器等都是典型的语音参数编码器。其中，比较有实用价值的是线性预测声码器，这是因为它较好地解决了编码速率和编码语音质量的问题。

9.4.1 线性预测声码器

线性预测编码（Linear Prediction Code，LPC）器是应用最成功的低速率参数语音编码器。它基于全极点声道模型的假定，采用线性预测分析合成原理，对模型参数和激励参数进行编码传输，因而可以以很低的比特率（2.4 kbit/s 以下）传输可懂的语音。图 9-21 给出了典型的 LPC 声码器的框图。与利用线性预测的波形编码不同的是它的接收端不再利用残差，即不具体恢复输入语音的波形，而是直接利用预测系数等参数合成传输语音。波形编码器的主要作用是用作预测器，而声码器的主要作用是建立模型。

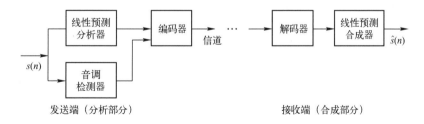

图 9-21　LPC 声码器框图

有关 LPC 的基本原理在前面章节中已经有了详细的讨论，这里不再重复。由于声码器的主要目的是用低数码率来编码传输语音，因此这里主要讨论 LPC 声码器参数的编码和传输问题，解码合成出语音的问题将在第 10 章中介绍。

1. LPC 参数的变换和量化

LPC 声码器中，必须传输的参数是 p 个预测器系数、基音周期、清浊音信息和增益参数。直接对预测系数 a_i 量化后再传输是不合适的，因为系数 a_i 的很小变化都将导致合成滤波器极点位置的较大变化，甚至造成不稳定的现象。这表明需要用较多的比特去量化每个预测器系数。为此，可将预测器系数变换成其他更适合于编码和传输的参数形式。归纳起来，有以下几种：

（1）反射系数 k_i

k_i 在 LPC 算法中可以直接递推得到，它广泛应用于线性预测编码中。对反射系数的研究表明，各反射系数幅度值的分布是不相同的：k_1 和 k_2 的分布是非对称的，对于多数浊音信号，k_1 接近于 -1，k_2 则接近于 $+1$；而较高阶次的反射系数 k_3、k_4 等趋向于均值为 0 的高斯分布。此外，反射系数的谱灵敏度也是非均匀的，其值越接近于 1 时，谱的灵敏度越高，即此时反射系数很小的变化将导致信号频谱的较大偏移。

上面的分析表明，对反射系数的值在 $[-1,+1]$ 区间作线性量化是低效的，一般都是进行非线性量化。比特数也不应均匀分配，k_1、k_2 量化的比特数应该多些，通常用 5~6 bit；而 k_3、k_4 等的量化比特数逐渐减小。

（2）对数面积比

根据 k_i 系数的特点，在大量研究的基础上发现，最有效的编码是对数面积比

$$g_i = \ln\left[\frac{1-k_i}{1+k_i}\right] = \ln\left[\frac{A_{i+1}}{A_i}\right] \quad (1 \leqslant i \leqslant p) \qquad (9\text{-}35)$$

式中，A_i 是用无损声管表示声道时的面积函数。上式将域 $-1 \leqslant k_i \leqslant +1$ 映射到 $-\infty \leqslant g_i \leqslant +\infty$，这一变换的结果使 g_i 呈现相当均匀的幅度分布，可以采用均匀量化。此外，参数之间的相关性很低，经过内插产生的滤波器必定是稳定的，所以对数面积比很适合于数字编码和传输。每个对数面积比参数平均只需 5~6 bit 量化，就可使参数量化的影响完全忽略。

（3）预测多项式的根

对预测多项式进行分解，有

$$A(z) = 1 - \sum_{i=1}^{p} a_i z^{-i} = \prod_{i=1}^{p}(1 - z_i z^{-i}) \qquad (9\text{-}36)$$

这里，参数 $z_i(i=1,2,\cdots p)$ 是 $A(z)$ 的一种等效表示，对预测多项式的根进行量化，很容易保证合成滤波器的稳定性，因为只要确信根在单位圆内即可。平均来说，每个根用 5 bit 量化就能精确表示 $A(z)$ 中包含的频谱信息。然而，求根将使运算量增加，所以采用这种参数不如采用第 1、2 种参数效率高。

通常，一帧典型的 LPC 参数包括 1 bit 清浊音信息、大约 5 bit 增益常数、6 bit 基音周期、平均 5~6 bit 量化每个反射系数或对数面积比（共有 8~12 个），所以每帧约需 60 bit。如果一帧 25 ms，则声码器的数码率为 2.4 kbit/s 左右。

2. 变帧率 LPC 声码器

虽然进一步降低 LPC 声码器的速率是可能的，但必须以再降低语音质量为代价。尽管如此，在这方面还是进行了一些尝试。变帧率 LPC 声码器就是一种。它充分利用了语音信号在时间域上的冗余度，尤其是元音和擦音在发音过程中都有缓变的区间，描述这部分区间的语音不必像一些快变语音那样用很多比特的信息量。语音信号是非平稳的时变信号，波形

变化随时间而不同。例如，清音至浊音的过渡段，语音特性的变化剧烈，理论上应用较短的分析帧，要求 LPC 声码器至少每隔 10 ms 就发送一帧新的 LPC 参数；而对于浊音部分，在发音过程中有缓变的区间，语音信号的频谱特性变化很小，分析帧就可以取长些；在语音活动停顿情况下更是如此。因而可以采用变帧速率的编码技术（Variable Frame Rate，VFR）来降低声码器的平均传输码率。

实际上，帧长可保持恒定，只是不用将每一帧 LPC 参数都去编码和传送，这时合成部分所需的参数可以通过重复使用其前帧参数或内插的方法获得，这样每秒传输的帧数是在变化的，平均的传输码率将大大降低。如果采用 LPC 方式存储信号，变帧速率编码可以减小存储容量。

在这种声码器中，关键问题是如何确定其一帧 LPC 参数是否需要传送，因而需要一种度量方法以确定当前帧参数和上一次发出的那帧参数间的差异（即距离）。如果距离超过了某一门限，表明发生了足够大的变化，此时必须传送新的一帧 LPC 参数。

如果分别用 P_n、P_l 表示第 n 帧和第 l 帧 LPC 参数构成的列矢量，那么度量这两帧参数变化的最简单的方法是求欧氏距离 $(P_n-P_l)^T(P_n-P_l)$，或者更一般的欧氏距离 $(P_n-P_l)^T W^{-1}$ (P_n-P_l)。其中 W^{-1} 是一个正定加权矩阵 W 的逆矩阵，W 的引入使得起主要作用的参数给予较重的权。矩阵 W 应由语音信号的统计特性决定，而且对于不同的语音段和讲话人都应该有不同的选择。

变帧速率编码技术在某些语音通信系统中，如信道复用、语音插空、数据和语音复用等场合都有一定的应用价值。变帧速率 LPC 声码器的传输数码率一般能降低 50% 而不产生明显的音质变坏，其代价是编码和解码变得复杂以及出现某些时延。

9.4.2 LPC-10 编码器

20 世纪 70 年代后期，美国确定用线性预测编码器标准 LPC-10 作为在 2.4 kbit/s 速率上的推荐编码方式。图 9-22 是 LPC-10 编码器发送端的原理框图。在 LPC-10 的发送端，原始语音首先经过一锐截止的低通滤波器，再输入 A/D 转换器，以 8 kHz 速率采样得到数字化语音。然后每 180 个采样分为一帧（22.5 ms），以帧为处理单元，提取语音特征参数并加以编码传送。A/D 转换后输出的数字化语音，经过低通滤波、2 阶逆滤波后，再用平均幅度差函数（AMDF）计算基音周期。经过平滑、校正得到该帧的基音周期（Pitch）。与此同时，对低通滤波后输出的数字语音进行清/浊音检测，经过平滑、校正得到该帧的清/浊音标志 V/UV。

在提取声道参数之前要先进行预加重处理。预加重滤波器的传递函数 $H_{pw}(z)$ 为

$$H_{pw}(z) = 1 - 0.9375Z^{-1} \tag{9-37}$$

在实施 LP 分析前进行预加重的目的是加强语音谱中的高频共振峰，使语音端的时谱和线性预测分析的余数频谱变得更为平坦，从而提高了谱参数估计的精确性。声道滤波器的反射系数（Reflection Coefficient，RC）、增益 RMS 采用准基音同步相位的方法计算。由于滤波器预测系数不适于直接量化，所以采用在数学上与之完全等价的 P 个反射系数 RC$\{k_i\}$ 代替预测系数进行量化编码。LPC 分析采用"半基音同步"算法，即浊音帧的分析帧长取为 130 个采样以内的基音周期整数倍值，用这个分析帧来计算 RC 和增益 RMS。因此，每一个基音周期都可以单独用一组系数处理。在收端恢复语音时也是如此处理。清音帧则是取长度为 22.5 ms 的

整帧中点为中心的 130 个样点形成分析帧来计算 RC 和 RMS。增益 RMS 的计算公式如下：

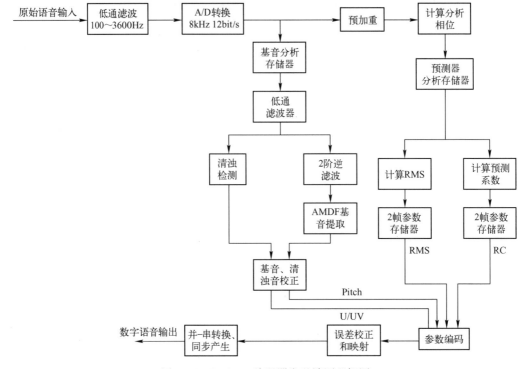

图 9-22 LPC-10 编码器发送端原理框图

$$\text{RMS} = \sqrt{\frac{1}{M} \sum_{i=1}^{M} S_i^2} \tag{9-38}$$

式中，S_i 为经过预加重的数字语音；M 是分析帧的长度。

输入数字语音经过一个四阶 Butterworth 低通滤波器滤波，此滤波器的 3 dB 截止频率为 800 Hz。滤波后的信号再经过二阶逆滤波，并把采样频率降低至原来的 1/4，再计算延迟时间为 20~156 个样点的 AMDF，由 AMDF 的最小值即可确定基音周期。计算 AMDF 的公式为

$$\text{AMDF}(\tau) = \sum_{m=1}^{130} | S_m - S_{m+\tau} | \tag{9-39}$$

其中，τ 的取值可以为 20，21，22，23，24，25，26，27，28，29，30，3l，32，33，34，35，36，37，38，39，40，42，44，46，48，50，52，54，56，58，60，62，64，66，68，70，72，74，76，78，80，84，88，92，96，100，104，108，112，118，120，124，128，132，136，140，144，148，152，156。这相当于在 50~400 Hz 范围内计算 60 个 AMDF 值；清/浊音判决是利用模式匹配技术获得，基于低带能量、AMDF 函数最大值与最小值之比、过零率做出的。最后对基音值、清/浊音判决结果用动态规划算法，在三帧范围内进行平滑和错误校正，从而给出当前帧的基音周期 Pitch、清/浊音判决参数 V/U。每帧清/浊音判决结果用两位码表示四种状态，这四种状态为：①00—稳定的清音；②01—清音向浊音转换；③10—浊音向清音转移；④11—稳定的浊音。

在 LPC-10 的传输数据流中，将 10 个反射系数 $k_1 \sim k_{10}$、增益 RMS、基音周期、Pitch、清/浊音 V/U、同步信号 Sync 总共编码成每帧为 54 bit/s。由于每秒传输 44.4 帧，因此总传

输速率为 2.4 kbit/s。同步信号采用相邻帧 1、0 码交替的模式。表 9-5 是浊音帧和清音帧的比特分配。

表 9-5　LPC-10 浊音帧和清音帧的比特分配

	浊　音	清　音
Pitch/Voicing	7	7
RMS	5	5
Sync	1	1
K1	5	5
K2	5	5
K3	5	5
K4	5	5
K5	4	
K6	4	
K7	4	
K8	4	
K9	3	
K10	2	
误差校正	0	20
总计	54	53

　　反射系数的分布极不均匀，要对这些参数进行变换，以便按一种合理的方式最佳地配置固定数量的比特。通常，基于谱灵敏度的测度准则，采用对数面积比编码（Log-Area-Ratio-Encoded）最为适宜。对数面积比公式的计算一般先将 k_i 参数变换成 g_i，然后再进行查表量化。

　　RMS 参数用查表法进行编码、解码。此码表是对于数值在 2～512 的 RMS 值用步长为 0.773 dB 的对数码表，进行编码和解码。60 个基音值用 Hamming 权重 3 或 4 的 7 bit Gray 码进行编码。这里，Hamming 权重是指在信道编码中，码组中非零码元的数目。例如 010 码组的 Hamming 权重为 1，011 码组的 Hamming 权重码重为 2。清音帧用 7 bit 的全零矢量表示，过渡帧用 7 bit 的全 1 矢量表示，其他基音值用权重 3 或 4 的 7 bit 矢量表示。

　　图 9-23 是 LPC-10 的接收端译码器框图。在接收端首先利用直接查表法，对数码流进行检错、纠错。经过纠错译码后即可得到基音周期、清/浊音标志、增益以及反射系数的数值。译码结果延时一帧输出，这样输出数据就可以在过去的一帧、现在的一帧、将来的一帧三帧内进行平滑。由于每帧语音只传输一组参数，考虑一帧之内可能有不止一个基音周期，因此要对接收数值进行由帧块到基音块的转换和插值。参数插值原则为：①对数面积比参数每帧插值两次；②RMS 参数在对数域进行基音同步插值；③基音参数用基音同步的线性插值；④在浊音向清音过渡时对数面积比不插值。

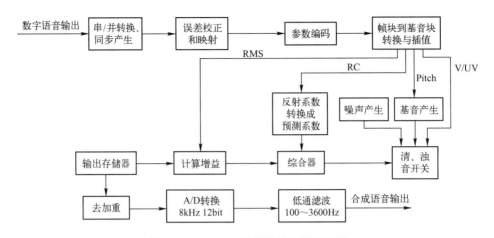

图 9-23 LPC-10 编码器接收端的框图

预测系数、增益、基音周期、清/浊音等参数值每个基音周期更新一次。基音块的转换在插值中完成。根据基音周期和清/浊音标志来决定要采用的激励信号源。如果是清音帧，则以随机数作为清音帧的激励源；如果是浊音帧，则让一周期性冲激序列通过一个全通滤波器来生成浊音激励源，这个措施改善了合成语音的尖峰性质。语音合成滤波器输入激励的幅度保持恒定不变，而输出幅度受 RMS 参数加权。

用 Levinson 递推算法可将反射系数 $\{k_i\}$，$i=1,\cdots,p$ 变换为预测系数 $\{a_i\}$，$i=1,\cdots,p$。收端的综合器应用了直接型递归滤波器 $H(z) = \dfrac{1}{1 - \sum\limits_{i=1}^{p} a_i z^{-i}}$ 来合成语音。对其输出还要进行幅度校正、去加重并转换为模拟信号。最后经过一个 3600 Hz 的低通滤波器后输出模拟语音。

LPC-10 采用简单的二元激励来取代余量信号，即浊音段用间隔为基音周期的脉冲系列，清音段用白噪声系列来作为激励信号源。虽然可在 2.4 kbit/s 的速率上得到清晰可懂的合成语音，但自然度不够理想，即使提高码率，也无济于事，尤其在有噪声的环境中，LPC-10 很难提取准确的基音周期及正确地判断清/浊音。这给语音质量带来了严重的影响。经过十几年的研究，人们已经认识到，导致单脉冲 LPC 声码器性能差的主要原因不在于声道模型本身，而在于激励信号的选取。单脉冲 LPC 方法中的激励信号是二元形式的，或为白噪声，或为准周期性的脉冲串。这种激励形式对于能否准确获得基音周期估值和能否做出正确的清/浊音判决十分敏感，也容不得较强的背景噪声和其他干扰。

9.5 语音信号的混合编码

波形编码能保持较高的语音音质，抗干扰性较好，硬件上也容易实现，但比特速率较高，而且时延较大。参数编码的比特速率大大降低，最大可压缩到 2 kbit/s 左右，但自然度差，语音质量难以提高。20 世纪 80 年代后期，综合上述两种方式的混合编码技术被广泛使用。混合编码同声源编码一样也假定了一个语音产生模型，但同时又使用与波形编码相匹配的技术将模型参数编码。

对 LPC 声码器的改进方法就是采用混合激励模型，以便能够更加充分地描述丰富的语音特性。混合激励由一个多带混合模型来实现，对于浊音激励源，多带混合激励吸取了多带激励（MBE）语音产生模型的特点，将整个频段分成固定的几个频带，分别控制各频带的脉冲和噪声谱的混合比例，以更好地逼近残差谱。而对于清音谱，仍采用平坦的白噪声谱作为激励源。这样，混合激励比较细致地合成了浊音谱形状，使合成语音变得较为自然。

混合激励线性预测（MELP）声码器抗环境噪声能力强，计算复杂度低，有着广阔的应用前景，美国国防部在 1996 年选定它作为新的 2.4 kbit/s 语音编码的联邦标准，以取代LPC-10，并在 1997 年 3 月，确定为新的美国联邦标准。MELP 主要用于军事、保密系统的通信，在民用系统中也有一定的应用，如无线通信、互联网语音函件等。

MELP 声码器在传统的二元激励 LPC 模型上采用了混合激励、非周期脉冲、自适应谱增强、脉冲整形滤波以及傅里叶级数幅度值 5 项新技术，使合成语音质量得到了极大的改善，使 2.4 kbit/s 码率上能提供良好的语音质量。

MELP 声码器的编码原理与解码原理如图 9-24 与图 9-25 所示。

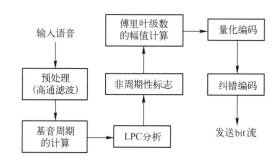

图 9-24　MELP 声码器编码原理图

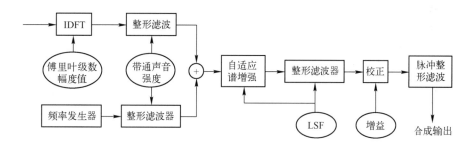

图 9-25　MELP 声码器解码原理图

由图可知，MELP 声码器吸收了混合激励的思想，仍以传统的 LPC 模型为基础，同时在基音提取和激励信号产生等方面采用了一些新的方法以提高语音合成质量，这些新方法主要包括多带混合激励、使用非周期脉冲、残差谐波处理技术、自适应谱增强技术和脉冲整形滤波。其中，非周期脉冲、多带混合激励、自适应谱增强和残差谐波处理技术用来改善合成语音的激励信号，脉冲整形滤波器用来对合成语音进行后处理。

（1）多带混合激励

采用多带混合激励是 MELP 模型中最重要的特征，传统的 LPC 编码算法在每一帧中仅对输入信号进行一次清/浊音判决，在解码器端也是简单用一个清/浊音开关来表示，这样不能完整地表达语音信号所含的丰富的激励信息。多带的思想来源于 MBE 算法，采用多带处理可以使得从频域上对激励信号的划分更加精密，合成的激励也更加准确。分带滤波器由 5 个带通滤波器相加得到，5 个带通滤波器均采用 6 阶的巴特沃斯带通滤波器，滤波后的语音信号经全整流及平滑滤波，进行清/浊音判决器取代了清/浊音开关，用混合的激励取代了简单的二元激励，从而得到了一个与短时谱相应的具有清音和浊音混合成分的激励谱，大大提高了合成语音的质量。

（2）非周期脉冲

采用混合激励可以减少合成语音中的蜂鸣噪声，但是当要处理的信号基音较高而且伴有噪声时，通常采用在激励信号中混入较多的低频白噪声以减弱其周期性，但这样会使合成语音听起来有些杂音，在 MELP 算法中使用一种更有效的处理方法：非周期脉冲。

在编码端将基音周期不是很强的浊音段用非周期标志来标识，这样接收端解码的时候根据非周期性的标志让基音周期在一个区间随机变动来减弱合成语音的周期性，采用这种方法可以很好地模拟那些不稳定的声门脉冲，从而使合成语音更加逼近原始的语音信号。需要说明的是，采用非周期脉冲要基于这种混合激励的算法，如果单纯使用非周期脉冲，可能会使语音质量恶化。

（3）残差谐波处理

在 LPC 残差信号中含有大量的语音特征，限于码率的原因，以往的低速率 LPC 算法在生成激励脉冲时，只反映了它的周期性，并没有反映它的幅度特性，因而不能很好地反映实际激励脉冲动态变化的特性。近几年来，由于采用了矢量量化和 LSP 技术，线性预测参数的量化比特数比以往大大减少，可以多空出几个比特。在 MELP 算法中，把这几个比特用于对残差信号的处理。但是用这几个比特很难全面地描绘残差信号的特性，MELP 算法借鉴原波形插值算法的做法，只对较重要的特征，如各基音周期谐波处的傅里叶级数幅度值进行矢量量化。残差信号中对语音影响最大的是低频带，经过对谐波数目和量化误差与合成语音效果之间关系的权衡考虑，2.4 kbit/s 的 MELP 算法对最低 10 阶谐波进行矢量量化，对 10 阶以上谐波的傅里叶级数幅度值认为是平坦的，由单位值来代替。对于这样得到的谱，按基音周期进行离散傅里叶反变换，得到周期脉冲激励序列，它比固定的脉冲序列提供了更多的灵活性。对残差谐波谱的传输，在很大程度上提高了合成语音的自然度、清晰度和抗噪声的能力，大大改善了 LPC 合成语音闷弱、嘶哑和合成语音重等特点。

（4）自适应谱增强

由于共振峰带宽即使在一个基音周期内也可能发生变化，同时 LPC 的全极点模型削弱了共振峰的特征，再加上量化误差等原因，LPC 合成滤波器的极点形状与自然语音的共振峰形状存在偏差，导致了在共振峰之间合成语音的波谷不如原来的语音波谷，使合成语音听起来发闷。为了使合成语音与原始语音在共振峰有更好的匹配，MELP 算法引入了自适应谱增强技术。

自适应谱增强通过让激励信号经过自适应谱增强滤波而实现。自适应谱增强滤波器是阶数等于线性预测阶数，而系数自适应变化的零点滤波器与一阶零极点滤波器级联而成的滤波器组。通过突出激励谱中共振峰频率处的谱密度，可以达到提高整个短时谱在共振峰处的信噪比，这也符合线性预测残差信号中仍包含一定的共振峰形状的特性。其中，极点滤波器的作用是衰减共振峰之间的频率分量，突出共振峰的结构；零点滤波器的作用是补偿对共振峰之间的频率分量的衰减；一阶零极点滤波器的作用是补偿零极点引起的滤波器频谱倾斜。零极点滤波器的系数均由 LPC 系数乘以一个相应的自适应比例因子得到。在许多基于共振峰谱包络合成中低速语音编码算法都采用这种自适应谱增强的技术。其实现原理较为简单，算法的复杂度也不高，对编码端没有额外的要求，是加强低速率语音编码质量的实用技术。

（5）脉冲整形滤波

进行脉冲整形滤波的目的，是让分带合成语音与原始语音在非共振峰区波形上具有更好的匹配。周期性较强的语音，是通过声门的周期性开闭产生声门脉冲激励的声道而产生的。然而，实际语音的产生是很复杂的，其主要原因是：人说话时声门开闭不一定很完整，往往除了主要的声门脉冲，还可能在主要脉冲之间出现一些小的二次谐波；声门关闭不完全会造成一些吸气噪声；两次大的激励峰之间由于声道作用的非线性，可能会出现一些背景噪声。以上因素都会造成声门激励脉冲的峰值不集中于时域的一个点上，并且使语音的周期性发生一定的混淆。LPC 合成时很难对这些复杂的现象进行准确的模拟，致使合成语音同原始语音相比，在一个周期内的峰-峰值更加尖锐。同时，LPC 分析的共振峰带宽比实际情况要大，会引起某些频带处的谐波信号衰减较大。

为了使合成语音符合原始语音的这一变化情况获得较为自然的语音，应对合成语音的峰-峰值进行平滑。平滑方法包括在周期激励中引入第二个峰值，或改变周期激励谱的形状，但这些方法可能会破坏原有的激励模型，造成失真。为了保持原有激励模型的优点，MELP 算法在语音合成后加一级后处理——脉冲整形滤波。该滤波器是一个 FIR 滤波器，其系数是通过将典型男性周期脉冲的谱强制变换为平坦谱，再进行傅里叶反变换得到的，它具有减弱某些频带处周期性的作用，降低了基音周期为典型周期附近的峰-峰值，使合成语音的蜂鸣效果降低，变得更为连贯、自然。

9.6　基于深度学习的语音编码

目前深度学习在语音编码中的应用主要分为两类。一类是将深度学习技术与传统编码方法结合，通过深度学习算法取代或优化传统编码方法中的某一模块。例如，使用深度学习替代语音编码中的语音特征提取、将深度学习模型作为语音预测编码器的一部分等。另一类是端到端的语音编码，即采用深度学习技术代替传统编码的整个流程，将编码问题转化为神经网络的优化问题。

9.6.1　深度学习融入传统语音编码

在该方法中，通过在传统编码方法中引入深度学习并将其作为某中间过程，从而使语音编码性能得到提高。以在语音信号的参数编码方法中的清浊语音帧判别为例，正确的清浊音判别有利于为不同语音帧选择合适的激励信号，从而提高语音恢复质量，并且能够提升音素边界检测的性能。此外，根据不同语音帧特性采取不同的编码策略也能提高语音编码质量、降低编码比特率。然而，不同类型的语音帧特性各异，交叠在一起，并且伴随着背景噪声，常常难以正确区分。

为了提高语音编码中的语音帧分类准确性，赵月娇等学者引入深度学习技术，采用栈自动编码器（Stack Autoencoder，SAE）和 Softmax 分类器所组成的神经网络来实现，如图 9-26 所示。算法主要分为两部分，第一部分是提取语音参数，第二部分则是利用深度学习完成语音帧分类。

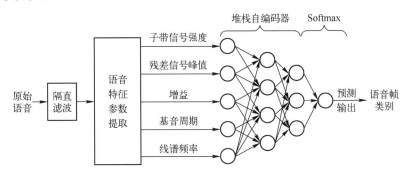

图 9-26　基于栈自动编码器的语音帧分类模型结构图

（1）语音参数提取

为了得到训练深度神经网络的语音参数，首先对原始语音进行隔直滤波，而后采用上一节介绍的语音混合编码算法 MELP，提取语音信号的子带信号强度、残差信号峰值、增益、基音周期和线谱频率（Line Spectrum Frequency，LSF）。

（2）深度神经网络实现

整个深度神经网络是由 SAE 和 Softmax 分类器两部分组成，其中 SAE 是由多个自动编码器堆叠而成，它是一种多层神经网络。由于上述 5 种提取出的语音参数的量纲不同，在输入神经网络之前需要先进行归一化操作。接着，对神经网络的参数进行训练，利用无监督逐层贪婪训练算法，每次只训练网络中的一层。具体而言，首先训练只含一个隐藏层的网络，使用梯度下降算法最小化损失函数，得到第一隐藏层的参数，接着再训练下一个隐藏层；然后，将最后一层隐藏层的结果输入到 Softmax 分类器中；分类器需要用手动标注的纯净信号清/浊标记来引导模型的训练，并通过反向传播算法对网络参数进行微调；最后，将不同信噪比下的语音信号所提取的特征输入到已经训练好的深度神经网络中，完成语音帧的分类。

9.6.2　端到端深度语音编码

不同于将深度学习作为传统语音编码的一个组成部分来使用，端到端深度语音编码将整个编解码过程定义为一个神经网络，通过编码器—解码器框架完整地学习输入到输出的映射，从而直接从训练数据中获知信号的冗余，以实现语音编码。

（1）网络结构

Kankanahalli 等学者将语音编码和解码过程分别建模为编码器神经网络和解码器神经网络。当语音信号进入编码器神经网络后，首先经过一个卷积块，将 K 个通道的样本转换成 C 个通道，再经过 4 个残差块、下采样块，使数据流长度缩短，接着再经过 4 个残差块，并通过一个卷积块转换为单通道数据，进行量化后传输。解码器神经网络在接收到数据后，首先进行反量化，然后依次通过卷积块、残差块、上采样块将数据重新映射成语音信号。模型结构如图 9-27 所示。

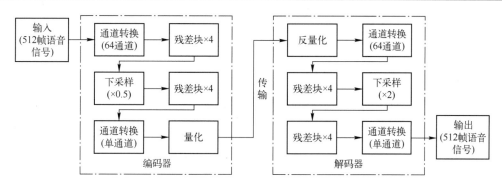

图 9-27　端到端深度语音编码模型结构图

（2）Softmax 量化

需要注意的是，上一段所提到的量化是将神经网络的实值输出映射为离散输出。然而，从本质上说，量化运算是不可微分的，带来的问题是无法用经典的梯度下降法对整个神经网络模型进行训练。为了避免这种情况，采用近似可微的思想，将标量量化重新定义为最近邻分配：即，给定 N 个量化区间 B_1，$\cdots$，B_N，通过将量化模块的输入 z 分配给最近的量化区间来完成量化。这个运算仍然是不可微的，但可以近似如下：

$$D=\big[\,|z-B_1|,\cdots,|z-B_N|\,\big]\in \mathrm{R}^N$$
$$S=\mathrm{softmax}(-\sigma D) \tag{9-40}$$

当 $\sigma\to\infty$ 时，S 是 N 个量化区间的软分配。在解码器方面，可以通过取 S 和 B 的点积将 S 反量化为实值。通过上述处理，B 和 σ 可作为可微参数参加模型的训练，上述方法称为 Softmax 量化。

（3）损失函数

用于模型训练的损失函数如下：

$$O(x,y,c)=\lambda_{\mathrm{mse}}\ell_2(x,y)+\lambda_{\mathrm{perceptual}}P(x,y)+\lambda_{\mathrm{quantization}}Q(c)+\lambda_{\mathrm{entropy}}E(c) \tag{9-41}$$

式中，x 是原始语音信号；y 是经过编码、传输、解码后恢复出的信号；c 是编码器的输出（量化区间的软输出）；$\ell_2(x,y)$ 为均方误差损失。其他三项含义如下。

1）感知损失项 $P(x,y)$：用于支撑语音信号中的高频内容的模糊解码。首先，计算原始语音信号和解码后语音信号的 MFCC，并使用 MFCC 向量之间 l_2 距离作为感知距离。具体地，采用了 4 个大小分别为 8、16、32 和 128 的 MFCC 滤波器组来得到不同颗粒度下的感知距离：

$$P(x,y)=\frac{1}{4}\sum_{i=1}^{4}\ell_2\big(M_i(x),M_i(y)\big) \tag{9-42}$$

其中，M_i 代表第 i 个滤波器组的 MFCC 函数。

2）量化惩罚项 $Q(c)$：为了解决由 Softmax 量化产生的量化区间外生成值问题，定义逼近某独热向量的软分配分量：

$$Q(c)=\frac{1}{256}\sum_{i=0}^{255}\Big[\big(\sum_{j=0}^{N-1}\sqrt{c_{i,j}}\,\big)-1.0\Big] \tag{9-43}$$

当所有 256 个编码符号都是一个独热向量时，该项为零，否则为非零。

3）熵损失项 $E(c)$：该项为将熵编码应用于量化符号而产生的损失。为了估计编码器的熵，需要计算一个概率分布 h，指定每个量化符号在编码器输出中出现的频率，方法是对编码器在局部数据集上生成的所有软分配结果进行平均，其估计公式为

$$E(c) = \sum_{h = \text{histogram}(c)} - h_i \log_2(h_i) \tag{9-44}$$

9.7 思考与复习题

1. 什么叫量化、编码、解码？它们是如何实现的？为什么说在取样率受限于信号带宽时传输数码率取决于语音信号的概率分布？常用的语音信号的概率函数是什么？

2. 什么是信源编码？信源编码主要解决什么问题？什么是信道编码？信道编码主要解决什么问题？

3. 语音编码通常分为哪几类？波形编码、参数编码与混合编码各有什么优点和缺点？

4. 什么叫 PCM 的均匀量化和非均匀量化？后者比前者有什么优点？常用的有哪几种非均匀量化方式？

5. 在语音编码中，如何使用自适应技术？有哪些参数可以被"自适应"？什么叫前馈自适应和反馈自适应？画出它们的系统框图。

6. 子带编码的基本思想是什么？它比一般的 PCM 有什么优点？在各子带内，SBC 用的是什么编码方式？什么叫整数带取样法？它能解决什么问题？什么叫二次镜像滤波法？它又能得到什么好处？画出 SBC-QMF 的系统框图。

7. 什么叫声码器？其传输数码率可低达多少？目前已研究出哪几种类型声码器？其中最常用的是哪一种？

8. 请画出线性预测声码器的原理框图。在 LPC 声码器中，最好的量化参数是什么？在 LPC 声码器中如何使用矢量量化技术来进一步降低数码率？除书中介绍方法之外，还有什么方法吗？什么叫变帧率 LPC 声码器？

9. 什么是码激励声码器？有什么优缺点？

10. 混合激励线性预测编码（MELP）的原理是什么？画出它的系统框图。

11. 现代通信技术的发展对语音编码技术提出了什么要求？当前语音编码的研究主要致力于解决什么问题？

12. 基于深度学习的语音编码主要分为哪两类？它们各自的特点是什么？

13. 在传统语音编码中应用深度学习，需要注意什么？能否将传统语音编码产生的特征直接输入深度网络？如果不能应当如何处理？

第10章　语音合成与转换

10.1　概　　述

由人工制作出语音称为语音合成（Speech Synthesis）。语音合成是人机语音通信的一个重要组成部分，语音合成技术赋予机器"人工嘴巴"的功能，它解决的是如何让机器像人那样说话的问题。早在200多年前人们就开始研究"会说话的机器"了，当时人们利用模仿人的声道做成的橡皮声管，人为地改变其形状来合成元音。随着半导体集成技术和计算机技术的发展，从20世纪60年代后期开始到70年代后期，实用英语语音合成系统首先被开发出来，随后各种语言的语音合成系统也相继被开发出来。现在语音合成技术已经能够实现任意文本的语音合成。所以现代电子技术产生以后，"会说话的机器"这一术语也被语音合成所替代。

语音合成研究的目的是制造一种会说话的机器，使一些以其他方式表示或存储的信息能转换为语音，让人们能通过听觉而方便地获得这些信息。语音合成系统是一个单向系统，由机器到人。用语音合成来传递语言有以下特点：①不用特别注意和专门训练，任何人都可以理解；②可以直接使用电话网和电话机；③无须消耗纸张等资源。因此语音合成的应用领域十分广泛，例如：自动报时、报警、公共汽车或电车自动报站、电话查询服务业务、语音咨询应答系统，打印出版过程中的文本校对等。这些应用都已经发挥了很好的社会效益。还有一些应用，例如电子函件及各种电子出版物的语音阅读、识别合成型声码器等，前景也是十分光明的。

机器说话或者计算机说话，包含着两个方面的可能性：一是机器能再生一个预先存入的语音信号，就像普通的录音机一样，不同之处只是采用了数字存储技术。为了节省存储容量，在存入机器之前，总是要对语音信号先进行数据压缩。例如通过波形编码技术、声码技术等都可用来完成数据压缩的要求。这种语音合成不能解决机器说话的问题，因为它在本质上只是个声音还原过程，即原来存入什么音，讲出来仍是什么音，它不能控制声调、语调，也不能根据所讲内容的上下文来变音、转调或改变语气等。因此具有这一功能的系统称为语音响应系统。另一种是让机器像人类一样说话，或者说计算机模仿人类说话。仿照人的言语过程模型，可以设想在机器中首先形成一个要讲的内容，它一般以表示信息的字符代码形式存在；然后按照复杂的语言规则，将信息的字符代码转换成由基本发音单元组成的序列，同时检查内容的上下文，决定声调、重音、必要的停顿等韵律特性，以及陈述、命令、疑问等语气，最后给出相应的符号代码表示。这样组成的代码序列相当于一种"言语码"。从"言语码"出发，按照发音规则生成一组随时间变化的序列，去控制语音合成器发出声音，犹如人脑中形成的神经命令，以脉冲形式向发音器官发出指令，使舌、唇、声带、肺等部分的肌肉协调动作发出声音一样，这样一个完整的过程正是语音合成的全部含义。有的文献把语声响应系统称为语声合成，而把后一种语音合成称为语言合成。语音合成是语言合成的基础，有了清晰、自然地合成语音再加上一些语言学处理，就能让机器开口说话。在本书中，这两种合成统称为语声合成。

和语音合成原理相似的一种语音处理应用是语音转换，语音合成是根据参数特征合成语音，而语音转换是将某种特征的语音转换为另一种特征语音。众所周知，语音信号包含了很多信息，除了最为重要的语义信息外，还有说话人的个性特征（或者说身份信息）、情感特征、说话人的态度以及说话场景信息等。语音转换就是将 A 话者的语音转换为具有 B 话者发音特征的语音，而保持语音内容不变。一个完整的语音转换系统包括提取说话人个性信息的声学特征、建立两话者间声学特征的映射规则以及将转化后的语音特征合成语音信号三个部分。

需要注意的是，语音变换（Voice Morphing）和语音转换（Voice Conversion）是两个非常相似、相互促进的研究领域。语音变换不要求修改语音使其具有某个特定说话人的个性特征，而是对语音信号的某一个参量按照某个固定的因子进行修改，比如语音时长、频率或基音周期等。语音变换有自身的应用目的，比如在时间尺度上的修改，放慢说话人的发音速率，可以让质量较差的语音也能让人听懂，增强语音的可懂性；而提高发音速率，可以让人快速检索语音，查找所需要的语音，节省时间，也可以节省存储器的存储空间。在频域上，通过压缩语音频带，将语音在带宽有限的信道上传输；或者根据人耳的听觉特性，将语音频谱搬到一个特定的频段上，这样可以帮助那些存在听力障碍的人方便交流。另外语音变换也常应用到心理声学的研究中，比如修改语音的基音频率，而保持语音短时谱包络不变，测试听音者的心理感觉特性。

说话人语音转换是首先提取说话人身份相关的声学特征参数，然后再用改变后的声学特征参数合成出新的接近目标语音的语音。要完成一个说话人语音转换，一般包含两个阶段：训练阶段和转换阶段。在训练阶段，首先提取源说话人和目标说话人的个性特征参数，然后根据某种匹配规则建立源说话人和目标说话人之间的匹配函数；在转换阶段，利用训练阶段获得的匹配函数，对源说话人的个性特征参数进行转换，最后利用转换后的特征参数合成出接近目标说话人的语音。

10.2　语音合成算法

语音合成的研究已有多年的历史，从技术方式讲可分为波形合成法、参数合成法和规则合成方法；从合成策略上讲可分为频谱逼近和波形逼近。

1. 波形合成法

波形合成法一般有两种形式。一种是波形编码合成，它类似于语音编码中的波形编解码方法，该方法直接把要合成语音的发音波形进行存储或者进行波形编码压缩后存储，合成重放时再解码组合输出。这种语音合成器只是语音存储和重放的器件，其中最简单的方法就是直接进行 A/D 转换和 D/A 反转换，或称为 PCM 波形合成法。显然，用这种方法合成出语音，词汇量不可能很大，因为所需的存储容量太大。虽然可以使用波形编码技术（如 AD-

PCM、APC 等）压缩一些存储量，但是在合成时要进行译码处理。另一种是波形编辑合成，它把波形编辑技术用于语音合成，通过选取音库中采取自然语言的合成单元的波形，对这些波形进行编辑拼接后输出。它采用语音编码技术，存储适当的语音基元，合成时，经解码、波形编辑拼接、平滑处理等处理输出所需的短语、语句或段落。和规则合成方法不同，这类方法在合成语音段时所用的基元是不做大的修改的，最多只是对相对强度和时长做一点简单的调整。因此这类方法必须选择比较大的语音单位作为合成基元，例如选择词、词组、短语、甚至语句作为合成基元，这样在合成语音段时基元之间的相互影响很小，容易达到很高的合成语音质量。波形语音合成法是一种相对简单的语音合成技术，通常只能合成有限词汇的语音段。目前许多专门用途的语音合成器都采用这种方式，如自动报时、报站和报警等。

2. 参数合成法

参数合成法也称为分析合成法，是一种比较复杂的方法。为了节约存储容量，必须先对语音信号进行分析，提取出语音的参数，以压缩存储量，然后由人工控制这些参数的合成。参数合成法一般有发音器官参数合成和声道模型参数合成。发音器官参数合成法是对人的发音过程直接进行模拟。它定义了唇、舌、声带的相关参数，如唇开口度、舌高度、舌位置、声带张力等，由发音参数估计声道截面积函数，进而计算声波。由于人的发音生理过程的复杂性和理论计算与物理模拟的差别，合成语音的质量暂时还不理想。声道模型参数语音合成是基于声道截面积函数或声道谐振特性合成语音的。早期语音合成系统的声学模型，多通过模拟人的口腔的声道特性来产生。其中比较著名的有 Klatt 的共振峰（Formant）合成系统，后来又产生了基于 LPC、LSP 和 LMA 等声学参数的合成系统。这些方法用来建立声学模型的过程为：首先录制声音，这些声音涵盖了人发音过程中所有可能出现的读音；提取出这些声音的声学参数，并整合成一个完整的音库。在发音过程中，首先根据需要发的音，从音库中选择合适的声学参数，然后根据韵律模型中得到的韵律参数，通过合成算法产生语音。参数合成方法的优点是其音库一般较小，并且整个系统能适应的韵律特征的范围较宽，这类合成器比特率低，音质适中；缺点是参数合成技术的算法复杂、参数多，并且在压缩比较大时，信息丢失亦大，合成出的语音总是不够自然、清晰。为了改善音质，近几年发展了混合编码技术，主要是为了改善激励信号的质量。虽然比特率有所增大，但音质得到了提高。

3. 规则合成法

这是一种高级的合成方法。规则合成方法通过语音学规则产生语音。合成的词汇表不是事先确定的，系统中存储的是最小的语音单位的声学参数，以及由音素组成音节、由音节组成词、由词组成句子和控制音调、轻重音等韵律的各种规则。给出待合成的字母或文字后，合成系统利用规则自动地将它们转换成连续的语音声波。这种方法可以合成无限词汇的语句。这种算法中，用于波形拼接和韵律控制的较有代表性的算法是基音同步叠加技术（PSOLA），该方法既能保持所发音的主要音段特征，又能在拼接时灵活调整其基频、时长和强度等超音段特征。其核心思想是，直接对存储于音库的语音运用 PSOLA 算法来进行拼接，从而整合成完整的语音。有别于传统概念上只是将不同的语音单元进行简单拼接的波形编辑合成，规则合成系统首先要在大量语音库中，选择最合适的语音单元来用于拼接，并在选音过程中往往采用多种复杂的技术，最后在拼接时，要使用如 PSOLA 等算法对其合成语音的韵律特征进行修改，从而使合成的语音能达到很高的音质。

本节主要介绍一些语音合成方法，但从第 9 章的语音编码的讨论可知，无论是波形编码合成还是参数合成，其原理都等同于语音通信中的波形编码器和声码器中的接收端的工作过程，区别只是在于现在不是从信道送来的参数或编码的序列，而是以从分析或者变换而得到的存储在语音库中的参数或码序列作为合成数据来实现语音合成。因此，两者存在一定共同点，本节只补充讨论语音编码没有涉及的内容。

10.2.1 共振峰合成法

参数合成方法实际上就是语音参数分析的逆过程，它把分析得到的每一帧语音参数，包括浊音/清音判别、声源参数、能量、声道参数按时间顺序连续地输入到参数合成网络中，参数合成器即可输出合成的语音。目前较为流行的语音合成技术分为两类：共振峰合成和 LPC 合成。共振峰合成方法虽然比 LPC 合成方法复杂，但可以产生较高质量的合成语音。

共振峰语音合成器模型是把声道视为一个谐振腔，利用腔体的谐振特性，如共振峰频率及带宽，并以此为参数构成一个共振峰滤波器。因为音色各异的语音有不同的共振峰模式，所以基于每个共振峰频率及其宽带为参数，都可以构成一个共振峰滤波器。将多个这种滤波器组合起来模拟声道的传输特性，对激励声源发生的信号进行调制，经过辐射即可得到合成语音。这便是共振峰语音合成器的构成原理。实际上，共振峰滤波器的个数和组合形式是固定的，只是共振峰滤波器的参数，随着每一帧输入的语音参数改变，以此表征音色各异的语音的不同的共振峰模式。

图 10-1 所示的是共振峰合成器的系统模型。从图中可以看出激励声源发生的信号，先经过模拟声道传输特性的共振峰滤波器调制，再经过辐射传输效应后即可得到合成的语音输出。由于发声时器官是运动的，所以模型的参数是随时间变化的。因此，一般要求共振峰合成器的参数逐帧修正。

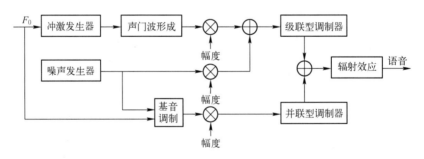

图 10-1　共振峰合成器的系统模型

简单地将激励分成浊音和清音两种类型是有缺陷的。因为对浊辅音，尤其是浊擦音来说，声带振动产生的脉冲波和湍流是同时存在的，这时噪声的幅度要被声带振动周期性地调制。因此，为了得到高质量的合成语音，激励源应具备多种选择，以适应不同的发音情况。图 10-1 中激励源有三种类型：合成浊音语音时用周期冲激序列；合成清音语音时用伪随机噪声；合成浊擦音时用周期冲激调制的噪声。激励源对合成语音的自然度有明显的影响。发浊音时，最简单的是三角波脉冲，但这种模型不够精确，对于高质量的语音合成，激励源的脉冲形状是十分重要的，可以采用其他更为精确的形式，如多项式波、滤波成形波等。合成清音时，激励源一般使用白噪声，实际实现时用伪随机数发生器来产生。但是，实际清音激励源的频谱应该是平坦的，其波形样本幅度服从高斯分布。而伪随机数发生器产生的序列具有平坦的频谱，但幅度是均匀分布。根据中心极限定理，互相独立且具有相同分布的随机变量之和服从高斯分布。因此，将若干个（典型值为 14~18）随机数叠加起来，可以得到近似高斯分布的激励源。

声学原理表明，语音信号谱中的谐振特性（对应声道传输函数中的极点）完全由声道形状决定，和激励源的位置无关；而反谐振特性（对应于声道传输函数的零点）在发大多数辅音（如摩擦音）和鼻音（包括鼻化元音）时存在。因此，对于鼻音和大多数的辅音，应采用极零模型。图 10-1 采用了两种声道模型。一种是将其模型化为二阶数字谐振器的级联。级联型结构可模拟声道谐振特性，能很好地逼近元音的频谱特性。这种形式结构简单，每个谐振器代表了一个共振峰特性，只需用一个参数来控制共振峰的幅度。采用二阶数字滤波器的原因是因为它对单个共振峰特性提供了良好的物理模型；同时在相同的频谱精度上，低阶的数字滤波器量化位数较小，在计算上也十分有效。另一种是将其模型化为并联形式。并联型结构能模拟谐振和反谐振特性，所以被用来合成辅音。事实上，并联型也可以模拟元音，但效果不如级联型好。并联型结构中的每个谐振器的幅度必须单独控制，从而产生合适的零点。

对于平均长度为 17 cm 的声道（男性），在 3 kHz 范围内大致包含 3 个或 4 个共振峰，而在 5 kHz 范围内包含 4 个或 5 个共振峰。语音合成的研究表明：表示浊音最主要的是前 3 个共振峰，只要用前 3 个时变共振峰频率就可以得到可懂度很好的合成浊音。所以在对声道模型参数进行逐帧修正时，高级的共振峰合成器要求前 4 个共振峰频率以及前 3 个共振峰带宽都随时间变化，更高频率的共振峰参数变化可以忽略。对于要求简单的场合，则只改变共振峰频率 F_1、F_2、F_3，而带宽则固定不变。例如，前 3 个共振峰的带宽保持在 60 Hz、100 Hz、120 Hz 不变。根据不同的浊音，调整 F_1、F_2、F_3 以改变 3 个共振峰频率。但固定的共振峰带宽会影响合成语音的音质，这在合成鼻音时显得更为突出。图 10-1 的辐射模型比较简单，可用一阶差分来逼近。一般的共振峰合成器模型中，声源和声道间是互相独立的，没有考虑它们之间的相互作用。然而，研究表明，在实际语言产生的过程中，声源的振动对声道里传播的声波有不可忽略的作用。因此，提高合成音质的一个重要途径是采用更符合语音产生机理的语音生成模型。

高级共振峰合成器可合成出高质量的语音，几乎和自然语音没有差别。但关键是如何得到合成所需的控制参数，如共振峰频率、带宽、幅度等。而且，求取的参数还必须逐帧修正，才能使合成语音与自然语音达到最佳匹配。在以音素为基元的共振峰合成中，可以存储每个音素的参数，然后根据连续发音时音素之间的影响，从这些参数内插得到控制参数轨迹。尽管共振峰参数理论上可以计算，但实验表明，这样产生的合成语音在自然度和可懂度方面均不令人满意。

理想的方法是从自然语音样本出发，通过调整共振峰合成参数，使合成出的语音和自然语音样本在频谱的共振峰特性上最佳匹配，即误差最小，将此时的参数作为控制参数，这就是合成分析法。实验表明，如果合成语音的频谱峰值和自然语音的频谱峰值差能保持在几个分贝之内，且基音和声强变化曲线能较精确地吻合，则合成语音在自然度和可懂度方面均和自然语音没什么差别。为了避免连续时邻近音素的影响，对于比较稳定的音素，如元音、摩擦音等，控制参数可以由孤立的发音来提取；而对于瞬态的音素，如塞音，其特性受前后音素影响很大，其参数值应对不同连接情况下的自然语句取平均。根据语音产生的声学模型，直接从自然语音样本中精确地提取共振峰参数还依赖于对激励源信息的获取。假定浊音激励源的频谱以−12 dB/倍频程变化，那么经过预加重的自然语音波形的谱特性就与声道的谱特性相当。虽然这时过分简化了激励源，但这种方法仍然是最常用和最有效的。

10.2.2 线性预测合成法

线性预测合成方法是目前比较简单和实用的一种语音合成方法，它以其低数据率、低复杂度、低成本，受到特别的重视。20 世纪 60 年代后期发展起来的 LPC 语音分析方法可以有效地估计基本语音参数，如基音、共振峰，以及谱、声道面积函数等，可以对语音的基本模型给出精确的估计，而且计算速度较快。因此，LPC 语音合成器利用 LPC 语音分析方法，通过分析自然语音样本，计算出 LPC 系数，就可以建立信号产生模型，从而合成出语音。线性预测合成模型是一种"源—滤波器"模型，由白噪声序列和周期脉冲序列构成的激励信号，经过选通、放大并通过时变数字滤波器（由语音参数控制的声道模型），就可以再获得原语音信号。这种参数编码的语音合成器的原理框图如图 10-2 所示。图 10-2 所示的线性预测合成的形式有两种：一种是直接用预测器系数 a_i 构成的递归型合成滤波器；另一种合成的形式是采用反射系数 k_i 构成的格型合成滤波器。

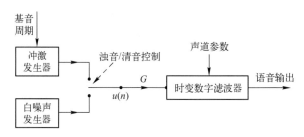

图 10-2　LPC 语音合成器

直接用预测器系数 a_i 构成的递归型合成滤波器结构如图 10-3 所示。用该方法定期地改变激励参数 $u(n)$ 和预测器系数 a_i，能合成出语音。这种结构简单而直观，为了合成一个语音样本，需要进行 p 次乘法和 p 次加法。合成的语音样本由下式决定：

$$s(n) = \sum_{i=1}^{p} a_i s(n-1) + Gu(n) \tag{10-1}$$

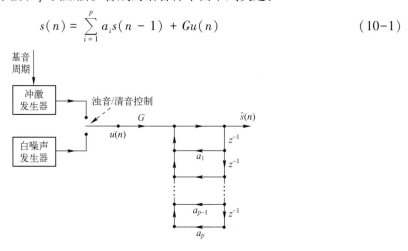

图 10-3　直接递归型 LPC 语音合成器

式中，a_i 为预测器系数；G 为模型增益；$u(n)$ 为激励；合成语音样本为 $s(n)$；p 为预测器阶数。

直接式的预测系数滤波器结构的优点是简单、易于实现，所以曾被广泛采用，其缺点是合成语音样本需要很高的计算精度。这是因为这种递归结构对系数的变化非常敏感，系数的微小变化都可以导致滤波器极点位置发生很大变化，甚至出现不稳定现象。所以，由于预测系数 a_i 的量化所造成的精度下降，使得合成的信号不稳定，容易产生振荡的情况。而且预测系数的个数 p 变化时，系数 a_i 的值变化也很大，很难处理，这是直接式线性预测法的缺点。

另一种合成的形式是采用反射系数 k_i 构成的格型合成滤波器。合成语音样本由下式决定：

$$s(n) = Gu(n) + \sum_{i=1}^{p} k_i b_{i-1}(n-1) \tag{10-2}$$

式中，G 为模型增益；$u(n)$ 为激励；k_i 为反射系数；$b_i(n)$ 为后向预测误差；p 为预测器阶数。

由式（10-2）可看出，只要知道反射系数、激励位置（即基音周期）和模型增益就可由后向误差序列迭代计算出合成语音。合成一个语音样本需要 $(2p-1)$ 次乘法和 $(2p-1)$ 次加法。采用反射系数 k_i 的格型合成滤波器结构，虽然运算量大于直接型结构，却具有一系列优点：其参数 k_i 具有 $|k_i| < 1$ 的性质，因而滤波器是稳定的；同时与直接结构形式相比，它对有限字长引起的量化效应灵敏度较低。此外，基音同步合成需对控制参数进行线性内插，以得到每个基音周期起始处的值。然而预测器系数本身却不能直接内插，但可以证明，可对部分相关系数进行内插，如果原来的参数是稳定的，则结果必稳定。无论选用哪一种滤波器结构形式，LPC 合成模型中所有的控制参数都必须随时间不断修正。

在实际进行语音合成时，除了构成合成滤波器之外，还必须在有浊音的情况下，将一定基音周期的脉冲序列作为音源；在清音的情况下，将白噪声作为音源。由此可知，必须进行浊音/清音的判别和确定音源强度。

对于基音周期的检测，上述章节已经进行了相关介绍。对于语音合成来说，常采用去掉共振峰影响后的最后一级残差信号 $e_n^{(p)}$（前向预测误差）的自相关函数的方式。这个残差信号的自相关函数也叫变形自相关函数 $r_e(n)$，它除了可用来检测基音周期之外，也可用来区别浊音/清音等。在 $r_e(0)$ 之后找出 $r_e(n)$ 取峰值时的 T，即从 $n=0$ 开始，搜索基音周期可能存在的 $3 \sim 15\,\mathrm{ms}$ 的区间，从而求出这个周期。

同样对于浊音/清音的判别方法，也可以采用误差信号 $r_e(n)$。采用 $r_e(n)$ 的一个方法是利用 $r_e(T)/r_e(0)$ 这个比值，如果是浊音，$r_e(T)$ 则相当于 $r_e(n)$ 的一个极值。所以可以设定 $r_e(T)/r_e(0)$ 的比值在 0.18 以下为清音，在 0.25 以上为浊音。

10.2.3　PSOLA 算法合成语音

早期的波形编辑技术只能回放音库中保存的东西，而任何一个语言单元在实际语流中都会随着语言环境的变化而变化。20 世纪 80 年代末，由 F. Charpentier 和 E. Moulines 等提出的基音同步叠加技术（PSOLA）和早期的波形编辑有原则性的差别，它既能保持原始语音的主要音段特征，又能在音节拼接时灵活调整其基音、能量和音长等韵律特征，因而很适合于汉语语音和规则合成。同时汉语是声调语言系统，其词调模式、句调模式都很复杂，在以音节为基元合成语音时，句子中单音节的声调、音强和音长等参数都要按规则进行调整。

PSOLA 是用于波形编辑合成语音技术中对合成语音的韵律进行修改的一种算法。决定语音波形韵律的主要时域参数包括：音长、音强、音高等。音长的调节对于稳定的波形段是比较简单的，只需以基音周期为单位加/减即可。但对于语音基元本身的复杂性，实际处理时采用特定的时长缩放法；音强改变只要加强波形即可。但对一些重音有变化的音节，有可能幅度包络也需改变；音高的大小对应于波形的基音周期。对于大多数通用语言，音高仅代表语气的不同及话者的更替。但汉语的音高曲线构成声调，声调有辨义作用，因此汉语的音高修改比较复杂。

图 10-4 是基于 PSOLA 算法的语音合成系统的基本结构。由于利用 PSOLA 算法合成语音在计算复杂度、合成语音的清晰度、自然度方面都具有明显的优点，因而受到国内外很多学者的欢迎。

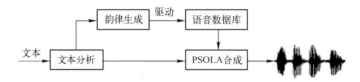

图 10-4　利用 PSOLA 算法的语音合成系统

本质上说，PSOLA 算法是利用短时傅里叶变换重构信号的重叠相加法。设信号 $x(n)$ 的短时傅里叶变换为

$$X_n(\mathrm{e}^{\mathrm{j}\omega}) = \sum_{m=-\infty}^{\infty} x(m)\omega(n-m)\mathrm{e}^{-\mathrm{j}\omega n} \quad n \in Z \tag{10-3}$$

由于语音信号是一个短时平稳信号，因此在时域每隔若干个（例如 R 个）样本取一个频谱函数就可以重构信号 $x(n)$，即

$$Y_r(\mathrm{e}^{\mathrm{j}\omega}) = X_n(\mathrm{e}^{\mathrm{j}\omega})\mid_{n=rR} \quad r, n \in Z \tag{10-4}$$

其傅里叶逆变换为

$$y_r(m) = \frac{1}{2\pi}\int_{-\infty}^{\infty} Y_r(\mathrm{e}^{\mathrm{j}\omega})\mathrm{e}^{\mathrm{j}\omega m}\mathrm{d}\omega \quad m \in Z \tag{10-5}$$

然后就可以通过叠加 $y_r(m)$ 得到原信号，即

$$y(m) = \sum_{r=-\infty}^{\infty} y_r(m) \tag{10-6}$$

基音同步叠加技术一般有三种方式：时域基音同步叠加（TD-PSOLA）、线性预测基音同步叠加（LPC-PSOLA）和频域基音同步叠加（FD-PSOLA）。

本章主要介绍时域基音同步叠加法，其步骤如下：

1）对语音合成单元设置基音同步标记。同步标记是与合成单元浊音段的基音保持同步的一系列位置点，它们必须能准确反映各基音周期的起始位置。PSOLA 技术中，短时信号的截取和叠加、时间长度的选择，均是依据同步标记进行的。浊音有基音周期，而清音的波形接近于白噪声，所以在对浊音信号进行基音标注的同时，为保证算法的一致性，可令清音的基音周期为一常数。

2）以语音合成单元的同步标记为中心，选择适当长度（一般取两倍的基音周期）的时窗对合成单元做加窗处理，获得一组短时信号。

3）在合成规则的指导下，调整步骤 1)中获得的同步标记，产生新的基音同步标记。具体地说，就是通过对合成单元同步标记的插入、删除来改变合成语音的时长；通过对合成单元标记间隔的增加、减小来改变合成语音的基频等。

4）根据步骤 3)得到的合成语音的同步标记，对步骤 2)中得到的短时信号进行叠加，从而获得合成语音。

总的说来，PSOLA 法实现语音合成主要有三个步骤，分别为基音同步分析、基音同步修改和基音同步合成。

1. 基音同步分析

同步标记是与合成单元浊音段的基音保持同步的一系列位置点，用它们来准确反映各基音周期的起始位置。同步分析的功能主要是对语音合成单元进行同步标记设置。PSOLA 技术中，短时信号的截取和叠加、时间长度的选择，均是依据同步标记进行的。对于浊音段有基音周期，而清音段信号则属于白噪声，所以这两种类型需要区别对待。在对浊音信号进行基音标注的同时，为保证算法的一致性，一般令清音的基音周期为一常数。

以语音合成单元的同步标记为中心，选择适当长度（一般取两倍的基音周期）的时窗对合成单元做加窗处理，获得一组短时信号 $x_m(n)$：

$$x_m(n) = h_m(t_m - n)x(n) \tag{10-7}$$

式中，t_m 为基音标注点，$h_m(n)$ 一般取 Hamming 窗，窗长大于原始信号的一个基音周期，且窗间有重叠。窗长一般取为原始信号的基音周期的 2~4 倍。

2. 基音同步修改

同步修改在合成规则的指导下，调整同步标记，产生新的基音同步标记。具体地说，就是通过对合成单元同步标记的插入、删除来改变合成语音的时长；通过对合成单元标记间隔的增加、减小来改变合成语音的基频等。这些短时合成信号序列在修改时与一套新的合成信号基音标记同步。在 TD-PSOLA 方法中，短时合成信号由相应的短时分析信号直接复制而来。若短时分析信号为 $x(t_a(s), n)$，短时合成信号为 $x(t_s(s), n)$，则有

$$x(t_s(s), n) = x(t_a(s), n) \tag{10-8}$$

式中，$t_a(s)$ 为分析基音标记；$t_s(s)$ 为合成基音标记。

3. 基音同步合成

基音同步合成是利用短时合成信号进行叠加合成。如果合成信号仅仅在时长上有变化，则增加或减少相应的短时合成信号；如果是基频上有变化则首先将短时合成信号变换成符合要求的短时合成信号再进行合成。

基音同步叠加合成的方法有很多。采用原始信号谱与合成信号谱差异最小的最小平方叠加法合成法（Least-Square Overlap-Added Scheme）合成的信号为：

$$\bar{x}(n) = \sum_q a_q \bar{x}_q(n) \bar{h}_q(\bar{t}_q - n) / \sum_q \bar{h}_q^2(\bar{t}_q - n) \tag{10-9}$$

式中，分母是时变单位化因子，代表窗间的时变叠加的能量补偿；$\bar{h}_q(n)$ 为合成窗序列；a_q 为相加归一化因子，是为了补偿音高修改时能量的损失而设的。

式（10-9）可简化为

$$\bar{x}(n) = \sum_q a_q \bar{x}_q(n) / \sum_q \bar{h}_q(\bar{t}_q - n) \tag{10-10}$$

式中，分母是一个时变的单位化因子，用来补偿相邻窗口叠加部分的能量损失。该因子在窄

带条件下接近于常数；在宽带条件下，当合成窗长为合成基音周期的两倍时该因子亦为常数。此时，若设 $a_q = 1$，则有

$$\bar{x}(n) = \textstyle\sum_q \bar{x}_q(n) \tag{10-11}$$

利用上面的式（10-10）和式（10-11），可以通过对原始语音的基音同步标志 t_m 间的相对距离进行伸长和压缩，从而对合成语音的基音进行灵活的提升和降低。同样，还可通过对音节中的基因同步标志的插入和删除来实现对合成语音音长的改变，最终得到一个新的合成语音的基音同步标志 t_q，并且可通过对式（10-10）中能量因子 a_q 的变化来调整语流中不同部位的合成语音的输出能量。图 10-5 所示为同步叠加算法改变语音基音和时长的示意图。

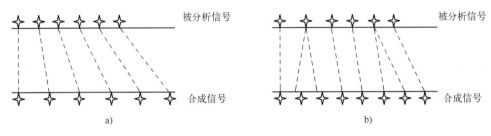

图 10-5　时域基频同步合成语音

a）语音基频被降低　b）语音被延长但基频基本保持不变

10.3　基于深度学习的语音合成

基于深度学习的语音合成方法逐渐成为当前主流的合成方法之一。其中，端到端深度学习语音合成应用最为广泛，该方法包含两个主要模块：声学模型和声码器。首先，声学模型是将文本输入转换为频谱等声学特征；然后，声码器基于所得到的声学特征，完成目标语音的合成。

10.3.1　声学模型

声学模型以端到端的方式将输入的文本转换成声学特征（如美尔频谱）。典型的声学模型包括 Tacotron、Tacotron2、TransformerTTS 等。以 Tacotron 模型为例，其采用深度神经网络模型代替传统方法，从而可以直接从文本中通过学习得到期望的声学特征。具体而言，Tacotron 模型主体分为编码器、注意力机制和解码器三个模块。其中，编码器负责将输入的文本映射到一定维度的向量空间中，再经过其 Pre-net 层进行预处理，经过由一系列一维卷积、残差连接，以及一个双向 GRU 组成的深度网络结构，获取该文本中的长短时距离信息，从而得到隐含的状态序列；该序列经由注意力机制模块处理；解码器的输入为前一帧的声学特征，同时参考注意力机制模块处理之后的结果，通过自回归的方式得到最终的声学特征。

Tacotron2 为 Tacotron 模型结构的升级。其主体也分为编码器、注意力机制和解码器三个模块，如图 10-6 所示。编码器模块采用三层卷积和双向 LSTM，三层卷积提取局部信息，再送入双向 LSTM 中进行处理。解码器模块采用两层 LSTM，在解码器输入端，还加入了 Pre-net 层。Pre-net 层有两个作用：一是升维，因为输入解码器的前一帧语音信号的美尔频谱的维度通常不同于编码器中经过 LSTM 处理后的文本维度，使用 Pre-net 使其二者维度一

致；二是增强非线性，因为文本和美尔频谱处在两个不同的空间，而应用注意力机制需要在同一个空间内进行。Pre-net 常采用两层全连接层完成非线性操作。

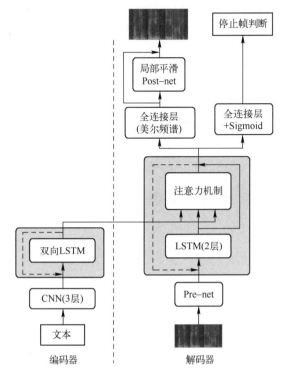

图 10-6　Tacotron2 的模型结构

此外，在李乃寒等学者提出的 Tacotron2 中，注意力机制的每个输出都经过一个非激活的全连接层映射成一个 80 维向量，作为美尔频谱的一帧，并经过由 CNN 构成的 Post-net 进行局部平滑，得到最终输出。另一方面，由于语音合成输出为连续信号，因此采用带有 Sigmoid 激活的全连接层作为一个二分类器，来预测当前帧是否为最后一帧停止帧。

10.3.2　声码器

声码器负责将声学特征转换为可以直接播放的语音。基于深度学习所设计的声码器包括 Wavenet、Parallel wavenet、WaveRNN、LPCNet 等。

Wavenet 是基于 CNN 的自回归生成模型，其利用声学特征序列中的第 $1 \sim (t-1)$ 个采样点，预测第 t 个采样点，即

$$p(\boldsymbol{X}) = \prod_{t=1}^{T} p(x_t | x_1, \cdots, x_{t-1}) \tag{10-12}$$

Wavenet 主要结构为多个一维卷积层，由于一维卷积的感受野是固定的，上式改写为

$$p(\boldsymbol{X}) = \prod_{t=1}^{T} p(x_t | x_{t-R}, \cdots, x_{t-1}) \tag{10-13}$$

其中，R 为感受野的尺寸。由于语音信号中常见的采样频率为 16000/22050/44100 Hz。这就要求模型拥有足够大的感受野，才能让所合成的语音质量更高。为此，Wavenet 主要采用了因果卷积和空洞卷积两种方式。对于因果卷积，如图 10-7a 所示，对每个时刻，卷积的感

受野只能将当前时刻及之前的采样点作为输入，从而保证了自回归性。对于空洞卷积，如图 10-7b 所示，通过对每层卷积核的参数之间添加常数零权值，并且空洞率逐层呈指数增加，一方面有效增加了感受野，使卷积核可以应用于超过自身尺寸的区域，另一方面也控制了参数量和计算量。例如，最底层的每个点都参与计算，空洞率为 1，然后往上第二层，隔一个点参与计算，空洞率为 2，再上一层，隔三个点参与计算，空洞率为 4，以此类推，对于第 k 层卷积，其感受野可以达到 2^k。

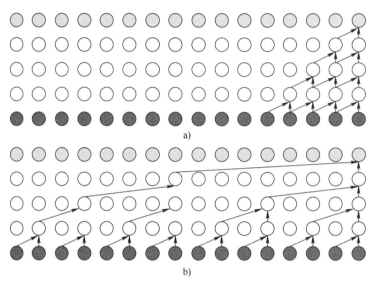

图 10-7　卷积模型

a）因果卷积　b）空洞卷积

Wavenet 网络结构如图 10-8 所示。模型主体是由一个因果卷积和 K 层卷积网络组成，通过残差、跳步连接以及两个激活函数和 1×1 卷积，最后经过 Softmax 层得到最终输出。每个卷积网络都对前一网络输出结果进行卷积，卷积核越大，层数越多，该模型在时域上的感知能力越强，感受野也越大。每生成一个点，就把该点作为输入层最后一个采样点继续迭代生成。

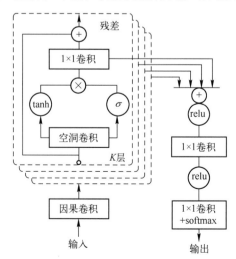

图 10-8　Wavenet 网络结构图

具体地，声学特征经过一个一维因果卷积输入 K 层空洞卷积网络，其中每层空洞卷积网络包含一个空洞卷积、一个 Tanh、一个 Sigmoid 和一维卷积层。每层空洞卷积网络激活单元运算如下式所示：

$$z = \tanh(\boldsymbol{W}_f * \boldsymbol{x}) \odot \text{sigmoid}(\boldsymbol{W}_g * \boldsymbol{x}) \tag{10-14}$$

式中，$*$ 表示卷积操作；$\boldsymbol{W}_f$ 和 $\boldsymbol{W}_g$ 分别表示卷积核；$\odot$ 表示向量元素乘积。经过激活后输入一层 1×1 卷积，得到的输出有两个去向：一个是与本层输入合并输出给下一层，形成残差效果；另一个是该层将 1×1 卷积的输出直接作为输出特征的一部分。

Wavenet 最终经过 Softmax 层将问题转化为分类问题，使用交叉熵损失函数。但是，语音直接转化为数字后，它是由 16 位整数进行存储的，总共有 2^{16} 种分类类别，这样计算成本非常高。因此，Wavenet 模型首先将采样点归一化到 $-1 \sim 1$，然后再经过 μ 律变换为 256 个连续的子区间。通过降低维度，能够很大程度上降低 Softmax 层的计算量，即

$$f(x_t) = \text{sign}(x_t) \frac{\ln(1 + \mu|x_t|)}{\ln(1 + \mu)}, \quad \mu = 255 \tag{10-15}$$

根据每个采样点落在子区间的序号，将每个采样点转化为一个 256 维的独热向量（one-hot），输入到 Wavenet 网络，经过因果卷积、空洞卷积以及激活函数等计算后，得到的也是 256 维的结果，再将输出的结果按照概率采样输入到下一个采样点的预测中，不断迭代生成采样点，最后，对结果进行逆运算得到合成出的语音。

10.4　常用的语音转换方法

说话人语音转换的核心问题就是找出源说话人和目标说话人之间的匹配函数。虽然有许多比较经典的转换算法，且思路不同，但是一个完整的说话人语音转换系统一般会考虑以下几个因素：

1）选择一个理想的分析合成模型。为了获得良好的语音转换效果，必须要建立一个有效的分析合成语音的数学模型。

2）选择一种较为理想的转换算法。在源说话人和目标说话人的个性特征参数之间建立一个有效的匹配函数，这也是说话人语音转换的核心所在。

3）选择一种有效的语音特征参数来表征说话人的个性特征。

韵律信息的转换和频谱特征参数的转换是语音转换的最基本内容。在语音转换方法的选择上，现在国内外的研究主要集中在频谱参数的转换方法上，因此提出了许多关于频谱参数的转换方法，而韵律信息的转换研究则相对弱一点。

10.4.1　频谱特征参数转换

1. 矢量量化法

Abe 在 20 世纪 80 年代最早用矢量量化的方法进行了不同说话人之间的语音转换的研究，取得了较为理想的效果。该方法主要分为训练阶段和转换阶段两个过程。

训练阶段的过程如图 10-9 所示。

具体过程为：

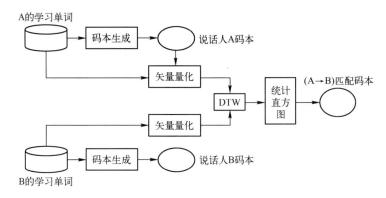

图 10-9　匹配码本的生成方法

1) 对源语音和目标语音的频谱特征参数空间进行量化，得到具有相同码字数目 M 的码本分别为 V、U。

2) 由源说话人和目标说话人分别产生学习集，然后对所有的单词逐帧进行矢量量化。

3) 运用 DTW 对两说话人的相同的单词进行对齐。

4) 两说话人之间的矢量量化对应关系累积成柱状图，将柱状图作为加权系数，映射码本即为目标语音矢量的线性合成时的加权系数。

转换阶段的过程如图 10-10 所示。

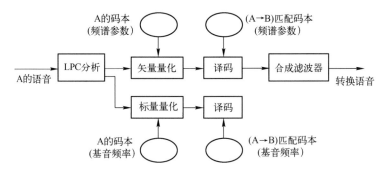

图 10-10　说话人 A 到说话人 B 的转换框图

在转换阶段，先将语音特征矢量进行矢量量化，假设量化成第 l 个码字，则转换后的特征向量为

$$\boldsymbol{y}_n = \sum_{k=1}^{M} h_{l,k} \boldsymbol{\mu}_l \tag{10-16}$$

式中，$h_{l,k}$ 是映射码本 H 中的元素，满足 $\sum_{k=1}^{K} h_{l,k} = 1$；$u_l$ 是目标码本 U 的第 l 个码字。

矢量量化的方法在一定程度上实现了不同说话人之间的转换，但是由于矢量量化的方法是在每一个特征子空间上进行转换，忽略了各个子空间的联系，会引起特征空间的不连续性，使得转换后的语音的效果不是很理想。

2. 线性多变量回归法

20 世纪 90 年代初，Valbret 提出了 LMR（线性多变量回归）的方法，训练时首先对源特征参数和目标特征参数进行归一化，用 DTW 方法将源语音和目标语音的频谱包络特征参数进行对齐，然后应用非监督的分类技术将源说话人和目标说话人的声学空间分成非叠加的子空间，通过在每一个子空间中运用 LMR 对源特征参数和目标特征参数建立一个简单的线性关系的方法，可以更好地进行特征的转换。

在训练阶段，转换方程可以用下式表示：

$$\hat{\boldsymbol{y}}_i = \boldsymbol{A}_i * \boldsymbol{X}_i \tag{10-17}$$

$\boldsymbol{A}_i$ 的估计可以通过最小平方误差的方法进行求取。

$$\| \hat{\boldsymbol{y}}_i - \boldsymbol{y}_i \|^2 \tag{10-18}$$

式中，$\boldsymbol{A}_i$ 代表转移矩阵；$\boldsymbol{X}_i$ 代表归一化的源特征矢量；$\hat{\boldsymbol{y}}_i$ 代表归一化的转换后的特征矢量；$\boldsymbol{y}_i$ 代表归一化的目标特征矢量；i 代表第 i 个子空间。

在转换阶段，首先对源特征矢量进行归一化处理，然后对其进行量化归类，确定所用的转移矩阵，再将归一化之后的特征矢量乘以转移矩阵，再对得到的矢量进行解归一化，即得到转换后的频谱特征参数。

3. 神经网络法

学者 Narendranath 提出了一种使用神经网络实现语音转换的算法。神经网络共分为 4 层结构：两个隐层、3 个输入单元、3 个输出单元。它提取源说话人的前 3 个共振峰用作输入，其对应的目标说话人的前 3 个共振峰作为输出，采用含有 8 个神经元的两个中间隐含层，运用 BP 方法进行训练。在转换后合成时，将转换的共振峰频率和平均基音频率进行合成来得到最终的语音。

学者 Baukoin 也采用 BP 神经网络进行类似的实验，他采用了两种类型的神经网络：一种神经网络包含两个隐含层，每个隐含层含有 15 个神经元；另一种神经网络包含 3 个隐含层，每个隐含层含有 12 个神经元。采用的特征参数是倒谱参数。主要步骤如下：

（1）训练阶段

将源语音的谱参数用均值和协方差进行归一化处理，然后进行分类，对于源特征参数和目标特征参数进行动态时间调整，将其分别作为神经网络的输入和输出。训练阶段的优化原则是使转换的倒谱矢量和目标矢量的平均距离最小。

（2）转换阶段

先对源特征矢量进行归一化处理，将归一化后的特征矢量进行归类，再用对应类的神经网络进行转换，再用均值和协方差进行解归一化处理。

4. 多说话人插值法

多说话人插值法是根据预先存储的多个说话人频谱包络进行插值得到目标的频谱包络，频谱包络通过慢变化的插值率来进行平滑的转换。在进行插值之前，首先对多个说话人的语音频谱参数序列进行时间对齐，然后再进行下面的转换：

$$\hat{y}_n = \sum_{k=1}^{M} a_k x_k^n + b \tag{10-19}$$

式中，x_k^n 是第 k 个说话人的第 n 帧频谱参数；k 是说话人的个数；a_k 是第 k 个人的加权系数；b 是偏移向量；$\hat{y}_n$ 是经插值转换后得到的第 n 帧语音的参数；a_k 和 b 可以通过 LMR 方法或者神经网络的方法计算得到。

多说话人插值法在说话人数量较少时，可以获得比其他方法较好的效果，但是当说话人数量足够多时，这种方法就不可取。

10.4.2　基音周期转换

基音周期是很重要的说话人特征参数，在语音转换中需要对其进行有效的建模和转换，以便使转换后语音的基音周期尽可能接近目标说话人语音的基音周期。对基音周期进行转换的过程中，基音周期需要保持短时包络特征以及源语音的时长信息不被改变。下面介绍几种常用基音周期的建模和转换方法。

1. 平均基音周期转换法

对基音周期进行转换时，常用的方法是分别提取源说话人和目标说话人的平均基音周期，分别记为 $\overline{p}_s$ 和 $\overline{p}_t$。则平均基音周期转换率 α 等于目标说话人的平均基音周期除以源说话人的平均基音周期

$$\alpha = \frac{\overline{p}_t}{\overline{p}_s} \tag{10-20}$$

在转换阶段即用源语音的基音周期 p_s 乘以 α 即得转换语音的基音周期 p_c。

$$p_c = \alpha p_s \tag{10-21}$$

2. 高斯模型转换法

在这种方法中，假定源说话人的基音周期和目标说话人的基音周期都服从高斯分布。首先获得源说话人和目标说话人基音周期的均值和方差，分别记为 (μ_s, σ_s)，(μ_T, σ_T)。假定转换后语音的基音周期的均值和方差与目标语音相同，并且转换后语音的基音周期和源说话人的基音周期服从相同的高斯分布，可得

$$p_c = A p_s + B \tag{10-22}$$

$$A = \frac{\sigma_t}{\sigma_s}, B = \mu_t - A\mu_s \tag{10-23}$$

3. 句子码本模型转换法

Chappell 提出采用建立句子级别的基音周期轮廓码本的方法，运用这种方法可以直接运用目标语音的基音轮廓。但是由于基音的随意性很大，这种方法必须包含大量的基音轮廓的码本，合成出所有类型的基音轮廓是不可能的，而且对于基音周期轮廓的选择也是非常复杂的。这种方法对于有限词汇量和某些特定的应用效果是十分明显的，因为这时所需的基音周期的轮廓数量有限。

10.4.3　韵律信息转换

在表征说话人信息的特征参数中，除了表示声道信息的特征参数外，还包括说话人的韵律信息，它同样能丰富地反映说话人的个人信息，韵律信息包括说话人的说话时长、能量、基音频率等，语音的韵律信息具有很大的不稳定性，很难对其进行有效的建模。虽然在这方面做了大量的工作，但是目前的研究中，主要是对基音周期和时长进行统计匹配，按照它们的平均值求出相应的比例因子，然后在合成语音时按比例增加或者减少帧间叠加的样本点数目，或者通过复制或者删除一定的残差信号，实现基音周期平均值和音素时长平均值的转换。

也有一些算法并不是直接修改语音的基音周期和音素时长，而是利用语音库中目标说话人的残差信号来确定转换语音的激励信号。例如，利用训练阶段保存目标说话人的残差信

号、语音谱特征参数转换，寻找与其谱距离最小的目标语音，而该目标语音对应的残差信号就用来合成所需要的语音。又如，利用转换后的谱特征参数来预测激励信号来合成语音。

10.5　语音转换的研究方向

语音转换作为语音信号处理领域的一个新兴的分支，研究语音转换有着重要的理论价值和应用前景。通过对语音转换的研究，可以进一步加强对语音相关参数的研究，可以进一步探索人类的发音机理，掌握语音信号的个性特征参数到底由哪些因素所决定，因而人们可以通过控制这些参数来达到自己的目的。因此，对语音转换的研究可以推动语音信号的其他领域如语音识别、语音合成、说话人识别等的发展。

最近十几年来语音转换逐渐成为国内外高校和相关研究机构的研究热点，在一定程度上已经取得了一定的成果，但这些成果在应用上还存在着很大的局限性，转换的语音质量与理想语音还有着很大的差距。

对于实现一个优良的语音转换系统，目前的工作还远远不够，以后需要进一步加强对相关算法的研究，总结来看，未来的研究热点主要包括以下几个方面：

1）目前的语音转换对于频谱和基音周期的转换是单独进行分析的，而没有考虑激励和声道之间的相互作用。然而研究表明，在实际语音的产生过程中，声源的振动对于声道中传播的声波有着不可忽略的作用，我们需要进一步研究激励和声道之间的关系，对它们进行同时转换。可以作为提高转换语音音质的一个重要途径。

2）目前用于语音转换的语料库都是对称的，在实际生活中更多的是非对称的语料库，目前的转换方法是不可行的，因此还需要加强基于非对称语料库进行训练的方法的研究。

3）目前的语音转换方法都是针对同一语种进行转换的，在实际的应用中还需要加强对不同语种语音转换的研究。当然这也必将推动机器翻译的发展。

4）当前的语音转换算法仍然停留在理论研究阶段，距离实际开发应用还有很长的路要走，因此还需要进一步加强对相关算法的研究，以期进一步减少算法复杂度和运算量，实现语音的实时转换，在复杂度和实用性方面达到一个很好的折中。

5）实际的语音信号存在很大的噪声，这些噪声会对语音转换得到的语音质量造成很大的影响，因此还需要对相关语音信号进行去噪处理。

6）目前的转换算法都是基于每一帧单独进行转换，忽略了相邻帧之间的联系性，在转换时同样需要考虑相邻帧之间的关系，这样可以使转换语音保持有效的连续性。

随着语音技术的发展，语音转换技术会越来越广泛地应用于社会生活的各个领域。让转换后的语音具有目标说话人的语音特点是语音转换的目的，但是目前转换后的语音质量和目标语音还有着较大的差距，要想在语音转换研究领域获得进一步的突破，还需要不断地去研究和探索。

10.6　思考与复习题

1. 语音合成的目的是什么？它主要可分为哪几类？什么叫波形合成法和参数合成法？其区别在哪里？试比较它们的优缺点。

2. 波形编码合成中的波形拼接合成和规则合成法中的波形拼接有什么不同？

3. 为什么说用波形或参数来合成语音的原理，与语音通信的接收端的语音合成的工作原理是完全相同的？

4. 对语音合成的激励函数有什么要求？在汉语中，对各种音段，应该使用什么样的激励函数较为合适？

5. 什么是 PSOLA 合成算法？它有几种实现方式？利用时域基音同步叠加技术合成语音的实现步骤是什么？

6. 什么是 TTS？它可以应用到哪些领域？一般一个 TTS 系统是由哪几个部分组成的？

7. 在 TTS 系统中，应如何考虑音长的规则？在汉语中，有哪些有关音长或调长的规律？应如何考虑一字多音多义问题？

8. 在 TTS 系统中，应如何进行语音合成中的韵律控制？为什么韵律控制直接关系到合成语音的可懂度与自然度？

9. 常用的频谱特征参数转换方法有哪些？各有什么特点？

10. 常用的基音周期转换方法有哪些？各有什么特点？

11. 常用的韵律信息转换方法有哪些？各有什么特点？

12. 端到端深度学习语音合成主要包括哪两个模块？各自的作用是什么？

13. 在基于深度学习的语音合成方法中，因果卷积和空洞卷积各有什么特点？

第11章 语音信号情感处理

11.1 概　　述

随着信息技术的高速发展和人类对计算机的依赖性的不断增强，人机的交互能力越来越受到研究者的重视。如何实现计算机的拟人化，使其能感知周围的环境和气氛以及对象的态度、情感等内容，自适应地为对话对象提供最舒适的对话环境，尽量消除操作者和机器之间的障碍，已经成为下一代计算机发展的目标。斯坦福大学的 Reeves 和 Nass 的研究发现表明，在人机交互中需要解决的问题实际上与人和人交流中的重要因素是一致的，最关键的都是"情感智能"的能力。因此计算机要能够更加主动地适应操作者的需要，首先必须能够识别操作者的情感，而后再根据情感的判断来调整交互对话的方式。对于情感信息处理技术的研究包括多个方面，主要有情感特征分析、情感识别（例如肢体情感识别、面部情感识别和语音情感识别等）、情感模拟（例如情感语音合成等）。各国在这些方面都投入了大量的资金进行研究。美国的 MIT 媒体实验室的情感计算研究小组（Affective Computing Research Group）就在专门研究机器如何通过对外界信号的采样，如人体的生理信号（血压、脉搏、皮肤电阻等）、面部快照、语音信号来识别人的各种情感，并让机器对这些情感做出适当的响应。目前，关于情感信息处理的研究正处在不断深入之中，而其中语音信号中的情感信息处理的研究正越来越受到人们的重视。

包含在语音信号中的情感信息是一种很重要的信息资源，它是人们感知事物必不可少的部分信息。例如，同样的一句话，由于说话人表现的情感不同，在听者的感知上就可能会有较大的差别。所谓"听话听音"就是这个道理。然而传统的语音信号处理技术把这部分信息作为模式的变动和差异噪声通过规则化处理给去掉了。实际上，人们同时接受各种形式的信息，怎样有效地利用各种形式的信息以达到最佳的信息传递和交流效果，是今后信息处理研究的发展方向。所以包含在语音信号中的情感信息的计算机处理研究，分析和处理语音信号中的情感特征、判断和模拟说话人的喜怒哀乐等是一个意义重大的研究课题。

近年来的研究进展可以大致分为以下几个方面：①情感特征的寻找；②建模算法的研究；③自然情感数据库的建立；④环境自适应的方法，如上下文信息、跨语言、跨文化，和性别差异等，这一类方法着重关注情感模型的适应能力。

语音信号中的情感信息处理因为涉及不同语种之间的差异，发展也不尽相同。英语、日语、德语、西班牙语等语种的语音情感分析处理都有较多的研究，而汉语语音的情感分析处理还处于刚刚起步的阶段。情感信息有一个重要的特点就是状况依存性，各国的民族习惯不同，表达信息的方式就不同。所以不可能完全借鉴国外的研究成果，必须结合我国的实际生活情况，研究出符合汉语特点的情感信息处理技术。

11.2 情感理论与情感诱发实验

11.2.1 情感的心理学理论

情感识别研究需要以心理学的理论为指导，首先需要定义研究的对象——人类情感。然而"情感是什么？"这一个由来已久的问题，一直没有一个统一的答案。目前情感研究中的一个主要的问题是，缺乏对情感的一致的定义以及对不同情感类型的定性的划分。

1. 基本情感论

基本情感论认为，人类的复杂的情感是由若干种有限的基本情感构成的，基本情感按照一定的比例混合构成各种复合情感。基本情感论认为情感可以用离散的类别模型来描述，目前大部分的情感识别系统，都是建立在这一理论体系之上的。随之而来的情感识别的研究途径即是：将模式分类中的分类算法应用到情感类别的划分中。那么基本情感包括哪些呢，不同的研究者对基本情感有不同的定义。Plutchik 认为，基本情感包括"接纳""生气""期望""厌恶""喜悦""恐惧""悲伤"和"惊讶"。Ekman 与 Davidson 认为，基本情感包括"生气""厌恶""恐惧""喜悦""悲伤"和"惊讶"。James 则认为，基本情感包括"恐惧""悲伤""爱"和"愤怒"。

由此可知，在心理学领域对基本情感类别的定义还没有一个统一的结论，然而在语音情感识别的文献中，较多的研究者采用的是 6 种基本情感状态："喜悦""生气""惊讶""悲伤""恐惧"和"中性"。近年来，有不少研究者对基本情感类别的识别方法进行了研究，取得了一定的研究成果。相应的语音情感数据库也是建立在这些基本情感类型的表演数据上的，例如，在柏林数据库上的平均识别率可以达到 80%以上。虽然目前对这些常见的情感类型的研究文献较多，但是对一些具有实际意义的特殊情感类别的研究还很少，特别是烦躁等负面情绪在一些人机系统中具有重要的实用价值，值得进一步关注。

基本情感论认为情感可以被看作是一系列离散的类别，从工程技术的角度，对情感建模时可以采用相应的情感类别模型。情感类别模型的优点是贴近实际应用、符合人们对情感的常识性理解。在大多数谈论到情感的场合中，最关注的是情感属于何种类别，例如，在人机交互中，系统更关心用户目前是喜悦还是烦躁，而并不关心烦躁情感可能由哪些基本情感组成，也不关心用户的情感中激活程度是什么级别，或是情感的控制维度处在什么位置。因此，在实际应用中，情感的类别模型能够满足目前的需求，而且更符合模式分类的思想，是一个较好的情感模型。

2. 维度空间论

情感的维度空间论认为人类所有的情感都是由几个维度空间组成的，特定的情感状态只能代表一个从亲近到退缩或者是从快乐到痛苦的连续空间中的位置，不同情感之间不是独立的，而是连续的，可以实现逐渐的、平稳的转变，不同情感之间的相似性和差异性是根据彼此在维度空间中的距离来显示的。与这种情感理论对应的情感识别方法，最直接的是机器学习中的回归分析（Regression）。基本情感类别论对应的情感识别方法则是分类（Classification）算法。

最近 20 多年来，最广为接受和得到较多实际应用的维度模型，是下面两个维度组成的二维空间：

1）效价度（Valence）或者快乐度（Hedonic tone），其理论基础是正负情感的分离激活，这得到了许多研究的证明，主要体现为情感主体的情绪感受，是对情感和主体关系的一种度量。

2）唤醒度（Arousal）或者激活度（Activation），指与情感状态相联系的机体能量激活的程度，是对情感的内在能量的一种度量。

维度空间模型为研究者们提供了一个方便的研究和表示情感的工具。Smith 和 Ike 对日本人的 5 种基本情感进行了初步的研究，Taylor 等人着重对人的面部表情进行了研究，金学成等人也对基本情感在唤醒度/效价度空间的分布进行了研究。几种情感在效价度/唤醒度二维空间中所处的大致位置如图 11-1 所示。

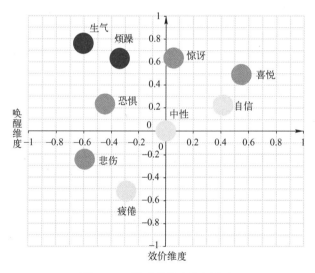

图 11-1　情感的维度空间分布

11. 2. 2　实用语音情感数据库的建立

1. 语音情感数据库概述

语音情感数据库的建立，是研究语音情感必需的研究基础，具有极为重要的意义。目前国际上流行的语音情感数据库有 AIBO（Artificial Intelligence Robot）语料库、VAM（The Vera am Mittag）数据库、丹麦语数据库、柏林数据库、SUSAS（Speech under Simulated and Actual Stress）数据库等。

柏林数据库是一个使用较为广泛的语音情感数据库，早期的语音情感识别研究成果在柏林库上进行了验证。它包含了生气、无聊、厌恶、恐惧、喜悦、中性和悲伤等语音情感类别，但是其中的情感数据是采用表演的方式采集的，语料的真实度得不到保证，并且数据量较少。柏林数据库中的语料是按照固定的文本进行情感渲染的表演，其文本包含了 10 条德语语句。10 名专业演员参与了语音的录制，包括 5 名女性、5 名男性。初期录制了大约 900

条的语料，后期经过 20 个听辨人的检验，494 条语料被选出组成了柏林情感语音数据库，以保证 60% 以上的听辨人认为这些语料表演自然，80% 以上的听辨人对语料的情感标注一致。

丹麦语数据库（Danish Emotional Speech，DES）由 4 个专业演员表演获得，包括两名男性和两名女性。情感数据中包含了 5 种基本情感状态：生气、喜悦、中性、悲伤和惊讶。丹麦语数据库中的语料在采集之后，经过了 20 名听辨人员进行数据的校验，以保证数据的有效性。这些听辨人员的母语均为丹麦语，年龄在 18~59 岁之间。

SUSAS 数据库即模拟与实际条件下的紧张语音数据库。SUSAS 是最早建立的自然语料数据库之一，甚至包含了部分现场噪声以增加研究的挑战性。语料库中的语言为英语，说话人数量为 32 人，文本内容包含了一部分航空指令，如 "brake"（刹车）、"help"（求助）等，然而这些文本都是事先固定的，而且是长度较短的简短指令。这个数据库的录制方法对一些特殊作业环境中的应用具有一定的参考价值，详细的数据库录制过程可以参考 Hansen 等人的报告。

VAM 数据库是由德语的脱口秀节目录制而成的一个公开数据库，其数据的自然度较高。VAM 数据库中的情感数据包含了情感语音和人脸表情两部分，总共包含 12 h 的录制数据。大部分的情感数据具有情感类别情感标注，情感的标注是从唤醒度、效价度和控制度三个情感维度进行评价的。

AIBO 语料库是 2009 年在 Interspeech 会议上举办的 Emotion Challenge 评比中指定的语音情感数据库。情感数据的采集方式是，通过儿童与索尼公司的 AIBO 机器狗进行自然交互，从而进行情感数据的采集。说话人由 51 名儿童组成，年龄段为 10~13 岁，其中 30 个为女性。实验过程中，被试儿童被告知机器狗会服从他们的指挥，鼓励被试儿童像和朋友说话一样同机器狗交谈，而实际上机器狗是通过无线装置由工作人员控制的，以达到同被试儿童更好交互的目的。语料库包含了 9.2 h 的语音数据，约 48000 个单词。数据录制的采样频率为 48 kHz，采用 16 bit 量化。该语料库中情感数据的自然度高，是目前较为流行的一个语音情感数据库。

以往的语音情感数据库，集中在对几种基本情感的研究上。通过对几种基本语音情感的研究，虽然能够在一定程度上验证识别算法的性能优劣，但是搜索到的情感特征也仅能反映基本情感类别之间的差异。但是，仅停留在对基本情感类别的研究，远远不能满足实际应用中的需求。

在实际的语音情感识别应用中，还面临着情感语料真实度的问题。早期的数据库往往采取表演的方式来获取情感数据，广泛使用的表演语料库导致研究成果与真实情感差异较大。根据自然程度和采集方法，情感语料可以分为自然语音、诱发语音和表演语音三类。表演语料的优点是容易采集，缺点是情感表现夸张，与实际的自然语音有一定的差别。基于表演情感语料建立情感识别系统，会带入一些先天的缺陷，这是由于用于识别模型训练的数据与实际的数据有一定的差别，导致了提取的情感特征上的差别。因此，早期基于表演语料的识别系统，它的情感模型在实验室条件下是符合样本数据的，在实验测试中也能获得较高的识别率，但是在实际条件下，系统的情感模型与真实的情感数据不能符合得很好，产生了应用中的技术瓶颈。

2. 实用语音情感数据库的需求

面向实际应用的需求，实用语音情感数据库必须要保证语料的真实可靠，不能采用传统的表演方式采集数据。通过实验心理学中的方法来诱发实用语音情感数据，可尽可能地使训练数据接近真实的情感数据。

3. 建立过程和一般规范

国际上从事语料库大规模开发的著名机构有：美国的非营利性组织 LDC（The Language Data Consortium）、欧洲 1995 年成立的 ELRA（European Language Resources Association）以及 OGI（Oregon Graduate Institute）等。参考国内外著名语料库及其相关的规范，实用语音情感数据库建立的流程如图 11-2 所示，相应的规范语料采集规范如表 11-1 所示。

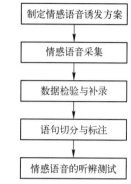

图 11-2　实用语音情感数据库的制作过程

表 11-1　实用语情感语音库的制作规范

规　范	详　细　说　明
发音人规范	描述发音人的年龄、性别、教育背景和性格特征等
语料设计规范	描述语料的组织和设计内容。包括文本内容的设计、情感的选择、语料的来源场合等
录音规范	描述录音环境的软硬件设备、录音声学环境等技术指标
数据存储技术规范	描述采样率、编码格式、语音文件的存储格式及其技术规范
语料库标注规范	情感标注内容和标注系统说明
法律声明	发音人录音之后签署的有关法律条文或者声明

4. 数据检验

录音过程在安静的实验室内进行，每次录音后，应进行数据的检验与补录，及时对语音文件进行人工检验，以排除录音过程中可能出现的错误。例如，查看并剔除语音中的信号过载音段、不规则噪声（例如咳嗽等）和非正常停顿造成的长时静音等。对于错误严重的录音文件，必要时进行补录。

11.2.3　情感语料的诱发方法

1. 通过计算机游戏诱发情感语料

环境中，社会文化习惯的影响，尽量排除干扰因素，确保获得充足的目标情感类别的数据。

在传统的语音情感数据库中，往往采用表演的方式来采集数据。在实际的语音通话和自然交谈中，说话人的情感对语音产生的影响，常常是不受说话人控制的，通常也不服务于有意识的交流目的，而是反映了说话人潜在的心理状态的变化。相反，演员能通过刻意的控制声音的变化来表演所需的情感，这样采集的情感数据对于情感语音的合成研究是没有问题的，但是对自然情感语音的识别研究是不合适的，因为表演数据不能提供一个准确的情感模型。为了能更好地研究实际环境中的情感语音，有必要采集除表演语音以外的，较高自然度的情感数据。

　　根据 Scherer 等人的观点，人类声音中蕴含的情感信息，受到无意识的心理状态变化的影响，以及社会文化导致的有意识的说话习惯的控制。因此，实用语音情感数据库的建立需要考虑语音中情感的自然流露和有意识控制。通过实验诱发手段，诱发情感在语音中的自然流露。

　　针对这个问题，Johnstone 等人进行了诱发心理学实验，最早通过计算机游戏诱发情感的方法来采集语音情感数据。采用计算机游戏进行情感诱发实验的优势在于，通过游戏中画面和音乐的视觉、听觉刺激，能提供一个互动的、具有较强感染力的人机交互环境，能够有效地诱发出被试者的正面与负面的情感。特别是在游戏胜利时，被试者由于在游戏虚拟场景中的成功与满足，被诱发出喜悦等正面情感；在游戏失败时，被试者在虚拟场景中受到挫折，容易引发烦躁等负面情感。

　　举例来说，为了便于烦躁、喜悦情感的诱发，本节介绍了既需要耐心又具有一定挑战的计算机小游戏。游戏中被试者要求用鼠标移动一个小球通过复杂的管道，在通过管道的过程中如果小球碰到管壁，则小球将爆炸，游戏失败；在规定时间内（倒计时 1 min）顺利通过管道后，到达终点，游戏胜利；游戏共有 5 个难度等级，以适合不同水平的被试者。情感语音的诱发与录制过程如下：在被试者参加游戏前，让被试者平静地读出指定的文本内容，录制中性状态的语音。在每次游戏胜利后，要求被试者用喜悦的语气说出指定的文本内容，录制喜悦状态的语音。在每次游戏失败后，要求被试者用烦躁的语气说出指定的文本内容，录制烦躁状态的语音。为了便于对数据进行检验，在每次录制情感语音后，让被试者填写情感的主观体验，记录诱发的情感类型，在实验结束后，根据被试者的情感主观体验表，剔除主观体验与诱发目标情感不一致的语音数据，必要时进行适当的补录。

　　选择参与情感诱发实验的被试者（发音人）应具有良好的健康状况，近期无感冒，无喉部疾病，并且听力正常。发音人的选择主要考虑发音人的性别、年龄、生活背景、教育程度、职业、病理情况、听力状况、口音等。研究表明，由于生理构造的差别，男女在表达相同情感时，其声学特征有一定差异性；而不同年龄段的人群，在表达情感时同样会出现不同情况。在建库时对这些因素进行规范，可以有选择性地提高某些特定人群的情感识别率。

　　在目前的情感语音数据库中，有的数据库采用固定的文本内容，以便于进行情感特征的对比分析，有的数据库录制过程中不固定文本内容，获得的自然语料难度更高，对建立与文本无关的系统的要求更高。对于固定文本的设计，主要考虑以下两个方面。第一，所选择的单词和语句必须不包含某一方面的情感倾向；第二，必须具有较高的情感自由度，对同一个单词或语句能施加各种感情进行分析比较。文本材料分为单词和短句两种类型。单词共 20个，短句 20 句。单词着重考虑了名词、动词，分别选用名词 5 个、动词 5 个。因为形容词往往会附带感情色彩，在这里没有加以考虑。短句的选择主要按不同句型分类，着重考虑使用频率较高的陈述句，挑选部分疑问句、祈使句，如表 11-2 所示。

表 11-2　实用语音情感数据库的文本类型

类　　型	分　　类	数　　量
单词	名词	10
	动词	10
短句	陈述句	10
	疑问句	5
	祈使句	5

2. 通过认知作业诱发情感语料

下面介绍另一种情感诱发的手段——通过认知作业诱发情感语料，包括烦躁、疲劳和自信等心理状态的诱发。在一个重复性的、长时间的认知作业中，可采用噪声诱发、睡眠剥夺等手段辅助诱发负面情绪。

认知作业现场的情感识别具有重要的实际意义，特别是在航天、航空、航海等长时间的、高强度的工作环境中，对工作人员的负面情感的及时检测和调控具有非常重要的意义。烦躁、疲劳和自信等心理状态对认知过程有重要的影响，是评估特殊工作人员的心理状态和认知作业水平的一个重要因素。

认知心理学的研究表明，负面情感对认知能力有影响。对情感的研究，吸引了很多不同领域的研究者。Pereira 的研究显示，负面情感会影响到对视觉目标的识别能力。一个自动识别人类情感的系统会在很多领域发挥重大的作用，例如，在车载系统中可以帮助驾驶员调节烦躁情感从而避免事故；在公共场所的监视系统中，对恐惧等极端情感的检测，可以帮助识别潜在的危险情况。此外，与认知有关的实用情感的识别，在教育技术和智能人机交互等领域中，也具有广阔的应用前景。

实验设置介绍：在诱发实验中，要求被试者进行数学四则运算测试，以模拟认知工作环境。在实验中，被试者将题目和计算结果进行口头汇报，并进行录音，以获取语料数据。在实验的第一阶段，通过轻松的音乐使得被试者放松情绪，进行一些较为简单的计算题目，以获得正面的情感语料。在实验的第二阶段，采用噪声刺激的手段来诱发负面情感（通过佩戴的耳机进行播放），采用睡眠剥夺的手段辅助诱发负面情感（如烦躁、疲倦等），同时增加计算题目的困难程度。在实验中对于简单的四则运算题目，被试者容易做出自信的回答，对于较难的计算，被试者的口头汇报中出现明显的迟疑，在实验的后半段，经过长时间的工作，被试者更容易产生疲劳和烦躁的情感。认知作业结束后，对每一题的正确与错误进行了记录和统计。对每一段录制的语音数据进行了被试者的自我评价，标注了所出现的目标情感。

通过检测与认知有关的三种实用语音情感，能够从行为特征的角度反映出被试者认知能力的波动，从而客观地评估特殊工作人员的心理状态与该项工作的适合程度。因此，有必要进一步地研究负面情感对认知能力的影响。在负面情感和正面情感下的作业错误率如图 11-3 所示。

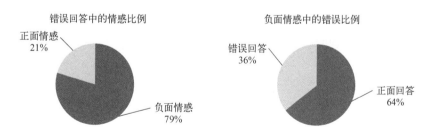

图 11-3　负面和正面情感和错误率之间的关系

11.2.4　情感语料的主观评价方法

为了保证所采集的情感语料的可靠性，需要进行主观听辨评价，每条样本由 10 名未参与录音的人员进行评测。一般认为人区分信息等级的极限能力为 7±2，故可以引入九分位的比例标度来衡量信息等级。在本文的评价方法中，采用标度 1、3、5、7、9 表示情感的 5 种强度，对应极弱、较弱、一般、较强、极强 5 个等级。

每条情感样本相对于每个听辨人都会产生一个评测的结果：

$$E_{ij} = \{e_1^{ij}, e_2^{ij}, \cdots, e_K^{ij}\} \tag{11-1}$$

其中，j 用来标记情感样本；i 用于标记听辨人；K 为情感类别数量；矢量中的不同评价因子 e 代表该听辨人对于该情感语句的不同情感成分的评判值。

由于采取多人评测，为了得到第 j 条情感样本的评价结果，需要将所有听辨人的测评结果进行融合，采用加权融合的准则得到该条情感样本的评判结果为

$$E_j = \sum_{i=1}^{M} a_i E_{ij} \tag{11-2}$$

其中，a_i 是每个听辨人的评价结果的融合权重，它代表每个听辨人的评价结果的可靠程度，有

$$\sum_{i=1}^{M} a_i = 1 \tag{11-3}$$

M 为听辨人总数。融合权重对最终结果有重要的影响，其数值根据听辨人的评测质量来确定。由于在多人的评测系统中，不同听辨人的评价结果带有一定的相关性，因此可以从听辨结果的一致度方面来计算融合权值。

对第 j 条数据，两个听辨人 p、q 之间的相似性度量可以定义为

$$\rho_j^{pq} = \prod_{i=1}^{K} \frac{\min\{e_i^{pj}, e_i^{qj}\}}{\max\{e_i^{pj}, e_i^{qj}\}} \tag{11-4}$$

其中，K 为情感类别总数，对每次测评，两个听辨人 p、q 之间的相似性度量为

$$\rho^{pq} = \frac{1}{N} \sum_{j=1}^{N} \rho_j^{pq} = \frac{1}{N} \sum_{j=1}^{N} \prod_{i=1}^{K} \frac{\min\{e_i^{pj}, e_i^{qj}\}}{\max\{e_i^{pj}, e_i^{qj}\}} \tag{11-5}$$

其中，N 为情感样本的总数。根据两人之间的相似性，可以得到一个一致度矩阵，矩阵中的每个元素代表两个听辨人之间的相互支持程度

$$\boldsymbol{\rho} = \begin{bmatrix} 1 & \rho^{12} & \cdots & \rho^{1M} \\ \rho^{21} & 1 & \cdots & \rho^{2M} \\ \cdots & \cdots & \cdots & \cdots \\ \rho^{M1} & \rho^{M2} & \cdots & 1 \end{bmatrix} \tag{11-6}$$

据此，第 i 个听辨人与其他听辨人之间的一致程度，可以通过计算平均一致度来获得

$$\overline{\rho^i} = \frac{1}{M-1} \sum_{j=1, j \neq i}^{M} \rho^{ij} \tag{11-7}$$

以归一化之后的一致度作为每个听辨人评测结果的融合权重 a_i

$$a_i = \frac{\overline{\rho^i}}{\sum_{k=1}^{M} \overline{\rho^k}} \tag{11-8}$$

将其代入式（11-2）即得到的每条情感语句的评价结果 E_j 为

$$E_j = \frac{\sum_{i=1}^{M} \overline{\rho^i} E_{ij}}{\sum_{k=1}^{M} \overline{\rho^k}} \tag{11-9}$$

根据评价结果可以对数据进行情感标注，假设 E_j 中最大的元素是 e_p^j，则认为该情感语句为主情感为 p 的情感语料，作为最终评判的结果。

11.3　情感的声学特征分析

情感语音当中可以提取多种声学特征，用以反映说话人的情感行为的特点。情感特征的优劣对情感最终识别效果的好坏有非常重要的影响，如何提取和选择能有效反映情感变化的语音特征，是目前语音情感识别领域最重要的问题之一。在过去的几十年里，针对语音信号中的何种特征能有效地体现情感，研究者从心理学、语音语言学等角度出发，做了大量的研究。许多常见的语音参数都可以用来研究，这些语音参数也常用于自动语音识别和说话人识别当中。例如：短时能量、过零率、有声段和无声段之比、发音持续时间、语速、基音频率、共振峰频率和带宽、Mel 频率倒谱参数（Mel-Frequency Cepstral Coefficients，MFCC）等等。

11.3.1　情感特征提取

语音情感特征的分析可以分为两个层次：低层的描述子（Low Level Descriptor，LLD），以及用于建模识别的最优特征组或特征空间。低层描述子，即短时能量、基音频率、共振峰频率等基本的语音参数。一般还可以采用各类统计函数构造全局的静态特征，如最大值、最小值、均值、方差、一阶差分、二阶差分等，基音轮廓的抖动等特征也包含在 LLD 特征中。

情感特征的优劣对情感最终的识别效果有着非常重要的影响。目前，语音情感识别领域主要通过提取语音信号的韵律特征和音质特征来反映语音情感的变化。研究证明语音信号具有明显的非线性特征以及混沌性质的不确定性，因此非线性动力学方法被越来越多地用于研究语音信号中。利用语音信号的混沌特性，提取出最能揭示声源非线性动力学特征的关联维数、最大李雅普诺夫（Lyapunov）指数和柯尔莫哥洛夫（Kolmogorov）熵参数，并与韵律特征和音质特征一起构建情感特征向量。下面对这些特征参数的提取方法进行简要介绍。

1. 短时能量及其衍生参数

设语音信号的时域表达式为 $x(l)$，经过加窗分帧预处理后得到的第 n 帧语音信号为 $x_n(m)$，则其短时能量用 E_n 表示为

$$E_n = \sum_{m=0}^{N-1} x_n{}^2(m) \tag{11-10}$$

其中，N 为帧长。

短时能量抖动为

$$E_s = \frac{\dfrac{1}{M-1}\sum_{n=1}^{M-1} |E_n - E_{n+1}|}{\dfrac{1}{M}\sum_{n=1}^{M} E_n} \times 100 \tag{11-11}$$

其中，M 表示总帧数。

短时能量的线性回归系数为

$$E_r = \frac{\sum_{n=1}^{M} n \cdot E_n - \frac{1}{M} \sum_{n=1}^{M} n \cdot \sum_{n=1}^{M} E_n}{\sum_{n=1}^{M} n^2 - \frac{1}{M} \left(\sum_{n=1}^{M} n \right)^2} \tag{11-12}$$

短时能量的线性回归系数的均方误差为

$$E_q = \frac{1}{M} \sum_{n=1}^{M} \left[E_n - (\mu_E - E_r \cdot \mu_n) - E_r \cdot n \right]^2 \tag{11-13}$$

其中

$$\mu_n = \frac{1}{M} \sum_{n=1}^{M} n \tag{11-14}$$

$$\mu_E = \frac{1}{M} \sum_{n=1}^{M} E_n \tag{11-15}$$

250 Hz 以下短时能量 E_{250} 占全部短时能量 E 的比例为

$$E_{250}/E = \frac{\sum_{n=1}^{M} E_{250,n}}{\sum_{n=1}^{M} E_n} \times 100 \tag{11-16}$$

其中，$E_{250,n}$ 表示在频域中计算 250 Hz 以下的短时能量。

2. 基音及其衍生参数

对于加窗分帧预处理后的第 n 帧语音信号 $x_n(m)$，定义其自相关函数 $R_n(k)$（也叫作语音信号 $x(l)$ 的短时自相关函数）为

$$R_n(k) = \sum_{m=0}^{N-k-1} x_n(m) x_n(m+k) \tag{11-17}$$

其中，$R_n(k)$ 为偶函数，其取值不为零的范围是 $k = (-N+1) \sim (N-1)$。

基音周期值可以通过检测 $R_n(k)$ 峰值的位置提取出，其倒数即为基音频率。将第 i 个浊音帧的基音频率表示为 $F0_i$，语音信号中包含的浊音帧总数表示为 M^*，语音信号的总帧数表示为 M，则一阶基音频率抖动为

$$F0_{s1} = \frac{\frac{1}{M^*-1} \sum_{i=1}^{M^*-1} |F0_i - F0_{i+1}|}{\frac{1}{M^*} \sum_{i=1}^{M} F0_i} \times 100 \tag{11-18}$$

二阶基音频率抖动为

$$F0_{s2} = \frac{\frac{1}{M^*-2} \sum_{i=2}^{M^*-1} |2F0_i - F0_{i-1} - F0_{i+1}|}{\frac{1}{M^*} \sum_{i=1}^{M^*} F0_i} \times 100 \tag{11-19}$$

3. 共振峰及其衍生参数

共振峰参数又包括共振峰带宽和频率，其提取的基础是对语音频谱的包络进行估计，通常采用线性预测（LPC）法从声道模型中估计共振峰参数。

首先，用 LPC 法对语音信号进行解卷，得到声道响应的全极模型参数

$$H(z) = \frac{1}{A(z)},\ A(z) = 1 - \sum_{i=1}^{p} a_i z^{-i},\ i = 1, 2, \cdots, p \tag{11-20}$$

然后，求出 $A(z)$ 的复根，即可得到共振峰参数。设 $z_i = r_i e^{j\theta_i}$ 为其中的一个根，则其共轭复值 $z_i^* = r_i e^{-j\theta_i}$ 也表示 $A(z)$ 的一个根，i 对应的共振峰频率表示为 F_i，3 dB 带宽表示为 B_i，则

$$F_i = \frac{\theta_i}{2\pi T} \tag{11-21}$$

$$B_i = \frac{-\ln r_i}{\pi T} \tag{11-22}$$

其中，T 为采样周期。

设第 i 个浊音帧的第一、二共振峰频率分别表示为 $F1_i$、$F2_i$，则第二共振峰频率比率为 $F2_i/(F2_i - F1_i)$。共振峰频率抖动的计算方法同基音频率抖动的计算方法一样。

4. Mel 频率倒谱系数（MFCC）

MFCC 是从 Mel 频率刻度域中提取出的倒谱参数，可以通过人耳的听觉原理对其进行分析。它与声音频率的具体关系可近似表示为

$$\text{Mel}(f) = 2595\ \lg(1 + f/700) \tag{11-23}$$

其中，f 表示声音频率，单位为 Hz。

MFCC 的提取过程为：①对原始语音信号进行分帧加窗预处理；②将预处理后的信号进行离散傅里叶变换（DFT），从而得到语音帧的短时频谱；③将短时频谱的幅度值通过 Mel 滤波器组进行加权滤波处理；④对 Mel 滤波器组的全部输出值进行一个求对数计算；⑤将经过求对数计算后得到的值进行离散余弦变换（DCT），从而得到 MFCC。

5. 关联维数

设时间序列为 x_1，x_2，$\cdots$，x_N，选取一个适当的时间延迟 τ，构造一个 m 维的相空间，相空间中的相点表示为 $Y_i = (x_i, x_{i+\tau}, \cdots, x_{i+(m-1)\tau})$，$i = 1, 2, \cdots, M, M = N - (m-1)\tau$，$N$ 表示原时间序列的点数，m 表示重构相空间的嵌入维数，M 表示重构相空间中的矢量个数。其中，时间延迟 τ 和嵌入维数 m 的选取方法如下。

时间延迟 τ 常用自相关函数法来求解，自相关函数表达式为

$$R(\tau) = \frac{1}{N-\tau} \sum_{i=1}^{N-\tau} \left(\frac{x_i - \bar{x}}{s} \right) \left(\frac{x_{i+\tau} - \bar{x}}{s} \right) \tag{11-24}$$

其中，$\bar{x}$ 为时间序列的平均值；s 为标准差。对于一个混沌时间序列，首先由式（11-24）求出其自相关函数，当自相关函数值下降到初始值的 $1 - 1/e$ 时，所得的时间就是时间延迟 τ。

嵌入维数 m 由 Liangyue Cao 提出的 Cao 方法来求解。将 m 维重构相空间中的第 i 个相点记作 $Y_i(m) = (x_i, x_{i+\tau}, \cdots, x_{i+(m-1)\tau})$，$m+1$ 维重构相空间中的第 i 个相点记作 $Y_i(m+1) = (x_i, x_{i+\tau}, \cdots, x_{i+m\tau})$，定义

$$a(i, m) = \frac{\| Y_i(m+1) - Y_{p(i,m)}(m+1) \|}{\| Y_i(m) - Y_{p(i,m)}(m) \|} \tag{11-25}$$

其中，$p(i, m)(1 \leq p(i, m) \leq N - m\tau)$ 为一整数，$Y_{p(i,m)}(m)$ 表示 m 维重构相空间中相点 $Y_i(m)$ 的最邻近点。

定义

$$E(m) = \frac{1}{N - m\tau} \sum_{i=1}^{N-m\tau} a(i,m) \tag{11-26}$$

$$E_1(m) = \frac{E(m+1)}{E(m)} \tag{11-27}$$

如果时间序列为一吸引子，当 m 大于某一值 m_o 时，$E_1(m)$ 停止变化，此时称 $m_o + 1$ 为最小嵌入维数。在实际中，认为当 $E_1(m)$ 第一次大于或等于 0.99 时就停止变化。

定义

$$E^*(m) = \frac{1}{N - m\tau} \sum_{i=1}^{N-m\tau} |x_{i+m\tau} - x_{p(i,m)+m\tau}| \tag{11-28}$$

$$E_2(m) = \frac{E^*(m+1)}{E^*(m)} \tag{11-29}$$

对于随机时间序列，由于每一时刻的取值都是相互独立的，因而对于任意 m，都有 $E_2(m)$ 等于 1；而对于混沌时间序列，$E_2(m)$ 的取值则与 m 有关。

Grassberger 和 Procaccia 提出了从时间序列计算吸引子关联维数的 G-P 算法。

定义关联积分为

$$C_m(r) = \lim_{M \to \infty} \frac{1}{M^2} \sum_{i,j=1}^{M} H(r - \|Y_i - Y_j\|) \tag{11-30}$$

其中，r 是 m 维相空间的超球体半径；$\|Y_i - Y_j\| = \max\limits_{k} |x_{i+k\tau} - x_{j+k\tau}|$，$k = 0, 1, \cdots, m-1$；$H$ 是 Heaviside 函数

$$H(x) = \begin{cases} 1, x > 0 \\ 0, x \leq 0 \end{cases} \tag{11-31}$$

因为当 $r \to 0$ 时，存在以下关系：

$$\lim_{r \to 0} C_m(r) \propto r^{D(m)} \tag{11-32}$$

则称 $D(m)$ 为关联维数，其计算公式为

$$D(m) = \lim_{r \to 0} \frac{\ln C_m(r)}{\ln(r)} \tag{11-33}$$

也可以通过画出 $\ln(r) \sim \ln C_m(r)$ 的曲线图，根据双对数曲线中直线段部分的斜率计算出 $D(m)$ 的值，即除去斜率为 0 或 ∞ 的直线外，其间的最佳拟合直线的斜率就是 $D(m)$。对于纯随机时间序列，其斜率将随着 m 的增大而逐渐增大，并不存在一个极限斜率；而对于混沌时间序列，其斜率将会随着 m 的增大而逐渐收敛到一个饱和值，即 $D(m)$。

6. 最大 Lyapunov 指数

小数据量法常被用来计算混沌时间序列的最大 Lyapunov 指数。首先，在相空间中找出每一个点 Y_i 的最邻近点 Y_{ii}，并限制短暂分离，即

$$d_i(0) = \min_{ii} \|Y_i - Y_{ii}\|, \quad (|i - ii| > P) \tag{11-34}$$

其中，P 为时间序列的平均周期，它可以由功率谱的平均频率的倒数来估计。

其次，计算出 Y_i 与 Y_{ii} 的 j 个离散时间步长后的距离 $d_i(j)$，即

$$d_i(j) = \|Y_{i+j} - Y_{ii+j}\|, \quad [j = 1, 2, \cdots, \min(M-i, M-ii)] \tag{11-35}$$

假设点 Y_i 与其最邻近点 Y_{ii} 以指数 λ_1 发散，则

$$d_i(j) = d_i(0) \cdot e^{\lambda_1 \cdot j \cdot \Delta t} \tag{11-36}$$

其中，Δt 表示时间序列的采样间隔或者步长；λ_1 为最大 Lyapunov 指数。

最后，固定此时的 j，对所有 i 所对应的 $\ln d_i(j)$ 求平均：

$$y(j) = \frac{1}{q \Delta t} \sum_{i=1}^{q} \ln d_i(j) \tag{11-37}$$

其中，q 是非零 $d_i(j)$ 的个数。用最小二乘法对曲线 $j \sim y(j)$ 中的线性区域做出回归直线，则所得直线的斜率即为最大 Lyapunov 指数。格里波证明了只要系统的最大Lyapunov 指数为正数，就能够说明该系统存在混沌现象。

7. Kolmogorov 熵

假设一个 m 维动力系统，其重构相空间被分割成一系列边长为 r 的 m 维立方体盒子，对处于奇异吸引子区域中的轨道 $x(t)$，系统的状态可以在时间延迟 τ 内进行观测，$p(i_1, \cdots, i_\sigma)$ 表示 $x(\tau)$ 处于第 i_1 个盒子中，$x(2\tau)$ 处于第 i_2 个盒子中，依次类推，$x(\sigma\tau)$ 处于第 i_σ 个盒子中的联合概率，则 Kolmogorov 熵定义为

$$K = -\lim_{\tau \to 0} \lim_{r \to 0} \lim_{\sigma \to \infty} \frac{1}{\sigma\tau} \sum_{i_1, \cdots, i_\sigma} p(i_1, \cdots, i_\sigma) \ln p(i_1, \cdots, i_\sigma) \tag{11-38}$$

q 阶 Renyi 熵定义为

$$K_q = -\lim_{\tau \to 0} \lim_{r \to 0} \lim_{\sigma \to \infty} \frac{1}{\sigma\tau} \frac{1}{q-1} \ln \sum_{i_1, \cdots, i_\sigma} p^q(i_1, \cdots, i_\sigma) \tag{11-39}$$

Grassberger 和 Procaccia 证明了当 $q \geqslant q'$ 时，$K_{q'} \geqslant K_q$。因此，$K_2 \leqslant K_1 \leqslant K_0$，其中 K_2 为二阶 Renyi 熵，K_1 为 Kolmogorov 熵，K_0 为拓扑熵，通常 K_2 可以作为 K_1 的一个很好的估计。

K_2 熵与关联积分 $C_m(r)$ 存在如下关系：

$$K_2 = -\lim_{\tau \to 0} \lim_{r \to 0} \lim_{\sigma \to \infty} \frac{1}{\sigma\tau} \ln C_\sigma(r) \tag{11-40}$$

对于离散时间序列，固定 τ，则式（11-40）简化为

$$K_2 = -\lim_{r \to 0} \lim_{\sigma \to \infty} \frac{1}{\sigma\tau} \ln C_\sigma(r) \tag{11-41}$$

又因为

$$\lim_{r \to 0} C_m(r) \propto r^{D(m)} \tag{11-42}$$

结合式（11-41）和式（11-42）可以得出，当 $r \to 0$，$m, \sigma \to \infty$ 时

$$K_2 = \frac{1}{m\tau} \ln \frac{C_\sigma(r)}{C_{\sigma+m}(r)} \tag{11-43}$$

对曲线 $r \sim K_2$ 中的线性区域，其间的最佳线性拟合直线在纵轴上的截距即为 Kolmogorov 熵 K_1 的稳定估计。

8. 情感特征向量构造

全局统计特征和动态特征是两种常用的特征向量构造方法，由于动态特征过分依赖音位信息，因此，采用全局统计特征来构造实用语音情感的特征向量，如表 11-3 所示。

表 11-3　实用语音情感的特征列表

特 征 序 号	特 征 名 称
1~4	短时能量的最大值、最小值、均值、方差
5	短时能量抖动
6~7	短时能量的线性回归系数及其均方误差
8	250 Hz 以下短时能量占全部短时能量的比例
9~12	基音频率的最大值、最小值、均值、方差
13~14	一阶基音频率抖动、二阶基音频率抖动
15	基音频率分段方差
16~19	基音频率一阶差分的最大值、最小值、均值、方差
20~34	第一、第二、第三共振峰频率的最大值、最小值、均值、方差、一阶抖动
35~37	第二共振峰频率比率最大值、最小值、均值
38~89	0~12 阶 MFCC 的最大值、最小值、均值、方差
90~141	0~12 阶 MFCC 一阶差分的最大值、最小值、均值、方差
142~144	关联维数、最大 Lyapunov 指数和 Kolmogorov 熵

11.3.2　特征降维算法

1. 特征降维概述

由于受到训练样本规模的限制，特征空间维度不能过高，因此需要进行特征降维。特征降维在一个模式识别系统中具有重要的作用。原始的基本特征或多或少地能够提供可利用的信息，来增加类别之间的可区分度。从信息增加的角度来说，原始特征的数量应该是越多越好，似乎不存在一个上限。然而，在具体的算法训练当中，几乎所有的算法都会受到计算能力的限制，特征数量的增加，最终会导致"维度灾难"的问题。以高斯混合模型为例，它的概率模型的成功训练依赖于训练样本数量、高斯模型混合度、特征空间维数三者之间的平衡。如果训练样本不足，而特征空间维数过高的话，高斯混合模型的参数就不能准确地获得。

对上文中列出的所有基本声学特征，进行特征降维的工作，既能够反映出这些特征在区分情感类别上的能力，又是后续的识别算法研究的需要。总结语音情感识别领域近年来的一些文献，研究者们主要采用了以下的一些特征降维的方法：LDA（Linear Discriminant Analysis）、PCA（Principal Components Analysis）、FDR（Fisher Discriminant Ratio）、SFS（Sequential Forward Selection）等。其中，SFS 是一种封装器方法（Wrapper），它对具体的识别算法依赖程度比较高，当使用不同的识别算法时，可能会得到差异很大的结果。通过特征分析这部分的工作，能够给出一个相对独立的特征分析方法，而不依赖于后续的识别算法。然而，SFS 方法的计算量较高，在实际当中的应用相对较困难，也较少。

2. 基于 FDR 的特征选择

特征选择可以通过对每个特征维度上情感类别的可区分性来进行评价和优选。以两类的情况为例，在第 i 个维度上，样本的类别中心 μ_1 和 μ_2 之间的距离反映出类别之间的离散程度，每个类别的方差 σ_1 和 σ_2 反映出在第 i 维上的类内聚合程度。FDR 可用于情感的特征选择，基于 FDR 的特征分析方法在 HIV（Human Immunodeficiency Virus）病毒数据特征研究和 Clavel 进行的恐惧情感特征研究中获得了较好的效果。FDR 的定义为

$$\text{FDR} = \sum_{i}^{M} \sum_{j \neq i}^{M} \frac{(\mu_i - \mu_j)^2}{\sigma_i^2 + \sigma_j^2} \tag{11-44}$$

其中，M 为类别数，i、j 为类别编号；μ 为类别中心即类别的特征向量均值；σ^2 为相应的样本方差。

在进行特征选择之前，需要对原始的各个维度的特征进行归一化处理。因为原始的特征数值往往在不同的尺度范围内，如果不进行归一化处理，数值较大的特征会对类别可分性准则有较大的影响。各维度特征的数值归一化可通过下式完成：

$$\tilde{f}_i = \frac{f_i - \alpha_i}{\beta_i} \tag{11-45}$$

其中，$\alpha_i = \min(f_i)$；$\beta_i = \max(f_i)$。需要注意的是，α_i、β_i 是一组常数，对不同维度的特征是不同的取值，但对于不同样本的同一个特征维度来说是相同的取值。其中的最小值、最大值运算，只是在训练数据集上进行，在测试数据上不再进行最大值、最小值的运算。用于归一化的常数 α_i、β_i，应该对训练数据和测试数据保持一致，其具体数值没有特殊的含义。

3. 基于 PCA 与 LDA 的特征压缩

线性判别分析（LDA）是一种常用的特征降维优化方法，通过一种特定的线性变换，将高维特征空间映射到低维子空间上，使得投影后的类别内模式尽量聚合，类别间模式尽量分开。同 FDR 一样需要定义类内和类间离散度准则。

类内离散度矩阵定义为

$$\boldsymbol{S}_{W,i} = \frac{1}{N_i} \sum_{j}^{N_i} (\boldsymbol{x}_j^{(i)} - \boldsymbol{m}_i)(\boldsymbol{x}_j^{(i)} - \boldsymbol{m}_i)^{\mathrm{T}} \tag{11-46}$$

其中，i 为类别编号；j 为样本编号；m_i 为第 i 类样本的均值。c 个类别的总体类内离散度矩阵为

$$\boldsymbol{S}_W = \sum_{i=1}^{c} P_i \boldsymbol{S}_{W,i} \tag{11-47}$$

其中，P_i 为第 i 类的先验概率。类间离散度矩阵定义为

$$\boldsymbol{S}_B = \sum_{i=1}^{c} P_i (\boldsymbol{m}_i - \boldsymbol{m})(\boldsymbol{m}_i - \boldsymbol{m})^{\mathrm{T}} \tag{11-48}$$

其中，m 为全体样本的均值向量，设 LDA 中的变换矩阵为 U，则可以构造可分性准则函数，以使得类内离散度最小，类间离散度最大

$$J(\boldsymbol{U}) = \frac{\text{tr}(\boldsymbol{S}_B^*)}{\text{tr}(\boldsymbol{S}_W^*)} = \frac{\sum_{i-1}^{d} \boldsymbol{u}_i^{\mathrm{T}} \boldsymbol{S}_B \boldsymbol{u}_i}{\sum_{i-1}^{d} \boldsymbol{u}_i^{\mathrm{T}} \boldsymbol{S}_W \boldsymbol{u}_i} \tag{11-49}$$

其中，$\boldsymbol{S}_B^*$ 为 LDA 变换后的类间离散度矩阵；$\boldsymbol{S}_W^*$ 为 LDA 变换后的类内离散度矩阵。上式即为要优化的代价函数，构造 Largrange 函数得到

$$L(\boldsymbol{U}, \boldsymbol{\lambda}) = \sum_{i=1}^{d} \boldsymbol{u}_i^{\mathrm{T}} \boldsymbol{S}_B \boldsymbol{u}_i - \sum_{i=1}^{d} \lambda_i (\boldsymbol{u}_i^{\mathrm{T}} \boldsymbol{S}_W \boldsymbol{u}_i - b_i) \tag{11-50}$$

$$\frac{\partial L(\boldsymbol{U}, \lambda)}{\partial \boldsymbol{u}_i} = S_B \boldsymbol{u}_i - \lambda_i S_W \boldsymbol{u}_i = 0 \qquad (11-51)$$

所以有

$$S_W^{-1} S_B \boldsymbol{u}_i = \lambda \boldsymbol{u}_i \qquad (11-52)$$

由此得到的变换矩阵可将原始特征空间降维至 $c-1$ 维的低维空间中，在特征维数较高时，LDA 的压缩性能是非常明显的。然而在实际中 LDA 的应用会受到训练数据量的限制，当原始特征维数非常高，而训练数据量不足时，会导致矩阵出现奇异值，LDA 无法正常使用。因此，在处理高维数据时，可以采用 PCA 进行第一步降维，然后再使用 LDA 降维。

11.4　实用语音情感识别算法

本节简要总结了各种现有的语音情感识别算法，如表 11-4 所示。模式识别领域中的诸多算法都曾用于语音情感识别的研究，典型的有隐马尔可夫模型（Hidden Markov Models，HMM）、高斯混合模型（Guassiau Mixture Model，GMM）和支持向量机（Support Vector Machine，SVM）、人工神经网络（Artificial Neural Network，ANN）等，表 11-4 中初步比较了它们各自的优缺点，以及在部分数据库上的识别性能表现。

表 11-4　各种识别算法在语音情感识别应用中的特性比较

识别算法	对语音情感数据的拟合性能	识 别 率	优 点	缺 点
GMM	高	在 AIBO 数据库、本文数据库上表现较好	对数据的拟合能力较强	对训练数据依赖性强
SVM	较高	在柏林库上表现较好	适合于小样本训练集	多类分类问题中存在不足
KNN	较高	在柏林库上表现一般	易于实现，较符合语音情感数据的分布特性	计算量较大
HMM	一般	在柏林库上表现较好	适合于时序序列的识别	受到音位信息的影响较大
决策树	一般	在 AIBO 数据库上表现一般	易于实现，适合于离散情感类别的识别	识别率有待提高
ANN	较高	在日语情感语音上表现一般	逼近复杂的非线性关系	容易陷入局部极小特性，算法收敛速度较慢
混合蛙跳算法	较高	在汉语音情感数据上表现较高	优化能力强，有利于发现情感数据中潜在的模式	在迭代后期容易陷入局部最优，收敛速度较慢

11.4.1　基于支持向量机的识别算法

支持向量机是由 Cortes 和 Vapnik 等人提出的一种机器学习的算法，它是建立在统计学习理论和结构风险最小化的基础之上的。支持向量机在诸多模式分类应用领域中具有优势，如解决小样本问题、非线性模式识别问题以及函数拟合等。

支持向量机能够将数据样本映射到一个更高维度的特征空间里，建立一个最大间隔的超平面以达到线性可分。区分样本点的特征空间中，超平面的两边建有两个互相平行的超平面，平行超平面间的距离或差距越大，分类器的总误差越小。

具体而言，SVM 的核函数选取为径向基函数（Radial Basis Function，RBF），采用二叉树结构实现 SVM 的多类分类，如图 11-4 所示。在两分法分类器的树状结构中，首先识别何种情感（图中首先识别了烦躁情感），对系统的性能是有一定的影响的。在树状的分类器组结构中，误差会进行传播和积累，前面的分类错误，在后续的分类中无法纠正。例如，将烦躁样本误判为非烦躁情感后，在后续的分类器中就无法再识别出这些烦躁样本。

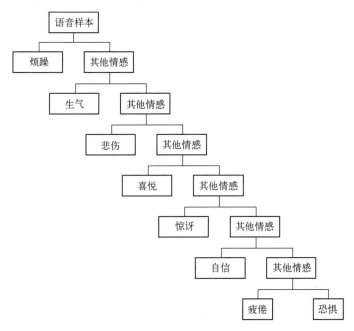

图 11-4　二叉树结构的多分类支持向量机

因此，设计二叉树结构的两个原则是：一、首先将重要的情感区分出来；二、首先进行误判率低的情感分类。将烦躁情感首先进行识别，力求能够尽可能多地检测出烦躁情感，哪怕有些样本被误判为情感，其代价也比较低。疲倦和自信等实用语音情感在最后的几个分类器中进行识别，这是由于这两种情感的识别率较低，置于二叉树底端可以减少误差扩散。

11.4.2　基于 K 近邻分类器的识别算法

K 近邻（K-Nearest Neighbor，KNN）分类器，采用一种较为简单直观的分类法则，其在语音情感识别应用中有较好的性能表现。KNN 分类器的分类思想是：给定一个在特征空间中的待分类的样本，如果其附近的 K 个最邻近的样本中的大多数属于某一个类别，那么当前待分类的样本也属于这个类别。

在 KNN 分类器中，样本点附近的 K 个近邻都是已经正确分类的对象。在分类决策上只依据最邻近的一个或者几个样本的类别信息来决定待分类的样本应该归属的类别。KNN 分类器虽然原理上也依赖于极限定理，但在实际分类中，仅同少量的相邻样本有关，而不是靠计算类别所在特征空间区域。因此对于类别域交叉重叠较多的分类问题来说，KNN 方法具有优势。

11.4.3 基于高斯混合模型的识别算法

高斯混合模型是一种拟合能力很强的统计建模工具。GMM 的主要优势在于对数据的建模能力强，理论上来说，它可以拟合任何一种概率分布函数。而 GMM 的主要缺点，也正是对数据的依赖性过高。因此在采用 GMM 建立的语音情感识别系统中，训练数据的特性会对系统性能产生很大的影响。

高斯混合模型在说话人识别和语种识别中获得了成功的应用。就目前来说，很多研究的结果显示，GMM 在语音情感识别中是一种较合适的建模算法。近年来的研究文献中，报道了不少采用 GMM 建立的语音情感识别系统。这些基于 GMM 的识别系统，相对于其他识别算法来说，获得了较好的识别率。语音领域著名的国际会议（INTERSPEECH）曾举行语音情感识别的评比（EMOTION CHALLENGE），基于 GMM 的识别系统在总体性能上获得了该次比赛的第一。

GMM 可以通过式（11-53）定义：

$$p(\boldsymbol{X}_t \mid \boldsymbol{\lambda}) = \sum_{i=1}^{M} a_i b_i(\boldsymbol{X}_t) \tag{11-53}$$

其中，$\boldsymbol{X}$ 是语音样本的 D 维特征向量；t 为其样本序号；$b_i(\boldsymbol{X}_t)$，$i=1,2,\cdots,M$ 是成员密度；a_i，$i=1,2,\cdots,M$ 是混合权值。每个成员密度是一 D 维变量的关于均值矢量 $\boldsymbol{U}_i$ 和协方差矩阵 $\boldsymbol{\Sigma}_i$ 的高斯函数，形式如下：

$$b_i(\boldsymbol{X}_t) = \frac{1}{(2\pi)^{D/2} |\boldsymbol{\Sigma}_i|^{1/2}} \exp\left\{ -\frac{1}{2}(\boldsymbol{X}_t - \boldsymbol{U}_i)' \boldsymbol{\Sigma}_i^{-1}(\boldsymbol{X}_t - \boldsymbol{U}_i) \right\} \tag{11-54}$$

其中，混合权值满足条件

$$\sum_{i=1}^{M} a_i = 1 \tag{11-55}$$

完整的高斯混合密度由所有成员密度的均值矢量、协方差矩阵和混合权值参数化。这些参数聚集在一起表示为

$$\boldsymbol{\lambda}_i = \{a_i, \boldsymbol{U}_i, \boldsymbol{\Sigma}_i\}, \quad i=1,2,\cdots,M \tag{11-56}$$

根据贝叶斯判决准则，基于 GMM 的情感识别可以通过最大后验概率来获得

$$\text{EmotionLabel} = \arg \max_k (p(\boldsymbol{X}_t \mid \boldsymbol{\lambda}_k)) \tag{11-57}$$

其中，k 为情感类别序号。

对于高斯混合模型的参数估计，可以采用 EM（Expectation-Maximization）算法进行。EM 是最大期望算法，它的基本思想是从一个初始化的模型 λ 开始，去估计一个新的模型 $\bar{\lambda}$，使得 $p(X \mid \bar{\lambda}) \geq p(X \mid \lambda)$。这时新的模型对于下一次重复运算来说成为初始模型，该过程反复执行直到达到收敛门限。这类似于用来估计隐马尔可夫模型（HMM）参数的 Baum-Welch 重估算法。每一步的 EM 重复中，下列重估公式保证模型的似然值单调增加：

混合参数的重估

$$a_m^i = \frac{\sum_{t=1}^{T} \gamma_{tm}^i}{\sum_{t=1}^{T} \sum_{m=1}^{M} \gamma_{tm}^i} \tag{11-58}$$

均值矢量的重估

$$\boldsymbol{\mu}_m^i = \frac{\sum\limits_{t=1}^{T} \gamma_{tm}^i \boldsymbol{X}_t}{\sum\limits_{t=1}^{T} \gamma_{tm}^i} \tag{11-59}$$

方差矩阵的重估

$$\boldsymbol{\Sigma}_m^i = \frac{\sum\limits_{t=1}^{T} \gamma_{tm}^i (\boldsymbol{X}_t - \boldsymbol{\mu}_m^i)(\boldsymbol{X}_t - \boldsymbol{\mu}_m^i)'}{\sum\limits_{t=1}^{T} \gamma_{tm}^i} \tag{11-60}$$

$$\gamma_{tm}^i = \frac{a_m^{i-1} N(\boldsymbol{X}_t \mid \boldsymbol{\mu}_m^{i-1}, \boldsymbol{\Sigma}_m^{i-1})}{\sum\limits_{m=1}^{M} a_m^{i-1} N(\boldsymbol{X}_t \mid \boldsymbol{\mu}_m^{i-1}, \boldsymbol{\Sigma}_m^{i-1})} \tag{11-61}$$

GMM 各个分量的权重、均值和协方差矩阵的估计值, 通过每一次迭代趋于收敛。

高斯混合模型中的混合度, 在理论上只能推导出一个固定的范围, 具体的取值需要在实验中确定, 各高斯分量的权重可以通过 EM 算法估计得到, 在 EM 算法的迭代中, 要避免协方差矩阵变为奇异矩阵, 保证算法的收敛性。

以权重为例, EM 算法的迭代曲线如图 11-5 所示, 图中显示出了每一次迭代的收敛情况。纵坐标代表各个高斯分量的权重的数值, 横坐标代表 EM 算法的迭代优化次数, 不同颜色和形状的曲线代表不同的高斯分量。

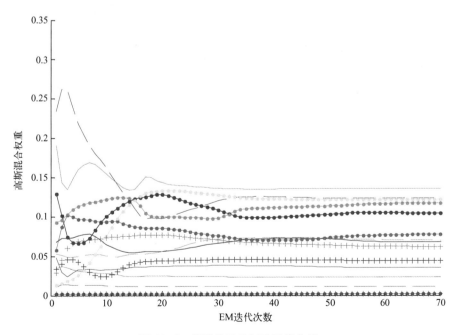

图 11-5　高斯分量的权重迭代曲线

11.5　基于深度学习的语音情感识别

虽然 11.4 节介绍的传统模型和方法已经应用于语音情感识别任务，然而，对于整段语音来说，其中蕴含的情感信息常常随机分布在某些片段中。因此，有效提取包含情感信息的语音片段对于情感识别的性能就显得尤为关键。与传统模型和方法相比，深度学习技术无论是在情感特征提取还是在建模方面都具有明显的优势，能够提取和识别语音信号中蕴含的情感信息，因此，近年来，基于深度学习的语音情感处理越来越受到学术界和工业界的关注。本节以两个具体方法为例，介绍深度学习技术在语音情感处理方向上的应用。

11.5.1　基于级联自编码器的语音情感识别

自编码器是一种特殊结构的 DNN，其可以采用无监督方式完成模型的训练。具体而言，自编码器包含编码模块和解码模块。将待训练的数据输入编码模块，得到相应的特征，然后通过解码模块对该特征进行解码；基于编码模块的输入与解码模块的输出之间的误差，反向调节编码模块的参数。当训练完成后，将编码模块所输出的特征用于完成最终的情感识别。与传统特征相比，利用自编码器所得到的特征鲁棒性更强，在不同情感类别上的区分度也更优。

基于级联自编码器的语音情感识别方法的流程图如图 11-6 所示。首先，将从原始语音中提取的语音情感原始特征输入第一个自编码器进行训练。该自编码器命名为降噪自编码器，其输出一个维度较高的潜在特征 $\boldsymbol{h}_1$，在一定程度上表征了原始特征的分布。通过梯度下降法，最小化输入的原始特征与利用 $\boldsymbol{h}_1$ 得到解码后的输出之间的误差，当误差满足要求时，表明一个降噪自编码器训练完成。接着，将 $\boldsymbol{h}_1$ 输入第二个自编码器。该自编码器命名为稀疏自编码器，用于对高维特征 $\boldsymbol{h}_1$ 施加稀疏性限定。通过训练，得到稀疏自编码器的输出 $\boldsymbol{h}_2$。稀疏自编码器的模型结构具体如下。

设 a_j 表示隐藏层神经元 j 的激活度，其表达式为

$$a_j(\boldsymbol{h}_1) = s\Big(\sum_{i=0}^{N} w_{j,i}\boldsymbol{h}_{1i} + b \Big) \tag{11-62}$$

式中，N 是输入 h_1 的维度；$w_{j,i}$ 代表的是神经元 j 与其前一层神经元 i 的连接权重。通过限制神经元的平均激活度 $\hat{\rho}$，即，通过让 $\hat{\rho}$ 逼近预设的稀疏性参数 ρ，以实现稀疏性限制。基于此，采用相对熵来作为稀疏自编码器训练的惩罚项，即

$$\hat{\rho}_j = \frac{1}{m} \sum_{i=1}^{m} \big[a_j(\boldsymbol{h}_{1i}) \big] \tag{11-63}$$

$$\sum_{j=1}^{M} KL(\rho \| \hat{\rho}_j) = \sum_{j=1}^{M} \rho\log\Big(\frac{\rho}{\hat{\rho}_j}\Big) + (1-\rho)\log\frac{1-\rho}{1-\hat{\rho}_j} \tag{11-64}$$

式中，M 是隐藏层中神经元的个数。$\hat{\rho}_j$ 越逼近 ρ，相对熵越接近 0。在惩罚项设计完成后，稀疏自编码器的代价函数表示为

$$J(\boldsymbol{W},\boldsymbol{b}) = L(\boldsymbol{W},\boldsymbol{b}) + \beta \sum_{j=1}^{M} KL(\rho \| \hat{\rho}) \tag{11-65}$$

式中，$L(\boldsymbol{W},\boldsymbol{b})$代表交叉熵损失函数或者均方误差损失函数；$\beta$控制稀疏惩罚在总体代价函数的权重；$\boldsymbol{W},\boldsymbol{b}$参数通过随机梯度下降算法得到。最后，将两个自编码器进行级联后的输出送入 Softmax 分类器，得到语音情感识别结果。

　　基于上述结构，训练和测试过程分别如图 11-6a 和图 11-6b 所示。其中，训练过程的第一步是预训练。在图 11-6a 中用虚线箭头连接部分表示，预训练是一个非监督过程，根据上文所述获得降噪自编码器和稀疏自编码器的参数以及输出 h_1 和 h_2。由于该自编码器网络结合了降噪自编码器和稀疏自编码器的优势，与传统神经网络的建模方式相比，所得到的特征具有更强的抗噪声能力，并且具有良好的稀疏性。训练的第二步为微调，在图 11-6a 中用实线箭头连接，微调是将预训练得到的两个自编码器级联，并在尾部加入一个 Softmax 分类器，通过计算分类器分类结果与真实标签之间的误差，对误差求梯度，并使用反向传播算法对各层参数进行微调。识别过程如图 11-6b 所示，将测试语音的原始特征输入训练好的级联自编码器中，输出即为相应的情感类别。

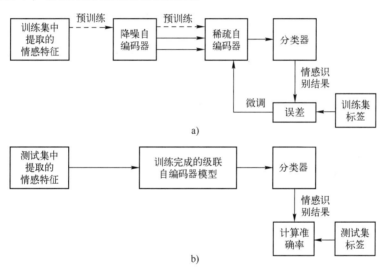

图 11-6　基于级联自编码器的语音情感识别流程图
a）训练过程　b）识别过程

　　图 11-7 为针对 CASIA 子库的语音情感识别结果。实验表明，本节所介绍的级联自编码器相比于传统分类器，其性能得到显著提升，比其中最优的 SVM 提高约 14.2%。此外，级联自编码器比传统神经网络识别率高出了 1.9%，也比单纯使用稀疏自编码结构或者降噪自编码结构表现更优。

11.5.2　基于注意力-循环神经网络的语音情感识别

　　语音数据具有时序相关性，而 RNN 作为处理时序数据的常用深度学习模型，可以将其应用于语音情感识别。此外，传统方法通常是在帧级别上提取语音信号的相关特征，其带来的主要问题为：一方面，原始语音信号长短不等；另一方面，情感信息在各个语音帧上并非均匀分布，往往会集中在一句话中的前半段或后半段，而现有方法，其对每一帧信号使用同

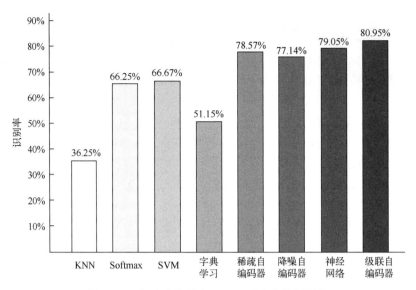

图 11-7　各个分类器在 CASIA 子库中的识别率

一权重，直接影响最终的情感识别性能。

　　注意力机制的思想是对待处理信息的不同部分赋予不同的重要性，这和语音情感识别任务的需求与难点一致。基于此，图 11-8 给出了基于注意力机制—RNN 的语音情感识别结构图。

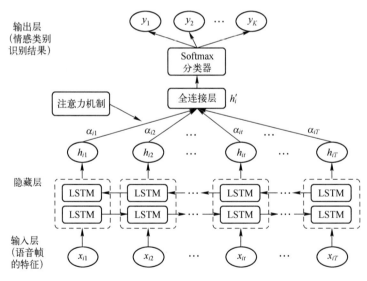

图 11-8　基于注意力机制—RNN 的语音情感识别

　　具体地，该模型主要包含四层网络：一个双向 RNN 层、一个单向 RNN 层、一个注意力层、一个全连接层加上一个 Softmax 分类器。接下来，分别介绍每一层在情感识别任务中的作用。

（1）双向 RNN 层

建模语音原始特征之间的时序依赖关系。基本思想是根据训练序列向前和向后分别训练两个 RNN，最后级联这两个 RNN 的输出作为双向循环神经网络的输出。即，通过该层学习输入语音序列 $x_i = [x_{i1}, x_{i2}, \cdots, x_{it}, \cdots]$ 中每一个点的过去和未来上下文信息。具体表达式如下。

$$\overrightarrow{h_{it}^1} = \overrightarrow{f}(x_{it}), \quad t \in [1, T], \quad i \in [1, N]$$

$$\overleftarrow{h_{it}^1} = \overleftarrow{f}(x_{it}), \quad t \in [1, T], \quad i \in [1, N] \tag{11-66}$$

$$h_{it}^1 = [\overrightarrow{h_{it}^1}, \overleftarrow{h_{it}^1}]$$

通过本层的处理，使得到的深层次特征 h_{it}^1 综合了当前语音的前向和后向信息，使其更具有全局意义。

（2）单项 RNN 层

使用单向循环神经网络对特征 h_{it}^1 进行再一次学习，得到比上一层更深层次的特征 h_{it}^2，即

$$h_{it}^2 = f(h_{it}^1), \quad t \in [1, T], \quad i \in [1, N] \tag{11-67}$$

（3）注意力层

由于不同时刻的语音特征对于情感识别目标任务的重要程度并不相同，进一步建模来量化前两层循环神经网络得到的输入 h_{it}^2 的重要性，获得语音情感样本带权重信息的全局特征 h_{it}^3，并将其输出到模型的下一层，即

$$u_{it} = \tanh(W^3 h_{it}^2 + b^3)$$

$$\partial_{it} = \mathrm{softmax}(U^3 u_{it}) \tag{11-68}$$

$$h_{it}^3 = \sum_t \partial_{it} * h_{it}^2$$

式中，∂_{it} 为注意力得分，它能够根据重要性对不同时刻上的特征分配不同权重。

（4）全连接层

对基于注意力加权后的特征进行学习，并将学习后的特征 h^4 送入分类器中进行分类，即

$$h^4 = \mathrm{relu}(W^4 h^3 + b^4)$$

$$p = \mathrm{softmax}(W^5 h^4 + b^5) \tag{11-69}$$

式中，h^4 为全连接层输出的特征。通过全连接层，将特征维度降到可以输入进分类器的大小。p 则代表着输入 x 属于每一个类别的概率。式（11-68）和式（11-69）中的 U，W，b 为需要优化的网络参数。

该模型充分考虑语音信号时序特征，通过双向和单向 RNN 提取语音高层次特征，通过注意力机制自动学习不同语音片段所包含的语音情感信息，达到重点关注具有强情感信息的语音片段的目的。实验结果表明，该模型有效地提升了语音情感识别的准确度。

11.6　应用与展望

11.6.1　载人航天中的应用的设想

烦躁情感具有特殊的应用背景，在某些严酷的工作环境中，烦躁是较为常见的、威胁性

较大的一种负面情感。保障工作人员的心理状态健康是非常重要的环节。在未来可能的长期的载人任务中，对航天员情感和心理状态的监控与干预是一个重要的研究课题。在某些特殊的实际应用项目中，工作人员的心理素质是选拔和训练的一个关键环节，这是由于特殊的环境中会出现诸多的刺激因素，引发负面的心理状态。例如，狭小隔绝的舱体内环境、严重的环境噪声、长时间的睡眠剥夺等因素，都会增加工作人员的心理压力，进而影响任务的顺利完成。

因此，在航天通信过程中，有必要对航天员的心理健康状况进行检测，在发现潜在的负面情绪威胁的情况下，应该及时进行心理干预和疏导。在心理学领域，进行心理状态评估的方法，主要是依靠专业心理医师的观察和诊断。而近年来的情感计算技术，则为这个领域提供了客观测量的可能。语音情感识别技术可以用于分析载人航天任务中的语音通话，对说话人的情感状态进行自动的、实时的监测。一旦发现烦躁状态出现的迹象，可以及时进行心理疏导。

图 11-9 所示的系统，是设想的实用语音情感识别在载人航天中的一种可能的应用方式。在未来可能的长期的载人航行中，对烦躁等负面心理状态的监测将发挥重大作用。在载人航天的应用中，需要考虑几个特殊的问题。

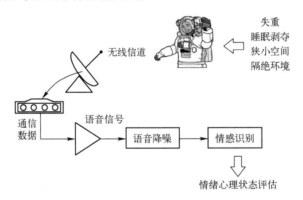

图 11-9　载人航天中的语音情感分析应用的设想图

第一，识别的对象群体是特定的。一般来说，一个国家的航天员队伍是相对稳定的一个群体，在人数上不会过多，人员变动也相对较少。因此，在载人航天中的应用与电信话务中心等大量说话人的场合不同，面对的是特定说话人的情感识别问题。在识别技术上，可以为每一个说话人定制所需的声学特征和识别模型，以提高识别的准确度。

第二，假设航天员在工作状态下的说话习惯与普通人不同，具有一定的特点。在情感建模中，说话人个性的差异会带来很大的干扰，例如在鲁棒性分析章节中对大量非特定说话人的研究中就发现了这个问题。因此，有必要考虑针对不同的性格与不同的说话方式，调整已有的情感模型。在特殊的工作环境中，被试人员可能倾向于隐藏负面情绪的流露，语音中的唤醒度比正常条件下高。

第三，预计环境噪声非常恶劣，需要有效的抗噪声解决方法。在车载电子中，语音识别主要受到发动机等噪声源的干扰。在载人飞船内的噪声干扰可能会直接制约语音情感识别技术在其中的应用。然而，目前在情感识别领域，对噪声因素的研究尚处于起步阶段，在今后的实际应用中，对降噪技术的需求会越来越显著。

11.6.2　情感多媒体搜索

语音情感识别技术的另一个重要应用，是在基于内容的多媒体检索中。传统的搜索引擎，一般是进行文本的检索，对网络上的多媒体数据的内容无法进行识别和搜索。目前，基于内容的检索技术已经带来了一些有趣的应用。MIT 的研究者们提供了一个实验平台，能够对教学视频中的语义内容进行关键字的检索。首先在视频数据中分离出音频部分，对其中的语音信号进行自动语音识别，再对识别出的语义关键词进行匹配和搜索。基于图像内容的检索也带来了一些特殊的搜索引擎。例如，Picitup、Exalead、Face Search 等网站，都可以通过用户上传的图片的内容，寻找到网络上类似的图片和出处。如果上传名人的人脸图像，可以直接搜索到网络上该人的其他相关图片。

情感识别技术可能会给多媒体检索领域带来更多、更有趣的应用。多媒体数据中蕴含了大量的情感信息，例如摄影作品、音乐歌曲、影视作品等，都是丰富的情感信息源。如果可以对多媒体数据进行情感检索，也就是根据指定的情感类型，找寻出对应的多媒体数据，那么能够给网络用户提供的，将是一个广阔的情感多媒体搜索平台。情感信息的检索技术在娱乐产业中会有很大的应用前景。例如，在优酷网、土豆网等视频资源网站，目前仅能够根据人工标注的方式，对海量的视频资源进行分类和检索。这样的多媒体资源管理模式是低效的，急需一种基于情感信息内容的检索技术来对网络视频进行自动的分类和管理。

在用户进行网络视频搜索时，可以指定一些特殊的视频类型进行检索，例如"喜剧片""真实""清新"等与情感有关的描述词。这样的检索方式会给用户提供一个比现有的语义搜索平台更加广阔的情感信息搜索平台。然而，目前商用的搜索引擎还停留在对视频文件名和文件描述进行检索的阶段，有待将实用语音情感识别技术融合到音频内容的检索中。

图 11-10 是一个检索系统的系统模块设计，可以对网络视频进行基于音频内容的情感信息分析与检索。

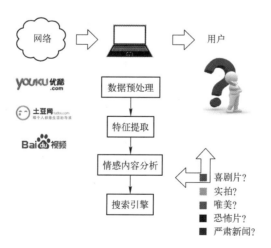

图 11-10　网络情感多媒体搜索

11.6.3　智能机器人

AIBO 情感数据库是德国柏林的研究者们，通过 51 名儿童与索尼公司的智能机器狗

AIBO 之间的交流，采集建立的情感数据库。在实验中，采用了儿童与机器狗之间交互的环境来研究语音情感识别技术。这方面研究的成功，使得语音情感识别技术在人与智能机器人之间的交流中显得日益重要。

智能机器人技术是一个具有良好发展前景的领域，在日常生活中，智能家居可以给人们带来自动化的便捷生活方式，荷兰飞利浦公司的"House of the Future"研究项目就是一个典型的例子。相比之下，更加人性化的、更深层次融入人们生活中的智能机器人，会给人们的生活方式带来更大的冲击。目前，除了索尼的智能机器狗外，还有一些有趣的智能机器人的产品，例如可以表达 7 种情绪的机器人 KOBIAN、陪伴孤寡老人的 Telenoid R1 机器人等。

语音是人类交流与沟通的最自然、最便捷的方式，在人与机器人的交互中，语音交互亦是首选的技术之一。情感识别技术与智能机器人技术的结合，可以使得冰冷的机器能够识别用户的情感，是机器人情感智能的基础技术。在智能机器人拥有了情感识别能力之后，才有可能进行同用户的情感交流，才有可能成为"个人机器人"，更加深入地融合到人们的社会生活和生产劳动中。

机器人的情感是一个有趣的话题，在很多文艺作品中有生动的讨论。从语音情感识别技术的角度看，具备一定情感智能的机器人，有可能进入人们生活的一个途径，可能是在儿童的智能玩具中。情感语音的识别与合成技术可能带来一系列具备虚拟情感对话能力的玩具，在模拟情感交流的环境中，培养儿童的沟通与情感能力。语音情感识别技术在儿童的发展与教育科学中的应用，亦是值得探讨的一个课题。

图 11-11 是智能机器人的语音情感交互模块，能够通过用户的语音和行为，识别出说话人的身份、性格和情感状态，进而对短期和中长期的人机交互方式进行自适应的调节。

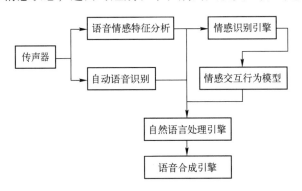

图 11-11　智能机器人中的语音情感交互模块

11.6.4　总结与展望

今后的研究工作可能在情感模型和情感特征方面有较大的发展空间。首先，情感维度空间模型在语音情感识别中的应用还刚刚开始，诸多算法可以与之结合，出现更为合理的情感识别方法。虽然心理学中的"唤醒度-效价度-控制度"三维模型比较流行，但是可以从语音信号的实际特点出发研究更加合适的情感模型。其次，情感特征还有待进一步的研究，从声学特征到心理状态的映射是非常困难的，如何构造可靠的情感特征一直是本领域的一个主题。特别是结合跨语言和跨数据库的研究，有利于发掘情感特征中的通用性。

虽然情感计算的研究已经进行了多年，然而情感的科学定义还并不明确。情感可以从进化论得到解释，认为情感是动物在生存斗争中获得的能力，使得动物能够趋利避害。情感还可以从社会心理学的角度得到解释，人类作为群居动物，成员个体之间需要进行有效的沟通，为劳动协作建立关系，而情感则是一种有效的交流手段，体现出个体的意图和心理状态。从这个角度来看，人工智能中是不可缺少情感识别技术的，它能够进行复杂意图信息的直接表达和有效传递。

虽然从哲学的角度看人工智能的可实现性具有争议，对情感的科学定义还并不明确，然而从工程实际的角度看，对人类的情感行为进行分析和测量，是完全可行的。对人类的情感能力的部分的模拟，也已经获得了初步的进展。

人类语音当中包含的丰富多彩的情感信息，计算机能够理解到何种程度？语音情感识别技术是仅能够模仿一部分的人类情感感知能力，还是有可能超越人类的能力，捕获到人耳亦所无法感知的信息？这个问题值得深思。

从情感的含义上看，既然只有人类和动物才具有情感，那么人类的情感也就通过人类自身得到了界定，人耳所不能感知到的信息，似乎不在语音情感的范畴内。然而，情感的感知通道，并不仅限于人耳听觉。通过内省知觉的方式，说话人自身能够体验到的情感是"体验情感"（Felt Emotion），通过人耳听觉感知到的他人的情感，是"听辨情感"（Perceived Emotion）。从这个角度考虑，语音情感识别技术，有可能超过人耳的听辨能力，获取到更多说话人的体验情感的信息。人们在日常生活和工作中无意识地流露出的情感心理状态，能够通过情感计算技术得到准确的测量和分析，在此基础上发展出的技术应用有着广阔的前景。

11.7　思考与复习题

1. 什么是语音信号中的情感信息？为什么说语音信号中的情感信息是一种很重要的信息资源？

2. 以往在研究语音信号处理技术时是怎样处理语音信号中的情感信息的？是否可以利用语音信号中的情感信息资源来提高语音信号处理系统的性能，例如语音识别系统的识别率？

3. 语音信号中的情感信息处理的内容是什么？它主要包含哪几个方面？

4. 在实验中，语音数据库是如何制作的？有哪些注意事项？

5. 情感语料的诱发方式有哪些？各有什么特点？

6. 情感的声学特征有哪些？特征的降维方法有哪些？

7. 情感的识别算法有哪些？各有什么特点？

8. 当前情感识别的应用有哪些？请结合日常生活，谈谈你对情感识别应用的认识。

9. 基于级联自编码器的语音情感识别中，包含哪两类自编码器？自编码器的基本原理是什么？

10. 基于注意力-RNN 的语音情感识别模型中，包含哪几个部分？各自的作用是什么？

第 12 章　声 源 定 位

12.1　概　　述

声源定位技术的研究目标主要是系统接收到的语音信号相对于接收传感器是来自什么方向和什么距离的，即方向估计和距离估计。其在军用、民用、工业上都有广泛应用。在军事系统中，声源定位技术有助于武器的精确打击。此外，利用声源定位技术，能及时、准确、快速地发现敌方狙击手的位置。目前，美国已开发出了主要采用声测、红外和激光等原理探测敌狙击手的技术。在民用系统中，声源定位技术可以为用户提供准确可靠的服务。例如，如果在可视电话上装上声源定位系统，实时探测出说话人的方位，那么摄像头能实时跟踪移动中的说话人，从而使电话交流更加生动有趣。此外，该技术还可以用到会议现场以及机器人的听觉系统中。在工业上，声源定位技术也有广泛的应用，如工程上的故障检测、非接触式测量以及地震学中的地震预测和分析。

声源定位技术的内容涉及了信号处理、语言科学、模式识别、计算机视觉技术、生理学、心理学、神经网络以及人工智能技术等多种学科。一个完整的声源定位系统包括声源数目估计、声源定位和声源增强（波束形成）。目前的声源定位研究主要分为两类：基于仿生的双耳声源定位算法和基于传声器阵列的声源定位算法。

基于仿生的双耳声源定位算法主要是利用人耳的特性实现。人耳对于声音信号的方位判断主要是依靠头部结构所引起的"双耳效应"和耳朵结构的"耳郭效应"及复杂的神经系统来实现，机器人头部的听觉系统常依据这两种效应实现。基于传声器阵列的声源定位算法是采用多个传声器构成的一个传声器阵列，在时域和频域的基础上增加一个空间域，对接收到的来自空间不同方向的信号进行空时处理，这就是传声器阵列信号处理的核心，它属于阵列信号处理的研究范畴。基于传声器阵列的声源定位技术主要有三类：基于高分辨率谱估计技术、基于可控波束形成技术以及基于时延估计的定位技术。

国外的声源定位技术研究起步较早，主要应用于军事领域。目前，美国、俄罗斯、日本、英国、以色列、瑞典等国家均已装备了被动声探测系统。国外的声源定位系统应用主要集中在智能雷弹系统上，在战场上通过对目标进行智能声探测从而确定目标的方位，再反馈到控制系统上对其进行攻击。声源定位系统多用于研究智能地雷，早在 20 世纪 80 年代，美国和一些西方国家就开始研究智能地雷。声源定位系统也应用于探测飞机或为直升机报警以及用于炮位侦察。近几年有应用于单兵声源定位系统、车载声测小基阵以及制造新型地雷。

在国内，近年来声源定位技术方面也进行了大量的深入研究。北京理工大学、南京理工大学、西北工业大学等在该方向进行了深入的研究。其中，炮用立靶声音定位系统列入国家军用标准，弹头落点定位系统和敞开型胸环靶系统也通过鉴定并列入国家军用标准。国内研究普遍认为，声源定位系统用于智能地雷的定向，可满足方位角精确要求。

12.2　双耳听觉定位原理及方法

研究表明，人类听觉系统对声源的定位机理主要是由于人的头部以及躯体等对入射的声波具有一定的散射作用，以致到达人双耳时，两耳采集的信号存在着时间差（相位差）和强度差（声级差），它们成为听觉系统判断低频声源方向的重要客观依据。对于频率较高的声音，还要考虑声波的绕射性能。由于头部和耳壳对声波传播的遮盖阻挡影响，也会在两耳间产生声强差和音色差。总之，由于到达两耳处的声波状态的不同，造成了听觉的方位感和深度感，这就是常说的"双耳效应"。不同方向上的声源会使两耳处产生不同的（但是特定的）声波状态，从而使人能由此判断声源的方向位置。总体来说，利用双耳听觉在水平面内的声源定位要比垂直面内的声源定位精确得多，后者也存在较大的个体差异。

对双耳听觉的水平定位的研究可追溯到 19 世纪。1882 年 Thompson 在他的论文"双耳在空间感知中的功能"中对双耳听觉的水平定位理论作了介绍。当时主要有 3 种理论：第一种是 Steinhauser 和 Bell 支持的理论，强调了双耳强度差（Interaural Intensity Difference，IID）的作用，并认为双耳时间差（Interaural Time Difference，ITD）与声源定位无关；Mayer 支持第二种理论，认为 ITD 和 IID 在声源定位中都很重要；Mach 和 Lord Rayleigh 赞同第三种理论，在强调 IID 的作用的同时，也强调了耳郭在声源定位中的作用。20 世纪初，Lord Rayleigh 等通过实验证实了在声信号为低频时听者对 ITD 最敏感，而当声音为高频时对 IID 最敏感。

12.2.1　人耳听觉定位原理

人耳对于声音信号的方位判断主要是依靠头部结构所引起的"双耳效应"和耳朵结构的"耳郭效应"及复杂的神经系统实现。人耳听觉外周系统主要由不同作用的三个部分组成，即外耳、中耳和内耳。外耳包括耳翼和外耳道。外耳腔腔体在听觉的中频段（3000 Hz）左右产生共鸣。在外耳道的末端，有一薄膜，称作鼓膜。鼓膜及鼓膜以内称为中耳。中耳由鼓膜和锥骨、砧骨和镫骨组成。声波由外耳道进入后推动鼓膜振动，进而使连接于鼓膜的三个听小骨也随之振动，并通过镫骨与卵形窗上的弹性膜传入内耳。中耳主要起"阻抗变换器"的作用，其使低阻抗的空气和从鼓膜开始直至耳蜗中的淋巴液高阻抗进行匹配。内耳是人耳听觉系统和听觉器官中最复杂和最重要的部分。耳蜗是内耳中专司听觉的部分，其具有蜗牛形状的中空器官，内部充满一种无色的淋巴液体。在内耳中，接受声音振动后，起"感觉"部分的是一个螺旋线似的胶质薄膜，称为基底膜。基底膜非常重要，主要分布在从卵形窗到耳蜗顶端的整个通道中。耳蜗中的淋巴液被基底膜分隔成两部分，只是在耳蜗基底膜的底端蜗孔处被分隔的两部分淋巴液才混合在一起。沿基底膜表面分布着专司听觉的毛状神经末梢约 25000 条，其中最重要的听觉神经主干为前庭神经和蜗神经。

人耳可以听到频率在 20 Hz～20 kHz 范围内的声音。人耳听觉系统是一个音频信号处理器，可以完成对声信号的传输、转换以及综合处理的功能，最终达到感知和识别目标的目的。人耳听觉系统有两个重要的特性，一个是耳蜗对于声信号的分频特性；另一个是人耳听觉掩蔽效应。

（1）耳蜗分频特性

根据部位学说，耳蜗不同的区域感受不同频率范围的声音。在正常耳蜗中，一个窄带声音在基底膜上有一个对应的位点，该位点会对此声音产生相对较强的振动，然后使大脑皮层相对应的区域产生兴奋。对于一个复合言语声来说，会使耳蜗中相对应于能量集中的某个特定频率的区域产生活动。如果背景噪声含有相近的频率成分，人耳可以将耳蜗每个强烈兴奋区域的信号分别向大脑传递。然后大脑会结合视觉信息（如唇读），声音的方向信息（通过对比两侧耳接收的声音）和言语的上下文语义对所得的信息进行分析，忽略一部分信息，而对由言语引致的兴奋进行解码处理。人耳这种使大脑精确地将言语和噪声区分开来的能力被称之为频率解析或频率选择，其条件是言语和噪声的成分在特定强度下其频率不重合。从这个意义上讲，耳蜗就像一个频谱分析仪，基底膜可以看成是一组频带重叠的非线性带通滤波器，这组带通滤波器将整个频带划分为若干个不等宽频带，称为临界频带。耳蜗的分频能力可以用一组带通滤波器来实现。

（2）人耳听觉掩蔽效应

掩蔽效应是由于听觉的非线性所引起的一种常见的心理声学现象。当人们同时听到两个声音时，对其中一个声音的感觉会因为另一个声音的干扰使该声音的听阈提高，这种现象称为掩蔽效应。掩蔽现象可以根据基膜的结构来解释，当一个较大声音引起一个位置产生较大振动的同时，会使其前后位置产生相应小的振动。如果另一个声音的频率对应于该位置且强度较弱，则该声音听不到，这就是声音的频域掩蔽。时域掩蔽效应是一个声音的人耳听觉感受被另一个声音（同时或不同时进入人耳）影响的现象。掩蔽效应是听觉系统的一个重要特性，它表明了人的听觉系统对频率和时间分辨力的有限性。为了描述这种掩蔽的效果，Zwicker 等引入了临界带宽的概念。一个纯音可以被以它为中心频率，且具有一定频率带宽的连续噪声所掩蔽，如果在这一频带内噪声功率等于该纯音的功率，这时该纯音处于刚能被听到的临界状态，即称这一带宽为临界带宽。在 20 Hz～16 kHz 范围内的声音信号可以分为 24 个子带。临界频带与频率是非线性关系。

对于不同频率的声音，人耳的听觉也有差异。人耳对 1～5 kHz 的声音，比起其他频带的声音要灵敏得多，对于 4 kHz 的声音最为灵敏。而且，对于 20～200 Hz 频带内的低频声音，频率越低则相应的感应程度越低。但是，不同的人耳朵结构有所区别，因此每个人的听觉灵敏度也有一定的差异。此外，由于屏蔽效应，人耳对声源目标的水平方位评估相比其垂直仰角而言，则要精确得多。

（3）其他因素

在混响环境中，优先效应起到重要作用，它是心理声学的特性之一。所谓的优先效应，当同一声源的直达声和反射声被人耳听到时，听音者会将声源定位在直达声传来的方向上，因为直达声首先到达人耳处，即使反射声的密度比直达声多达 10 dB。因此，声源可以在空间中进行正确定位，而与来自不同方向的反射声无关。但是优先效应不会完全消除反射声的影响，反射声可以增加声音的空间感和响度感。

当将优先效应用在混响环境中识别语音时，就产生了哈斯效应。哈斯观察早期反射声时，发现早期反射声只要到达人耳足够早，就不会影响语音的识别，相反由于增加了语音的强度而有利于语音的识别。而且哈斯发现语音相对于音乐来说，对反射延时时间和混响的变化更为敏感。对于语言声来说，只有滞后 50 ms 以上的延迟声才会对语音的识别造成影响。所以 50 ms 被称为哈斯效应的最大延时量。在哈斯做的平衡实验中，证明当延时为 10~20 ms 时，先导声会对滞后声有最大程度的抑制。

12.2.2 人耳声源定位线索

（1）双耳定位线索

人类通过双耳来感知外界声音，除了感知声音的强度、音调和音色的感觉外，还可以判断声源的距离和方向。研究表明，人类听觉系统对声源的定位机理主要是由于人的头部以及躯体等对入射的声波具有一定的散射作用，以致到达人双耳时，两耳采集的信号存在着时间差（相位差）和强度差（声级差），它们成为听觉系统判断低频声源方向的重要客观依据。对于频率较高的声音，还要考虑声波的绕射性能。由于头部和耳壳对声波传播的遮盖阻挡影响，也会在两耳间产生声强差和音色差。总之，由于到达两耳处的声波状态的不同，造成了听觉的方位感和深度感，这就是常说的"双耳效应"。不同方向上的声源会使两耳处产生不同的（但是特定的）声波状态，从而使人能由此判断声源的方向位置。在实际应用中涉及的定位线索主要有 ITD、ILD、双耳相位差（Interaural Phase Difference）、双耳音色差（Interaural Timbre Difference）以及直达声和环境反射群所产生的差别。

在低中频（$f<1.5\,\text{kHz}$）情况下，双耳时间差是定位的主要因素。另外，人头对入射声波起到了阻碍作用，导致了两耳信号间的声级差。声级差除了与入射声波的水平方位角有关外，还与入射声波的频率有关。在低频时，声音波长大于人头尺寸，声音可以绕射过人头而使双耳信号没有明显的声级差。随着频率的增加，波长越来越短，头部对声波产生的阻碍越来越大，使得双耳信号间的声级差越来越明显——这就是前面说的人头掩蔽效应。对于 $1.5~4.0\,\text{kHz}$ 的频率范围来说，声级差和时间差是声源定位的共同因素，而当频率 $f>5.0\,\text{kHz}$ 时，双耳声级差是定位的主要因素，与时间差形成互补。总体来说，双耳时间差和声级差涵盖了整个声音频率范围。

（2）"耳郭效应"定位线索

耳郭效应的本质就是改变不同空间方向声音的频谱特性，也就是说人类听觉系统功能上相当于梳状滤波器，将不同空间方向的声音进行不同的滤波。耳郭具有不规则的形状，形成一个共振腔。当声波到达耳郭时，一部分声波直接进入耳道，另一部分则经过耳郭反射后才进入耳道。由于声音到达的方向不同，不仅反射声和直达声之间强度比发生变化，而且反射声与直达声之间在不同频率上产生不同的时间差和相位差，使反射声与直达声在鼓膜处形成一种与声源方向位置有关的频谱特性，听觉神经据此判断声音的空间方向。频谱特性的改变主要是针对高频信号，由于高频信号波长短，经耳郭折向耳道的各个反射波之间会出现同相相加、反相相减，甚至相互抵消的干涉现象，形成频谱上的峰谷，即耳郭对高频声波起到了梳状滤波作用。利用耳郭效应进行声源定位时，主要是将每次接收到的声音与过去存储在大脑里的重复声排列或梳状波动记忆进行比较，然后判断定位。研究证明，随着信号垂直方位角度的增加，波谷频率也会逐渐增加，而这个波谷频率值是可以从信号频谱图中提取出来的。在对前后镜像的声源进行定位时，也可以通过耳郭效应对声源作精确定位。

（3）头相关传输函数

随着生理声学的发展，人们发现声音方位的影响在频谱上表现得极其突出，这种频谱上的区别是人耳定位的主要依据。HRTF 描述了声波从声源到双耳的传输过程，它是综合了 ITD、ILD 和频谱结构特性的声源定位模型。从某一方位的声源发出的声信号在到达听者的耳膜之前必然与听者的头部、肩部以及躯干、耳郭发生了反射、折射、散射以及衍射等声学作用，这种作用在时域表示为与头相关脉冲响应（Head-Related Impulse Response，HRIR）。这既与声源相对于听者的方向有关，也因人体部位形状及大小的不同而存在个体差异。人体的这些部位对声信号的影响作用可以统一用一个函数来表示，即头部相关传输函数（HRTF）。在自由场的情况下，HRTF 定义为

$$H_L = H_L(l,\theta,\phi,f) = \frac{P_L(l,\theta,\phi,f)}{P_0(l,f)}$$

$$H_R = H_R(l,\theta,\phi,f) = \frac{P_R(l,\theta,\phi,f)}{P_0(l,f)}$$

（12-1）

式中，P_L、P_R 分别是声源在左右耳产生的声压；P_0 是头不存在时，头部中心位置处的声压；l 为声源到头部中心的距离；f 为声波的频率；θ 和 ϕ 分别是声源的水平角和垂直角。

HRTF 的谱特征反应在它们的谷点频率和峰点频率上，某些谷点频率和峰点频率随着声源方向的改变而改变。实际上，双耳的 HRTF 除了谱特征的差异外，还包含 ITD 和 ILD 的所有特征。通常，HRTF 的获得有两种方法：一是通过对假头或真实听音者的双耳信号的测量得到；二是利用声波的散射理论计算得到。近年来，随着数字技术和测量技术的发展，国外一些科研单位已经对 HRIR 进行了较为精确的测量，其中最为著名的就是麻省理工学院媒体实验室的 CIPIC 数据库。这些数据在互联网上早已公布，而且经过心理声学对比实验发现，CIPIC 的 HRIR 数据比较适合中国人的生理构造，声像定位实验与实际情况吻合较好，本章选用该 HRIR 数据库进行相关分析。

除了上述的一些定位线索外，同样还可以使用其他的定位因素，如头部的转动因素。在低频或者较差的环境中，当双耳效应和耳郭效应对声源的定位不能给出明确的信息时，可以通过转动头部来消除不确定性。最经常使用这种方法的情况是出现空间锥形区域声像混淆现象时，因为这样会造成不确定的双耳效应。

12.2.3 声源估计方法

水平方位角是双耳听觉定位系统声源定位中最重要的指标之一，也是较为精确的定位指标。水平方位角的评估主要利用双耳效应中的 ITD、ILD、IPD 这几个与声源方位相关的函数。研究表明，在中低频（小于 1.5 kHz，最佳信号频率为 270~500 Hz）的情况下，双耳时间差 ITD 起主要作用，利用该时间差可以很好地进行方位的评估；在中频（1.6~4 kHz）段，双耳时间差和双耳声级差共同作用；而在中高频（4~5 kHz）时，双耳声级差起主要的定位作用；在高频（5~6 kHz 以上）段，耳郭对声波的散射起到梳状滤波的作用，并对定位中垂面上的声源方位有重要作用。而声源目标的水平方位是目标定位中最为精确和容易定位的指标。

图 12-1 为水平极坐标模型中任一方向的声音信号到达患者头部坐标时的示意图。此时

线路方向、左右耳传声器传感器以及中心坐标点都在同一平面，因此利用这种坐标形式求解方位比较直观、方便。图中以 O 为圆心的圆为球形模型，C、D 点为左右耳传声器，θ 为声源目标的水平方位。假设声源信号位于患者头部的右前方，与头部坐标相切的声波信号的直线线路为 L_2，信号到达右耳传声器的线路为 L_1，头部半径为 r。由于该模型为球形结构，该示意图同样适用于垂直方位。

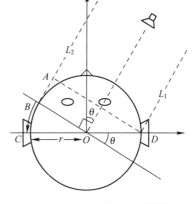

由此可见，信号到达两耳的距离 L_d 和 R_d 分别为

$$\begin{cases} L_d = L_2 + \overset{\frown}{BC} \\ R_d = L_1 \end{cases} \qquad (12\text{-}2)$$

声源到左右耳之间的距离差 Δd 为

$$\Delta d = L_d - R_d = AB + \overset{\frown}{BC} \qquad (12\text{-}3)$$

图 12-1 ITD 定位模型：球形结构

L_2 与 L_1 的直线距离差 AB 为

$$AB = OD \times \sin\theta = r \times \sin\theta \qquad (12\text{-}4)$$

$\overset{\frown}{BC}$ 的长度为

$$\overset{\frown}{BC} \approx OC \times \theta = r \times \theta \qquad (12\text{-}5)$$

因此，距离差 Δd 的计算公式为

$$\Delta d = AB + \overset{\frown}{BC} \approx r \times (\sin\theta + \theta) \qquad (12\text{-}6)$$

参数化 ITD 模型函数为

$$\text{ITD}(\theta) = \frac{r(\sin\theta + \theta)}{c} \qquad (12\text{-}7)$$

对于不同的信号频率，ITD 模型有一定的变化规律，这些规律可以用参数化形式表示为

$$\text{ITD}(\theta, f) = \alpha_f \frac{r(\sin\theta + \theta)}{c} \qquad (12\text{-}8)$$

式中，α_f 是与频率相关的尺度因子。图 12-2 所示的细线表示不同耳郭结构的频率和 $\text{ITD}(\theta, f)$（即 ΔT）的变化关系，黑线表示提取的耳郭结构的平均模型。当方位评估时信号的频率与建模时不一致，就需要用到参数模型。

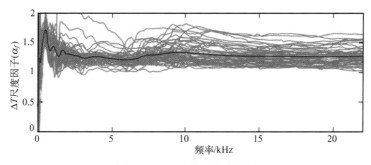

图 12-2 ITD 模型尺度因子

反转模型就可以得到水平角度 θ，如下式所示：

$$\theta = g^{-1}\left(\frac{c}{r\alpha_f} \times \text{ITD}(\theta, f) \right) \qquad (12\text{-}9)$$

式中，g^{-1} 为 $g(\theta)=\sin\theta+\theta$ 的反转函数。$g(\theta)$ 不能通过普通方法求解方程，但是使用切比雪夫序列，可以获得 $g(\theta)$ 的多项式近似，进而获得 g^{-1} 的近似表示

$$g^{-1}(x)\approx\frac{x}{2}+\frac{x^3}{96}+\frac{x^5}{1280} \tag{12-10}$$

12.3　传声器阵列模型

传声器阵列结构就是有一定数量的传声器按照一定空间放置结构而构成的传声器组，也称为传声器阵列的拓扑结构。对声源定位起决定性作用的就是传声器阵列中各个阵元间距和放置的具体位置。传声器阵列的观察空间即空间的导向向量，它是由传声器阵列的拓扑结构所决定的，观察向量所携带的信息即声源位置的参数信息。因此，传声器阵列拓扑结构的好坏将会直接影响到声源定位的结果。同时，传声器阵列拓扑结构所接收到的声源信号不可避免地会受到人为或自然的影响，于是传声器阵列系统在定位过程中总会有些许误差存在。

根据声源位置距传声器阵列的不同可将传声器阵列接受模型分为近场和远场，通常，近场和远场的判断公式为 $r<\dfrac{2L^2}{\lambda}$。其中，L 为传声器阵列的总长度；λ 为目标信号的波长；r 为传声器阵列和声源之间的距离。

对于传声器阵列处理的信号来说，拓扑结构的建立考虑的因素更为复杂，因为，传声器阵列也许是近距离的接收，也可能是远距离的接收，近场和远场模型下不同的拓扑结构所构成的空间导向向量也不尽相同。由于传声器阵列拓扑结构近场模型和远场模型的不尽相同，其所携带的信息也不同；声源近场模型中所携带的信息不仅有距离、时延，还有声源空间位置；而声源远场模型中携带的仅仅是声源空间位置信息，即方位和俯仰。此外，阵元间距也直接影响着声源定位的结果，而阵元个数可以适当地提高定位精度。由此可见，传声器的拓扑结构对后续声源定位起着至关重要的作用。在实际应用中，不同的传声器阵列拓扑结构将产生不同的声音接收效果，而这些拓扑结构在阵列信号处理中的作用是不同的。

假设传声器阵有 D 个信号源，则所有到达阵列的波可近似为平面波。若传声器阵由 M 个全向传声器组成，将第一个阵元设为参考阵元，则到达参考阵元的第 i 个信号为

$$s_i(t)=z_i(t)e^{j\omega_0 t},\ i=0,1,\cdots,D-1 \tag{12-11}$$

式中，$z_i(t)$ 为第 i 个信号的复包络，包含信号信息；$e^{j\omega_0 t}$ 为空间信号的载波。由于信号满足窄带假设条件，则 $z_i(t-\tau)\approx z_i(t)$，那么经过传播延迟 τ 后的信号可以表示为

$$s_i(t-\tau)=z_i(t-\tau)e^{j\omega_0(t-\tau)}\approx s_i(t)e^{-j\omega_0\tau},\ i=0,1,\cdots,D-1 \tag{12-12}$$

则理想情况下第 m 个阵元接收到的信号可以表示为

$$x_m(t)=\sum_{i=0}^{D-1}s_i(t-\tau_{mi})+n_m(t) \tag{12-13}$$

式中，τ_{mi} 为第 i 个阵元到达第 m 个阵元时相对于参考阵元的时延；$n_m(t)$ 为第 m 阵元上的加性噪声。根据式（12-12）和式（12-13）可得，整个传声器阵接收到得信号为

$$\boldsymbol{X}(t)=\sum_{i=0}^{D-1}s_i(t)\boldsymbol{a}_i+\boldsymbol{N}(t)=\boldsymbol{A}\boldsymbol{S}(t)+\boldsymbol{N}(t) \tag{12-14}$$

式中，$a_i = [e^{-j\omega_0\tau_{1i}}, e^{-j\omega_0\tau_{2i}}, \cdots, e^{-j\omega_0\tau_{Mi}}]^T$ 为信号 i 的方向向量；$A = [a_0, a_1, \cdots, a_{D-1}]$ 为阵列流形；$S(t) = [s_0(t), s_1(t), \cdots, s_{D-1}(t)]^T$ 为信号矩阵；$N(t) = [n_1(t), n_2(t), \cdots, n_M(t)]^T$ 为加性噪声矩阵，$[\cdot]^T$ 表示矩阵转置。

在实际中一般使用均匀线阵和均匀圆阵等阵列结构。

12.3.1 均匀线阵

均匀线阵（Uniform Linear Array，ULA）是一最简单常用的阵列形式，如图 12-3 所示，将 M 个阵元等距离排列成一直线，阵元间距为 d。假定一信源位于远场，即其信号到达各阵元的波前为平面波，其波达方向（DOA）定义为与阵列法线的夹角 θ。

以第一个阵元为参考阵元，则各阵元相对参考阵元的时延为

$$\tau_m = -\frac{1}{c}\sin(\theta)(m-1)d \qquad (12-15)$$

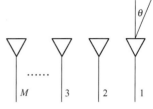

图 12-3 ULA 示意图

由此可得等距线阵的方向向量为

$$a = [1, e^{-j\frac{\omega_0}{c}d\sin(\theta)}, e^{-j\frac{\omega_0}{c}2d\sin(\theta)}, \cdots, e^{-j\frac{\omega_0}{c}(M-1)d\sin(\theta)}]^T$$
$$= [1, e^{-j\frac{2\pi}{\lambda_0}d\sin(\theta)}, e^{-j\frac{2\pi}{\lambda_0}2d\sin(\theta)}, \cdots, e^{-j\frac{2\pi}{\lambda_0}(M-1)d\sin(\theta)}]^T \qquad (12-16)$$

当波长和阵列的几何结构确定时，该方向向量只与空间角 θ 有关，因此等距线阵的方向向量记为 $a(\theta)$，它与基准点的位置无关。若有 D 个信号源，其波达方向分别为 θ_i，$i = 1, 2, \cdots, D$，则阵列流形矩阵为：

$$A = [a(\theta_1), a(\theta_2), \cdots, a(\theta_D)]$$
$$= \begin{bmatrix} 1 & 1 & \cdots & 1 \\ e^{-j\frac{2\pi}{\lambda_0}d\sin(\theta_1)} & e^{-j\frac{2\pi}{\lambda_0}d\sin(\theta_2)} & \cdots & e^{-j\frac{2\pi}{\lambda_0}d\sin(\theta_D)} \\ \vdots & \vdots & \vdots & \vdots \\ e^{-j\frac{2\pi}{\lambda_0}(M-1)d\sin(\theta_1)} & e^{-j\frac{2\pi}{\lambda_0}(M-1)d\sin(\theta_2)} & \cdots & e^{-j\frac{2\pi}{\lambda_0}(M-1)d\sin(\theta_D)} \end{bmatrix} \qquad (12-17)$$

以上给出了等距线阵的方向向量的表示形式。实际使用的阵列结构要求方向向量 $a(\theta)$ 与空间角 θ 一一对应，不能出现模糊现象。这里需要说明的是：阵元间距 d 是不能任意选定的，甚至有时需要非常精确的校准。假设 d 很大，相邻阵元的相位延迟就会超过 2π，此时，阵列方向向量无法在数值上分辨出具体的相位延迟，就会出现相位模糊。可见，对于等距线阵来说，为了避免方向向量和空间角之间的模糊，其阵元间距不能大于半波长 $\lambda_0/2$，以保证阵列流形矩阵的各个列向量线性独立。传声器阵列的输出为

$$y(t) = \sum_{m=1}^{M} s(t) w_m^* e^{-j\frac{2\pi}{\lambda_0}(m-1)d\sin\theta} \qquad (12-18)$$

其向量形式为

$$y(k) = w^H X(k) \qquad (12-19)$$

式中，$w = [w_1, w_2, \cdots, w_M]^T$ 为权重向量。

12.3.2 均匀圆阵

均匀圆周阵列简称均匀圆阵（Uniform Circular Array，UCA），是平面阵列，它的有效估计是二维的，能够同时确定信号的方位角和仰角。均匀圆阵由 M 个相同的各向同性阵元均匀分布在 x-y 平面的一个半径为 R 的圆周上，如图 12-4 所示。采用球面坐标系表示入射平面波的波达方向，坐标系的原点 O 位于阵列的中心，即圆心。信源俯角 $\theta \in [0, \pi/2]$ 是原点到信源的连线与 z 轴的夹角，方向角 $\phi \in [0, 2\pi]$ 则是原点到信源的连线在 x-y 平面上的投影与 x 轴之间的夹角。

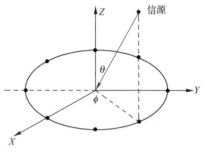

图 12-4 UCA 示意图

阵列的第 m 个阵元与 x 轴之间的夹角为 $\gamma_m = 2\pi m/M$，则该处的位置向量为

$$\boldsymbol{p}_m = (R\cos\gamma_m, R\sin\gamma_m, 0) \qquad (12\text{-}20)$$

在某个时刻，原点和第 m 个阵元接收到信号的复包络间相位差为

$$\Delta\phi_m = \mathrm{e}^{jk_0 R\sin\theta\cos(\phi-\gamma_m)} = \mathrm{e}^{j\xi\cos(\phi-\gamma_m)} \qquad (12\text{-}21)$$

式中，$k_0 = 2\pi/\lambda_0$；$\xi = k_0 R\sin\theta$。

均匀圆阵相对于波达方向为 θ 的信号方向向量为

$$\boldsymbol{a}(\xi, \phi) = \begin{bmatrix} \mathrm{e}^{j\xi\cos(\phi-\gamma_0)} \\ \mathrm{e}^{j\xi\cos(\phi-\gamma_1)} \\ \vdots \\ \mathrm{e}^{j\xi\cos(\phi-\gamma_{M-1})} \end{bmatrix} \qquad (12\text{-}22)$$

12.4 基于传声器阵列的声源定位

基于传声器阵列的声源定位算法大致可以分为三类：基于可控波束形成器的声源定位算法、基于到达时间差的源定位算法和基于高分辨率谱估计的声源定位算法。

1）基于最大输出功率的可控波束形成算法。该方法对传声器阵列接收到的语音信号进行滤波、加权求和，然后直接控制传声器指向使波束有最大输出功率的方向。

2）基于到达时间差的定位算法。该方法首先求出声音到达不同位置传声器的时间差，再利用该时间差求得声音到达不同位置传声器的距离差，最后用搜索或几何知识确定声源位置。

3）基于高分辨率谱估计的定向算法。该方法利用求解传声器信号间的相关矩阵来确定方向角，从而进一步确定声源位置。

12.4.1 基于最大输出功率的可控波束形成算法

可控波束形成是最早期的一种定位算法。该算法的基本思想是：采用波束形成技术，调节传声器阵列的接收方向，在整个接收空间内扫描，得到的能量最大的方向即为声源的方位，采用不同的波束形成器可以得到不同的算法。该方法是在满足最大似然准则的前提下，以搜索整个空间的方式，使传声器阵列所形成的波束能够对准信源的方向，从而可以获得最大的输出功率。通过对传声器所接收到的声源信号进行滤波，并加权求和以得到波束，进而通过搜索声源可能的方位来引导该波束，得到波束输出功率最大的点就是声源的方位。可控波束形成主要分为延迟累加波束算法和自适应波束算法。前者的运算量较小，信号失真小，但抗噪性能较差，需要阵元数较多才能有比较好的效果。而后者因为添加了自适应滤波的环节，运算量相对于前者会比较大，并且运算结果会产生一定的失真，但传声器数目较少的情况下就得到不错的效果，在没有混响时会有比较不错的表现力。

目前，波束形成技术已经广泛应用于基于传声器阵列的语音拾取技术，但要达到精确有效的声源定位还是十分困难。主要原因是由于该方法需要对整个空间进行搜索，运算量非常大，很难实时进行。虽然也可以采用一些迭代的算法来减少运算量，但常收敛于几个局部的最大值，且对初始搜索值极其敏感。可控波束形成技术依赖于声源信号的频谱特性，其优化准则绝大多数都是基于背景噪声和声源信号的频谱特性的先验知识。因此，该类方法在实际系统应用中的性能差异较大，加之其计算复杂度高，限制了该类算法的应用范围。

本节主要介绍延迟-求和波束形成法的原理。假设传声器的数目为 M，延迟-求和波束形成法对接收到的传声器信号 $x_i(t)$ 进行校正并求和，以期望从不同的空间位置中得到源信号，同时削弱噪声和混响的影响。该方法可简单定义为

$$y(t, q_s) = \sum_{i=1}^{M} x_i(t + \Delta_i) \tag{12-23}$$

式中，Δ_i 是当阵列指向声源 q_s 时的"可控延时"，用以补偿从声源到传声器的每个直达信号的时延。式（12-23）表明，用声波到达时间差来控制波束方向可以达到声源定位的目的。

该方法的优点是可以一步完成定位，且在最大似然意义上是最优的，同时对不相关的噪声有抑制作用。最优的条件有两个：①接收到的噪声是加性噪声、彼此互不相关、方差均一且数值不大；②声源到传声器距离相等。但是，在实际情况下，存在反射以及复杂的噪声影响，会影响该方法的精度。

为了削弱噪声和混响的影响，可以在传声器进行时间校正之前进行滤波，从而产生滤波-累加方法。该方法的频域表达式如下所示：

$$Y(\omega, q) = \sum_{n=1}^{N} G_n(\omega) X_n(\omega) e^{j\omega\Delta_n} \tag{12-24}$$

式中，$X_n(\omega)$ 和 $G_n(\omega)$ 分别为第 n 个传声器接收到的信号的傅里叶变换及对应的滤波器。对于某一声源位置 q，该方法将传声器信号进行该位置下的可控时延相位校正，其形式同时域中的波束形成在本质上是等同的。传声器间的信号相加以及基于频率的滤波，在某种程度上补偿了环境以及信道效应（噪声、反射）所造成的影响。根据声源信号的性质、噪声和混响的特性来选择适当的滤波器，可以提高算法的性能，但很难获得最优滤波器。

通过控制阵列方向来引导该波束，搜索声源的可能位置，最终得到使波束输出功率最大的点就是声源的方位。波束输出功率可定义为

$$P(q) = \int_{-\infty}^{+\infty} |Y(\omega)|^2 d\omega \tag{12-25}$$

所得的声源位置为

$$\hat{q}_s = \arg \max_q P(q) \tag{12-26}$$

滤波-累加可控波束形成声源定位方法原理如图 12-5 所示。

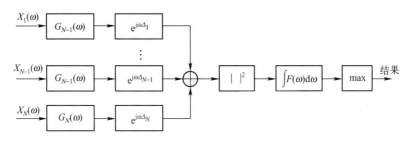

图 12-5　滤波-累加可控波束形成声源定位法原理框图

12.4.2　基于到达时间差的定位算法

基于到达时间差的定位技术，又称为时延估计技术。时延估计（Time Delay Estimation，TDE）是语音增强与声源定位领域的一项关键技术。所谓时延是指传感器阵列中不同位置的传感器接收到的同源信号由于传输距离的差异而产生的时间差。时延估计就是利用信号处理和参数估计的相关知识，来对上述时延进行估计和确定。基于时延估计（TDE）的声源定位算法就是根据传声器阵列中不同位置的传声器接收到语音信号的时延来估计出信号源的方位，实现声源定位。

在现有的基于传声器阵列的声源定位算法中，基于到达时间差的定位算法的运算量较小，实时性效果比较好，而且硬件成本低，因而倍受关注。但是，该算法也有缺点，那就是仅适合于单个声源的定位系统，如果用于多声源定位，性能将会严重下降。基于 TDE 的声源定位算法一般要分为两个步骤：第一，先进行时延估计，并确定传声器阵列中不同传声器对同源语音信号的到达时间差（Time Different of Arrive，TDOA）；第二，就是根据测定出的 TDOA，再根据各个传声器的几何位置，通过双曲线方程，来最终确定声源的方位和距离。

比如在二维平面中有两个传声器 A、B（见图 12-6），它们之间的距离为 L，P 为声源位置。PA、PB 分别为语音到达两个传声器的声程，$d_{AB}=PA-PB$ 为声程差，而 $\tau_{AB}=d_{AB}/c$ 即时间延迟（c 为语音传播速度）。

如图 12-6 所示，声源 P 相对于传声器的方位角为

$$\varphi=\arccos\frac{d_{AB}}{L}=\arccos\frac{\tau_{AB}c}{L} \qquad (12-27)$$

因此，只要测定出时间延迟 τ_{AB}，就可以计算出方位角 φ 的度数，从而确定声源的位置。

但是，两个传声器只适用于二维平面的情况，要在实际应用也就是三维空间中确定声源位置，就必须采用传声器阵列，用多个传声器测定多个时延和方位角，才能最终准确确定声源的位置。

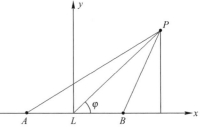

图 12-6　时延估计基本模型

时延估计算法的方法有很多，例如广义互相关（Generalized Cross Correlation，GCC）法、LMS 自适应滤波法、线性回归（Linear Regression，LR）法以及互功率谱相位（Cross-power Spectral Phrase，CSP），其中广义互相关函数法（Generalized Cross-Correlation，GCC）应用最为广泛。广义互相关法通过求两信号之间的互功率谱，并在频域内给予一定的加权，来抑制噪声和反射的影响，再反变换到时域，得到两

信号之间的互相关函数。而互相关函数的峰值处，就是两信号之间的相对时延。然而在实际应用中，由于噪声等的影响，相关函数会受到或多或少的影响，最大峰会被弱化，有时甚至还会出现多个峰值，这些都造成了实际峰值检测的困难。而广义互相关法就是在功率谱域对信号进行加权，突出相关的信号部分并抑制受噪声干扰的部分，以便使相关函数在时延处的峰值更为突出。

时延估计具体过程如图 12-7 所示。

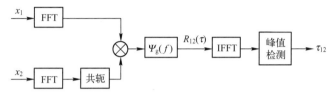

图 12-7 广义互相关时延估计基本流程

设 $h_1(n)$、$h_2(n)$ 分别为声源信号是 $s(n)$ 到两个传声器的冲激响应，则传声器接收到的信号可用以下模型来表示：

$$x_1(n) = h_1(n) \otimes s(n) + n_1(n) \tag{12-28}$$

$$x_2(n) = h_2(n) \otimes s(n) + n_2(n) \tag{12-29}$$

式中，$n_1(n)$、$n_2(n)$ 分别为两个传声器所接收到的噪声信号。

将两信号进行滤波处理，设 $x_1(n)$ 与 $x_2(n)$ 的傅里叶变换分别为 $X_1(\omega)$ 和 $X_2(\omega)$，两路滤波器的系统函数分别为 $H_1(\omega)$ 和 $H_2(\omega)$，则滤波后的信号可表示为

$$Y_1(\omega) = H_1(\omega) X_1(\omega) \tag{12-30}$$

$$Y_2(\omega) = H_2(\omega) X_2(\omega) \tag{12-31}$$

两传声器接收到信号的广义互相关函数 $R_{12}(\tau)$ 可表示为

$$
\begin{aligned}
R_{12}(\tau) &= \int_0^{2\pi} Y_1(\omega) Y_2^*(\omega) e^{-j\omega\tau} d\omega \\
&= \int_0^{2\pi} H_1(\omega) H_2^*(\omega) X_1(\omega) X_2^*(\omega) e^{-j\omega\tau} d\omega \\
&= \int_0^{2\pi} \Phi_{12}(\omega) X_1(\omega) X_2^*(\omega) e^{-j\omega\tau} d\omega
\end{aligned}
\tag{12-32}
$$

其中，$\Phi_{12}(\omega) = H_1(\omega) H_2^*(\omega)$ 为广义互相关加权函数。针对不同的噪声和反射的情况，可以选择不同的加权函数 $\Phi_{12}(\omega)$，使广义互相关函数具有比较尖锐的峰值。而互相关函数的峰值处，就是两个传声器之间的相对时延。但实际应用中，由于信噪比较低以及窗长有限，往往是这种分析不稳定。因此，选择适当的加权函数 $\Phi_{12}(\omega)$，要考虑到高分辨率和稳定性。常用到的一些广义互相关加权函数见表 12-1。

表 12-1 常用的广义互相关加权函数

名 称	广义互相关加权函数 $\Phi_{12}(\omega)$
ROTH 处理器	$\Phi_{12}(\omega) = \dfrac{1}{G_{x_1 x_1}(\omega)}$
平滑相干变换（SCOT）	$\Phi_{12}(\omega) = \dfrac{1}{\sqrt{G_{x_1 x_1}(\omega) G_{x_2 x_2}(\omega)}}$

（续）

名　称	广义互相关加权函数 $\Phi_{12}(\omega)$
互功率谱相位（CSP 或 PHAT）	$\Phi_{12}(\omega)=\dfrac{1}{\mid G_{x_1x_2}(\omega)\mid}$
Eckart 加权	$\Phi_{12}(\omega)=\dfrac{G_{ss}(\omega)}{\mid G_{n_1n_1}(\omega)G_{n_2n_2}(\omega)\mid}$
最大似然加权（ML）	$\Phi_{12}(\omega)=\dfrac{\mid\gamma(\omega)\mid^2}{\mid G_{x_1x_2}(\omega)\mid(1-\mid\gamma(\omega)\mid^2)}$
HB 加权	$\Phi_{12}(\omega)=\dfrac{\mid G_{x_1x_2}(\omega)\mid}{G_{x_1x_1}(\omega)G_{x_2x_2}(\omega)}$
WP 加权	$\Phi_{12}(\omega)=\dfrac{\mid G_{x_1x_2}(\omega)\mid^2}{G_{x_1x_1}(\omega)G_{x_2x_2}(\omega)}$

表 12-1 中，$G_{x_1x_1}(\omega)$ 和 $G_{x_2x_2}(\omega)$ 分别表示接收信号 $x_1(n)$ 与 $x_2(n)$ 的自功率谱，$G_{n_1n_1}(\omega)$ 和 $G_{n_2n_2}(\omega)$ 分别表示噪声信号 $n_1(n)$ 和 $n_2(n)$ 的自功率谱，$G_{ss}(\omega)$ 表示信源信号的自功率谱，$\mid\gamma(\omega)\mid^2$ 表示两传声器接收信号的模平方相干函数，其定义为

$$\mid\gamma(\omega)\mid^2=\frac{\mid G_{x_1x_2}(\omega)\mid^2}{G_{x_1x_1}(\omega)G_{x_2x_2}(\omega)}\tag{12-33}$$

表 12-1 中，$\Phi_{12}(\omega)=1$ 表示基本相关法的加权函数。在这些加权函数中，Eckart 加权、最大似然加权、HB 加权和 WP 加权的广义相关时延估计，能达到误差性能下界。由于实际应用中，一般不能预先得到有关信号和噪声的先验知识，只能用其估计值来代替加权函数的理论值。因此，实际结果跟理论性能有较大的差距，尤其是在混响较强的情况下。

由上述讨论可知，广义相关时延算法主要是基于信号和噪声的先验知识，需要通过较多的数据才能准确估计出来。但是实际上，往往只用了一帧的数据来获得信号的功率谱和互功率谱的估计，因此误差会比较大。在理论上，几乎每一种加权的广义相关时延算法均可采用自适应的方式来实现。自适应滤波是基于一定的误差准则，在收敛的情况下给出的时延估计，因此它对于功率谱和互功率谱的估计，相对来说更为精确。此外，自适应滤波法还可以处理时变信号，它会根据信号统计特性的变化，自动调节滤波器系数，鲁棒性更好。

从理论上看，估计二维或者是三维的参数仅需要两到三个独立的时延估计值，每一个时延估计值都对应于一个双曲线或双曲面，它们的交点即为声源的位置。但是，由于实际估计误差和分辨率的影响，往往不能交于一个点。而由多个时延估计值对应的双曲线或双曲面在空间上交于一个区域，可采用最小二乘拟合的方法来求出最优解。

基于时延估计的声源定位算法在运算量上往往优于其他算法，可以在实际系统中以较低的成本实现。但是该算法也有许多的缺点，比如：

1）估计时延和定位是分成两个阶段来完成的，因此在定位阶段用到的参数已经是对过去时间的估计，这在某种意义上是对声源位置的次最优估计。

2）基于时延估计的声源定位技术仅适合于单声源的情况，对于多声源定位效果较差。

3）在房间有较强的噪声和混响的情况下，对于时延的估计相对来说误差较大，从而对

第二步中的定位精度有较大的影响。

12.4.3　基于高分辨率谱估计的定位算法

由现代高分辨谱估计技术发展而来的声源定位算法，称为子空间技术。子空间技术是阵列信号处理技术中应用最广、研究最多，最基本也是最重要的技术之一。如今，子空间技术已成功运用到通信和雷达等许多民用和军事的领域。传统的阵列信号处理，均假设信号为远场窄带信号，也已经有许多基于窄带远场信号的空间谱分析技术和算法。由于空间信号的方向估计和时间信号的频率估计有许多相似之处，所以许多时域的非线性谱估计的方法都可以推广成为空域的谱分析方法。

特征子空间类算法，是现代谱估计最重要的算法之一，通过对阵列接收数据作数学分解，划分为两个相互正交的子空间：与信号源的阵列流形空间一致的信号子空间和与信号子空间正交的噪声子空间。子空间分解类算法就是利用两个子空间的正交特性，构造出"针状"空间谱峰，从而大大提高算法的分辨力。子空间分解类算法从处理方式上大致可以分为两类：一类是以 MUSIC 为代表的噪声子空间类算法；一类是以旋转不变子空间（ESPRIT）为代表的信号子空间类算法。以 MUSIC 为代表的算法包括特征矢量法、MUSIC、求根 MUSIC 法以及 MNM 等。以 ESPRIT 为代表的算法主要有 TAM、LS-ESPRIT 以及 TLS-ESPRIT 等。

1. 古典谱估计法

古典谱估计法是通过计算空间谱求取其局部最大值，从而估计出信号的波达方向。Bartlett 波束形成方法是经典傅里叶分析对传感器阵列数据的一种自然推广。Bartlett 方法使波束形成器的输出功率相对于某个输入信号最大。设希望来自 θ 方向的输出功率为最大，则代价函数为

$$\theta = \arg \max_{w} \left[E\{ \boldsymbol{w}^H \boldsymbol{X}(n) \boldsymbol{X}^H(n) \boldsymbol{w} \} \right]$$
$$= \arg \max_{w} \left[E\{ |d(t)|^2 \} |\boldsymbol{w}^H a(\theta)|^2 + \sigma_n^2 \|\boldsymbol{w}\|^2 \right] \tag{12-34}$$

在白噪声方差 σ_n^2 一定的情况下，权重向量的范数 $\|\boldsymbol{w}\|$ 不影响输出信噪比，故取权重向量的范数为 1，用拉格朗日因子的方法求得上述最大优化问题的解为

$$\boldsymbol{w}_{BF} = \frac{a(\theta)}{\|a(\theta)\|} \tag{12-35}$$

从式（12-35）可以看出，阵列权重向量是使信号在各阵元上产生的延迟均衡，以便使它们各自的贡献最大限度地综合在一起。空间谱是以空间角为自变量分析到达波的空间分布，其定义为：

$$P_{BF}(\theta) = \frac{a^H(\theta) \boldsymbol{R}_{xx} a(\theta)}{a^H(\theta) a(\theta)} \tag{12-36}$$

将所有方向向量的集合 $\{a(\theta)\}$ 称为阵列流形。在实际应用中，阵列流形可以在阵列校准是确定或者利用接收的采样值计算得到。

从式（12-36）可知，利用空间谱的峰值就可以估计出信号的波达方向。当有 $D>1$ 个信号存在时，对于不同的 θ，利用式（12-36）计算得到不同的输出功率。最大输出功率对应的空间谱的峰值也就最大，而最大空间谱峰值对应的 DOA 值即为信号波达方向的估计值。

古典谱估计方法将阵列所有可利用的自由度都用于在所需观测方向上形成一个波束。当只有一个信号时，这个方法是可行的。但是当存在来自多个方向的信号时，阵列的输出将包括期望信号和干扰信号，估计性能会急剧下降。而且该方法要受到波束宽度和旁瓣高度的限制，这是由于大角度范围的信号会影响观测方向的平均功率，因此，这种方法的空间分辨率比较低。我们可以通过增加传声器阵列的阵元来提高分辨率，但是这样会增加系统的复杂度和算法对于空间的存储要求。

2. Capon 最小方差法

为了解决 Bartlett 方法的一些局限性，Capon 提出了最小方差法。该方法使部分（不是全部）自由度在期望观测方向形成一个波束，同时利用剩余的自由度在干扰信号方向形成零陷，可以使得输出功率最小，达到使非期望干扰的贡献最小的目的，同时增益在观测方向保持为常数（通常为1），如式（12-37）所示。

$$\begin{cases} \min\limits_{w} E\left[\,|y(k)|^2\,\right] = \min\limits_{w} \boldsymbol{W}^{\mathrm{H}}\,\boldsymbol{R}_X\boldsymbol{W} \\ \text{约束条件为：} \boldsymbol{W}^{\mathrm{H}}\boldsymbol{a}(\theta_0) = 1 \end{cases} \tag{12-37}$$

其中，$\boldsymbol{R}_X = E(\boldsymbol{X}\cdot\boldsymbol{X}^{\mathrm{H}})$ 是接收信号 $\boldsymbol{X}$ 的协方差矩阵。

求解式（12-37）得到的权向量通常称为最小方差无畸变响应（Minimum Variance Distortionless Response，MVDR）波束形成器权值，因为对于某个观测方向，它使输出信号的方差（平均功率）最小，又能使来自观测方向的信号无畸变地通过（增益为1，相移为0）。这是个约束优化问题，可以利用拉格朗日乘子法求解。

令 $L = \boldsymbol{W}^{\mathrm{H}}\boldsymbol{R}_X\boldsymbol{W} - \lambda\left[\boldsymbol{W}^{\mathrm{H}}\boldsymbol{a}(\theta_0) - 1\right]$，$L$ 分别对 W 和 λ 求偏导数可得

$$\begin{cases} \boldsymbol{W}^{\mathrm{H}}\boldsymbol{a}(\theta_0) = 1 \\ \boldsymbol{R}_X\boldsymbol{W} = \lambda\boldsymbol{a}(\theta_0) \end{cases} \tag{12-38}$$

式（12-38）两端分别左乘 $\boldsymbol{W}^{\mathrm{H}}$ 得

$$\boldsymbol{W}^{\mathrm{H}}\boldsymbol{R}_X\boldsymbol{W} = \lambda\,\boldsymbol{W}^{\mathrm{H}}\boldsymbol{a}(\theta_0) = \lambda \tag{12-39}$$

上式两端分别右乘 $\boldsymbol{a}^{\mathrm{H}}(\theta_0)$ 得

$$\lambda\,\boldsymbol{a}^{\mathrm{H}}(\theta_0) = \boldsymbol{W}^{\mathrm{H}}\boldsymbol{R}_X\left(\boldsymbol{W}^{\mathrm{H}}\boldsymbol{a}(\theta_0)\right)^{\mathrm{H}} = \boldsymbol{W}^{\mathrm{H}}\boldsymbol{R}_X \tag{12-40}$$

因此，

$$\boldsymbol{W}^{\mathrm{H}} = \lambda\,\boldsymbol{a}^{\mathrm{H}}(\theta_0)\boldsymbol{R}_X^{-1} \tag{12-41}$$

对式（12-41）两端分别右乘 $\boldsymbol{a}(\theta_0)$ 有

$$\lambda\,\boldsymbol{a}^{\mathrm{H}}(\theta_0)\boldsymbol{R}_X^{-1}\boldsymbol{a}(\theta_0) = \boldsymbol{W}^{\mathrm{H}}\boldsymbol{a}(\theta_0) = 1 \tag{12-42}$$

所以，

$$\lambda = \frac{1}{\boldsymbol{a}^{\mathrm{H}}(\theta_0)\boldsymbol{R}_X^{-1}\boldsymbol{a}(\theta_0)} \tag{12-43}$$

将式（12-43）代入式（12-41）中，并对两边取共轭对称，最终得到

$$\boldsymbol{W} = \frac{\boldsymbol{R}_X^{-1}\boldsymbol{a}(\theta_0)}{\boldsymbol{a}^{\mathrm{H}}(\theta_0)\boldsymbol{R}_X^{-1}\boldsymbol{a}(\theta_0)} \tag{12-44}$$

利用 Capon 波束形成法得到的空间功率谱公式如下：

$$P_{\mathrm{Capon}}(\theta) = \frac{1}{\boldsymbol{a}^{\mathrm{H}}(\theta)\boldsymbol{R}_X^{-1}\boldsymbol{a}(\theta)} \tag{12-45}$$

计算 Capon 谱并在全部 θ 范围上搜索其峰值，就可估计出 DOA。

虽然与古典谱估计法相比，Capon 法能提供更佳的分辨率，但 Capon 法也有很多缺点。如果存在与感兴趣信号相关的其他信号，Capon 法就不能再起作用，因为它在减小处理器输出功率时无意中利用了这种相关性，而没有为其形成零陷。换句话说，在使输出功率达到最小的过程中，相关分量可能会恶性合并。另外，Capon 法需要对矩阵求逆运算，这样会使得计算量非常大。

3. MUSIC 算法

MUSIC 算法由 R. O. Schmidt 年提出。它是最早的也是最经典的超分辨 DOA 估计方法，它利用了信号子空间和噪声子空间的正交性，构造空间谱函数，通过谱峰搜索，检测信号的 DOA。

由式（12-14）可得接收信号的协方差矩阵为

$$
\begin{aligned}
\boldsymbol{R}_X &= E\big[\boldsymbol{X}(t)\boldsymbol{X}^{\mathrm H}(t)\big]\\
&= AE[\boldsymbol{S}\,\boldsymbol{S}^{\mathrm H}]\boldsymbol{A}^{\mathrm H}+AE[\boldsymbol{S}\,\boldsymbol{N}^{\mathrm H}]+E[\boldsymbol{N}\,\boldsymbol{S}^{\mathrm H}]\boldsymbol{A}^{\mathrm H}+E[\boldsymbol{N}\,\boldsymbol{N}^{\mathrm H}]
\end{aligned}
\tag{12-46}
$$

由于假设信号与噪声是不相关的，且噪声为平稳的加性高斯白噪声，因此式（12-46）中的二、三项为零，且有 $E\big[\boldsymbol{N}\,\boldsymbol{N}^{\mathrm H}\big]=\sigma_N^2\boldsymbol{I}$。则式（12-46）简化为式（12-47）

$$
\boldsymbol{R}_X=\boldsymbol{A}\,\boldsymbol{R}_s\,\boldsymbol{A}^{\mathrm H}+\sigma_N^2\boldsymbol{I}
\tag{12-47}
$$

式中，$\boldsymbol{R}_s$ 是有用信号的协方差矩阵。

由于假设信号源之间互不相关，因此 $\boldsymbol{R}_s$ 为满秩矩阵，其秩为 D。而 $\boldsymbol{A}$ 为 $M\times D$ 维的矩阵，其秩也是 D，并且 $\boldsymbol{A}\,\boldsymbol{R}_s\,\boldsymbol{A}^{\mathrm H}$ 是 Hermite 半正定矩阵，其秩也是 D。因此，令 $\boldsymbol{A}\,\boldsymbol{R}_s\,\boldsymbol{A}^{\mathrm H}$ 的特征值为 $\mu_0\geqslant\mu_1\geqslant\cdots\geqslant\mu_{D-1}>0$，那么 $\boldsymbol{R}_X$ 的 M 个特征值为

$$
\lambda_k=\begin{cases}\mu_k+\sigma_N^2, & k=0,1,\cdots,D-1\\ \sigma_N^2, & k=D,D+1,\cdots,M-1\end{cases}
\tag{12-48}
$$

它们对应的特征向量分别为 $\boldsymbol{q}_0,\boldsymbol{q}_1,\cdots,\boldsymbol{q}_{D-1},\boldsymbol{q}_D,\cdots,\boldsymbol{q}_{M-1}$，其中前 D 个对应大特征值，后 $M-D$ 个对应小特征值。

由此可以看出，协方差矩阵 $\boldsymbol{R}_X$ 经过特征值分解后可以产生 D 个较大的特征值和 $M-D$ 个较小的特征值，并且这 $M-D$ 个小特征值非常接近。所以当这些小特征值的重数 K 确定后，信号的个数就可以由式（12-49）估计出来：

$$
\hat{D}=M-K
\tag{12-49}
$$

对于与 $M-D$ 个最小特征值对应的特征向量，有

$$
(\boldsymbol{R}_X-\lambda_i\boldsymbol{I})\boldsymbol{q}_i=0,\ i\in[D,M-1]
\tag{12-50}
$$

即

$$
(\boldsymbol{R}_X-\sigma_N^2\boldsymbol{I})\boldsymbol{q}_i=(\boldsymbol{A}\,\boldsymbol{R}_s\,\boldsymbol{A}^{\mathrm H}+\sigma_N^2\boldsymbol{I}-\sigma_N^2\boldsymbol{I})\boldsymbol{q}_i=\boldsymbol{A}\,\boldsymbol{R}_s\,\boldsymbol{A}^{\mathrm H}\,\boldsymbol{q}_i=0
\tag{12-51}
$$

因为 $\boldsymbol{A}$ 满秩，$\boldsymbol{R}_s$ 非奇异，因此

$$
\boldsymbol{A}^{\mathrm H}\,\boldsymbol{q}_i=\begin{pmatrix}a^{\mathrm H}(\theta_0)\boldsymbol{q}_i\\ a^{\mathrm H}(\theta_1)\boldsymbol{q}_i\\ \vdots\\ a^{\mathrm H}(\theta_{D-1})\boldsymbol{q}_i\end{pmatrix}=\begin{bmatrix}0\\ 0\\ \vdots\\ 0\end{bmatrix}
\tag{12-52}
$$

这表明与 $M-D$ 个最小特征值对应的特征向量，和 D 个信号特征值对应的方向向量正交，即信号子空间和噪声子空间正交。因此，构造 $M \times (M-D)$ 维的噪声子空间为

$$V_N = [q_D, \ q_{D+1}, \ \cdots, \ q_{M-1}] \tag{12-53}$$

并定义 MUSIC 空间谱为

$$P_{\text{Music}}(\theta) = \frac{a^H(\theta) a(\theta)}{a^H(\theta) V_N V_N^H a(\theta)} \tag{12-54}$$

或

$$P_{\text{Music}}(\theta) = \frac{1}{a^H(\theta) V_N V_N^H a(\theta)} \tag{12-55}$$

由于信号子空间和噪声子空间正交，所以当 θ 等于信号的入射角时，MUSIC 空间谱将产生极大值。因此当对 MUSIC 空间谱搜索时，其 D 个峰值将对应 D 个信号的入射方向，这就是 MUSIC 算法。

综上所述，MUSIC 算法的步骤归纳如下：

1）收集信号样本 (n)，$n = 0, 1, \cdots, K-1$，其中 P 为采样点数，估计协方差函数为 $\hat{R}_X = \frac{1}{P} \sum_{i=0}^{P-1} X X^H$；

2）对 $\hat{R}_X$ 进行特征值分解，得 $\hat{R}_X V = \Lambda V$。式中 $\Lambda = \text{diag}(\lambda_0, \lambda_1, \cdots, \lambda_{M-1})$ 为特征值对角阵，且从大到小顺序排列 $V = [q_0, q_1, \cdots, q_{M-1}]$ 是对应的特征向量。

3）利用最小特征值的重数 K，按照式（12-49）估计信号数 $\hat{D}$，并构造噪声子空间 $V_N = [q_D, q_{D+1}, \cdots, q_{M-1}]$。

4）按照式（12-54）搜索 MUSIC 空间谱，找出 $\hat{D}$ 个峰值，得到 DOA 估计值。

尽管从理论上讲，MUSIC 算法可以达到任意精度分辨，但是也有其局限性。它在低信噪比的情况下不能分辨出较近的 DOA，另外，当阵列流形存在误差时，对 MUSIC 算法也有较大的影响。

4. ESPRIT 算法

由于 MUSIC 算法需要进行谱峰搜索，计算量很大，因此在实际的应用中对于系统的计算速度要求较高。在 MUSIC 算法以后，人们开始研究各种不需要进行谱峰搜索的快速 DOA 算法。由 Roy 等人提出的旋转不变子空间（ESPRIT）算法是空间谱估计中的另一种经典算法。ESPRIT 算法的基本思想是利用旋转不变因子技术来估计信号参数，它把传感器阵列分解成两个完全相同的子阵列，在两个子阵列中每两个相对应的阵元有着相同的位移，即阵列具有平移不变性，每两个位移相同的传感器配对。在实际情况下，比如等间距的直线阵列或双直线阵列都可以满足 ESPRIT 算法对于阵列传声器的要求。它同 MUSIC 算法一样，也需要对阵列接收数据自相关矩阵进行特征值分解，但是两者存在明显的不同，MUSIC 算法利用了自相关矩阵信号子空间的正交性，而 ESPRIT 算法利用了自相关矩阵信号子空间的旋转不变特性。ESPRIT 算法不需要知道阵列的几何结构，因此对于阵列的校准要求比较低，现在 ESPRIT 算法已经成为主要的 DOA 估计算法之一。

设由 m 个对偶极子组成的阵元数为 K 的传声器阵列，两个子阵列对应元素具有相等的敏感度模式和相同的位移偏移量 d，D 个独立的中心频率为 ω_0 的窄带信号源入射到该阵列，

两个子阵列第 i 组对应阵元的接收信号可以表示为

$$x_i(t) = \sum_{k=1}^{D} s_k(t) a_i(\theta_k) + n_{xi}(t) \tag{12-56}$$

$$u_i(t) = \sum_{k=1}^{D} s_k(t) \mathrm{e}^{\mathrm{j}\omega_0 d\sin\theta_k/c} a_i(\theta_k) + n_{ui}(t) \tag{12-57}$$

式中，θ_k 表示第 k 个信号源的入射方向，将每个子阵列的接收信号表示成向量形式有

$$\boldsymbol{x}(t) = \boldsymbol{A}(\theta)\boldsymbol{S}(t) + \boldsymbol{n}_x(t) \tag{12-58}$$

$$\boldsymbol{u}(t) = \boldsymbol{A}(\theta)\boldsymbol{\Phi}\boldsymbol{S}(t) + \boldsymbol{n}_u(t) \tag{12-59}$$

式中，$\boldsymbol{x}(t)$、$\boldsymbol{u}(t) \in R^{m\times 1}$ 是带噪声的数据向量；$\boldsymbol{\Phi} = \mathrm{diag}\{\mathrm{e}^{\mathrm{j}\omega_0 d\sin\theta_1/c}, \cdots, \mathrm{e}^{\mathrm{j}\omega_0 d\sin\theta_D/c}\}$ 表示两个阵列之间的相位延迟，也称为旋转不变因子；$\boldsymbol{n}_x(t) = [n_{x1}(t), \cdots, n_{xm}(t)]^\mathrm{T}$ 和 $\boldsymbol{n}_u(t) = [n_{u1}(t), \cdots, n_{um}(t)]^\mathrm{T}$ 为加性噪声向量。

定义整个阵列的接收向量为 $z(t)$，用子阵列接收向量来表示

$$\boldsymbol{z}(t) = \begin{bmatrix} \boldsymbol{x}(t) \\ \boldsymbol{u}(t) \end{bmatrix} = \overline{\boldsymbol{A}}\boldsymbol{S}(t) + \boldsymbol{n}_z(t) \tag{12-60}$$

式中，

$$\overline{\boldsymbol{A}} = \begin{bmatrix} \boldsymbol{A} \\ \boldsymbol{A}\boldsymbol{\Phi} \end{bmatrix}, \quad \boldsymbol{n}_z(t) = \begin{bmatrix} \boldsymbol{n}_x(t) \\ \boldsymbol{n}_u(t) \end{bmatrix} \tag{12-61}$$

传声器阵列接收向量 $z(t)$ 的自相关矩阵为

$$\boldsymbol{R}_{zz} = E\{\boldsymbol{z}(t)\boldsymbol{z}^\mathrm{H}(t)\} = \overline{\boldsymbol{A}}\boldsymbol{R}_{ss}\overline{\boldsymbol{A}}^\mathrm{H} + \sigma_n^2 \boldsymbol{\Sigma}_n \tag{12-62}$$

设 $D \leq 2m$，则 $(\boldsymbol{R}_{zz}, \boldsymbol{\Sigma}_n)$ 的 $2m-D$ 个最小的广义特征值等于 σ_n^2，而与 D 个最大广义特征值相对应的特征向量 $\boldsymbol{E}_s$ 满足

$$\mathrm{Range}\{\boldsymbol{E}_s\} = \mathrm{Range}\{\overline{\boldsymbol{A}}\} \tag{12-63}$$

式中，$\mathrm{Range}\{\cdot\}$ 表示由矩阵中的向量张成的空间。则存在唯一的非奇异矩阵 $\boldsymbol{T}$ 满足

$$\boldsymbol{E}_s = \overline{\boldsymbol{A}}\boldsymbol{T} \tag{12-64}$$

利用阵列的旋转不变结构特性，$\boldsymbol{E}_s$ 可以分解为 $\boldsymbol{E}_x \in R^{m\times D}$ 和 $\boldsymbol{E}_u \in R^{m\times D}$

$$\boldsymbol{E}_s = \begin{bmatrix} \boldsymbol{E}_x \\ \boldsymbol{E}_u \end{bmatrix} = \begin{bmatrix} \boldsymbol{A}\boldsymbol{T} \\ \boldsymbol{A}\boldsymbol{\Phi}\boldsymbol{T} \end{bmatrix} \tag{12-65}$$

由于 $\boldsymbol{E}_x$ 和 $\boldsymbol{E}_u$ 共享一个列空间，$\boldsymbol{E}_{xu} = [\boldsymbol{E}_x | \boldsymbol{E}_u]$ 的秩为 D，则

$$\mathrm{Range}\{\boldsymbol{E}_x\} = \mathrm{Range}\{\boldsymbol{E}_u\} = \mathrm{Range}\{\boldsymbol{A}\} \tag{12-66}$$

这表明存在一个唯一的秩为 D 的矩阵 $\boldsymbol{F} \in R^{2D\times D}$ 可满足：

$$0 = [\boldsymbol{E}_x | \boldsymbol{E}_u]\boldsymbol{F} = \boldsymbol{E}_x \boldsymbol{F}_x + \boldsymbol{E}_u \boldsymbol{F}_u = \boldsymbol{A}\boldsymbol{T}\boldsymbol{F}_x + \boldsymbol{A}\boldsymbol{\Phi}\boldsymbol{T}\boldsymbol{F}_u \tag{12-67}$$

定义：

$$\boldsymbol{\Psi} = -\boldsymbol{F}_x \boldsymbol{F}_u^{-1} \tag{12-68}$$

把式（12-68）代入式（12-67）可得

$$\boldsymbol{A}\boldsymbol{T}\boldsymbol{\Psi} = \boldsymbol{A}\boldsymbol{\Phi}\boldsymbol{T} \Rightarrow \boldsymbol{A}\boldsymbol{T}\boldsymbol{\Psi}\boldsymbol{T}^{-1} = \boldsymbol{A}\boldsymbol{\Phi} \tag{12-69}$$

如果信号的入射方向不同，则阵列流形 $\boldsymbol{A}$ 是满秩的，则可以得到

$$\boldsymbol{T}\boldsymbol{\Psi}\boldsymbol{T}^{-1} = \boldsymbol{\Phi} \tag{12-70}$$

显然，Ψ 的特征值必然等于对角矩阵 Φ 的对角元素，而 T 的列向量为 Ψ 的特征向量。

ESPRIT 算法避免了大多数 DOA 估计方法所固有的搜索过程，大大减小了计算量，并降低了对于硬件的存储要求。和 MUSIC 算法不同的是，ESPRIT 算法不需要精确知道阵列的流行向量，因此，对阵列校正的要求不是很严格。

虽然目前空间谱估计已经取得了大量的研究成果，但是目前的方法绝大多数是基于远场窄带信号而设计的。基于传声器阵列的声源定位算法，与传统的 DOA 估计方法有许多的共同点，同属于阵列信号处理的范畴。但是，基于传声器阵列的信号处理，是针对没有经过任何调制的宽带自然语音信号，且信号源不总是位于阵列的远场，尤其是在室内的情况下，信号源一般位于阵列的近场。因此，窄带假设和远场假设将不再成立。

12.5　总结与展望

声源定位技术涉及声学、信号检测、数字信号处理、电子学、软件设计等诸多技术领域。由于声源定位技术具有被动探测方式、不受通视条件干扰、可全天候工作的特点，其具有重大军事应用前景，在民用方面还可以进行声源监测、室内声源跟踪等。但由于声源定位环境的复杂性，再加之信号采集过程中不可避免地给语音信号掺进了各种噪声干扰，都使得定位问题成为一个极具挑战性的研究课题。现有的定位算法普遍存在着计算复杂、检测速度慢、效率低和误报率高的缺点。

基于传声器阵列的音频信号处理在声源定位与语音增强方面扮演着非常重要的角色，近些年来国内外研究人员也提出了许多新的算法与新的应用。根据这些新的发展，依然可以进一步进行下面的研究：

1）结合定位与增强的方法，对传声器阵列的实际工作性能进行进一步的实验，得到传声器阵列的工作参数，并对阵列本身的性能与参数的关系进行详细分析。

2）改变传声器阵列的拓扑结构，对更加复杂的拓扑结构（如二维阵列或三维阵列）进行探讨，甚至对无规则形状的拓扑结构进行理论分析与实验证明。

3）对于复杂环境，可使用多组传声器阵列的协同定位，对各阵列间的信息融合方法进行探讨。

4）利用传声器阵列与成熟的语音识别系统共同构建功能更丰富的智能拾音系统。

12.6　思考与复习题

1. 声源定位有什么意义，主要应用在哪些场合？
2. 人耳听觉定位的基本原理是什么？利用了哪些人耳特性？
3. 人耳的定位线索有哪些？各有什么特点？
4. 简述双耳声源定位的过程。
5. 传声器阵列模型有哪些？各有什么特点？
6. 基于传声器阵列的声源定位方法有哪些？各有什么优缺点？

第 13 章 多模态语音信号处理

13.1 概　　述

在前面的章节中，我们介绍了一些典型的语音信号处理任务，它们最大的共同点是，都仅仅局限于语音这一单一模态来对语音信号进行分析与处理。这里的"模态"指的是独立感官输入/输出通道，例如语音、图像、文本、视频、触觉等。然而，在实际应用场景中多个模态的信号常常共同存在。例如，人在交谈过程中，通常还伴随着面部表情的变化、嘴唇的运动、心理变化等。研究表明，说话人面部和嘴唇信息可以影响大脑对于语音信号的分析与处理，这一现象被称为"麦格效应"。当我们的注意力集中于某个说话人时，我们不仅会认真倾听该说话人的语音，同时还会无意识地观察其面部，利用面部视觉信息来辅助理解说话人的语音。因此，在传统语音信号处理理论与技术的基础上，需要引入其他模态，从而更好地完成各类语音信号处理任务。随之而建立起来的多模态语音信号处理，也正在成为本领域当前和未来的重要发展方向。

在多模态语音信号处理技术方面，近年来，研究人员已经意识到说话人的视觉信息以及其他生理心理相关的信息在语音感知中具有比较重要的作用，这些信息可以作为辅助，降低语音在编码、传输、接收等过程中所受到的噪声干扰，消除语音歧义，避免了只进行单一语音信号处理而带来的片面性。例如，利用声音和视觉信息的多模态语音分离技术来解决多个说话人造成的声音嘈杂问题，从而使人们更加轻松地倾听感兴趣的说话人语音。此外，在现有海量音视频多媒体业务中，通常也包含了声音信息和视觉信息，为多模态语音信号处理的发展提供了天然的数据来源和应用场景。

然而，在多模态语音信号处理中，还面临着较多困难和挑战。首先，由于语音信号和以图像为代表的其他模态信号在结构、时频域变化范围等多个方面差别较大，因此针对各个模态所采用的特征提取方法也存在着显著差异性。具体而言，对于语音信号而言，其典型特征包括基音频率、共振峰、韵律、倒谱、时序特性等，而对于图像而言，其特征包括颜色、性状、纹理和空间关系等。因此，对于多模态语音信号处理而言，针对上述具有异构特性的多模态信号，设计合适的特征提取方法，是首先需要解决的问题。其次，在分别提取出各个模态信号的特征之后，如何寻找特征之间的内在逻辑、语义关联关系，将其充分融合，对于完成后续任务也具有十分重要的影响。现有的融合方法主要包括，在特征层面进行融合（前期融合）以及在决策层进行融合（后期融合），二者各有利弊，前期融合的优势在于能有效发挥各个模态相互协作的效用，而后期融合可以最大限度地保留现有单模态语音信号处理的架构。多模态融合的关键在于选准融合准则，即，以何种原则或在何种理论指导下融合，这需要根据具体问题以及应用场景进行仔细考量。最后，在经过了多模态信息融合后，需要利用融合后的特征或是决策信息完成最终的语音信号处理任务。其中需要重点考虑的是选用何种处理模型或是方法，以及如何来客观评价多模态语音信号处理任务的实际性能。

虽然上述困难和挑战在一定程度上制约着多模态语音信号处理的发展，然而，深度学习技术的出现，极大地推动了多模态语音信号处理技术的发展。在特征提取方面，灵活多样的深度神经网络架构可以有效提取语音信号以及其他模态信号的特征；对于多模态融合，通过合理设计损失函数，对深度神经网络结构和参数进行优化的方式可以较为方便地完成；对于最终语音信号处理任务的实施，既可以依赖深度学习技术直接完成，也可以将深度学习得到的中间结果作为输入，通过传统分类或回归模型的处理，最终得到输出。

基于上述分析，本章介绍几种近年来出现的多模态语音信号处理方法，主要包括视觉信息辅助的语音增强、视觉信息辅助的语音合成、视觉信息辅助的语音识别、多模态信息融合的语音信号情感信息处理。上述方法的共同特点是在多模态信息辅助下有效提升经典语音信号处理系统的性能，以及实现单一语音模态难以完成的任务。

13. 2　视觉信息辅助的语音增强

除了语音信号，视觉信息（包括图像、视频等）在一些场景中也同时存在，并且其不受声学环境的影响。例如，人机语音对话时的嘴唇运动、面部表情与所说的语音有关。因此，在充分挖掘视觉信息与语音之间的相关性之后，可望实现视觉信息辅助下的语音增强。

对于视觉辅助的语音增强，首先需要分别提取视觉特征和语音特征。一种典型的方法是使用 CNN 对视觉信号进行处理，自动提取视觉特征。对于语音特征，可以利用 CNN 从语音信号的语谱图中提取得到，也可以选择 RNN，提取具有时序关联的语音特征。此外，可以采用变分自编码器进行视觉和语音特征提取，变分自编码器是一种深度生成潜变量模型，可以有效处理具有复杂分布的数据。

在提取了视觉和语音特征之后，需要进行特征融合，以完成语音增强的任务。在这里，带噪语音和纯净语音之间具有强相关性，而带噪语音和视觉信息之间则存在弱相关性。因此，多模态融合策略的选取就显得十分重要。目前常用的融合策略主要包括基于传统方法的融合以及基于深度学习的融合。对于基于传统方法的融合，其可以进一步分为前期融合和后期融合。前期融合发生在特征提取完成后，而后期融合通常发生在实施语音增强阶段。前期融合的优势在于它可以捕捉不同模态之间的相关性，使得最终语音增强系统的鲁棒性更好，而其缺点在于视觉特征和语音特征本质是不同的，对于融合机制的设计带来较大的难度。后期融合相对来说实现更为简单，但融合后的语音增强性能难以保障。在基于深度学习的融合中，由于深度神经网络具有灵活性，方便将不同模态在各个层次的表征进行融合。例如，可以通过深度神经网络将语音信号与嘴唇运动的视频信号有机融合，实现低信噪比场景下的语音增强。本节主要介绍两种典型的视觉辅助下的语音增强方案。

13. 2. 1　基于卷积神经网络的视觉辅助语音增强

如上文所述，深度学习技术为多模态语音处理提供了良好的技术支撑。本节主要介绍 Hou 等学者提出的基于 CNN 的视觉辅助语音增强，其模型结构以及相关流程如图 13-1 所示。首先，分别使用 CNN 来提取视频中的嘴唇区域特征和带噪语音特征；接着，通过融合网络实现视频中的嘴部特征和带噪语音特征的深度融合；最后，在输出层生成增强后的语音，同时完成视频帧的重建。

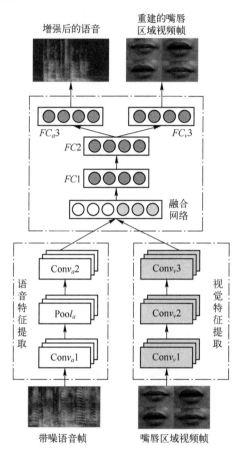

图 13-1　基于 CNN 的视觉辅助语音增强结构图

　　具体地，采用端到端的方式进行整个深度神经网络的训练。将带噪语音的对数幅值 $\boldsymbol{X}$ 和与之对应的说话人嘴部区域视觉信号 $\boldsymbol{Z}$ 作为两个模态，分别输入到语音特征提取网络和视觉特征提取网络中，这两个网络都是基于 CNN 构建的，得到相应的语音特征 $\boldsymbol{A}$ 和视觉特征 $\boldsymbol{V}$，即

$$\boldsymbol{A}_i = \mathrm{Conv}_a 2(\mathrm{Pool}_a 1(\mathrm{Conv}_a 1(\boldsymbol{X}_i))), \quad i = 1 \cdots K \tag{13-1}$$

$$\boldsymbol{V}_i = \mathrm{Conv}_v 3(\mathrm{Conv}_v 2(\mathrm{Conv}_v 1(\boldsymbol{Z}_i))), \quad i = 1 \cdots K \tag{13-2}$$

接着，将两个模态所提取出的特征进行扁平化处理、拼接，作为融合网络的输入 $\boldsymbol{F}_i = [\boldsymbol{A}_i^{\mathrm{T}} \boldsymbol{V}_i^{\mathrm{T}}]^{\mathrm{T}}$，经过多个全连接层，最终分别输出增强后的语音 $\hat{\boldsymbol{Y}}$ 以及重建的嘴部视频帧 $\hat{\boldsymbol{Z}}$，

$$\hat{\boldsymbol{Y}}_i = FC_a 3(FC2(FC1(\boldsymbol{F}_i))), \quad i = 1 \cdots K \tag{13-3}$$

$$\hat{\boldsymbol{Z}}_i = FC_v 3(FC2(FC1(\boldsymbol{F}_i))), \quad i = 1 \cdots K \tag{13-4}$$

在模型训练的过程中，通过反向传播算法，优化式（13-5）中的目标函数，即

$$\min_{\theta}\left(\frac{1}{k}\sum_{i=1}^{K}\|\hat{\boldsymbol{Y}}_i - \boldsymbol{Y}\|_2^2 + \mu\|\hat{\boldsymbol{Z}}_i - \boldsymbol{Z}_i\|_2^2\right) \tag{13-5}$$

式中，Y 为用于训练的纯净语音；θ 为模型参数。

在测试阶段，带噪语音信号的对数幅值和相应的视觉特征输入训练好的深度神经网络模型，输出增强语音信号的对数幅值和重建的嘴唇区域视频帧。此外，与频谱恢复方法类似，借用带噪语音的相位作为增强后语音的相位。利用输出的增强语音幅值和相位，最终合成增强后语音。

13. 2. 2 基于功率二进制掩模的视觉辅助语音增强

虽然利用深度神经网络来进行多模态信息融合，最终实现语音增强是可行的，然而，基于深度学习技术的方法无法适应多种噪声环境，鲁棒性较差。当带噪语音中噪声占比很大时，可以充分利用视觉信息辅助完成语音增强，而当带噪语音中噪声占比较小时，视觉信息可能对语音增强性能产生不利影响。因此，需要设计更合适、更具有可解释性的融合方法，实现视觉辅助下的语音增强。

本节介绍 Wang 等学者提出的基于功率二进制掩模的语音增强方法。模型的框架如图 13-2 所示，其包括三个模块，分别为语音特征提取模块、视觉辅助信息生成模块以及语音增强模块。首先，语音特征提取模块的输入为带噪语音，输出基于声学特征的增强比（IRM）。IRM 定义为纯净语音功率谱 $c_t(f)$ 与带噪语音功率谱 $c_t(f)+n_t(f)$ 之比，即

$$aIRM_t(f) = \frac{c_t(f)}{c_t(f)+n_t(f)} \tag{13-6}$$

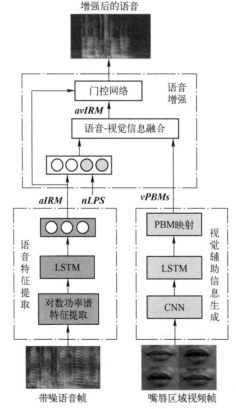

图 13-2 基于 PBM 的视觉辅助语音增强结构图

通过训练得到带噪语音和 IRM 之间的映射关系的神经网络模型。在后续的步骤中，该网络结构和参数固定。

其次，对于视觉辅助信息生成模块而言，为了更好地表征视觉信息对语音增强任务的促进程度，在设计该模块时，用功率二进制掩模（PBM）表征视觉信息对语音信号的影响。具体地，从输入图像中裁剪出嘴部图像，然后用 CNN 提取视觉特征；接着，将视觉特征传播到多层 LSTM 中，利用 LSTM 的长时记忆能力，解决视觉信息与语音流之间的时移问题；最后，通过学习语音信号的动态特性来平滑所得到的 PBM。PBM 的计算公式如下：

$$\xi_t(f) = \frac{x_t(f)}{\sum_{f=0}^{K} x_t(f)} \tag{13-7}$$

$$vPBMs_t(f) = \begin{cases} 0.1 & , \xi_t(f) \leqslant \gamma \\ 1 & , \xi_t(f) \geqslant \gamma \end{cases} \tag{13-8}$$

式中，$x_t(f)$ 为经过 LSTM 后输出的功率谱特征；K 为所划分时间—频率段总数；ξ 为视觉信息的功率谱分布；γ 为阈值控制视觉信息对于语音增强的辅助程度。

最后一部分是语音增强模块，是将通过视觉辅助信息生成模块得到的 ***vPBMs_t*** 与通过语音特征提取模块得到的相关特征相乘，得到融合后的 ***avIRM*** 作为语音信号的粗略表示，即

$$avIRM_t = f([aIRM_t; nLPS_t]) \odot vPBMs_t \tag{13-9}$$

需要说明的是，为了提升最终的增强性能，这里需要把 ***aIRM_t*** 和噪声的对数功率谱 ***nLPS_t*** 通过一个堆栈全连接层，而后再与 ***vPBMs_t*** 进行元素乘积。接着，将 ***avIRM_t*** 与 ***aIRM_t*** 通过门控网络，产生权重系数 λ_t，最后根据权重系数融合上述两部分结果，输出最终增强后的语音，如式（13-10）和式（13-11）所示。

$$\lambda_t = g(avIRM_t) \tag{13-10}$$

$$gIRM_t = \lambda_t \times aIRM_t + (1-\lambda_t) \times avIRM_t \tag{13-11}$$

采用上述机制可以自由控制视觉信息的增强辅助程度，当视觉信息重要时，则增强其促进作用，反之，则降低其作用程度，退化为经典的单模态语音增强方法。

总而言之，与传统的单模态语音增强以及其他视觉辅助语音增强策略相比，该方法具有以下特点：①采用功率二进制掩模，从视觉信息中得到语音信号的粗略表示，有效支撑了语音增强；②模型中有一个基于门控网络的后向增强体系结构，提供了语音和视觉信息之间的松散耦合，在这种架构下，系统性能仍由语音模态进行主导，而视觉信息仅提供辅助贡献。实验表明，在不同的信噪比水平下，该方法的性能优于单模态语音增强。与 13.2.1 节介绍的基于 CNN 的视觉辅助语音增强方法相比，本方法在中高信噪比条件下性能更优，而基于 CNN 的方法在低信噪比条件下工作良好。未来可以将上述两种方法进一步融合，以提升在不同信噪比下的语音增强效果。

13.3　视觉信息辅助的语音合成

在一些视频中，语音可能是部分损坏的，甚至是无声的。在该情况下直接通过第 10 章介绍的语音合成方法来弥补缺损难度是很大的。因此，本节着重介绍在视觉信息的辅助下，如何来实现语音合成。随着神经网络以及深度学习等技术的发展，目前已经有不

少方法实现从无声视频片段中合成语音的任务，其核心挑战在于，需要跨越视觉与语音两个模态之间的差异来准确表征语音内容以及说话人身份特征（如音调、音色等）。

（1）唇读技术

传统的唇读技术主要依赖于隐马尔可夫模型（HMM）或者支持向量机（SVM），从视频中手动提取视觉特征（如口腔几何），实现视频中目标语音的合成。随着深度学习技术的发展，越来越多的学者将深度神经网络与唇读技术结合，取得了不少突破。

（2）基于端到端的视觉辅助语音合成

通常而言，从视频中合成语音的方法是根据视觉特征估计频谱包络，然后将其与通过人工激励所生成的语音信号相结合，采用的手段包括统计估计方法以及深度学习技术。不同于常规处理方法，采用端到端的方式，直接建立从视频中合成目标语音的模型，无须使用任何中间表示或者单独的波形合成算法，也是近年来备受关注的代表性方法。

13.3.1　无声视频中的语音合成

本小节介绍 Michelsanti 等学者提出的基于声码器的无声视频语音合成方法，该方法的系统框图如图 13-3 所示。整个模型由一个视频编码器、一个递归模块和 5 个解码器组成，其中 5 个解码器分别为频谱包络（SP）解码器、非周期参数（AP）解码器、有声—无声状态（VUV）解码器、基音频率（F0）解码器和视觉—语音识别（VSR）解码器。通过上述结构，首先进行视频帧特征提取，而后通过 VSR 预测出视频中人物说话的文本，同时将视频帧特征映射到 SP、AP、F0 等语音特征，最后将语音特征以及识别出的文本输入 WORLD 声码器，输出为合成后的语音。通过上述过程，实现视觉信息辅助的语音合成。

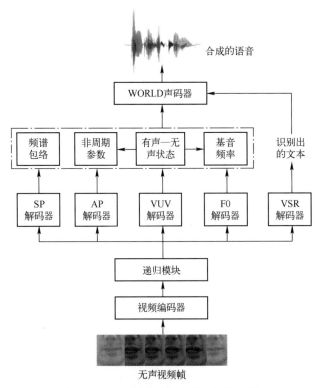

图 13-3　无声视频中的语音合成框图

在各个模块具体结构方面，图 13-3 中的视频编码器将当前视频帧与前后各三帧作为输入，并应用 5 个三维卷积层，其中前 4 个卷积层中的每一个都是由批归一化层（BN）、relu 激活函数和 Dropout 层组成，而最后一个是含有 Tanh 激活函数的卷积层。递归模块是由单层门控循环单元（GRU）、批归一化层、Relu 激活函数和 Dropout 层组成。5 个解码器都以门控循环单元作为输入，其中 SP 解码器由 4 个二维转置卷积层构成；VUV 解码器由线性层和 ReLU 激活函数组成；AP 解码器由 3 个二维转置卷积层构成；F0 解码器由一个线性层和一个 Sigmoid 激活函数组成；VSR 解码器由一个线性层和一个 Softmax 层组成。

在模型搭建完毕后，根据以下损失函数，依次将训练数据输入至模型中，优化模型参数：

$$J = \frac{\lambda_1}{\lambda} J_{\mathrm{sp}} + \frac{\lambda_2}{\lambda} J_{\mathrm{ap}} + \frac{\lambda_3}{\lambda} J_{f0} + \frac{\lambda_4}{\lambda} J_{\mathrm{vuv}} + \frac{\lambda_5}{\lambda} J_{\mathrm{vsr}} \tag{13-12}$$

式中，J_{sp} 表示 $\boldsymbol{W}_{\mathrm{sp}}$ 和 $\hat{\boldsymbol{W}}_{\mathrm{sp}}$ 的均方误差，J_{ap} 表示 $\boldsymbol{W}_{\mathrm{ap}}$ 和 $\hat{\boldsymbol{W}}_{\mathrm{ap}}$ 的均方误差，J_{f0} 表示 $\boldsymbol{W}_{f0}$ 和 $\hat{\boldsymbol{W}}_{f0}$ 的均方误差，J_{vuv} 表示 $\boldsymbol{W}_{\mathrm{vuv}}$ 和 $\hat{\boldsymbol{W}}_{\mathrm{vuv}}$ 的均方误差。J_{vsr} 表示目标文本转录与估计文本转录之间的 CTC 损失（Connectionist Temporal Classification Loss）。$\boldsymbol{W}_{\mathrm{sp}}$ 为 SP 解码器的归一化降维数，$\hat{\boldsymbol{W}}_{\mathrm{sp}}$ 为 $\boldsymbol{W}_{\mathrm{sp}}$ 经过解码器后的估计值，$\boldsymbol{W}_{\mathrm{vuv}}$ 为 $\hat{\boldsymbol{W}}_{\mathrm{vuv}}$ 经过解码后的估计值，$(\hat{\boldsymbol{W}}_{\mathrm{nap}})_i = (\boldsymbol{O}_{\mathrm{ap}})_i \odot \hat{\boldsymbol{W}}_{\mathrm{vuv}}$，$i \in \{1, \cdots, 5\}$，$\hat{\boldsymbol{W}}_{f0} = \boldsymbol{O}_{f0} \odot \hat{\boldsymbol{W}}_{\mathrm{vuv}}$。在说话者身份已知的情况下，该方法的 PESQ（Perceptual Evaluation of Speech Quality）指标比主流方法高出 7.8%，STOI（Short Time Objective Intelligibility）指标高出 38.3%；对于说话者身份未知的情况，PESQ 指标与其他方法持平，STOI 指标高出 14.6%。

13.3.2　端到端的视觉辅助语音合成

本小节介绍 Mira 等学者提出的一种端到端的视觉辅助语音合成方法，即利用生成对抗网络（GAN）将视频直接转换为语音波形，如图 13-4 所示。

（1）系统架构

GAN 是一种深度学习模型，由一个生成器和一个判别器组成。其中，生成器负责将视觉特征进行编码，并且将其解码为语音波形。基于 GAN 的视觉辅助语音合成框架如图 13-4 所示。具体地，首先使用 ResNet-18 以及 3D 卷积层对视频帧进行编码。需要说明的是，为了充分表征视频帧之间的时序关系，每个视频帧的编码在一定程度上取决于前两帧和后两帧状况。接着，从 ResNet 编码器中提取出的特征被送入一个两层双向门控循环单元（Gated Recurrent Unit，GRU），它在时间上对从每组帧产生的特征建立关联关系。在此之后，解码器将每个视频帧特征上采样至 N 个语音样本的波形段。N 的长度为语音采样率和视频帧率之比。具体地，通常使用 16 kHz 的采样率和每秒 25 帧的帧率，因此 $N = 640$（对应于 40 毫秒的语音）。解码器由 6 个堆叠的转置卷积层组成，除了最后一层使用双曲正切激活函数外，其余每层都连接着批量归一化层和 Relu 激活函数。为了缓解帧转换导致的波形幅度相位变化过大问题，在生成的语音波形帧之间使用 50% 的重叠。

另一方面，GAN 中的判别器用于提升合成语音的真实性和清晰度，有效区分真实语音波形和合成语音波形。本方法中的判别器由波形判别器和功率判别器两部分组合而成，其分别在时域和频域对真实语音与合成语音的差异进行评价，以保障对所合成语音的整体评价效

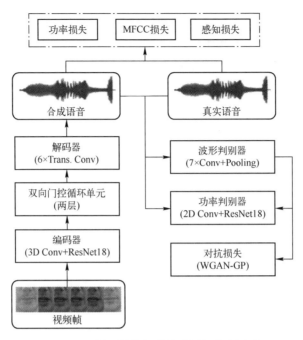

图 13-4　端到端的视觉辅助语音合成框图

果。对于波形判别器，其由 7 个卷积层构成，每个卷积层后都有 Relu 激活函数。对于功率判别器，首先使用短时傅里叶变换对真实语音和合成语音分别计算频谱图，其中窗口大小为 25 ms，窗移大小为 10 ms，相邻频点间隔为 512；然后计算幅度频谱的自然对数，并进行标准化处理；接着使用二维卷积层以及与生成器相同的 ResNet-18 网络；最后通过全连接层实现波形判别。

（2）损失函数

为了优化模型的参数，需要定义损失函数。首先，由于本模型是基于 GAN 构建的，因而定义对抗损失，目的是最小化真实数据和合成数据分部之间的距离：

$$L_G = -\mathop{E}_{\tilde{\boldsymbol{x}} \sim \boldsymbol{P}_G}\left[D(\tilde{\boldsymbol{x}}) \right] + \lambda \mathop{E}_{\hat{\boldsymbol{x}} \sim \boldsymbol{P}_G}\left[(\| \nabla_{\hat{\boldsymbol{x}}} D(\hat{\boldsymbol{x}}) \| - 1)^2 \right] \tag{13-13}$$

$$L_D = \mathop{E}_{\tilde{\boldsymbol{x}} \sim \boldsymbol{P}_G}\left[D(\tilde{\boldsymbol{x}}) \right] - \mathop{E}_{\boldsymbol{x} \sim \boldsymbol{P}_R}\left[D(\boldsymbol{x}) \right] \tag{13-14}$$

式中，G 为生成器；D 为判别器；$\boldsymbol{x} \sim \boldsymbol{P}_R$ 是来自真实数据分布的样本；$\tilde{\boldsymbol{x}} \sim \boldsymbol{P}_G$ 是来自生成数据分布的样本；$\hat{\boldsymbol{x}} \sim \boldsymbol{P}_G$ 是真实数据和生成数据之间的平均采样分布。除此以外，该方法还考虑了其他三种损失函数。首先，引入感知损失：

$$L_{\text{PASE}} = \| \delta(\boldsymbol{x}) - \delta(\tilde{\boldsymbol{x}}) \| \tag{13-15}$$

式中，$\boldsymbol{x}$ 为真实波形；$\tilde{\boldsymbol{x}}$ 为合成波形；δ 为感知特征提取器。在这里，使用预训练的 PASE 模型来提取感知特征 $\delta(\boldsymbol{x})$，以自监督的方式训练，得到生成语音。其次，引入功率损失，目的在于通过将合成的语音与真实语音相匹配，来提高系统性能。在这里，选用的是合成语音和真实语音的短时傅里叶变换幅度的 L1 损失。

$$L_{\text{power}} = \| \log \| \text{STFT}(\boldsymbol{x}) \|^2 - \log \| \text{STFT}(\tilde{\boldsymbol{x}}) \|^2 \| \tag{13-16}$$

式中，$\boldsymbol{x}$ 为真实波形；$\tilde{\boldsymbol{x}}$ 为合成波形；STFT 为短时傅里叶变换，窗口大小为 25 ms，跳跃大小为 10 ms，相邻频点间隔为 512。最后，定义 MFCC 相关的损失函数。

$$L_{\mathrm{MFCC}} = \| \mathrm{MFCC}(\boldsymbol{x}) - \mathrm{MFCC}(\tilde{\boldsymbol{x}}) \| \tag{13-17}$$

式中，$\boldsymbol{x}$ 为真实波形；$\tilde{\boldsymbol{x}}$ 为合成波形；MFCC 指的是从相应波形中提取 25 个美尔频率倒谱系数的 MFCC 函数。

综上，最终生成器的损失表达式为

$$L_{G'} = \alpha_1 L_G + \alpha_2 L_{\mathrm{PASE}} + \alpha_3 L_{\mathrm{power}} + \alpha_4 L_{\mathrm{MFCC}} \tag{13-18}$$

式中，α_1、α_2、α_3、α_4 分别为各损失项的加权系数。

（3）模型训练

在训练中可以使用 Adam 优化器来进行模型的优化。在每轮模型参数更新迭代时，先对判别器进行训练，然后对生成器训练。需要注意的是，提供给判别器训练的数据是从真实和合成语音中随机采样的一秒片段，而不是整个语音。此外，在训练期间采用两种数据增强方法：对输入帧进行随机裁剪，生成一个大约为原始大小 90% 的帧，接着以 50% 的概率对每一帧应用水平翻转。上述措施有助于获得高鲁棒性的模型。实验结果表明，该方法对比于其他方法，PESQ（Perceptual Evaluation of Speech Quality）指标平均高出 19.1%，STOI（Short Time Objective Intelligibility）指标平均高出 10.5%。

13.4　视觉信息辅助的语音识别

在噪声环境下，待识别的语音信号易受干扰，而视觉信息则不受影响，可以提供额外的信息从而保障语音识别率不降低，因此，本节主要介绍利用视觉信息来辅助后续语音识别。具体而言，首先分别对语音和视觉信息进行特征提取，所提取特征的鲁棒性和区分度等指标往往决定了后续语音识别系统的准确性。接着，对所提取出的语音和视觉特征进行融合，特征融合的好坏则决定着视觉模态能为语音提供多少额外有用信息，这也是与传统单模态语音识别方法相比，视觉辅助下的语音识别方法的优势所在。最后利用前两步得到的融合特征完成语音识别。

本节主要以两种方法为例进行介绍，分别是基于注意力机制的视觉引导语音识别方法以及基于隐马尔可夫模型的双模态视觉信息辅助的语音识别。前者通过设计具有视觉引导语音功能的注意力模块，提升语音识别结果的准确率；后者则通过 Kinect 获取 3D 数据和视觉信息，并通过 3D 数据重构说话时的嘴唇区域信息，将其作为一种辅助言语信息来完成语音识别任务。

13.4.1　基于注意力机制的视觉引导语音识别

为了建立起视觉信息与语音之间的对应关系，采用注意力机制获得与待识别语音最相关的视觉信息，主要为说话时唇部变化的图像信息。具体地，巩元文等学者构建视觉引导的多模态融合语音识别网络，其结构如图 13-5 所示。

首先，对视觉信号以及语音信号进行特征提取。具体地，对带噪语音信号 $s(n)$ 进行预加权、分帧和加窗，然后做快速傅里叶变换得到相应的频谱。在获得频谱之后，输入 1D 卷积网络提取精细尺度的频谱信息，并且通过 ResNet18 提取深层语音特征。需要注意的是，为了保持与对应的视频帧速（例如，每秒 25 帧）相同，ResNet18 的输出被平均池化分为 25 帧。对于视觉信息的特征提取，其与语音特征提取流程类似，区别在于预处理部分采用 3D 卷积层来处理视觉信息，接着将得到的视觉特征通过 ResNet18 网络进一步处理，最后，通

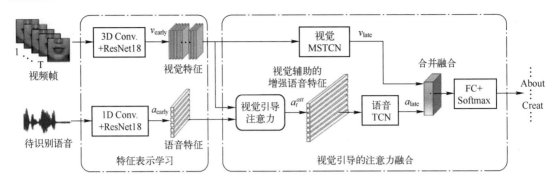

图 13-5　基于注意力机制的视觉引导语音识别框图

过多尺度时间卷积网络（Multiscale Temporal Convolutional Network，MS-TCN）获得最终视觉特征。

在特征提取完成后，通过视觉引导注意力融合来打通两个模态间的壁垒，其进一步包含视觉引导注意力以及双通道融合两个过程。具体地，用 $\boldsymbol{a}_{\text{early}}$，$\boldsymbol{v}_{\text{early}}$ 分别表示语音特征以及视觉特征，二者维度相同。为了探索视觉模态和语音模态之间的上下文关系，在时间维度上计算给定的当前视觉特征与全局语音特征的相似度，从而自适应学习语音片段中与视觉相关的区域。最后生成全局注意力特征，该特征可以看成是视觉对语音特征的增强。

图 13-6 给出了视觉引导注意力结构。首先定义注意力函数 $f_{\text{att}}(\cdot)$，将视觉和语音特征映射到同一空间，即

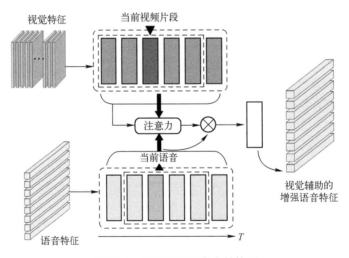

图 13-6　视觉引导注意力结构图

$$\boldsymbol{a}_{\text{t}}^{\text{att}} = f_{\text{att}}(\boldsymbol{a}_{\text{early}}, \boldsymbol{v}_{\text{early}}) = \sum_{i=1}^{k} \boldsymbol{w}_{\text{t}}^{i} \boldsymbol{a}_{\text{early}}^{i} \tag{13-19}$$

式中，$\boldsymbol{a}_{\text{t}}^{\text{att}}$ 表示经过注意力模块后的音频向量；$\boldsymbol{w}_{\text{t}}$ 为注意力权重，表示视觉对 k 个语音区域上的概率分布，具体可使用带有 softmax 的多层感知机得到，即

$$\boldsymbol{w}_{\text{t}} = \text{softmax}(\boldsymbol{x}_{\text{t}}) \tag{13-20}$$

$$\boldsymbol{x}_{\text{t}} = \boldsymbol{W}_{\text{f}} \sigma \big[\boldsymbol{W}_{\text{v}} \boldsymbol{U}_{\text{v}}(\boldsymbol{v}_{\text{t}}) + \boldsymbol{W}_{\text{a}} \boldsymbol{U}_{\text{a}}(\boldsymbol{a}_{\text{t}}) \big] \tag{13-21}$$

式中，U_{v} 和 U_{a} 是将视觉特征和语音特征投影到同维度 d 的转换函数；$\boldsymbol{W}_{\text{f}}$，$\boldsymbol{W}_{\text{v}}$，$\boldsymbol{W}_{\text{a}}$ 是参

数。最终得到的 a_t^{att} 经 TCN 进一步聚合信息，与经由 MS-TCN 的视觉信息进行双模态融合，计算过程为

$$F = \text{Concat}\left[\text{MSTCN}(v_{\text{late}}), \text{TSN}(a_t^{att})\right] \tag{13-22}$$

$$F^* = \text{argmax}(\text{softmax}(F)) \tag{13-23}$$

式中，F^* 表示最终的语音识别结果；$\text{softmax}(\cdot)$ 将 F 向量中的元素转换为对应的概率；$\text{argmax}(\cdot)$ 选择最大概率值对应的位置，作为语音识别的结果。实验结果表明，采用基于注意力的视觉引导语音识别方法在 $-5\text{dB} \sim 10\text{dB}$ 不同噪声水平下，识别结果比单模态语音的识别结果至少提升 2%。

13.4.2　基于隐马尔可夫模型的双模态视觉信息辅助语音识别

上节所介绍的基于注意力机制的视觉引导语音识别是将说话者的嘴唇部位变化作为视觉信息，与语音信号相融合，从而提升语音识别性能。虽然通过视觉引导注意模块所提取的特征已经能很好地代表嘴唇区域的信息，但由于每个说话人的嘴唇尺寸不一，以及受到环境、设备等因素影响，都使得唇语识别效果受到一定程度的影响。本节介绍高永春等学者提出的一种通过 Kinect 设备获取三维深度数据来进一步辅助进行语音识别的方法。

对于语音以及视觉信号的特征提取方法在本章前文已经介绍过，因此本节着重介绍对于 Kinect 深度数据的处理过程。由于目前对唇语研究大部分是基于正面唇部完成，而侧脸也包含一定的言语信息。因此，可以利用深度数据来重构左侧唇与右侧唇，从而进一步实现深度信息与普通视觉信息双模态辅助下的语音识别。这里以右侧唇深度数据获取为例，具体步骤包括：①利用 Kinect 所采集的 3D 数据描绘右侧唇部轮廓；②生成右侧唇栅格图；③填充栅格图颜色，其原则是距离说话者越近则图像颜色越深；④投影与旋转，得到最终的右侧唇深度数据。左侧唇的深度数据的获取与之相似。

在获得三种模态信息（即语音信号、视觉信息、深度数据信息）各自的特征之后，需要进行模态融合。这里的融合方式可以分为特征融合和决策融合两种。对于特征融合方法，可以简单地将三种模态信息拼接在一起。具体而言，假设在时间 t，三种模态信息分别为 $O_A^{(t)}$、$O_V^{(t)}$、$O_{3D}^{(t)}$，对这三个特征向量进行串联，表示为

$$O^{(t)} = \left[O_A^{(t)\,\text{T}}, O_V^{(t)\,\text{T}}, O_{3D}^{(t)\,\text{T}}\right]^{\text{T}} \tag{13-24}$$

然后，将 O 通过传统的 HMM 进行分类识别。

对于决策融合方法，其能够自适应不同的语音识别器，对不同模态信息流选取不同的权重。因此可以更加充分利用各个模态信息从而提升最终的识别效果。普通的单流 HMM 已经在第 7 章介绍过。这里介绍一种面向多模态数据的 HMM 结构，即，将 HMM 的状态序列扩展为多个并行的状态流，每一个状态流对应一种模态信息，并同时进行决策融合。其输出可以表示为

$$b_c(O_t^{(AV3D)}) = \lambda_{\text{Act}}\log\left[\text{pr}(O_t^{(A)}|c)\right] + \lambda_{\text{Vct}}\log\left[\text{pr}(O_t^{(V)}|c)\right] + \lambda_{\text{3Dct}}\log\left[\text{pr}(O_t^{(3D)}|c)\right]$$

$$\tag{13-25}$$

式中 λ_{Act}、λ_{Vct}、λ_{3Dct} 为各模态信息流的权重指数，其根据具体场景中各个模态的可靠性来进行调节。$\text{pr}(\cdot)$ 表示各个模态特征向量经过传统 HMM 的输出。

通过实验可以验证深度信息对于语音识别的辅助作用。具体地，以语音信号在不同信噪比下的语音识别效果为基准，对比深度信息、视觉信息双模态辅助下的语音识别效果。实验

结果见表 13-1，结果表明，随着噪声的增大，语音识别效果变差。然而，当深度信息、视觉信息与语音有机融合后，其识别结果要优于仅基于语音单一模态的识别结果。因此，深度以及视觉双模态信息能够有效地辅助语音提高识别准确度。

表 13-1　基于 HMM 的双模态视觉信息辅助的语音识别结果

噪声类型	信噪比	单一模态带噪语音识别准确率	深度数据+视觉信息辅助的带噪语音识别准确率
风扇噪声	-5	4.47	48.12
	3	7.18	54.24
	0	13.47	64.54
	3	28.05	73.53
	5	39.09	79.47
打招呼噪声	-5	4.97	49.01
	-3	7.02	55.27
	0	14.85	64.72
	3	28.88	73.91
	5	42.87	79.86
擦额头噪声	-5	4.75	47.68
	-3	6.57	54
	0	13.03	64.3
	3	26.89	73.23
	5	39.2	79.06

13.5　多模态融合的语音情感信息处理

英国萨里大学的 McGurk 和 MacDonald 的研究发现表明，大脑在对外界信息和说话人的心理状态的感知并不止来自于单一通道。来自不同的通道的感知结果会被自然地结合起来，最终形成对情感信息的辨别。因此，任何单一通道的感知信息都不可避免地会使得人脑对外界信息产生理解偏差。基于此，多模态融合的语音情感信息处理成为语音情感处理的一个新的方向。

在语音、姿态、面部表情、发音器官运动和文字等内容中都蕴含着情感信息，不同于以往以情感声学特征为主的语音情感处理，多模态融合的语音情感处理需要从多个模态中提取并分析语音情感信息。然而，有效融合来自不同模态的信息并不是一项容易的任务。在本节中，介绍融合运动学特征和声学特征的语音感情，融合视频、文本线索的语音情感识别，以及脑电辅助的语音情感识别等三种代表性方法。

13.5.1　融合运动学和声学特征的语音情感识别

人类的语音是由唇、舌和下颌等一系列发音器官通过运动控制发音过程而产生的。发音器官的运动是产生语音的根本原因，也是表情和语音情感的反映。因此，将发音器官的运动信息与声学特征融合，可以有效识别语音情感。

（1）运动学和声学特征采集

关于发音器官的运动学特征的采集，可采用 X 光（X-ray）、超声波（Ultrasound）、实时磁共振技术（real-time Magnetic Resonance Imaging，rMRI）、电磁发音技术（Electro-Magnetic Articulatory，EMA）和电子硬腭技术（Electro-Palatography，EPG）等方式，其适用范围和特点如表 13-2 所示。

表 13-2　运动学特征采集技术对比

数据采集技术	优　　点	缺　　点	可采集发音器官	常用仪器
X 光（X-ray）	易于显示存储，精度较高	对人体有一定危害；设备昂贵，样本数据不易获得	舌、唇、喉、颚	X 射线计算机断层扫描设备
超声波（Ultrasound）	方向性好，穿透力强，安全、成本低；适合大样本数据采集	无法同时采集两个及以上发音器官的发音数据，无法获取舌-上颚的接触信息；数据采集频率较低	咽腔、舌、上颚、喉部	Shimadzu-Marconi ECLIPSE 1.5T PowerDriver 250 Scanner
实时磁共振技术（rMRI）	成像精度高，时间分辨率高，空间分辨率高	成像时间长，录制难度大；动态采集难度大，对人体有一定影响	唇、喉、舌	西门子 Trio A Tim 3T 磁共振系统
电磁发音技术（EMA）	采集成本低，对人体没有影响；采集数据比较简单；可以同步记录传感器运动数据和语音波形	发音器官中植入传感器难度较大，易受磁场干扰，传感器的数量有限，分辨率较低	舌、唇、颚、牙	Carstens AG501、Canada NDI VoX-EMA
电子硬腭技术（EPG）	实时记录舌、颚接触情况，同步记录语音波形和共振峰	需为发音人植入人工假颚	上颚	美国 ROSE EPG-430013，LinguaGraph 电子腭位仪

对于声学特征，其通常采用的是语音频谱，原因在于，频谱特征是发音器官和发音动作之间存在关联性的表现。已有研究表明，以 MFCC 为代表的语音频谱特征能够有效识别情感语音中不同的情感。

（2）多模态特征融合

多模态特征融合是对提取的运动学特征和声学特征进行分析与处理，即，通过从多个模态数据特征中提炼出更加丰富的信息来提高语音情感识别的准确性。常见的特征融合方法包括特征级融合和决策级融合。

特征级融合是一种中间层次的融合方法。首先，将声学和运动学原始数据输入特征提取网络，分别提取出两个模态的特征；然后，将提取出的两个模态的特征按照设定的权重规则，加权串联为融合特征；最后，将融合特征输入分类器进行情感识别。例如，任国凤等学者提出的多模态情感语音识别中特征级融合框图如图 13-7 所示。

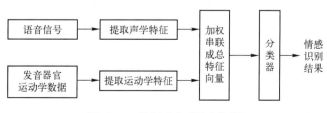

图 13-7　特征融合系统框架图

决策级融合是在两个模态分别得到初步语音情感识别结果之后，对结果进行进一步判决，是一种后期融合的方法。主要分为两个部分：首先，提取相应的情感语音声学特征和运动学特征，并分别送入各自的识别网络；然后，根据预先设定的融合策略，将各网络的决策结果进行融合，得到最终结果，如图 13-8 所示。

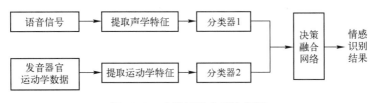

图 13-8　决策级融合系统框图

与特征级融合方法相比，决策级融合中各模态分类器可以根据不同模态数据差异进行调节以适应不同模态特性，但存在的问题主要为未充分利用各模态间的相关性，可能会导致训练阶段模型的收敛时间较长。

（3）基于 DBM 混合融合的语音情感识别

为了充分利用特征级融合和决策级融合的优点，这里介绍基于深度玻尔兹曼机的混合融合方法。深度玻尔兹曼机（Deep Boltzmann Machine，DBM）是一种随机对称连接的无向二部图结构，它由多个受限玻尔兹曼机（Restricted Boltzmann Machine，RBM）堆栈而成。每个 RBM 包含一个显层和一个隐层，其中，显层的神经元用于数据输入，隐层的神经元用于特征学习，同一层神经元之间不能连接，不同层神经元间完全连接且相互独立。基于上述描述，本方法的框图如图 13-9 所示，具体如下。

首先，从多模态情感语音数据库中同步提取声学特征和运动学特征，其中，声学特征包含语速（1 维）、平均过零率（1 维）、振幅（6 维）、基频（6 维）、共振峰频率（24 维）和 MFCC（60 维），共计 98 维；运动学特征包括舌尖、舌

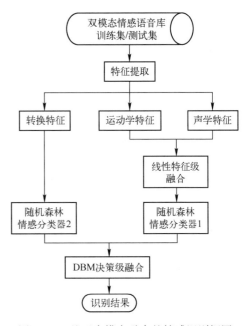

图 13-9　基于多模融合的情感识别框图

中和舌根在前后和上下方向的运动速度（24 维）、唇孔径（1 维）、唇凸度（1 维）和舌收缩度（1 维），共计 27 维；此外，运动学—声学转换特征包含 MFCC（12 维）和第二共振峰 F2（1 维），共计 13 维。接着，选择声学特征和运动学特征进行线性特征级融合，具体融合方法如上文所述，进而将融合后的特征输入到基于随机森林的情感分类器 1，得到初步识别结果。与此同时，将运动学—声学转换特征输入基于随机森林的情感分类器 2，并将识别结果与特征级融合的识别结果进行决策级融合，得到最终的情感识别结果。

13.5.2　融合视频、文本线索的语音情感识别

除了说话的语调、韵律以外，人们的手势和词汇同样可以表达丰富的情感，这表明视觉

线索与文本信息和语音一样也蕴含着情感信息。因此，通过挖掘视频帧和文本信息中隐藏情感信息，可以有效辅助实施语音情感识别。

图 13-10 给出了 Pan 等学者提出的基于多模态注意力网络（Multi-Modal Attention Network，MMAN）的语音情感识别方法，其主要通过混合融合的方式，有效利用视频帧和文本中的情感线索来辅助语音情感识别。具体地，MMAN 由图 13-10 中虚线框标记的多模态注意力子网络（cLSTM-MMA）和其他三个单模态子网络 cLSTM-Speech、cLSTM-Visual、cLSTM-Text 构成。在融合前期，cLSTM-MMA 运用注意力机制，有选择地融合各个模态中的情感特征；在融合后期，cLSTM-MMA 的输出与 cLSTM-Speech、cLSTM-Visual 和 cLSTM-Text 的输出结果通过密集层进行进一步融合，最终通过一个 Softmax 层输出情感识别结果。

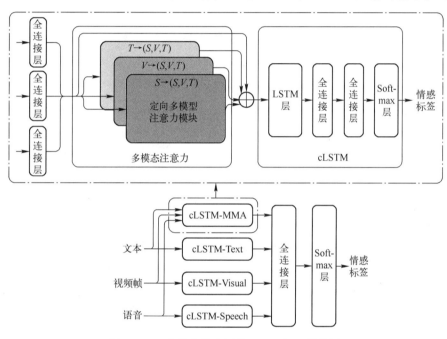

图 13-10　多模态注意网络（MMAN）结构图

需要注意的是，三个单模态子网络 cLSTM-Speech、cLSTM-Visual、cLSTM-Text 都使用的是带有两个 LSTM 层的 cLSTM 块构建，区别在于它们的输入不同，分别是语音、视频、文本。对于 cLSTM-MMA，其首先由三个独立的全连接层组成，用于标准化语音、视频、文本各模态的特征嵌入；接着，由三个并行的定向多模态注意力模块完成模态间融合；最后通过包含一个 LSTM 层的 cLSTM 模块得到输出。

下面重点介绍定向多模态注意力模块。设用于 MMAN 训练的多模态数据集表示为 $D = \{(s_i, v_i, t_i, y_i)\}_{i=1}^M$，其中，$s_i$、$v_i$、$t_i$、$y_i$ 分别表示第 i 条语音、视觉、文本特征嵌入和相应的情感标签，M 是对话中的话语数量。通过将原始特征嵌入传递给如图 13-10 所示的各个全连接前馈层，并将输出标准化为相同维度 $(\hat{s}_i, \hat{v}_i, \hat{t}_i)$，然后输入定向多模态注意力模块。

这里以语音定向多模态注意力模块（图 13-10 点画线框中的蓝色模块，表示为 $S \to (S, V, T)$）为例，该模块计算语音对视觉和文本的注意力，以及语音的自我注意力，具体如图 13-11 所示。使用 query、key 和 value 键来表示注意力，通过可学习的参数 W_{sq} 计算语音的 query 键 $\boldsymbol{q}_s$：

$$\boldsymbol{q}_s = \boldsymbol{W}_{sq}^{\mathrm{T}}\hat{\boldsymbol{s}}_i \tag{13-26}$$

同理，key 键 $\boldsymbol{K}_s$ 和 value 键 $\boldsymbol{V}_s$ 通过参数 $\boldsymbol{W}_{sk}, \boldsymbol{W}_{vk}, \boldsymbol{W}_{tk}$ 来计算：

$$\boldsymbol{K}_s = \mathrm{concat}\{\hat{\boldsymbol{s}}_i^{\mathrm{T}}\boldsymbol{W}_{sk}, \hat{\boldsymbol{v}}_i^{\mathrm{T}}\boldsymbol{W}_{vk}, \hat{\boldsymbol{t}}_i^{\mathrm{T}}\boldsymbol{W}_{tk}\} \tag{13-27}$$

$$\boldsymbol{V}_s = \mathrm{concat}\{\hat{\boldsymbol{s}}_i^{\mathrm{T}}\boldsymbol{W}_{sv}, \hat{\boldsymbol{v}}_i^{\mathrm{T}}\boldsymbol{W}_{vv}, \hat{\boldsymbol{t}}_i^{\mathrm{T}}\boldsymbol{W}_{tv}\} \tag{13-28}$$

交叉模态和自我注意分数由 query 键 $\boldsymbol{q}_s$ 和 key 键 $\boldsymbol{K}_s$ 的点积计算；然后，用它来计算值的加权和 $\hat{\boldsymbol{z}}_s^i$，代表不同模态与语音 query 键的相互作用。综上，语音定向多模态注意模块的输出由下式给出：

$$\hat{\boldsymbol{z}}_s^i = D_{S\to(S,V,T)}(\hat{\boldsymbol{s}}_i, \hat{\boldsymbol{v}}_i, \hat{\boldsymbol{t}}_i)$$

$$= \mathrm{softmax}\left(\frac{\boldsymbol{q}_s^{\mathrm{T}}\boldsymbol{K}_s^{\mathrm{T}}}{\sqrt{d_k}}\right)\boldsymbol{V}_s \tag{13-29}$$

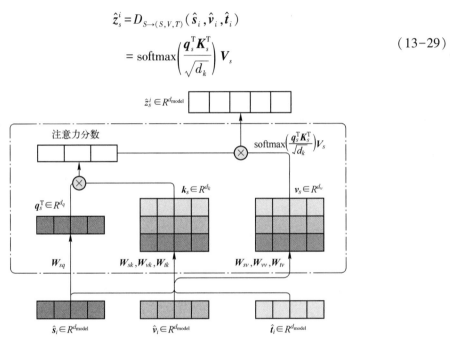

图 13-11　语音定向多模态注意力模块

　　文本和视觉定向多模态注意模块采用相同的计算过程，只是每个模块都有自己的可学习权值计算 query 键，便于根据不同的 query 学习不同模态的相互作用。三个并行的定向多模态注意力模块的输出汇总之后，通过一个带有 LSTM 层的 cLSTM 块，最终用于捕获对话中连续话语之间的上下文线索。

13.5.3　脑电辅助的语音情感识别

　　在多模态语音情感识别中，语音、面部表情和动作等均可以通过人的主观控制而隐藏，因此会存在情感识别不准确的情况。而脑电信号则直接受到神经系统支配，人很难有意识地控制脑电波信号。因此，采用情感触发的脑电信号来辅助语音情感识别所获得的结果会更加客观。不同于从认知科学角度研究脑电信号的情感识别，本节将从信号处理的角度介绍张雪英等学者提出的一种脑电辅助的语音情感识别方法。

　　（1）总体架构

　　本方法的总体架构如图 13-12 所示。首先，对情感语音信号和情感脑电信号进行特征提取。如何选择语音和脑电信号特征是语音情感识别中的关键问题之一。语音信号选取最能反映情感信息的韵律特征及 MFCC 特征，脑电信号选择功率谱熵特征与非线性全局特征。然后，对这两种模态的特征采用典型相关分析（CCA）方法进行特征融合。由于融合后的特征依然属于高维特征，为了更高效地进行情感识别，以及提高对噪声的鲁棒性，采用基于压缩感知的情感识别模型，最终得到情感识别结果。

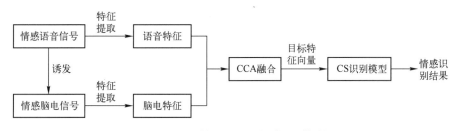

图 13-12　脑电辅助的语音情感识别架构图

（2）情感脑电、语音特征提取

情感语音特征提取方法在第 11 章已做过详细介绍，通常采用语音韵律特征和 MFCC 特征，这里不再赘述。对于脑电信号，其作为典型的非平稳信号，具有非线性特性。脑电信号的非线性全局特征进一步包括非线性几何特征和非线性属性特征。提取这些特征需要通过相空间重构技术将一维情感脑电信号映射到三维空间，然后在三维空间里分析吸引子的运动轨迹，这些运动轨迹能够表征脑电情感差异度，反映情感信息。因此，通过分析这些运动轨迹，可以提取不同脑电情感状态下相空间重构的非线性几何特征。接着，基于相空间重构理论，对脑电信号提取近似熵、Hurst 指数以及最大 Lyapunov 指数作为非线性属性特征。其中，近似熵用来衡量时间序列中新信息发生率；Hurst 指数用来表征大脑的活动状态和功能状态；Lyapunov 指数用来反映相邻轨道的局部收敛或者发散程度的快慢。此外，功率谱熵作为具有代表性的谱特征，可以有效地表征大脑电生理活动状况，可以作为度量大脑电生理活动的另一类参数。表 13-3 给出了情感脑电的特征统计情况，脑电信号的特征维数共 288 维，其中 1~276 维属于非线性特征，277~288 属于功率谱熵特征。

表 13-3　情感脑电的特征统计

特征类型		特征编号	统计特征
非线性全局特征	非线性几何特征	1~96	吸引子到圆心距离的最大值、最小值、均值、中值、方差、标准偏差、偏度、峰度
		97~192	吸引子到标识线距离的最大值、最小值、均值、中值、方差、标准偏差、偏度、峰度
		193~204	吸引子连续轨迹到圆心距离的总长度
	非线性属性特征	205~216	近似熵
		217~264	Hurst 的最大值、最小值、均值、方差
		265~276	最大 Lyapunov 指数
功率谱熵特征		277~288	功率谱熵

（3）情感特征融合

特征融合是指将同一对象的多方面特征融合为能够反映对象有效信息的统一特征，保留各模态有效信息，去除冗余。这里介绍基于典型相关分析（CCA）的特征融合方法。

假设 $X \in R^p$ 与 $Y \in R^q$ 分别为待融合的情感脑电、情感语音两组特征矢量，其维数分别为 p 和 q。CCA 的目的就是求取投影方向 a 和 b，使得 $X^* = a^T X$ 和 $Y^* = b^T Y$ 之间的相关系数 $\mathrm{Corr}(X^*, Y^*)$ 最大。

$$\mathrm{Corr}(X^*, Y^*) = \frac{E[a^T X Y^T b]}{\sqrt{E[a^T X X^T a] \cdot E[b^T Y Y^T b]}} = \frac{a^T S_{XY} b}{\sqrt{a^T S_{XX} a \cdot b^T S_{YY} b}} \tag{13-30}$$

式中，$\mathrm{Corr}(X^*, Y^*)$ 称为融合的准则函数；S_{XX} 和 S_{YY} 分别表示 X 与 Y 的协方差矩阵，S_{XY} 表示 X 与 Y 之间的协方差矩阵。为使融合的准则函数的优化问题有唯一解，令 $a^T S_{XX} a = b^T S_{YY} b = 1$，则该准则函数简化为

$$\mathrm{Corr}(X^*, Y^*) = a^T S_{XY} b \tag{13-31}$$

当 $\mathrm{Corr}(X^*, Y^*)$ 取得极值时，对应的 a 和 b，即为所求的两组投影方向。通常的求解方法是引入拉格朗日因子 λ，构建目标函数 L：

$$L = a^T S_{XY} b + \lambda(a^T S_{XX} a - 1) + \lambda(b^T S_{YY} b - 1) \tag{13-32}$$

对式（13-32）分别计算投影矢量 a 和 b 的偏导数，得到以下两组特征方程：

$$\begin{cases} S_{XY} b - \lambda S_{XX} a = 0 \\ S_{YX} a - \lambda S_{YY} b = 0 \end{cases} \tag{13-33}$$

由式（13-33）求解出投影矢量 a 和 b，最终由 CCA 融合后的新特征为

$$Z = \begin{bmatrix} a \\ b \end{bmatrix}^T \begin{bmatrix} X \\ Y \end{bmatrix} \tag{13-34}$$

（4）情感分类

在得到融合特征后，可以选用 11.4 节的各种识别算法或者 11.5 节介绍的深度学习方法，得到最终的语音情感类别的输出。图 13-13 以柱形图的形式更直观地展现了单一语音、单一脑电、串行融合和 CCA 融合 4 种不同特征参数下情感的识别结果分布。其中，串行融合指的是将多组特征矢量首尾顺次拼接，合成一个高维的特征矢量。从该图中可以看出，采用脑电辅助下的语音情感识别，其识别率要远远高于单一语音情感识别。此外，采用 CCA 融合方法得到的特征参数，无论是对单种情感的识别率还是平均识别率都优于其他三种方法。

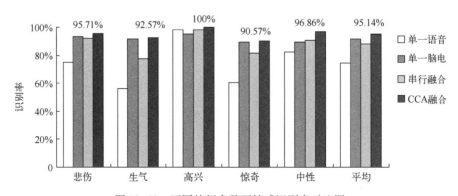

图 13-13   不同特征参数下情感识别率对比图

13.6　总结与展望

随着大数据、物联网、移动互联网、人工智能等新一代信息技术的蓬勃发展，人们对数字生活的需求也大大提高，人与人之间、人与机器之间需要更加沉浸、深入式地交流。这对语音信号处理也提出了更高的要求。此外，随着人们数字化生活的丰富，研究人员能采集到的数据种类更加多样，数据量也更多。将多模态数据以及多模态信息处理方法应用于语音信号处理是一个新的研究方向。现有研究表明，充分搜集多模态数据，并且利用不同模态数据间的互补性，可以更加全面准确地提取有效信息，提高语音信号处理任务的效率和性能。目前，多模态语音信号处理的相关研究还处在初级阶段，以下问题仍然需要进一步研究。

1）更多模态的引入。除了传统的文本、语音、视觉信息等常用模态，可以根据具体的语音信号处理任务引入不同的新的模态。例如，利用唇语信息辅助进行语音识别；引入语音运动学数据进行语音情感处理等。此外，关于各模态数据如何反映目标任务信息，具体对目标任务影响多少，这些问题仍然需要进一步研究。

2）有效的多模态特征融合方法以及具有泛化性能的模型。深度学习方法被广泛应用于多模态数据处理中，然而不同模态的数据在时间或空间等维度上并不一定是时间对齐的，各模态数据在不同时空位置可能受到不同程度和不同类型的干扰。因此，如何设计更加有效的多模态融合方法十分重要。此外，在多模态语音信号处理中，出现了一些性能较好的信号处理以及深度学习模型，但其存在一定程度的数据依赖。面对未来海量的多模态数据，模型泛化性仍需要进一步提升。

3）多模态语音信号处理的理论。虽然当前已经出现了一些多模态语音信号处理的方法和技术，并且已经在一些任务中取得了成功，然而，相比传统的单模态语音信号处理，多模态语音信号处理的理论仍有待完善。例如，多模态语音信号处理的增益和代价的理论极限在哪里，多模态语音信号处理的安全性等。

13.7　思考与复习题

1. 为什么要进行多模态语音信号处理？其优点和面临的挑战各包括哪些方面？
2. 在不同模态数据融合过程中，主要分为哪两种方式？各自的特点是什么？
3. 基于 CNN 的视觉辅助语音增强的主要步骤是什么？
4. 基于功率二进制掩模的视觉辅助语音增强具有哪三个特点？
5. 为什么要研究视觉信息辅助的语音合成？其主要包括哪些典型方法？
6. 在基于视觉引导注意力的语音识别方法中，采用了何种方式打通视觉与语音两个模态间的壁垒？
7. 基于 HMM 的双模态视觉信息辅助的语音识别，为什么要引入深度数据？
8. 在融合运动学特征和声学特征的语音情感识别方法中，包含哪些关键步骤？
9. 在融合视频、文本线索的语音情感识别方法中，定向多模态注意力模块的作用是什么？
10. 脑电辅助的语音情感识别方法的总体架构是什么？

附　录
汉英名词术语对照

二画

二次型　Quadratic form

二进制补码　Two's-complement code words

人工智能　Artificial intelligence

人机界面　User interface (UI)

三画

大分类边缘估计　Large margin estimation

大词汇量连续语音识别　Large vocabulary continuous speech recognition (LVCSR)

口腔　Oral cavity

干扰　Interference

干扰语音　Interfering speech

广义概念下降　Generalized probability descent (GPD)

上下文（语境）　Context

上下文独立语法　Context-free grammars

上升-中点型量化器　Mid-riser quantizer

水平-中点型量化器　Mid-thread quantizer

子带声码器　Sub-band vocoder

四画

贝叶斯定理　Bayesian theorem

贝叶斯分类器　Bayesian classifiers

贝叶斯识别　Bayesian recognition

贝叶斯信息准则　Bayesian information criterion (BIC)

比特率　Bite-rate

不定（非特定人）说话人识别器　Talker-in-dependent recognizer

长时平均自相关估计　Long-term averaged auto-correlation estimates

反馈　Feedback

反馈量化　Feedback quantization

反射系数　Reflection coefficients

反向传递函数　Reflection transfer function

反向预测器　Reverse predictor

反向预测误差　Reverse prediction error

分布参数系统　Distributed-parameter system

分段圆管模型　Piecewise-cylindrical model

分类　Classification

分析带宽　Analysis bandwidth

分析-综合系统　Analysis-synthesis system

互相关　Cross-correlation

计算机语声应答　Computer voice response

内插　Interpolation

欠取样　Undersampling

切分（法）　Segmentation

区别特征　Distinctive features

冗余度　Redundancy

双音素　Diphones

双元音　Diphthongs

双耳相位差　Interaural phase difference

双耳音色差　Interaural timbre difference

双耳时间差　Interaural time difference

文本-语音转换　Text-to-speech conversion

无限冲激响应　Infinite duration impulse response (IIR)

无限冲激响应滤波器　IIR filter

无噪语音　Noiseless speech

无损声管模型　Lossless tube models

区分性特征　Discriminative feature extraction (DFE)

区分性训练　Discriminative training (DT)

长短期记忆网络　Long-short term memory network

（LSTM）

元音　Vowels

中心削波　Center clipping

中值平滑　Median smoothing

支持向量机　Support vector machine（SVM）

五画

白化　Whitening

白噪声　White noise

半音节　Demisyllables

半元音　Semivowel

边信息　Side information

边界条件　Boundary condition

声门处的　at glottis

嘴唇端的　at lips

代价函数　Cost function

对角化　Diagonalization

对数量化　Logarithmic quantization

对数功率谱　Logged power spectrum

对数面积比　Log area ratios

电话宽带　Telephone bandwidth

电话留言系统　Telephone inter ception system

发音　Articulation

发音器官　Vocal organs，organs of speech

发音语音学　Articulatory phonetics

功率谱　Power spectrum

功率谱密度　Power spectral density

归一化预测误差　Normalized prediction error

归一化均方误差　Normalized mean-squared error

加权欧氏距离　Weighted Euclidean distance

加窗　Windowing

句法范畴　Syntactic categories

句法规则　Syntactic rules

纠错训练　Falsifying Training（FT）

纠正训练　Corrective Training（CT）

可懂度（清晰度）　Intelligibility，Articulation

平滑　Smoothing

平均幅度差函数　Absolute magnitude-diffe-rence function（AMDF）

去相关（性）　Removal of correlations

生成模型　Generative model

矢量量化　Vector quantization

正定二次型　Positive-definite quadratic form

正交化　Orthogonalization

正交镜像滤波器　Quadrature mirror filters

正交原理　Orthogonality function

正向预测器　Forward predictor

正向预测误差　Forward prediction error

主周期　Principal cycles

头相关脉冲响应　Head-related impulse response

六画

并行处理　Parallel processing

并联式实现　Parallel form implementation

传输线类比　Transmission line analogy

冲激响应　Impulsive response

冲激噪声　Impulsive noise

传递函数　Transfer function

传声器阵列　Microphone arrays

动态规划　Dynamic programming

动态规划校正　DP normalization

动态时间调整　Dynamic time warping

多级编码器　Multiple-stage encoder

多脉冲编码器　Multipulse encoders

多速率编码器　Multiple-rate encoder

多模态语音信号处理　Multimodal speech signal processing

共振峰带宽　Formant bandwidths

共振峰估值　Formant estimations

共振峰频率　Formant frequencies

共振峰声码器　Formant vocoder

共振峰提取器　Formant extradors

关联单词识别　Connected-word recognition

过取样　Over-sampling

过零率　Zero-crossings counts

过零测量　Zero-crossing measurements

合成（综合）分析　Analysis by synthesis

合成语音　Synthesized speech

后向预测误差　Backward prediction error

交流哼声　Walergate buzz

扩张器　Expander

扩展 Baum-Welch 算法　Extended Baum-Welch algorithm（EB）

扩频　Spread spectrum

乔里斯基分解　Cholesky decomposition

全极点模型　All-pole model

全极点转移函数　All-pole transfer function

级联（链接）式实现　Cascade realization

直接式实现　Direct form realization

全零点模型　All-zero model

似然比　Likelihood rations

似然测度　Likelihood measure

托普利兹矩阵　Toeplitz matrix

同态声码器　Homomorphic vecoder

同态系统的特征系统　Characteristic system for homomorphic deconvolution

伪（虚假）共振峰　Pseudoformants

伪随机噪声　Pseudorandom noise

协方差法　Covariance

协方差方程　Covariance equations

协方差矩阵　Covariance matrix

协同发音　Coarticulation

压扩　Companding

压扩器　Pressure waves

有话无话鉴别　Speech vs. Silence discrimination

有限冲激响应　Finite impulse response（FIR）

有限冲激响应模型　Finite-duration impulse-response（FIR）filters

有限状态模型　Finite-state models

因果系统　Causal system

异方差线形判别分析　Heteroscedastic linear discrimination（HLD）

自动机　Automata

自动语音识别　Automatic speech recognition（ASR）

自回归模型　Autoregressive（AR）model

自回归-滑动平均模型　Autoregressive moving-average（ARMA）model

自适应变换编码　Adaptive transform coding

自适应量化　Adaptive quantization

自适应滤波　Adaptive filtering

自适应预测　Adaptive prediction

自适应增量调制　Adaptive delta modulation

自适应差分脉码调制　Adaptive differential PCM

自相关法　Autocorrelation method

自相关方程　Autocorrelation equations

自相关函数　Autocorrelation function

自相关矩阵　Autocorrelation matrix

自相关声码器　Autocorrelation vocoder

回波隐藏　Echo hiding

安全密钥　security key

耳郭效应　Pinnae effect

七画

纯净语音　Clean speech

词素　Morphs

词素词典　Morphs dictionary

词后验概率　Word posterior probability（WPP）

词错误率　Word Error Rate（WER）

低通滤波　Low-pass filtering

杜宾法　Dubin's method

伽玛概率密度　Gamma probability densities

含噪信道　Noisy channels

含噪语音　Noisy Speech

局部最大值　Local maxima

均匀量化　Uniform quantization

均匀概率密度　Uniform probability density

均方误差　Mean-squared error

均匀无损声管　Uniform lossless tube

均匀线阵　Uniform linear array

均匀圆阵　Uniform circular array

抗混（叠）滤波器　Anti-aliasing filter

快速傅里叶变换　Fast Fourier transform（FFT）

连续可变斜率增量调制　CVSD modulation

连续语音识别　Continuous speech recognition

连续数字识别　Continuous digit recognition

判据　Discriminant

判决　Decision

判决门限　Decision thresholds

判决准则　Decision rule

求根法　Root-finding method

声带　Vocal cords

声道　Vocal tract

声道长度　Vocal tract length

声道传输函数　Vocal tract transfer function

声道滤波器　Vocal tract filter

声道模型　Vocal tract model

声道频率响应　Frequency response of vocal tract

声门　Glottis

声门波　Glottal waveform

声门激励函数　Glottal excitation function

声门脉冲序列　Glottal pulse-train

声纹　Voice print

声学模型　Acoustic model（AM）

声学分析　Acoustical analysis

声学特征　Acoustic characteristics

声学语音学　Acoustic phonetics

声导纳　Acoustic admittance

声阻抗　Acoustic impendance

声码器　Vocoder

声激励声码器　Voice excited vovoder

声道中的损耗　Losses in the vocal tract

声源定位　Speech source localization

声源近场模型　Speech source near field model

由于热传导　due to thermal conduction

由于黏滞摩擦　due to viscous frictions

由于屈服性管壁　due to yielding walls

识别　Recognition

识别器　Recognizer

时间对准　Time registration

时间校正　Time normalization

时间规整　Time warping

时延估计　Time delay estimation

时域分析　Time-domain analysis

时域基音估值　Time-domain pitch estimation

时间依赖傅里叶变换　Time-dependent Fourier transform

条件概率　Conditional probabilities

听话人　Listener

听觉器官　Hearing

听觉系统　Auditory system

系统函数　System function

系统模型　System models

形心　Centroids

译码器　Decoder

诊断压韵试验　Diagnostic rhyme test（DRT）

八画

板仓-斋藤格型结构　Itakura-Satio lattice structure

板仓-斋藤距离测度　Itakura-Satio distance measure

板仓-斋藤误差测度　Itakura-Satio error measure

变化编码　Transform coding

变化技术　Transfor techniques

变化矩阵　Transformation matrix

变化率编码　Variablerate encoding

波形编码　Waveform encoding

波束形成　Beamforming

取样　Sampling

取样定理　Sampling theorem

取样频率　Sampling frequency

抽样率　Sampling rate

抽取与插值　Decimation and interpolation

参考模式　Reference pattern

参数激励　Parametric excitation

单词匹配器　Word matcher

单词识别　Word recognition

单词挑选　Word spotting

单位冲击函数　Unit impulse function

单位取样响应　Unit sample response

单位取样（冲激）序列　Unit sample（impulse）sequence

法庭应用　Forensic applications

非均匀量化器　Non-uniform quantizers

非时变系统　Time-invariant system

非线性处理　Nonlinear processing

孤立单词识别　Isolated-word recognition

孤立数字识别　Isolated digit recognition

规则合成　Synthesis by rule

规整函数　Warping function

规整路径　Warping path

国际音标　International phonetic alphabet（IPA）

呼吸噪声　Breath noise

卷积　Convolution

卷积神经网络　Convolutional neural network（CNN）

空闲话路噪声　Idle channel noise

拉普拉斯概率密度　Laplacian density

码书　Codebook

码书搜索时间　Codebook search time

码书形成　Codebook formation

奈奎斯特频率　Nyquist rate

软分类边缘估计　Soft margin estimation（SME）

咝声　Sibilants

线性判别分析　Linear discrimination analysis（LDA）

线性系统　Linear system

线性预测　Linear prediction

线性预测器　Linear predictor

线性预测谱　Linear predictive spectrum

线性预测分析　Linear predictive analysis

线性预测残差　LPC residual

线性预测编码　Linear predictive coding（LPC）

线性预测编码器　Linear-prediction encoder

线性预测方程　Linear-prediction equations

线性预测距离测度　LPC-based distance measures

线性预测声码器　Linear-prediction vocoder, LPC vocoder

线性预测系数　LPC coefficient

线性移不变系统　Linear shift-invariant systems

线性预测编码方程组的解　Solution of LPC equations

学习阶段　Learing phase

直方圆　Histogram

终端模拟合成器　Terminal-analog synthesizer

终端模拟模型　Terminal-analog model

周期性噪声　Periodic noise

注意力机制　Attention mechanism

九画

标准化欧氏距离　Normalized enclidean distance

残差激励　Residual excitation

残差激励声码器　Residual-excited vocoder

差分　Differencing

差分量化　Differential quantizations

差分脉冲编码调制　Differential PCM

带宽　Bondwidth

独立随机变量　Independent random variables

矩形窗　Rectangular window

矩形加权　Rectangular weighting

类元音　Vocoids

冒名顶替者　Impostors

面积函数　Area function

逆滤波器　Inverse filter

前向预测误差　Forward prediction error

前后向算法　Forward-backward algorithm（FB）

说话人（话者）　Speaker, talker

说话人辨认　Speaker identification

说话人个人特征　Speaker characteristics

说话人鉴别（证实）　Speaker authentication

说话人确认　Speaker verification

说话人识别　Speaker recognition

说话人无关的识别器　Talker-independent recognizer

说话人有关的识别器　Talker-dependent recognizer

送气音　Aspirated

误差　Error

误差函数　Error functionerf

相关（性）　Correlation

相关函数　Correlation function

相关矩阵　Correlation function

相关系数　Correlated coefficient

相位声码器　Phase vocoder

信息率　Information rate

信息隐藏　Information hiding

信噪比　Signal-to-noise rate（SNR 或 S/N）

信任区域　Trust Region（TR）

修正自相关　Modified autocorrelation

选峰法　Peak-picking method

咽　Pharynx

音标　Phonetic transcription

音节　Syllables

音色　Timbre

音素　Phones

音位　Phonemes

音位学　Phonemics

音质　Tone quality

语调　Intonation

语法　Grammar

语谱图　Spectrogram

语谱仪　Spectrograph

语言　Language

语言学　Linguistic

语义知识　Semantic knowledge

语音　Speech sound, speech, voice

语音编码　Speech encoding

语音分析　Speech analysis

语音感知　Speech perception

语音合成　Speech synthesis

语音合成器　Speech synthesizer

语音加密　Voice eacryption

语音理解　Speech understanding

语音生成　Speech generation

语音识别　Speech recognition

语音识别器　Speech recognizers

语音识别系统　speech recognition system

语音信号　Speech signals

语音学　Phonetics

语音压缩　Voice compression

语音应答系统　Voice response systems

语音预处理 Pre-processing of speech

语音增强 Speech enhancement

语音的统计模型 Statistical model for speech

语音的全极点模型 All-pole model for speech

语音信号的数字传输 Digital transmission of speech

语音信号的离散时间模型 Discrete-time model for speech

语音质量的改善 Enhancement of speech quality

浊音 Voiced

浊擦音 Voiced fricative

浊音区/清音区（区别特征） Voiced/Voiceless distinctive feature

重音 Stress

复倒频谱 Complex cepstrum

复合频率响应 Composite frequency response

残差 Residual

统计模式识别 Statistical pattern recognition

十画

部分相关系数 PARCOR coefficient

倒滤（波） Liftering

倒频（率） Quefrency

倒（频）谱 Cepstrum

倒谱系数 Cepstral coefficients

递归关系 Recurrence relations

峰值基音提取器 Peak-difference pitch extractors

峰值削波 Peak clipping

高频预加重 High-frequency preemphasis

高斯密度函数 Gaussian density function

高斯混合模型 Gaussian mixture model（GMM）

高通滤波 High-pass filtering

格型法 Lattice solution

格型滤波器 Lattice filter

海明窗 Hamming window

海明加权 Hamming weighting

宽带语图 Wide-band spectrogram

宽带噪声 Wideband noise

破擦音 Affricates

特征空间 Feature space

特征矢量 Feature vectors，Characteristic vectors，Eigen vectors

特征选取 Feature selection

特征阻抗 Characteristic impendance

特定说话人识别器 Talker-dependent recognizer

调制 Modulation

调频 z 变换 Chirp z-transform

通道声码器 Channel vocoder

预测 Prediction

预测残差 Prediction residual

预测器 Predictor

预测器阶数 Order of predictor

预测器系数 Predictor coefficients

预测误差 Prediction error

预测误差功率 Prediction-error power

预测误差滤波器 Prediction-error filter

窄带语图 Narrow-band spectrogram

乘积码 Product-codes

乘积码量化器 Product-code quantizers

十一画

清晰度（可懂度） Articulation，Intelligibility

清晰度指数 Articulation index

清音 Unvoiced sounds

清擦音 Unvoiced fricative

辅音 Consonants

辅音性/非辅音性（区别特征） Consonantal/non-consonantal distinctive feature

混叠 Aliasing

混响 Reverberation

基带信号 Baseband signal

基音（音调） Pitch

基音范围 Range of pitch

基音估值 Pitch estimation

基音估值器 Pitch estimator

基音频率 Fundamental frequency，Pitch frequency

基音周期 Pitch period

基音检测 Pitch detection

基因同步 LPC Pitch synchronous LPC

基因同步谱分析 Pitch synchronous spectrum analysis

基音周期估值 Pitch period estimation

利用自相关函数 Using the autocorrelation function

利用倒频谱 Using cepstrum

利用线性预测编码 Using LPC

利用并联处理 Using parallel processing

利用短时傅里叶变换 Using short-time Fourier

畸变（失真）　Distortion

解卷（积）　Deconvolution

零极点混合模型　Mixed pole-zero model

滤波　Filtering

滤波器　Filter

滤波器组　Filter-bank

滤波器组求和法　Filter bank summation method

频带分析　Frequency-band analysis

频率直方图　Frequency histogram

频率响应　Frequency response

频谱分析　Spectrum analysis

频谱平坦　Spectrum flattening

（频）谱包络　Spectrum envelope

频谱相减（减谱法）　Spectrum subtraction

频谱整形器　Spectrum shaper

频域分析　Frency-domain analysis

塞擦音　Affricate

塞音　Stops

数/模转换　Digital-to-analog （D/A） conversion

数字化　Digitization

数字滤波器　Digital filter

数字编码　Digital coding

倒频谱的　of the cepstrum

共振峰的　of formants

LPC 参数的　of LPC parameters

时间依赖傅里叶变换的　of the time-dependent
　Fourier transform

利用 PCM 的　Using PCM

数字水印　Digital watermarking

韵律　Prosodics

韵律特征　Prosodic feature

简化逆滤波跟踪算法　SIFT algorithm

十四画

鼻化元音　Nasalized vowels

鼻音　Nasals

鼻道　Nasals tract

端点检测　Endpoint detection

端点自由调整　UE warping

聚类　Clustering

颗粒噪声　Granular noise

模板　Templates

模式　Patterns

模式库　Pattern library

模态　Moda lity

模式识别　Pattern recognition

模/数转换　Analog-to-digital （A/D） conversion

谱分析法　Spectrum analysis methods

谱平整　Spectrum flattening

稳定性　Stability

稳定系统　Stable systems

稳健性　Robustness

十五画

摩擦音　Fricative

熵编码　Entropy coding

增量调制　Delta modulation

自适应的　Adaptive

双积分的　Double integration

线性的　linear

十六画

激励　Excitation

激励模型　Excitation motel

噪声　Noise

噪声整形　Noise shaping

十七画

擦音　Spirants

瞬时量化　Instantaneous quantization

十九画

爆破音　Plosive Sounds

参 考 文 献

［1］ 新美康永．音声认识［M］.东京：共立出版株式会社，1979.

［2］ 安居院猛．コンピュタ音声処理［M］.东京：产报出版株式会社，1980.

［3］ 中田和男．音声情报処理の基础［M］.东京：オーム出版株式会社，1981.

［4］ 拉宾纳 L R. 语音信号数字处理［M］.朱雪龙，译.北京：科学出版社，1983.

［5］ 中川圣一．概率モデルによる音声认识［M］.东京：电子情报通信学会，1988.

［6］ 陈永彬．语音信号处理［M］.合肥：中国科学技术大学出版社，1990.

［7］ 陈永彬．语音信号处理［M］.上海：上海交通大学出版社，1991.

［8］ 陈尚勤．近代语音识别［M］.成都：电子科技大学出版社，1991.

［9］ 姚天任．数字语音处理［M］.武汉：华中理工大学出版社，1992.

［10］ 杨行峻．语音信号数字处理［M］.北京：电子工业出版社，1993.

［11］ 古井贞熙．数字声音处理［M］.朱家新，译.北京：人民邮电出版社出版，1993.

［12］ PARSON T W. 语音处理［M］.文成义，译.北京：国防工业出版社，1996.

［13］ RABINER L R. Fundamentals of Speech Recognition 影印版［M］.北京：清华大学出版社，1999.

［14］ 易克初．语音信号处理［M］.北京：国防工业出版社，2000.

［15］ 胡航．语音信号处理［M］.哈尔滨：哈尔滨工业大学出版社，2000.

［16］ 鹿野清宏．音声认识システム［M］.东京：オーム出版株式会社，2001.

［17］ 马大猷．语言信息和语言通信［M］.上海：知识出版社，1987.

［18］ 王还．汉语词汇的统计与分析［M］.北京：外语教学与研究出版社，1985.

［19］ 齐士钤，张家禄．汉语普通话辅音音长分析［J］.声学学报，1982，7（1）．

［20］ CHEN Y B. Automatic segmentation of chinese continuous speech［J］.Proceedings of IEEE Asian Electronics Conference，1987（9）：163-168.

［21］ 陈永彬．数字信号处理［M］.南京：南京工学院出版社，1987.

［22］ OPPENHEIM A V，KOPEC C E，TRIBOLET J M. Speech analysis by homomorphic prediction［J］.IEEE Transition，1976（24）：327-332.

［23］ 胡征．矢量量化原理及应用［M］.西安：西安电子科技大学出版社，1988.

［24］ ABUT H，GRAY R M，REBOLLEBO G，Vector quantization of speech and speech-like waveform［J］.IEEE Transiyion，1982，30（3）：423-435.

［25］ JUANG B H，WONG D Y，GRAY A H. Distortion performance of vector quantization for LPC voice coding［J］.IEEE Transition，1982，30（4）：294-304.

［26］ GERSHO A，CUPERMAN V. Vector quantization：a pattern-matching technique for speech coding［J］.IEEE Communications Magazine，1983，21（9）：15-12.

［27］ GRAY R M. Vector quantization［J］.IEEE ASSP Magazine，1984，1（2）：4-29.

［28］ 吴乐南．数据压缩［M］.南京：东南大学出版社，2000.

［29］ 赵力，中川圣一．A comparative study of output probability functions in HMMs［J］.IEICE，1995，78

（6）：669-681.

［30］赵力，新美康永. Tone recognition of Chinese continuous speech using continuous HMMs ［J］. 日本音响学会志，1997，53（12）：933-940.

［31］赵力. 一种引入帧间相关信息的 HMM 语音识别方法 ［J］. 电子与信息学报，2001，23（4）：277-280.

［32］赵力. 语音识别中基于最小识别误差准则的 CHMM 学习方法 ［J］. 东南大学学报，2000，30（3）.

［33］赵力. 基于 PCANN/HMM 混合结构的语音识别方法 ［J］. 信号处理，2001，17（5）.

［34］LI Z. Application of VQ-HMM to Chinese spoken digit recognition ［J］. Journal of Southeast University，2000，16（1）.

［35］顾明亮. 语音识别鲁棒性研究的非线性方法 ［D］. 南京：东南大学，1998.

［36］何振亚. 语音信号的主分量特征 ［J］. 应用科学学报，1999，17（4）：427-431.

［37］史笑兴. 人工神经网络在语音识别中的应用 ［D］. 南京：东南大学，1999.

［38］GIBSON J D. Adaptive prediction in speech encoding systems ［J］. Proceedings of the IEEE，1980，68（4）：488-525.

［39］赵力. 基于子空间分析的语音信号寂声语声段识别方法 ［J］. 信号处理（增刊），2001.

［40］薛寅堃. 基于 CELP 的宽带语音编码算法研究 ［D］. 南京：东南大学，2001.

［41］冯重熙. 现代数字通信技术 ［M］. 北京：人民邮电出版社，1993.

［42］孙立新，刑宁霞. CDMA（码分多址）移动通信技术 ［M］. 北京：人民邮电出版社，1996.

［43］KLEIJN W B，KROON P，NAHUMI D. The rcelp speech-coding algorithm ［J］. European Transaction on Telecommunications，1994，5（5）：573-582.

［44］薛寅堃，吴镇扬，曾毓敏. 一种使用分带—整带复用技术的 CELP 宽带语音编码算法 ［J］. 电声技术，2002，3（4）：67-70.

［45］李子殷. 合成无限词汇汉语语言的初步研究 ［J］. 声学学报，1981，6（5）：291-298.

［46］KLATT D H，Software for cascade parallel formant synthesizer ［J］. J. A. S. A.，1980，67（3）：971-995.

［47］王仁华. LPC 语音合成技术 ［J］. 电子科学技术，1985，15（5）：2-4.

［48］曹建谷，杨顺安. 北京话复合元音的实验研究 ［J］. 中国语文，1984（6）：426-433.

［49］李子殷. 汉语二字调图样分析及其在合成语言中的应用 ［J］. 声学学报，1985，10（2）：73-84.

［50］骆正清. 一种改进的 MM 分词方法的算法设计 ［J］. 中文信息学报，1996，10（3）：30-36.

［51］殷建平. 汉语自动分词方法 ［J］. 计算机工程与科学，1998，20（3）：60-66.

［52］吴宗济. 普通话语句中的声调变化 ［J］. 中国语文，1982（6）：439-450.

［53］王兵. 汉语语音的时域声调转换方法 ［J］. 数据采集与处理，1996，11（1）：10-13.

［54］段凯宇. 基于基音同步帧叠接的吴语语音合成 ［J］ 通信技术，2002（3）：1-3.

［55］高雨青. 汉语全音节字语音识别的理论和系统的研究 ［D］. 南京：东南大学，1989.

［56］马小辉. 自动语音识别的声学语音学研究 ［D］. 南京：东南大学，1998.

［57］赵力. 基于 MQDF 的汉语塞音识别方法的研究 ［J］. 模式识别与人工智能，2000，13（3）：3.

［58］赵力. 汉语连续语音识别中语音处理和语言处理统合方法的研究 ［J］. 声学学报，2001，26（1）：73-78.

［59］赵力. 基于分段模糊聚类算法的 VQ-HMM 语音识别模型参数估计 ［J］. 电路与系统学报，2002，7（3）：4.

［60］赵力. 基于 3 维空间 Viterbi 算法的汉语连续语音识别方法的研究 ［J］. 电子学报，2000，28（7）.

［61］赵力. 基于 3 维空间 Viterbi 算法的音素模型和声调模型识别概率统合方法的研究 ［J］. 声学学报，2001，26（3）：259-263.

［62］赵力. 基于模糊 VQ 和 HMM 的无教师说话人自适应 ［J］. 电子学报，2002，30（7）：4.

［63］ 赵力．HMM 在说话人识别中的应用［J］．电路与系统学报 2001，6（3）．

［64］ 王重修．语音转换及相关问题的研究［D］．北京：中国科学院声学所，2001.

［65］ KATZENBEISSER S，PETITCOLAS F A P. 信息隐藏技术：隐写术与数字水印［M］．北京：人民邮电出版社，2001.

［66］ 赵力．语音信号中的情感特征分析和识别的研究［J］．通信学报，2000，21（10）：18-25.

［67］ 赵力．语音信号中的情感识别的研究［J］．软件学报，2001，12（7）：6.

［68］ 林玮，杨莉莉，徐柏龄．基于修正 MFCC 参数汉语耳语音的话者识别［J］．南京大学学报（自然科学版），2006（1）：54-62.

［69］ GONG C H, ZHAO H, LV G, et al. An algorithm for formant estimation of whispered speech［J］. Signal Processing, 2006, 1（1）：16-20.

［70］ ZHAO L. Study on the Chinese Continuous Speech Recognition under Noise Enviroments Based on the PCANN/HMM［C］//IEEE International Conference on Signal Processing（ICSP'02），2002.

［71］ 宋知用．MATLAB 在语音信号分析与合成中的应用［M］．北京：北京航空航天大学出版社，2013.

［72］ 邱锡鹏．神经网络与深度学习［M］．北京：机械工业出版社，2020.

［73］ 刘亚楠．基于深度学习的语音增强算法研究［D］．北京：北京工业大学，2018.

［74］ PANDEY A, WANG D L. Self-Attending RNN for speech enhancement to improve cross-corpus generalization［J］. IEEE/ACM Transactions on Audio, Speech, and Language Processing, 2022, 30：1374-1385.

［75］ LI C, MA X, JIANG B, et al. Deep speaker：an end-to-end neural speaker embedding system［EB/OL］. arXiv preprint, 2017：https：//arxiv. org/abs/1705. 02304.

［76］ 赵月娇．基于深度学习提高低速率语音编码质量方法研究［D］．西安：西安电子科技大学，2021.

［77］ KANKANAHALLI S. End-to-end optimized speech coding with deep neural networks［C］//IEEE International Conference on Acoustics, Speech and Signal Processing（ICASSP'18），Calgary, Canada, 2018.

［78］ 李乃寒．面向语音合成的深度学习算法研究与应用［D］．成都：电子科技大学，2021.

［79］ HOU J C, WANG S S, LAI Y H, et al. Audio-visual speech enhancement using multimodal deep convolutional neural networks［J］. IEEE Transactions on Emerging Topics in Computational Intelligence, 2018, 2（2）：117-128.

［80］ WANG W, XING C, WANG D, et al. A robust audio-visual speech enhancement model［C］//IEEE International Conference on Acoustics, Speech and Signal Processing（ICASSP'18），Barcelona, Spain, 2020.

［81］ MICHELSANTI D, SLIZOVSKAIA O, HARO G, et al. Vocoder-based speech synthesis from silent videos［C］//INTERSPEECH, Shanghai, China, 2020.

［82］ MIRA R, VOUGIOUKAS K, MA P, et al. End-to-end Video-to-speech synthesis using generative adversarial networks［J］. IEEE Transactions on Cybernetics, 2022, 53（6）：3454-3466.

［83］ 巩元文．融合唇语的跨模态语音识别方法研究［D］．银川：北方民族大学，2022.

［84］ 高永春．基于 Kinect 深度数据辅助的机器人带噪语音识别［D］．银川：北方民族大学，2015.

［85］ 任国凤．融合运动学和声学特征的语音情感识别研究［D］．太原：太原理工大学，2019.

［86］ PAN Z, LUO Z, YANG J, et al. Multi-modal attention for speech emotion recognition［C］//INTERSPEECH, Shanghai, China, 2020.

［87］ 张雪英，孙颖．语音情感识别［M］．北京：科学出版社，2021.